国家电网公司
电力科技著作出版项目

互联大电网
优化计算

董树锋 唐坤杰 王凯军 朱炳铨
崔建业 项中明 马 翔 著

中国电力出版社
CHINA ELECTRIC POWER PRESS

内 容 提 要

本书重点研究面向未来互联大电网调度控制所需要的优化计算技术，内容包含稳态层面互联大电网建模技术以及互联大电网状态估计、潮流计算、优化调度等具体问题。本书共八章：第 1 章对互联大电网的概念和相关研究领域进行概述；第 2 章介绍数学基础知识，主要包括不动点理论与迭代求解方法、分布式优化与常见的分解优化算法；第 3 章重点论述互联大电网建模，根据电网调度模式和优化计算的实际需求，建立不同的互联大电网模型，分析其优缺点和适用场合；第 4 章、第 5 章重点论述互联大电网状态估计和潮流计算，这是实现互联大电网态势感知和优化计算的基础；第 6 章将重点论述互联大电网优化分析，包括线性逼近模型、非线性凸逼近模型、非凸模型等三种模型；第 7 章探讨高性能计算技术在互联大电网优化计算中的应用，包括并行计算与分布式计算的基本概念以及各类高性能计算处理器的应用，并以图形处理器为例，介绍基于图形处理器—中央处理器异构架构加速的互联大电网状态估计、潮流计算和优化分析；第 8 章介绍互联大电网的特殊案例，即输配一体化系统的优化计算，这是未来互联大电网调控过程中不可或缺的组成部分；第 9 章对全书内容进行总结并对未来的研究方向做出展望。

本书是介绍互联大电网相关知识的基础性专著，旨在为从事互联大电网优化计算相关研究的科研人员提供理论基础和实践经验。

图书在版编目（CIP）数据

互联大电网优化计算 / 董树锋等著. —北京：中国电力出版社，2021.10
ISBN 978-7-5198-5949-7

Ⅰ. ①互…　Ⅱ. ①董…　Ⅲ. ①联合电网–最优化算法　Ⅳ. ①TM727

中国版本图书馆 CIP 数据核字（2021）第 179160 号

出版发行：中国电力出版社
地　　址：北京市东城区北京站西街 19 号（邮政编码 100005）
网　　址：http://www.cepp.sgcc.com.cn
责任编辑：刘丽平　穆智勇（zhiyong-mu@sgcc.com.cn）
责任校对：黄　蓓　李　楠
装帧设计：张俊霞
责任印制：石　雷

印　　刷：三河市万龙印装有限公司
版　　次：2021 年 10 月第一版
印　　次：2021 年 10 月北京第一次印刷
开　　本：787 毫米×1092 毫米　16 开本
印　　张：15.75
字　　数：372 千字
印　　数：0001—1000 册
定　　价：68.00 元

前　言

从以传统火电机组为主的电力系统，到风电、光伏渗透的智能电网，再到未来以新能源为主体的新型电力系统，现代能源技术取得了一个又一个重大突破。越来越复杂的系统往往也带来了越来越复杂的建模方式与优化计算方法，而精细化建模与精确、鲁棒、高效的优化计算是我们深入认识、深度分析、深刻把握、综合利用能源系统的必要途径。

由于电网在地理上覆盖面积广，多区域电网的互联互通已成为必然的发展趋势。相应地，各区域电网的调控中心也需要相互通信、协调大电网调度控制任务。近年来，互联大电网相关领域受到学术界和产业界的关注，不少学者针对互联大电网的优化计算问题进行了研究，并取得了较多的成果。作者所在的浙江大学智能电网运行与优化实验室，在欧洲科学院院士、英国皇家工程院院士宋永华教授的带领下，一直从事智能电网优化运行领域的研究，积累了丰富的理论成果和实践经验。考虑到目前学术界和产业界对于互联大电网的建模与优化计算还未形成系统的理论与成熟的方法，作者带领课题组系统梳理和总结了互联大电网优化计算相关理论和前沿技术，对互联大电网未来的优化计算形态做出必要的前瞻性探究，并将课题组多年来的研究成果整理成文。我们真诚地希望，这本书能够为从事相关研究的科研人员提供一些帮助，为互联大电网的未来发展提供一定的理论基础和实践经验。

第 1 章介绍互联大电网的基本概念、发展进程，探讨了面向未来的互联大电网调度控制，以及互联大电网与全球能源互联网的联系。在此基础上，结合文献综述了互联大电网优化计算技术。

第 2 章介绍互联大电网优化计算中所需的理论基础知识，包括分布式优化与常见的分解算法、不动点理论与方程组的迭代求解等。这些基础知识为开展互联大电网优化计算提供了理论基础和实现方法。

第 3 章重点论述互联大电网的建模技术，根据电网调度模式和优化计算的实际需求，建立不同的互联大电网模型，分析其优缺点和适用场合。

第 4 章、第 5 章将重点论述互联大电网状态估计和潮流计算。

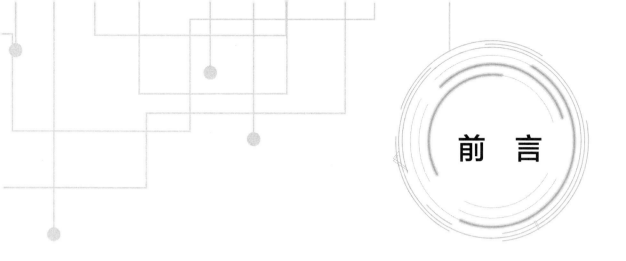

第 6 章重点论述互联大电网优化分析，为不失一般性，将重点针对线性逼近模型、非线

性凸逼近模型、非凸模型三种模型的优化分析进行展开。第 3 章至第 6 章介绍的互联大电网建模、状态估计、潮流计算及优化分析是实现互联大电网态势感知与协调优化调度的核心。

第 7 章将探讨高性能计算技术在互联大电网优化计算中的应用，包括并行计算与分布式计算的基本概念以及各类高性能计算处理器的应用。随着电网规模的不断发展，互联大电网的优化计算不可避免地面临收敛性能、计算效率等方面的挑战，利用高性能计算技术能够有效提升大规模系统的计算性能，近年来受到学者的广泛关注。特别地，第 7 章将以图形处理器为例，详细介绍高性能计算方法在互联大电网优化计算中的应用。

第 8 章介绍一个互联大电网的典型应用实例——输配一体化系统的优化计算。随着新能源的大量接入，输配系统的耦合性大大提升，输配系统协同一体化运行的概念应运而生。输配一体化系统的建模与优化计算可以视作互联大电网建模与优化计算的一种衍生与具体场景下的实践，是未来互联大电网调控过程中不可或缺的组成部分，近年来受到学者的广泛关注。输配一体化系统的优化计算是本书主要作者之一——唐坤杰博士的研究方向，相关的研究成果将在本书中呈现。

最后，第 9 章将总结全书工作内容，指出局限性与不足，并对未来的研究工作做出展望。

由于编者水平有限，书中错误和不当之处在所难免，欢迎读者批评指正。

董树锋

2021 年 9 月 5 日于求是园

缩略语表

缩略语	英文全称	中文含义
ADMM	Alternating Direction Method of Multipliers	交替方向乘子法
AGC	Automatic Generation Control	自动发电控制
AGC	Automatic Generation Control	自动发电控制
APP	Auxiliary Problem Principle	辅助问题原理法
AVC	Automatic Voltage Control	自动电压控制
BFM	Branch Flow Model	支路潮流模型
BICGSTAB	Biconjugate Gradient Stabilized Method	双正交共轭梯度
BIM	Bus Injection Model	节点注入模型
CG	Conjugate Gradient	共轭梯度方法
CIM	Common Information Model	电力系统公共信息模型
CPS	Cyber-Physical System	信息物理融合系统
CPU	Central Processing Unit	中央处理器
CUDA	Compute Unified Device Architecture	统一计算设备架构
DCC	Distribution Control Center	配电调控中心
DG	Distributed Generation	分布式发电设备
DMS	Distribution Management System	配电管理系统
EMS	Energy Management System	能量管理系统
FPGA	Field Programmable Gate Array	现场可编程逻辑门阵列
GBD	Generalized Benders Decomposition	广义 Benders 分解法
GCPS	Grid Cyber-Physical System	电网信息物理融合系统
GMRES	Generalized Minimal Residual Method	广义极小残差方法
GMRES	Generalized Minimal Residual	广义最小残差法
GPU	Graphic Processing Unit	图形处理器

续表

缩略语	英文全称	中文含义
GPU	Graphics Processing Unit	图形处理器
I-ORA	Integrated Operational Risk Assessment	综合操作风险评估
ISE	Integrated State Estimation	整体式状态估计
ISO	Independent System Operator	独立系统运营商
IT&D	Integrated Transmission and Distribution Networks	输配一体化系统
MSSM	Master-Slave-Splitting Method	主从分裂法
NBI	Normal Boundary Intersection	标准边界交叉法
OCD	Optimal Condition Decomposition	最优条件分解法
ORA	Operational Risk Assessment	操作风险评估
PMU	Phasor Measurement Unit	相量测量单元
SCADA	Supervisory Control and Data Acquisition	数据采集与监控系统
SDP	Semidefinite Programming	半定规划松弛
SIAM	Successive-Intersection-Approximation-based Method	连续交叉点估计法
SOCP	Second-order Cone Programming	二阶锥规划松弛
TCC	Transmission Control Center	输电调控中心
TPU	Tensor Processing Unit	高性能处理器
WLS	Weighted Least Squares	加权最小二乘法

目 录

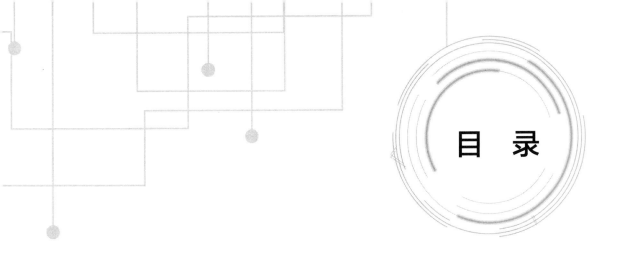

第 1 章

互联大电网概述

本章将对互联大电网这一概念和相关研究领域进行概述。其中，1.1 节介绍了互联大电网的基本概念和发展概况，以及互联大电网的意义和主要的技术问题；1.2 节介绍了互联大电网调度控制的内容，讲述大电网调度的发展历程和发展现状；1.3 节介绍了互联大电网与全球能源互联网，首先阐述全球能源互联网的概念和研究重点，然后引入信息物理融合系统，介绍其特征和作用；1.4 节是互联大电网优化计算的国内外研究综述，对互联大电网潮流计算、状态估计、分布式优化的相关研究进行了概括介绍；1.5 节梳理了本书的主要内容和互联大电网优化计算的重难点问题，帮助读者对全书有一个总体的了解。

1.1 互联大电网及其发展

1.1.1 互联大电网简介

互联大电网是指两个或两个以上的区域电网通过联络线将少量联结点互联所形成的大规模电网，如图 1-1 所示。根据区域电网的规模不同，互联大电网既可以是国内不同区域电网的互联，也可以是不同国家电网之间的互联，甚至可以是不同大洲电网之间的互联。

电网互联是电力工业发展的客观规律和世界各国电网发展的大势所趋。受区域经济一体化、能源资源优化利用、提高供电可靠性、区域电力市场开放等因素的推动，区域间互联电网、跨国互联电网不断向前发展。

区域电网互联形成互联大电网后，会产生各孤立电网所不具备的新功效。构建互联大电网的意义主要有：

（1）构建更高一级的骨干网架，并逐渐向周边地区辐射。

（2）电网跨度大、覆盖范围广，电源互补特性、负荷错峰效益、相互支援能力容易发挥。

（3）可以兼顾负荷需求与电源接入，运行相对灵活。

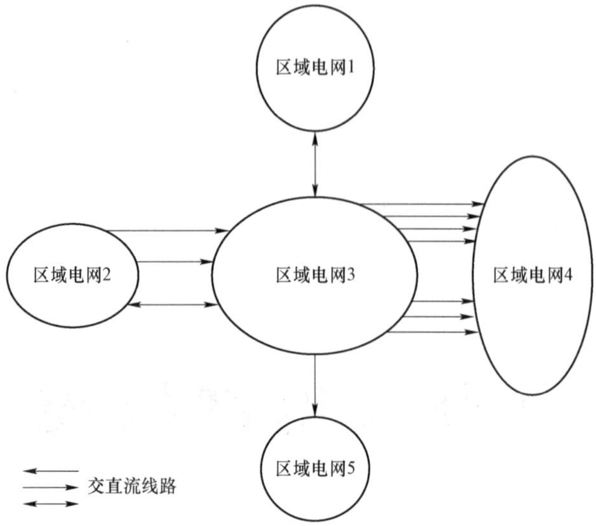

图 1－1　互联大电网示意图

（4）电网容易扩展，便于跨区域电源的就近接入和分散消纳。

从理论上讲，构建互联大电网的作用主要包括：

（1）能承受较大的冲击负荷，有利于改善电能质量。

（2）可安装大容量、高效能的火电机组、水电机组和核电机组，有利于降低造价、节约能源、加快电力建设速度。

（3）可以跨流域调节水电，并在更大范围内进行水火电经济调度，取得更大的经济效益。

（4）可以在各地区之间互供电力、互通有无、互为备用，减少事故备用容量，增强抵御事故能力，提高电网安全水平和供电可靠性。

1.1.2　跨国互联电网发展现状

跨国互联电网中的各成员国电网，在本国区域电网和跨国互联电网范围内联网运行，进行资源优化配置，产生规模效益，降低发电成本，均衡系统负荷，减少系统备用容量，为电力市场开放、购销合同的签订和电力交换提供基础；同时可提高供电的安全性和可靠性，改善供电质量，减少系统扰动[1]。目前，主要的跨国互联电网包括欧洲互联电网、南部非洲电网、地中海地区电网和北美联合电网。

欧洲互联电网。欧洲互联电网是目前世界上最大的跨国同步互联电网，它的主网架为400kV（380kV）交流电网，通过 220kV 和 400kV（380kV）交流线路互联，覆盖包括奥地利、比利时、波黑、保加利亚、捷克、克罗地亚、丹麦、法国、马其顿、德国、希腊、匈牙利、意大利、卢森堡、黑山、荷兰、波兰、葡萄牙、罗马尼亚、塞尔维亚、斯洛伐克、斯洛文尼亚、西班牙、瑞士、芬兰、挪威、瑞典、冰岛、爱沙尼亚、拉脱维亚、立陶宛、塞浦路斯、英国、爱尔兰在内的 34 个欧洲国家和地区的 41 个电网运营商。1986 年，阿尔巴尼亚电网与欧洲电网同步联网。2010 年 9 月，土耳其电网与欧洲电网同步互联，2015 年以观察员身份加入欧洲输电系统运营商网络。2018 年，各成员国间的交换电量约为 434 893GWh[2]。2020 年，欧洲电网发电量 3871.3TWh，其中传统火电占 35.7%，水电占 16.9%，可再生能源

（风、光、生物质、地热）占23.8%，装机容量 1 223 894MW。欧洲互联电网所覆盖的国家国土面积普遍较小，工业高度发达，负荷密度大，电网结构密集。欧洲输电系统运营商网络（ENTSO－E）是由欧洲互联电网中各输电系统运行机构组成的协会。ENTSO－E 通过制定一系列技术规范和运行规程协调欧洲大陆各国电网的规划和运行，确保欧洲互联电网和电力市场的安全可靠运营。

南部非洲电网。南部非洲电力联盟（SAPP）成立于 1995 年，由南部非洲发展共同体建议并设立，共有博茨瓦纳、莫桑比克、马拉维、安哥拉、南非、莱索托、纳米比亚、民主刚果、斯威士兰、坦桑尼亚、赞比亚、津巴布韦 12 个成员国。除马拉维、安哥拉和坦桑尼亚外，其余 9 个国家实现了电网互联，形成南部非洲电网，互联电网电压等级有 533、400、330、275、220、132kV 和 110kV。SAPP 注册在津巴布韦哈拉雷，由下设的执行委员会负责具体运营管理，现有 17 个成员。截至 2019 年底，组成南部非洲电网的 9 国装机容量共计 72 156MW，可运行电力 64 438MW，用电需求为 58 096MW，电力交易量达 2004GWh[3]。

地中海地区电网。地中海东南电网包括利比亚、埃及、约旦、叙利亚和黎巴嫩 5 个国家，通过 400/220kV 线路实现同步互联。地中海西南电网包括摩洛哥、阿尔及利亚和突尼斯，通过 6 条联络线互联。连接西班牙和摩洛哥的 400kV 交流海底电缆跨越直布罗陀海峡，于 1997 年投入运行。1999 年摩洛哥、阿尔及利亚、突尼斯开始与欧洲互联电网同步运行。2006 年 7 月连接西班牙和摩洛哥的第 2 条交流海底电缆投运。地中海东南电网与欧洲互联电网的同步运行处于研究和推进阶段[4]。

北美联合电网。北美联合电网由美国的东部电网、西部电网、得州电网和加拿大的魁北克电网 4 个同步电网组成，覆盖美国、加拿大和墨西哥境内的下加利福尼亚州。截至 2020 年，总装机容量为 13.87 亿 kW，总发电量 5243.6TWh。东西部电网通过直流背靠背联网。东部电网与魁北克电网并网运行。西部电网与加拿大的安大略和滨海地区以及墨西哥并网运行。得州电网与西部电网通过直流背靠背联网[5]。

1.1.3　我国互联大电网发展现状

我国自然条件地域差异性很大，一次能源资源的空间分布很不均衡，电力消费与生产呈现逆向分布特点。因此，各省电网间构建互联大电网能极大地优化和配置各省的电源结构和分布，从而促进区域间协同发展。20 世纪 80 年代开始，中国电力工业进入大机组、高电压、大电网阶段。目前，大陆地区已形成六大跨省电网，即东北、华北、华东、华中、西北和南方电网，西藏地区电网与主网的互联工程在不断推进中，如图 1－2 所示。

我国互联大电网建设的标志性事件包括：

（1）1981 年 12 月 22 日，中国第一条交流 500kV 输电线路（平顶山—武汉）投运，启动了跨省超高压电网建设的进程。

（2）1988 年建成、1989 年 9 月投运的葛洲坝—上海±500kV 直流输电工程，实现了华中—华东两大电网的互联，拉开了跨大区联网的序幕。

（3）1998 年 4 月 16 日开工、2001 年 6 月双极运行的天生桥—广州±500kV 直流输电工程，在南方电网中形成了我国第一条超高压、大容量交直流并联输电通道。

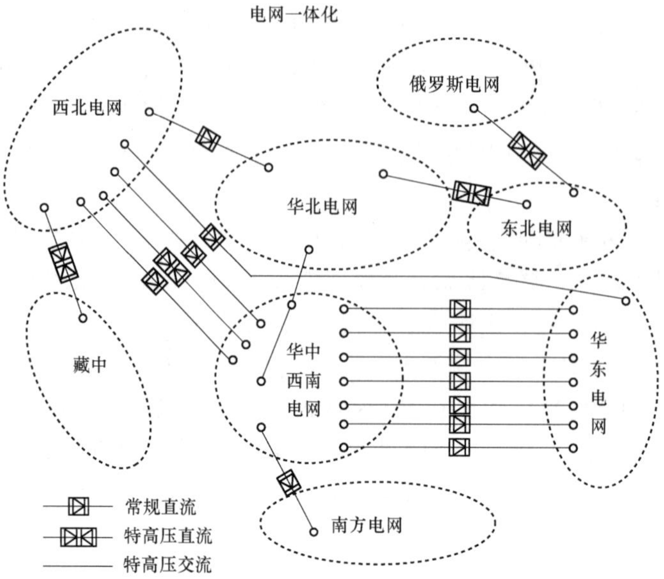

图 1－2　中国大互联电网分布图

（4）2001 年 5 月，华北与东北电网通过 500kV 线路（高岭背靠背）实现了第一个跨大区交流联网。

（5）2001 年 10 月，华东电网与福建电网通过 500kV 交流线路联网。

（6）2002 年 5 月，川电东送工程投运，川渝电网与华中电网联网。

（7）2003 年 5 月 5 日，三峡—常州±500kV 直流输电线路投入试运行，三峡电站电力外送通道已经打通。

（8）2003 年 9 月，华中—华北 500kV 交流线路联网，形成了由东北、华北、华中、川渝电网互联的交流同步电网。

（9）2004 年 6 月，三峡—广东±500kV 直流双极投入运行，实现华中电网与南方电网的联网，形成全国联网的基本框架。

（10）2005 年 11 月，西北电网与华中电网直流背靠背工程（河南灵宝）运行，实现西北电网与华中电网的非同步联网，实现了全国联网。

（11）2008 年 12 月，晋东南—南阳—荆门 1000kV 特高压交流试验示范工程投运，纵跨华北和华中，是我国第一个特高压交流工程，标志着我国电网互联开始向特高压发展。

（12）2010 年 7 月 8 日，向家坝—上海±800kV 特高压直流输电示范工程投入运行，是我国第一个特高压直流工程，标志着国家电网全面进入特高压交直流混合电网时代。

（13）截至 2019 年 6 月，特高压建成“九交十直”、核准在建“三交一直” 工程，通过特高压线路，将东北、华北、西北地区过剩电力资源输往华东、华中地区，促进资源优化配置。

（14）2019 年 9 月 26 日，准东—皖南±1100kV 特高压直流输电工程投运，华东特高压交流环网实现了合环运行，标志着华东电网特高压交流环网形成。

（15）2020 年 1 月 4 日，山东—河北 1000kV 特高压交流环网工程投运，标志着当今世界上电压等级最高、网架结构最强的华北特高压交流骨干网架基本形成。

1.1.4　互联大电网可能产生的技术问题

虽然区域大电网已经进入了工程实施阶段，但在实际中也面临一些技术问题：

（1）调峰调频问题。区域电网互联后，互联大电网的调峰调频问题变得复杂。如何使互联电网的调峰调频与联络线控制协调配合，对互联电网的实际运行具有非常重要的意义。特别是在紧急情况下，联络线的支援、本区域的响应都会导致系统运行方式的改变。

（2）联网方案问题。电网的互联可采用纯直流互联、交流互联或交直流混合联接方式，三种联网方式都有各自的优缺点，究竟采用哪一种方式互联目前还没有形成统一的看法和结论。一般来说，应当根据电网具体情况，因地制宜，综合考量经济性、安全性等因素，选择合理的联网方式。

（3）联网落点问题。选择合适的联网落点，对于构建互联大电网的经济、安全运行至关重要。确定联网落点不仅要考虑到当前的电网格局，也要考虑未来负荷和电源规划的情况，更应结合未来各地区的负荷密度来分析届时地区电网的强弱、与周边联网可能带来的影响等。

（4）多馈入交直流输电系统问题。根据多馈入直流输电系统的不同类型，需要考虑系统的快速恢复、交直流输电系统的功角及电压稳定性、直流控制器间的相互作用和协调、支路功率调制等关键问题。

（5）交流联网的低频振荡问题。电网互联可能造成区域振荡。一种是由于弱阻尼或负阻尼引起的低频振荡，与网络结构调节系统动态品质相关；另一种是由于负荷周期性扰动引起的低频功率振荡，与负荷扰动周期、扰动幅值、地点、系统的容量、阻尼大小、网络结构等有关。有效抑制区域振荡有利于互联大电网的安全稳定运行。

1.2　面向未来的互联大电网调度控制

与互联电网的发展需求相适应，电网调度自动化系统历经了从集中式到分布式的发展过程。20 世纪 60 年代中期，电力工业界将计算机技术引入调度中心，并与远动技术相结合，出现了电网调度数据采集与监控（SCADA）系统。20 世纪 70 年代初，SCADA/自动发电控制（AGC）系统应运而生，并逐步发展为能量管理系统（EMS）。20 世纪 90 年代开始向基于开放式计算机操作系统、图形系统和网络系统的分布式 EMS 发展。21 世纪后，基于 IEC61970 标准和统一支持平台的综合调度自动化系统得到了广泛的应用，并在调度生产中发挥了重要的作用[6]。目前，调度自动化系统正由传统的经验型、分析型向智能型转变。

1.2.1　互联大电网调度的基本要求

随着我国特高压电网和智能电网的快速发展、电力市场的逐步完善、用户双向互动用电的不断推进，电力能量和信息的多维、多向流动将改变电网的运行方式。与此相适应，电网调度控制方式也将发生重大变化，这对未来调度系统的业务支撑提出了新的要求，具体如下：

（1）支持全网融合的精细快速分析。未来，区域电网间的相互作用将进一步增强，在联系日益紧密的同时，也带来大规模系统的安全风险防控问题。一个小的干扰可能产生“蝴蝶效应”，造成全局性的灾难[7]。因此，未来电网迫切需要基于精确模型的全网综合分析，主动、及时、准确地找出大电网的薄弱环节，为预防和控制打下基础。尤其是对一些涉及面广、输送功率大的调度方案或控制业务，必须进行全系统的安全性分析。

（2）支持全局一体化的调度方案。截至 2020 年底，清洁能源发电装机规模增至 10.83 亿 kW，占总装机比例接近 50%。到 2050 年，清洁能源和可再生能源将成为主要能源之一[8]。要从全网发电资源统一优化的角度制定调度方案，在大范围内充分发挥互联电网在资源优化配置中的作用。传统的调度计划需要在国家、网络和省级调度系统之间迭代完成，导致规划周期长、成本高、效率低，很难满足短时间周期（分钟级）和高度精细化的要求。因此，实现全局一体化的调度计划迫在眉睫。

（3）支撑全局协调的闭环实时控制决策。随着未来可再生能源发电规模的不断扩大和负荷变化的不确定性增加，由于受后备和网络安全的制约，地方电网很难协调地方常规发电机组实现电力平衡。为了突破目前“按省平衡”的电力平衡模式，向区域电网乃至整个电网扩展[9]，迫切需要在全网范围内做出统一协调的控制决策，将各区域电网可再生能源发电机组状态、负荷变化、电量变化等综合起来，并给出自动发电量控制/自动电压控制（AGC/AVC）的控制目标，使联络线的输电仅受安全性的限制，从而实现资源的优化调度。AGC/AVC 的控制策略和评估标准也需要相应地改变。

（4）支撑互动负荷大范围的广域优化调度。传统的调度控制是通过调整机组来实现发电量和用电量的平衡。然而，当并网风电等间歇性能源的容量占很大比例时，传统的仅依靠常规发电机组的出力调节来平衡风电波动的调度模式不能充分发挥电网的全部调节能力，且可控性差。未来，需求侧资源将纳入电网调度计划和实时控制系统[10]。但是，由于需求侧资源类型不同、容量小、数量大、地域分布广、特点复杂，未来不同地区的需求侧响应成本和可调资源的功率响应特性不同，特别是我国风电等可再生资源与负荷的逆向分布，因此存在着需求侧资源的广域协同调度与控制问题。未来的调度技术支持系统不仅需要实现需求侧资源本身的广域协调控制，也需要从互联电网的整体角度实现新能源发电和需求侧资源的跨区域、大规模协调调度。

总之，未来电网的管理模式仍然可以根据电网分层、分区的自然结构进行分级管理，但调度机构独立配置调度技术支持系统，共享信息、独自决策的模式已经不再适应新的需求，因此迫切需要逻辑上高度一体化的电网调度技术支持系统，提高全网信息的综合应用水平以及电网全局态势感知、快速精确分析和全网统一控制决策的能力，在满足电网安全、经济、低碳环保运行的同时，也满足大范围资源优化配置以及最大限度接纳可再生能源等的需求[11]。

1.2.2 调控云与互联大电网调度

近年来，云计算的快速发展提供了一种崭新的服务模式，与传统的信息技术服务模式相比，它具备超大规模、虚拟化、高可靠性、通用性、高可扩展性、按需服务、成本低廉等特点。这些特点与第三代电网对先进调度运行技术的发展需求很契合，是调度自动化系统由分析型向智能型转型的理想解决方案[12]。国家电网公司在“十三五”期间完成了企业管理云、公共服务云和生产控制云（统称为国家电网调控云平台）的建设。它们分别为国家电网公司未来的企业管理、对外服务和调度运行提供了相应的技术支撑。云计算所具有的特性符合调度自动化系统发展的方向，是调度自动化系统新部署模式的基础。

调控云是面向互联大电网调度业务的云服务平台，其架构设计既满足电网调控业务连续性、实时性、协同性的要求，也符合云计算的理念，体现硬件资源虚拟化（共享与动态调配）、数据标准化和应用服务化的特点。基于电网一体化特征的业务特点和调度业务管辖范围的划分原则，以及电网中能量流、信息流的分布特征，调控云采用国分、省级分级部署方式，形成“$1+N$”的整体架构[12]。其中，主导节点（国分）处于调控云的核心位置，统领调控云的数据标准化、服务标准化、安全标准化，主导全网计算业务，部署 220kV 及以上主网模型数据及其应用功能，侧重于国分省调主网业务；协同节点（省级）N 个，部署在每个省级调控中心，是调控云的协同节点，严格遵循数据标准、服务标准和安全标准，并负责全网计算业务的子域协同，部署 10kV 及以上省网模型数据及其应用功能，侧重于省地县调局部电网业务。该架构实现不同层级业务的适度解耦，符合能量流、信息流的空间分布特性，符合业务分级、数据集中的技术路线，使得不同层级调控云节点既各有侧重，又保证了全局层面信息流与服务流的整体贯通。

调控云总体架构如图 1－3 所示。为适应“统一管理、分级调度”的调度管理模式，调控云采用统一和分布相结合的分级部署设计，形成国分主导节点和各省级协同节点的两级部署，共同构成一个完整的调控云体系。主导节点和协同节点在硬件资源层面各自独立进行管理；在数据层面，主导节点作为调控云各类模型及数据的中心，负责元数据和字典数据的管理，并负责调控云各类数据的数据模型建立，以及国调和分中心管辖范围内模型及数据的

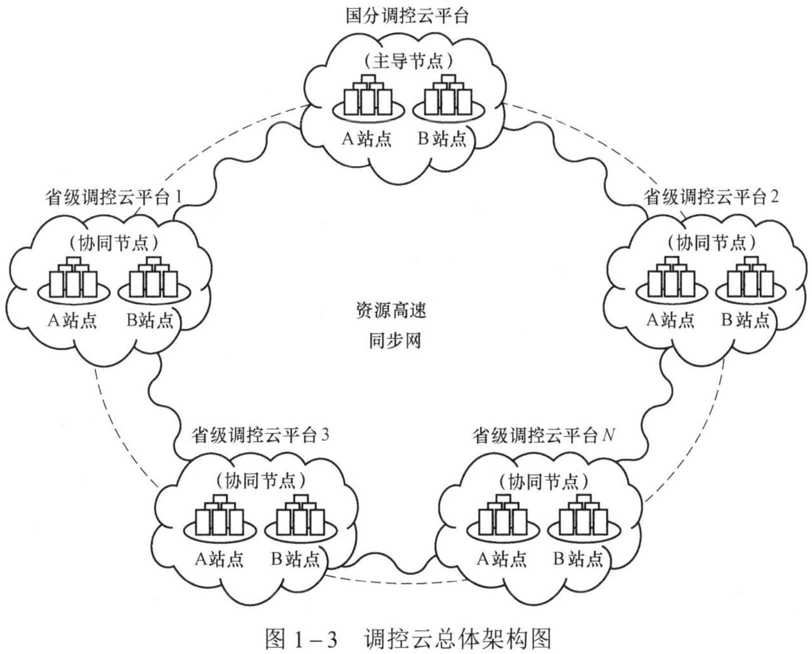

图 1－3　调控云总体架构图

汇集，协同节点负责本省模型及数据的汇集并向主导节点同步/转发相关数据；在业务层面，调控云作为一个有机整体，由主导节点基于全网模型，提供完整的模型服务、数据服务及业务应用，各协同节点基于本省完整模型及按需的外网模型提供相关业务服务。

基于汇集了各级电网模型和实时数据的云平台，可提供面向多级调度的服务化封装的在线安全分析，包括静态、暂态、动态等全面的安全稳定分析服务，预防控制辅助决策计算服务，输电断面稳定裕度评估服务等。云端服务将建立多级调度多用户的计算任务统一管理和动态调度机制，实现多级用户在线安全分析计算的资源合理分配和快速响应。不同于传统的模式，各级调度用户共享云端同一或不同服务，只需向云端提出计算请求，当云端服务完成计算后将结果推送至用户端，从而满足各级调度一体化运行对大规模互联电网一体化在线安全分析计算的需求。

此外，云端还可根据用户需求方便地将各计算服务组合为综合的专业分析应用，如停电范围分析、合环操作风险分析、负荷转供辅助决策、拉限电辅助决策等在线分析应用。基于云服务化的网络分析应用还可为其他应用提供电网计算范围灵活配置、数据断面涵盖历史、实时、未来运行方式的计算调用服务和结果订阅服务。

1.2.3 人工智能与互联大电网调度

近年来，以高性能计算、大数据和机器学习、深度学习等技术为支撑的新一代人工智能技术受到了广泛的关注和应用。高性能计算为人工智能提供了强大的计算能力，大数据为人工智能提供了丰富的训练样本，机器学习和深度学习等为人工智能提供了更好的学习模型及算法，三者合力推动了人工智能技术的重大进步。

电力调度控制中心作为电网运行控制的指挥中枢，是集合大量数据、规则以及专家经验的密集型“决策大脑”。然而，目前调度控制仍以经验和人工分析为主，调控中心的海量多样数据、方案间缺乏逻辑模型，需要调控人员进行大量的经验知识关联，重复性的“人脑劳动” 较多，自动化和智能化程度相对较低，上述特点决定了人工智能在电网调控领域具有广阔应用前景。

当前人工智能技术能够取得重要突破的关键因素之一是数据存储技术的发展，特别是大数据技术的发展，正是因为有了海量历史数据，才能够为机器学习、深度学习等算法提供大量丰富的数据样本，以实现对各种要素及参数的训练模拟，学习的结果才更接近实际。另外，中央处理器（CPU）、图形处理器（GPU）等硬件技术快速发展，使得人工智能算法在处理大量数据样本时可以学习得更快，以满足工程应用需要。因此，人工智能技术在电网调控中的应用可以从以下五个方面进行探索：

（1）对电网运行的大量实时和历史数据进行汇集和存储，包括设备量测、气象环境、故障告警、地理位置等多维度数据，从而为后续的训练学习提供充足的样本数据。

（2）引入调度操作规程、故障处置预案、运行日志以及人工经验等非结构化的文本数据，对现有知识进行学习和模拟。

（3）建立以 CPU、GPU、高性能处理器（TPU）为集群的高性能计算架构，提高人工智能算法对样本数据的训练学习效率。

（4）构建人工智能算法引擎，为上层业务场景提供统一的算法支撑与服务。

（5）结合相关业务场景和合适的人工智能算法，开展智能化的分析与辅助决策。

基于人工智能主要的应用方面，可以根据电网实际的调度体系将人工智能在调度中的应用分为高性能计算层、数据汇集管理层、算法引擎层和业务场景层四个层级。如图 1－4 所示，高性能计算层主要由计算设备、存储设备和网络设备等组成，它可以为机器学习、深度学习提供强大的计算能力，以解决海量数据、多层级网络参数下训练学习时间过长的问题；存储设备则为电网海量运行数据提供存储支撑。数据汇集管理层主要实现对运行数据、外部环境数据及管理数据等各类结构化、非结构化数据的汇集，形成调度大数据平台，并在数据汇集的基础上实现对数据的高效存取和统一访问，针对不同结构、采样频率，采用不同的数据存储方式进行存储，最终为上层提供统一的数据访问服务。算法引擎层通过对各类算法，包括随机森林、聚类分析、知识图谱及自然语言处理等的封装，为上层应用提供统一的算法引擎支撑。业务场景层是在数据汇集管理、算法引擎和知识库的基础上，提供一些智能调度业务。

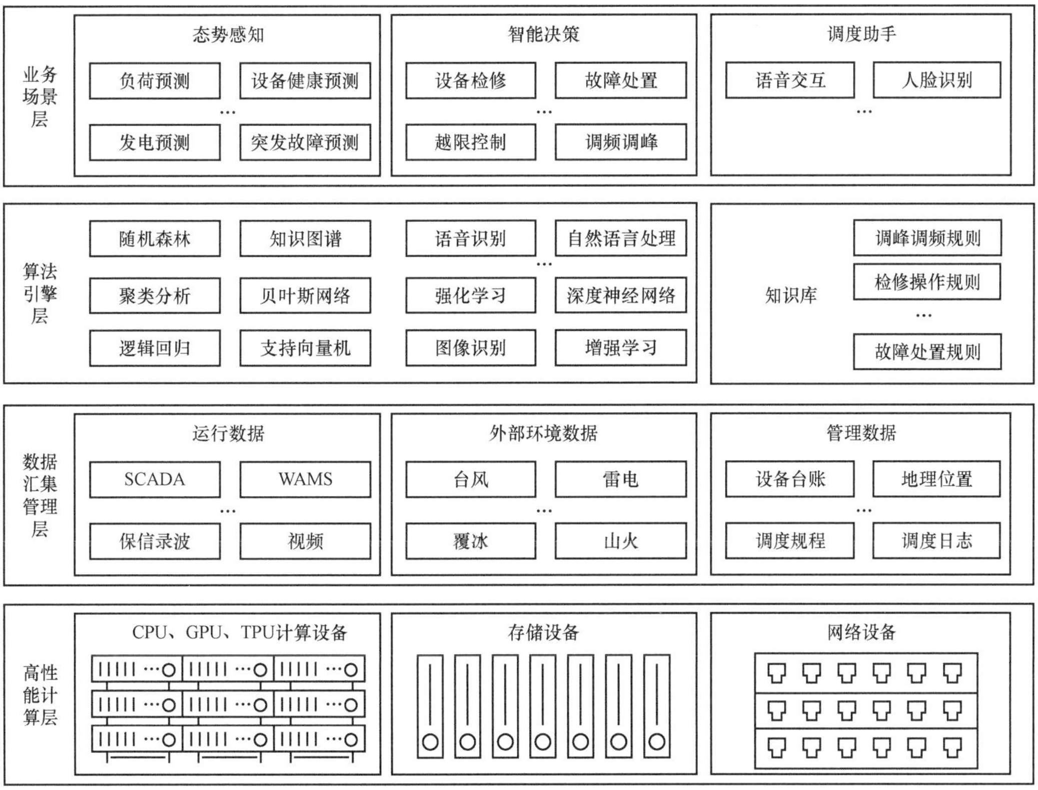

图 1－4　人工智能调度框架图

1.3　互联大电网与全球能源互联网

随着互联大电网的基本建成，能源网络的建设格局逐渐发生变化，全球能源互联网这一概念应运而生。能源互联网是以可再生能源为优先，以电力能源为基础，多种能源协同、供给与消费协同、集中式与分布式协同，大众广泛参与的新型生态化能源系统。能源互联网将针对电网在配置范围、调控能力、双向互动等方面存在的局限性，利用信息通信技术与能源电力技术的融合，全面提升电网性能，从而促进清洁能源大规模利用。

1.3.1 全球能源互联网技术创新趋势

2015 年 9 月 26 日，习近平主席在联合国发展峰会上宣布“中国倡议探讨构建全球能源互联网，推动以清洁和绿色方式满足全球电力需求”。从构建全球能源互联网需要重点解决的技术问题出发，全球能源互联网技术创新趋势突出体现在以下三大方面[13]：

（1）突破多种新型能源发电技术，满足全球大型新能源基地的大规模开发和利用。风电、太阳能发电、海洋能发电等新能源基地是全球能源互联网重要的源端电源，需要进一步加快新能源发电技术创新，降低新能源发电成本，突破大容量储能技术，为新能源基地规模化开发创造条件。

（2）发展先进大容量输电技术和特大型电网安全控制技术，确保新能源基地大规模外送和电网安全稳定运行。未来洲际互联大电网加快建设，海上、极地地区大型新能源基地开发将进一步推动输电技术向更大容量、更高电压等级、更灵活可靠接入的方向发展。

（3）深度融合应用信息通信技术，全面提升电网智能化互动能力。为更好地适应全球能源互联网海量信息处理、能源流和信息流双向流动、高渗透率分布式电源接入、多元用户供需智能互动等新趋势，需要深度融合应用更先进的信息通信技术。

1.3.2 全球能源互联网技术创新的重点领域

未来全球能源互联网技术创新的重点领域包括大容量远距离输电技术、大电网安全运行和控制技术、新能源发电及并网调控技术、先进储能技术和互联网信息通信技术五大领域，如表 1－1 所示。互联大电网技术是全球能源互联网技术创新的重要基础[13]。

表 1－1　　全球能源互联网重点技术领域和关键技术

重点技术领域	关键技术	与互联大电网技术的关系
大容量远距离输电技术	特高压交直流输电技术及装备； 柔性直流输电及直流电网技术； 战略性前瞻性技术（超导输电、无线输电、半波输电等）	互联大电网的实际工程建设
大电网安全运行和控制技术	交直流混合大电网安全分析与仿真技术； 大电网安全控制与保护技术（在线及广域优化协调控制、直流混联复杂电网故障特征识别等）； 电力系统自动化技术（全局态势感知和预警技术、大电网优化调度技术等）	互联大电网的全局态势感知、智能调控等
新能源发电及并网调控技术	大容量高参数风机技术； 太阳能发电技术（光伏、光热）； 海洋能发电技术（潮汐能、波浪能发电等）； 大规模新能源并网调控技术	新能源并网及调控
先进储能技术	物理储能（抽水蓄能电站、压缩空气储能、飞轮储能等）； 储能电池（锂离子电池、铅酸电池、液流电池等）； 相变储热； 氢储能	基于储能技术的互联大电网调控
互联网信息通信技术	大数据、云计算、移动互联技术、物联网技术、图像识别技术等； 高端芯片（通信芯片、智能传感和量测芯片）	互联大电网的信息物理耦合

1.3.3　互联大电网信息物理融合系统

在能源互联网的背景下，智能电网广泛应用广域传感测量、高速信息通信网络、先进计算、灵活控制等技术，实现发电、输电、变电、配电、用电、调度六个环节的信息化、自动化和互动化。在智能电网中，越来越多的电力设备采用嵌入式系统结构。大量的电气设备、数据采集设备和计算设备通过电网和通信网络两个实体网络实现互联。在一定程度上，它们具有信息物理融合系统（CPS）的基本特征。随着电网自动化系统、大容量输电网络、普适传感器网络的建设，以及与互联网、能源网络等的深度融合，智能电网将继续向广域协作、自主、复杂网络发展，从而形成互联大电网的电网信息物理融合系统（GCPS），如图 1－5 所示。GCPS 可以通过网格信息空间与物理空间的深度集成和实时交互，增加或扩展新的功能，以安全、可靠、高效、实时的方式对电网物理设备或系统进行监控。

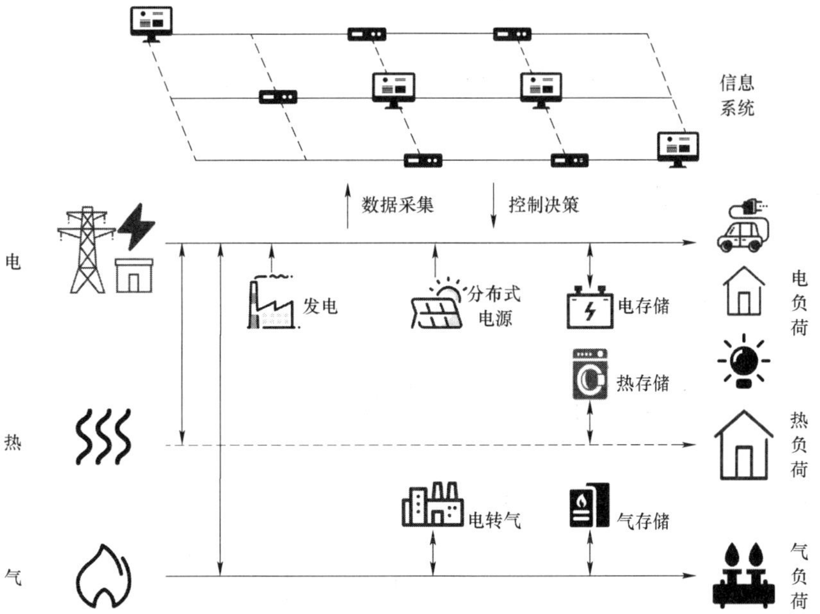

图 1－5　电网信息物理融合系统

GCPS 将显著提升电网的信息感知、集成、共享和协同能力。我国电网现正处于一个高速发展时期，电网结构和运行方式日趋复杂，系统安全稳定运行面临诸多风险因素。GCPS 除了现有的调度、生产、营销等信息采集传输系统外，还可以通过智能化电力设备、工业级传感网、智能家居等，实现多物理量或数据的广泛采集和共享；突破传统专业之间的数据壁垒，使跨越时间、空间、物理环境的协同成为可能，实现对电网状态的深度认知，以及对数据资源的高效利用。在 GCPS 的系统构架下，可合理、充分地综合各类信息进行快速、准确的故障诊断，从而减少电能中断时间和增强供电可靠性。此外，GCPS 还可能与其他社会网络，如交通网络等，实现多种跨行业的协同控制。

GCPS 将显著提升电网的自组织、自适应的能力。电网是一个复杂的信息物理基础设施，在智能电网环境下信息通信网承载的业务日益复杂繁重，已成为电网生产运行与监测控制不可分割的一部分。GCPS 将通过信息与网络的融合，支持全局优化与局部控制的协同。此外，GCPS 具有自适应功能，对负荷控制、设备特性和用户偏好等信息有比较准确的把握，可实现对物理设备的局部控制和控制中心对参数的在线调整，具有自动排除各种系统故障（包括物理系统故障和信息通信系统故障）来保证系统正常运行的能力。

GCPS 将使电网具备大规模分布式实时计算的能力。电网的特征是电能生产及消耗瞬间保持平衡，电网任何关键的动态变化都对电网的可靠性和控制的实时性提出相当高的要求。GCPS 将综合物理电网的连续模型与计算机的离散模型，突破传统集中式计算平台的约束，通过物理设备中嵌入的计算部件与中央监控系统的信息融合以及计算进程与物理进程的交互，使电网具备大规模分布式实时计算的能力，为解决大规模分布式设备的实时协调优化问题提供了新途径。

GCPS 将增强电网抵御安全威胁和风险的能力。GCPS 将兼顾信息空间安全和物理实体安全，创新分析信息物理交互影响的耦合性风险，极大提高电网的安全性。电网和信息通信网构成了双层复杂网络，GCPS 将通过对网络理论、故障传播模型、分析方法以及可信计算、安全芯片技术的研究，建立不同防护手段的相互协调机制，发展与物理网络相适应的信息通信网络规划与运行方法，实现信息空间和物理空间的协同安全保障。

未来电网是广域范围内的能量传输平台和市场互动平台，是一次能源与终端用户之间的枢纽和桥梁。未来的能源互联网将是以电网信息物理融合系统为基础，以可再生能源为主要一次能源，与天然气网络、交通网络、储能装置等其他系统紧密耦合形成的复杂多网流系统，能够统筹协调各种能源的互补关系，形成能源、电力、信息综合服务体系。

1.4 国内外互联大电网优化计算研究

互联大电网优化计算可以实现互联电网的特性分析与网络间资源的优化配置。针对互联大电网的优化，目前主流的思路是首先实现全局的潮流计算和状态估计，继而进行分布式优化。因此，本节从潮流计算、状态估计、分布式优化三个方面对互联大电网优化计算的国内外研究情况进行综述。

1.4.1 互联大电网潮流计算

电网互联包括相同电压等级的分区电网互联和不同电压等级的分层电网互联。对于相同电压等级分区的互联电网潮流计算，有研究采用并行计算方法处理大规模的潮流计算。文献［14，15］提出了大型稀疏线性方程组并行解法和矩阵的对角加边模型，这类算法适合于集中式并行同步计算环境。文献［16］指出异步迭代计算模式更加适合地域上的分布式计算。文献［17］将计算数学中的一种求解非线性方程组的 Newton-GMRES 方法引入到互联电网的分布式计算中，提出了一种预处理技术，改善了分布式方法的收敛特性。文献［18］通过计算各自重叠区域的平均相角差来解决各子系统独立选择参考节点的问题。文献［19］吸收了分布式状态估计和最优潮流的一些处理方法和技巧，提出了基于异步迭代的分布式潮流算法。文献［20］对文献［19］的方法在收敛性上进行了说明并在实际操作中进行了改进。

不同电压等级分层的互联电网潮流计算，文献［21］构建双层分布式潮流计算系统，提出分布式潮流异步协调算法：在上层系统潮流计算中将下层子区域简化为线性模型，而在下层子区域潮流计算中将上层系统处理为等值电源。文献［22］基于网格计算，提出输配电分裂解耦方法，输电网采取 PQ 分解法，配电网运用改进支路电流法。文献［23］利用全局电力系统主从式的物理特征提出了主从分裂法：在配电网潮流计算中将输电网处理为“广义电源”，而在输电网计算中将配电网处理为“广义负荷”。文献［24］对主从分裂法进行了收敛性证明和实用性分析，文献［25］对主从分裂法存在环状配电网的情况进行了讨论，并通过收敛性分析和优化解决了该问题。

1.4.2 互联大电网状态估计

对于大规模的互联电网，集中式状态估计存在量测数据传输量大、计算速度慢、详细系统参数和拓扑信息不易准确获得、局部区域坏数据及不可观测情况将直接影响整个系统等问题。考虑电网互联的特点，采用分布式状态估计可以有效提高计算结果的准确性。文献［26］将电力系统进行分区考虑，提出了一种基于空间的前、后递推式状态估计方法。在此基础上文献［27］研究了外网建模方式对子系统状态估计的影响，指出外网建模方式越精确，本地状态估计结果越接近集中式状态估计。文献［28］建立了外网简化等值模型，根据节点状态量对等值注入功率的灵敏度实现外层迭代，有较好的实用性。文献［29，30］提出在装设相量测量单元（PMU）后，电压相角量测是较为精确的值，在状态估计中加入相角量测能够有效提高状态估计的收敛速度。文献［31～33］对电力系统进行分层考虑，提出了两层电力系统状态估计方法，将互联系统划分为子系统和边界系统，第一层各子系统进行独立状态估计，第二层基于第一层估计结果和边界系统量测量进行边界系统状态估计。此外，对于分布式状态估计的时序问题，文献［34］提出了基于异步迭代模式的分布式动态潮流计算方法。

1.4.3 互联大电网的分布式优化

由于信息量庞大、实时计算要求高，全网集中式优化调度面临计算内存不足、收敛性能差、计算效率低等问题。因此，分布式优化算法逐渐成为解决区域互联电网优化调度的重要途径。国内外学者针对适合区域互联电网优化调度问题的分布式优化方法开展了广泛而深入的研究。具体地，多区域经济调度、多区域最优潮流和多区域无功优化是区域互联电网优化调度领域的主要研究热点。

多区域经济调度的基本模型主要包括凸模型[35–39]和非凸模型[40]。凸模型中，又包括二次规划模型[35–38]、二阶锥模型[39]等。求解方法一般包括最优性条件分解算法（OCD）[35,36]、广义 Benders 分解算法（GBD）[37]、交替方向乘子法（ADMM）[38,39]、一致性算法[40]等。

多区域最优潮流的基本模型主要包括基于直流潮流的二次规划模型[41,42]、传统的非凸模型[43–48]和通过松弛技术形成的凸模型[49–51]。基于直流潮流的二次规划模型一般采用 OCD 等算法进行求解，优化结果精度较低[41,42]。传统的非凸模型一般采用辅助问题原理（APP）[43,44]、ADMM[45]、OCD[46]、异构分解算法[47]、分析目标级联法（ATC）[48]等进行求解。非凸模型常会导致算法的收敛性能下降，且优化结果可能陷入局部最优。因此，一系列松弛技术应用于多区域最优潮流模型的凸化处理，如二阶锥松弛、序列凸松弛、半正定规划松弛等。对凸化处理后的模型，可再通过 ADMM 等算法进行求解[49-51]。

在不考虑变压器变比变化时，多区域无功优化属于最优潮流的特例，多区域最优潮流所采用的各类模型和算法一般也适用于求解多区域无功优化。考虑变压器变比变化时，求解方法一般包括 ADMM[52]、APP[53,54]、邻近中心算法[55]、OCD[56]等，但一般不能保证优化结果的全局最优性。此外，部分文献为了考虑变压器抽头、电容器、电抗器等离散控制设备，将无功优化问题建立为混合整数非线性规划模型进行分布式求解[57,58]。

参考文献

[1] 宋卫东. 世界跨国互联电网现状及发展趋势［J］. 电力技术经济，2009（5）：68－73.

[2] ENTSO-E. Statistic factsheet 2018[R]. 2019.

[3] SAPP. Southern African power pool annual report 2018 RJ, 2020.

[4] Poudineh R, Rubino A. Business model for cros-border interconnections in the Mediterranean basin[J]. Energy Policy, 2017, 107: 96－108.

[5] NERC. Company overview: fast facts[EB/OL]. [2009－02－11]. http://www.nerc.com/page.php? cid＝1|7|10.

[6] 姚建国，杨胜春，高宗和，等. 电网调度自动化系统发展趋势展望［J］. 电力系统自动化，2007，31（13）：7－11.

[7] 薛禹胜，肖世杰. 从印度大停电透视电力系统的广义阻塞［J］. 电力系统自动化，2012，36（16）：1－8.

[8] 中国科学院能源革命中电网技术发展预测和对策咨询项目组. 能源革命中电网技术发展预测和对策研究综述报告［R］. 北京：中国科学院，2012.

[9] 尚金成，周劼英，程满. 兼顾安全与经济的电力系统优化调度协调理论［J］. 电力系统自动化，2007，31（6）：28－33.

[10] 姚建国，杨胜春，王珂. 智能电网“源—网—荷”互动运行控制概念及研究框架［J］. 电力系统自动化，2012，36（21）：6－11＋17.

[11] 姚建国，杨胜春，单茂华. 面向未来互联电网的调度技术支持系统架构思考［J］. 电力系统自动化，2013，37（21）：52－59.

[12] 许洪强. 调控云架构及应用展望［J］. 电网技术，2017，41（10）：15－22.

[13] 谢国辉，李琼慧. 全球能源互联网技术创新重点领域及关键技术［J］. 中国电力，2016，49（3）：18－23.

[14] Torralba A, Gomez A. Three methods for the parallel solution of a large, sparse system of linear equations by multiprocessors[J]. Int J Energy Systems, 1992, 12(1): 1－5.

[15] 苏新民，毛承雄，陆继明. 对角加边模型的并行潮流计算［J］. 电网技术，2002，26（1）：22－25.

[16] Falcao D M, Wu F F, Murphy L. Parallel and distributed state estimation. IEEE Trans on Power Systems, 1995, 10(2): 724－730.

[17] 陈颖，沈沉，梅生伟，等. 基于改进 Jacobian-Free Newton-GMRES（m）的电力系统

分布式潮流计算［J］．电力系统自动化，2006（9）：10－13＋42.
［18］Huang G M, Lei J S. A concurrent non-recursive textured algorithm for distributed multi-utility state estimation//Proceedings of IEEE Power Engineering Society Summer Mccting: Vol 3, Jul 21－25, 2002, Chicago, IL, USA. Piscat aw ay, NJ, USA: IEEE, 2002: 1570－1575.
［19］张海波，张伯明，孙宏斌．基于异步迭代的多区域互联系统动态潮流分解协调计算．电力系统自动化，2003，27（24）：1－5.
［20］张海波，张伯明，孙宏斌．分布式潮流计算异步迭代模式的补充和改进［J］．电力系统自动化，2007（2）：12－16.
［21］黄平，沈沉，陈颖．多层电力系统的异步迭代分布式潮流计算［J］．电网技术，2008，32（7）：19－24.
［22］陈羽，刘东，廖怀庆，等．网格计算环境下输配电网联合潮流计算［J］．电力系统保护与控制，2012，40（5）：42－47.
［23］孙宏斌，张伯明，相年德．发输配全局潮流计算——第一部分：数学模型和基本算法［J］．电网技术，1998（12）：41－44＋48.
［24］孙宏斌，张伯明，相年德，曹冬明．发输配全局潮流计算第二部分：收敛性、实用算法和算例［J］．电网技术，1999（1）：50－53＋58.
［25］孙宏斌，郭烨，张伯明．含环状配电网的输配全局潮流分布式计算［J］．电力系统自动化，2008（13）：11－15.
［26］Schweppe F C. Power system static state estimation, PanIII: Implementation[J]. IEEE Trans on Power Apparatus and Systems, 1970, 89(1): 130－135.
［27］Korresgn. Apartioned state estimator for external network modeling[J]. IEEE Trans on-Power Systems, 2002, 17(3): 834－842.
［28］卢志刚，张静，程慧琳，等．基于分解协调及外网浓缩等值的多代理状态估计［J］．电力系统自动化，2012，36（14）：23－29.
［29］刘辉乐，刘天琪，彭锦新．基于 PMU 的分布式电力系统动态状态估计新算法［J］．电力系统自动化，2005，29（4）：34－39.
［30］Zhao L, Abur A. Multiarea state estimation using synchronized phasor measurements[J]. IEEE Trans on Power Systems, 2005, 20(2): 611－617.
［31］Cutsem T V, Horward J L, Ribbens-Pavella M. A Two-Level Static State Estimator for Electric Power Systems[J]. IEEE Transactions on Power Apparatus & Systems, 1981, PER－1(8): 3722－3732.
［32］Cutsem T V, Ribbens-Pavella M, et al.. Critical survey of hierarchical methods for state estimation of electric power systems[J]. IEEE Transactions on Power Apparatus and Systems, 1983.
［33］Kurzyn M S. Real-time state estimation for large-scale power systems[J]. IEEE Transactions on Power Apparatus and Systems, 1983, 102(7): 2055－2063.
［34］张海波，易文飞．基于异步迭代模式的电力系统分布式状态估计方法［J］．电力系统

自动化，2014，38（9）：125－131.
[35] Lai X, Xie L, Xia Q, Zhong H, Kang C. Decentralized multi-area economic dispatch via dynamic multiplier-based lagrangian relaxation[J]. IEEE Transactions on Power Systems, 2015, 30(6): 3225－3233.
[36] Ahmadi-Khatir A, Conejo A J,Cherkaoui R. Multi-area energy and reserve dispatch under wind uncertainty and equipment failures[J]. IEEE Transactions on Power Systems, 2013, 28(4): 4373－4383.
[37] Li Z,Wu W, Zhang B, Wang B. Decentralized multi-area dynamic economic dispatch using modified generalized benders decomposition. IEEE Transactions on Power Systems, 2015, 31(1): 526－538.
[38] Wang Y, Wu L, Wang S. A fully-decentralized consensus-based ADMM approach for DC-OPF with demand response[J]. IEEE Transactions Smart Grid, 2017, 8(6): 2637－2647.
[39] 李佩杰，陆镛，白晓清，韦化. 基于交替方向乘子法的动态经济调度分散式优化[J]. 中国电机工程学报，2015，35（10）：2428－2435.
[40] Binetti G, Davoudi A, Lewis F L, Naso D, Turchiano B. Distributed consensus-based economic dispatch with transmission losses[J]. IEEE Transactions on Power Systems, 2014, 29(4): 1711－1720.
[41] Bakirtzis A G, Biskas, P N. A decentralized solution to the DC－OPF of interconnected power systems[J]. IEEE Transactions on Power Systems, 2003. 18(3): 1007－1013.
[42] Biskas P N, Bakirtzis A G, Macheras N I, Pasialis N K. A decentralized implementation of DC optimal power flow on a network of computers[J]. IEEE Transactions on Power Systems, 2005, 20(1): 25－33.
[43] Kim B H, Baldick R. Coarse-grained distributed optimal power flow[J]. IEEE Transactions on Power Systems, 1997, 12(2): 932－939.
[44] Baldick R, Kim B H, Chase C, Luo Y. A fast distributed implementation of optimal power flow[J]. IEEE Transactions on Power Systems, 1999, 14(3): 858－864.
[45] Erseghe T. Distributed optimal power flow using ADMM[J]. IEEE Transactions on Power Systems, 2014, 29(5): 2370－2380.
[46] Guo J, Hug G, Tonguz O K. Intelligent partitioning in distributed optimization of electric Power Systems[J]. IEEE Transactions on Smart Grid, 2016, 7(3): 1249－1258.
[47] Li Z, Guo Q, Sun H. Coordinated transmission and distribution AC optimal power flow[J]. IEEE Transactions on Smart Grid, 2018, 9(2): 1228－1240.
[48] Mohammadi M, Mehrtash M. Diagonal quadratic approximation for decentralized collaborative TSO＋DSO optimal power flow[J]. IEEE Transactions on Smart Grid, 2019, 10(3): 2358－2370.
[49] Peng Q, Low S H. Distributed optimal power flow algorithm for radial networks, I: balanced single phase case[J]. IEEE Transactions on Smart Grid, 2018, 9(1): 111－121.
[50] Magnusson S, Weeraddana P C, Fischione C. A distributed approach for the optimal power-

flow problem based on ADMM and sequential convex approximations[J]. IEEE Transactions on Control of Network Systems, 2015, 2(3): 238–253.

[51] Dall'Anese E, Zhu H, Giannakis G B. Distributed optimal power flow for smart microgrids[J]. IEEE Transactions on Smart Grid, 2013, 4(3): 1464–1475.

[52] Zheng W, Wu W, Zhang B, Sun H, Liu Y. A fully distributed reactive power optimization and control method for active distribution networks[J]. IEEE Transactions on Smart Grid, 2015, 7(2): 1021–1033.

[53] 刘宝英，杨仁刚. 采用辅助问题原理的多分区并行无功优化算法［J］. 中国电机工程学报，2009，（7）：47–51.

[54] 程新功，厉吉文，曹立霞，刘雪连. 基于电网分区的多目标分布式并行无功优化研究［J］. 中国电机工程学报，2003，23（10）：109–113.

[55] 李智，杨洪耕. 一种用于分解协调无功优化的全分邻近中心算法［J］. 中国电机工程学报，2013，33（1）：77–83.

[56] 赵维兴，刘明波. 基于近似牛顿方向的多区域无功优化解耦算法［J］. 中国电机工程学报，2007，27（25）：18–24.

[57] Lin C H, Lin S Y. Distributed optimal power flow with discrete control variables of large distributed power systems[J]. IEEE Transactions on Power Systems, 2008, 23(3): 1383–1392.

[58] Lin S S, Horng S C, Lin C H. Distributed quadratic programming problems of power systems with continuous and discrete variables[J]. IEEE Transactions on Power Systems, 2013, 28(1): 472–481.

第 2 章

互联大电网优化计算的数学基础知识

本章将介绍互联大电网优化计算中所需的基础数学知识。其中，2.1 节介绍不动点理论与迭代求解方法，这是互联大电网分布式优化计算的数学模型，也是保障其收敛性能的理论依据；2.2 节介绍分布式优化与常见的分解优化算法，这是在互联大电网分布式优化分析过程中的必备求解手段。需要指出的是，出于篇幅限制和重点突出的考虑，本章内容主要是简明扼要地介绍常见算法的实施步骤，而它们的正确性和收敛性的理论证明将不做详细介绍，感兴趣的读者可自行查阅相关文献。

2.1 不动点理论与迭代求解方法

不动点理论是数值分析领域的经典理论，也是迭代求解方法的主要依据。在互联大电网的优化计算中，由于涉及大量的迭代计算，运用不动点理论，能够为迭代计算的收敛性提供理论支撑。此外，将一些加速迭代求解方法衍生到互联大电网的迭代计算中，有时也能够起到提高收敛性能和计算效率的作用。

2.1.1 不动点理论的收敛性分析

对于一个函数 $\boldsymbol{g}$，如果有 $\boldsymbol{g}(\boldsymbol{r})=\boldsymbol{r}$，则实数 $\boldsymbol{r}$ 是函数 $\boldsymbol{g}$ 的不动点。

不动点的收敛性可以定量描述。假定迭代映射 $\boldsymbol{\Phi}$ 在 $\boldsymbol{x}^* \in \mathbb{R}^n$ 处可导，$\boldsymbol{x}^*$为 $\boldsymbol{\Phi}$ 的不动点，若在 $\boldsymbol{x}^*$处有

$$\rho\left(\frac{\partial \boldsymbol{\Phi}}{\partial \boldsymbol{x}}\right)<1 \tag{2.1}$$

则不动点迭代局部收敛。ρ 表示矩阵的谱半径，若求得的谱半径越小，收敛越快，反之亦然。

2.1.2　不动点理论与一元方程的迭代法求解

对于无法直接求解的一元非线性方程，一般都可以通过将其转化为不动点问题进行求解，本节介绍了几种采用不动点迭代求解一元方程的方法。

1. 线性迭代法

线性迭代法是从一个初始估计 $x_0 \in \mathbb{R}$ 开始进行不动点迭代过程。

$$x_{i+1} = g(x_i), i = 0, 1, 2, \cdots, g: \mathbb{R} \to \mathbb{R} \tag{2.2}$$

在进行无穷多步的迭代后，序列 x_i 可能收敛，也可能不收敛。但是，如果函数 g 是一个连续函数并且序列 x_i 收敛，则收敛到的数 $r \in \mathbb{R}$ 就是对应的不动点。即

$$g(r) = g(\lim_{i \to \infty} x_i) = \lim_{i \to \infty} g(x_i) = \lim_{i \to \infty} x_{i+1} = r \tag{2.3}$$

图 2-1 展示了利用线性迭代求解一元方程收敛和不收敛的两种情形。为了简便直观，这里的函数均为线性函数。可以看出，如果线性函数的斜率绝对值大于 1，初始接近不动点的估计会在不动点迭代过程中距离不动点越来越远，导致方法失败。而对于绝对值小于 1 的斜率，情况完全不同，通过一次次迭代，将最终收敛于不动点。

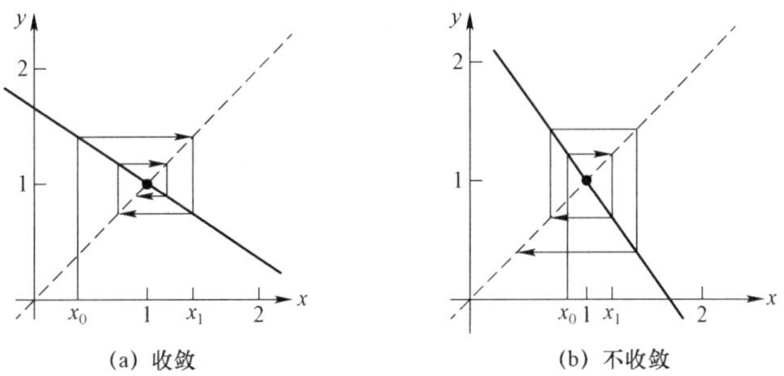

图 2-1　不动点迭代的几何图示

更一般地，一元方程的线性迭代法的收敛性遵循以下定理：

假设函数 g：$\mathbb{R} \to \mathbb{R}$ 是连续可微函数，且存在 $r \in \mathbb{R}$ 使 $g(r) = r, S = |g'(r)| < 1$，则不动点迭代对于一个足够接近 r 的初始估计线性、局部收敛到不动点 r。

2. 牛顿方法

牛顿方法通常比之前的线性迭代法快得多。牛顿方法对应的几何图如图 2-2 所示，为了找到 $f(x) = 0$ 的根，给定一个初始估计 x_0，画出函数 f 在 x_0 点的切线。用切线来近似函数 f，求出其与 x 轴的交点作为函数 f 的根，但是由于函数 f 的弯曲，该交点可能并不是精确解。因此，需要反复迭代进行。

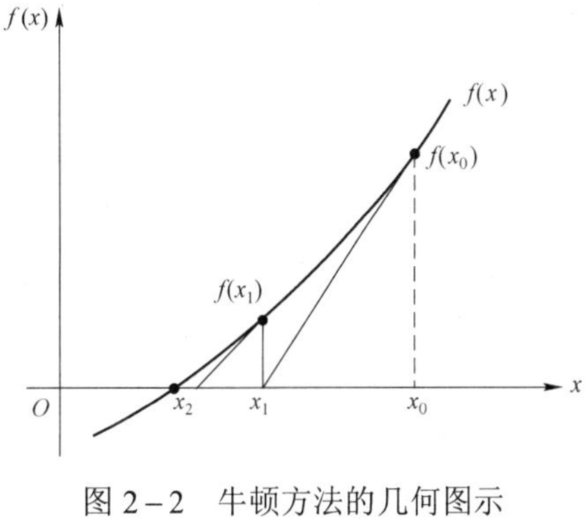

图 2-2　牛顿方法的几何图示

牛顿方法的公式可以表达为

$$x_{i+1} = x_i - \frac{f(x_i)}{f'(x_i)}, i = 0, 1, 2, \cdots \tag{2.4}$$

通常，对于一个足够接近于 $f(x)=0$ 的根的初始估计，牛顿方法具有局部二次收敛特性。

3. 割线法

在实际问题中，函数 $f(x)$ 可能难以求出其导数，此时牛顿方法将失效。针对这种情况，可以采用割线方法。割线方法和牛顿法近似，但是使用差商替换了导数。从几何图示（见图 2-3）上来看，切线被通过前面两次估计点的直线替换。割线方法的公式可以表示为

$$x_{i+1}=x_i-\frac{f(x_i)(x_i-x_{i-1})}{f(x_i)-f(x_{i-1})}, i=1,2,\cdots \tag{2.5}$$

通常，割线法的局部收敛阶至少为 $\frac{\sqrt{5}+1}{2}$。

4. 史蒂芬森加速迭代

史蒂芬森加速迭代同样是一种不用求导的迭代求解方法，可以达到局部平方收敛速度，在实际使用中与割线法相比往往有更快的收敛速度和更广的收敛域，其几何图如图 2-4 所示。史蒂芬森加速迭代的公式可以表示为

$$\begin{gathered} x_{k+1}=x_k-\frac{(y_k-x_k)^2}{z_k-2y_k+x_k} \\ y_k=f(x_k), z_k=f(y_k), k=0,1,2,\cdots \end{gathered} \tag{2.6}$$

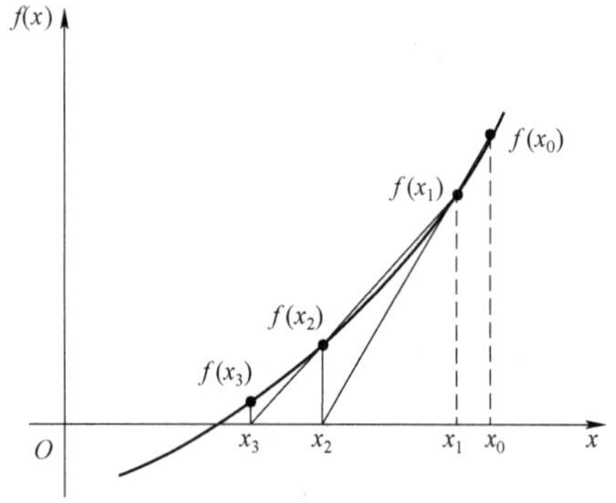

图 2-3　割线法的几何图示

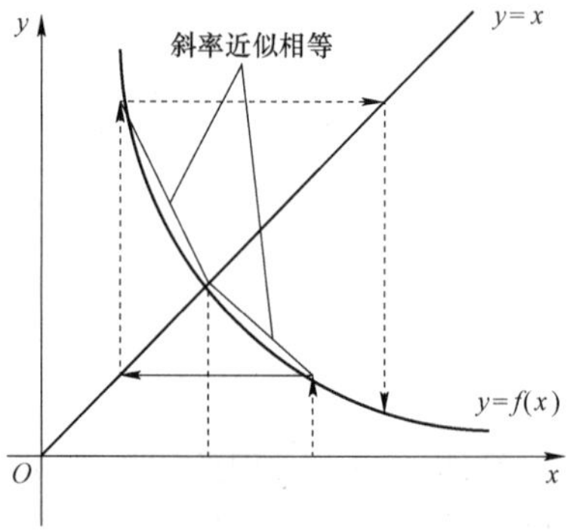

图 2-4　史蒂芬森加速迭代的几何图示

2.1.3　求解线性方程组的迭代法

考虑求解线性方程组

$$\boldsymbol{Ax}=\boldsymbol{b} \tag{2.7}$$

其中，$\boldsymbol{A}\in\mathbb{R}^{n\times n}$ 非奇异，$\boldsymbol{b}\in\mathbb{R}^n$ 为已知右端变量，记 $\boldsymbol{x}$ 为方程组的解。经典迭代法包括 Jacobi 迭代法、Gauss-Seidel 迭代法、松弛型迭代法等。这些经典迭代法被广泛应用，可参阅的资料也比较丰富，这里不再赘述。

本节主要介绍基于 Krylov 子空间理论的迭代法[1]。求解线性方程组（2.7）的一般投影方法是从 m 维放射子空间 $\boldsymbol{x}_0+\boldsymbol{K}_m$（称为搜索空间）中寻求一个近似解 $\boldsymbol{x}_m$，它使用了 Petrov-Galerkin 条件

$$\boldsymbol{b}-\boldsymbol{A}\boldsymbol{x}_m \perp \boldsymbol{L}_m \tag{2.8}$$

其中，$\boldsymbol{L}_m$ 是另一个 m 维子空间（称为约束空间）。这里，$\boldsymbol{x}_0$ 表示解的任意一个初始估计。子空间 $\boldsymbol{K}_m$ 就是 Krylov 子空间

$$\boldsymbol{K}_m(\boldsymbol{A},\boldsymbol{v})=\{\boldsymbol{v}, \boldsymbol{A}\boldsymbol{v}, \boldsymbol{A}^2\boldsymbol{v}, \cdots, \boldsymbol{A}^{m-1}\boldsymbol{v}\} \tag{2.9}$$

其中，$\boldsymbol{v}$ 可选为初始残差 $\boldsymbol{r}_0=\boldsymbol{b}-\boldsymbol{A}\boldsymbol{x}_0$。不同的 Krylov 子空间方法来自于对子空间 $\boldsymbol{L}_m$ 的不同选择以及方程组被预处理的方式。约束空间 $\boldsymbol{L}_m$ 的选择将对迭代技术具有重要的影响。通常，Krylov 子空间方法可以分为如下四类：

1）取 $\boldsymbol{L}_m=\boldsymbol{K}_m$，这属于正交投影，所以相应的方法称为正交投影方法，这类方法可极小化误差的能量范数，如著名的共轭梯度（conjugate gradient，CG）方法等。

2）取 $\boldsymbol{L}_m=\boldsymbol{A}\boldsymbol{K}_m$，这是一种特殊的斜投影，相应的方法称为正交化方法。由于这类方法可极小化残差的 2 范数，所以也被称为极小残差方法，如著名的广义极小残差（generalized minimal residual method，GMRES）方法等。

3）取 $\boldsymbol{L}_m=\boldsymbol{K}_m(\boldsymbol{A}^{\mathrm{T}},\boldsymbol{r}_0)$，即定义 $\boldsymbol{L}_m$ 为与 $\boldsymbol{A}^{\mathrm{T}}$ 相应的 Krylov 子空间。这类方法基于 $\boldsymbol{K}_m$ 和 $\boldsymbol{L}_m$ 之两组基的相互正交化，所以也称为双正交化方法，如双正交共轭梯度（bicon-jugate gradient，BiCG）方法和稳定的双正交共轭梯度（bconjugate gradient stabilized method，BiCGSTAB）方法等。

4）混合型方法，即基于某两种基本方法的混合。

下面，将针对前三类方法，分别介绍一种代表算法。请读者注意，这里介绍的均为相应算法的基本形式。在实际使用中，往往需要配合预处理技术、并行加速技术等，才可以使得各迭代法取得更好的计算性能。

1. 共轭梯度（CG）方法

对于系数矩阵 $\boldsymbol{A}$ 为对称的情形，给定线性方程组的一个初始估计 $\boldsymbol{x}_0$，按照如图 2-5 所示的流程进行计算。

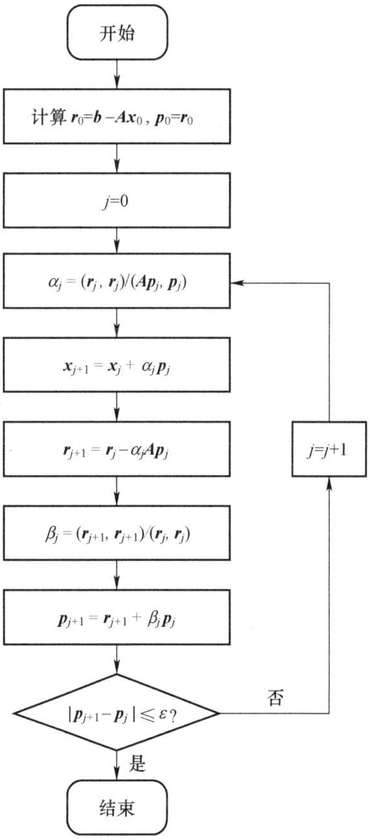

图 2-5　CG 方法计算流程图

2. 广义极小残差（GMRES）方法

GMRES 方法是一种投影方法，它基于取 $\boldsymbol{K}=\boldsymbol{K}_m$ 且取 $\boldsymbol{L}=\boldsymbol{A}\boldsymbol{K}_m$，其中 $\boldsymbol{K}_m$ 是 m 次 Krylov 子空间且取 $\boldsymbol{v}_1=\boldsymbol{r}_0/\|\boldsymbol{r}_0\|_2$。这种方法在 $\boldsymbol{x}_0+\boldsymbol{K}_m$ 的所有向量上极小化残差的 2 范数。给定线性方程组的一个初始估计 $\boldsymbol{x}_0$，按照如图 2-6 所示的流程进行计算。

3. 双正交共轭梯度（BiCG）方法

BiCG 方法不仅求解原方程组 $\boldsymbol{A}\boldsymbol{x}=\boldsymbol{b}$，同时也求解了对偶方程组。这个算法是一个到 $\boldsymbol{K}_m(\boldsymbol{A}, \boldsymbol{v}_1)$ 上且正交于 $\boldsymbol{L}_m=\boldsymbol{K}_m(\boldsymbol{A}^{\mathrm{T}}, \boldsymbol{w}_1)$ 的一个投影过程。通常取 $\boldsymbol{v}_1=\boldsymbol{r}_1/\|\boldsymbol{r}_0\|_2$。向量 $\boldsymbol{w}_1$ 是任意的，只要 $(\boldsymbol{v}_1, \boldsymbol{w}_1)\neq 0$，但通常选其等于 v_1。给定线性方程组的一个初始估计 $\boldsymbol{x}_0$，按照如图 2-7 所示的流程进行计算。

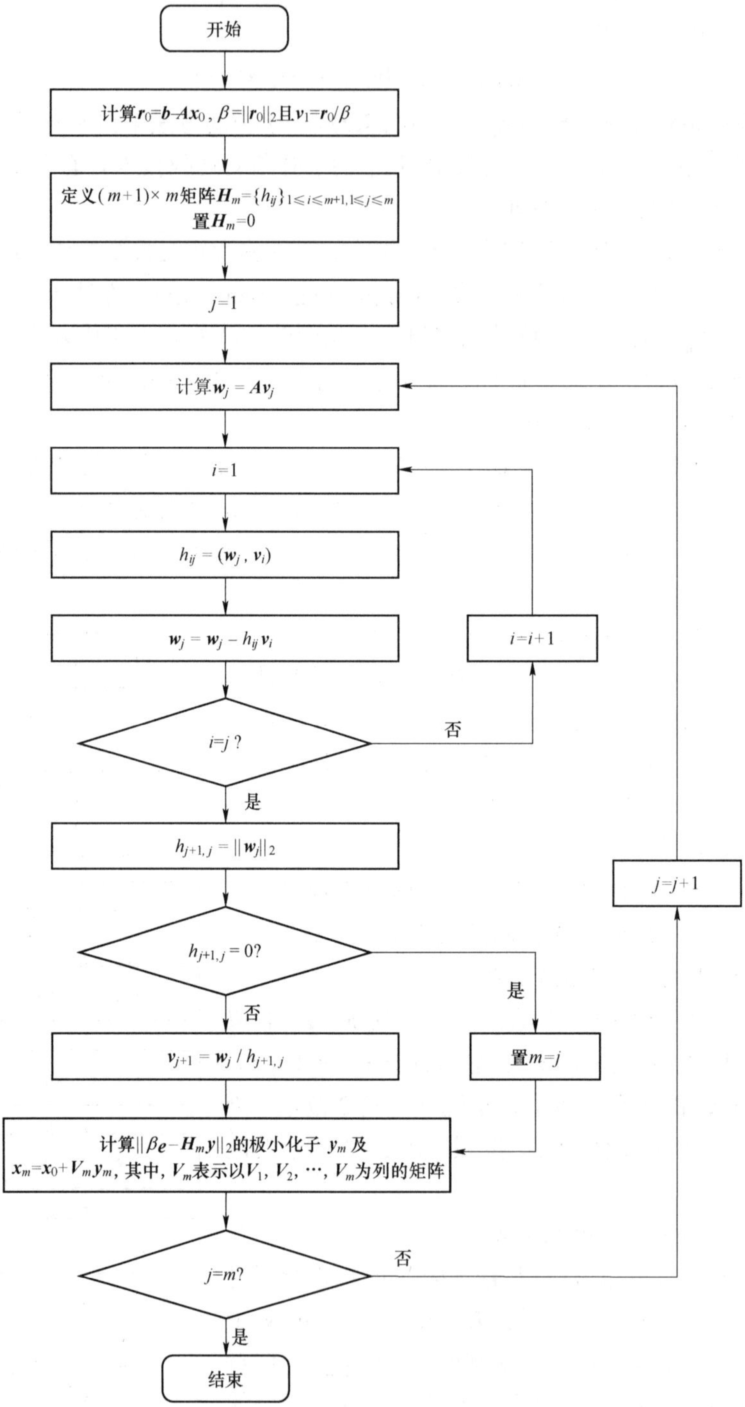

图 2-6 GMRES 方法计算流程图

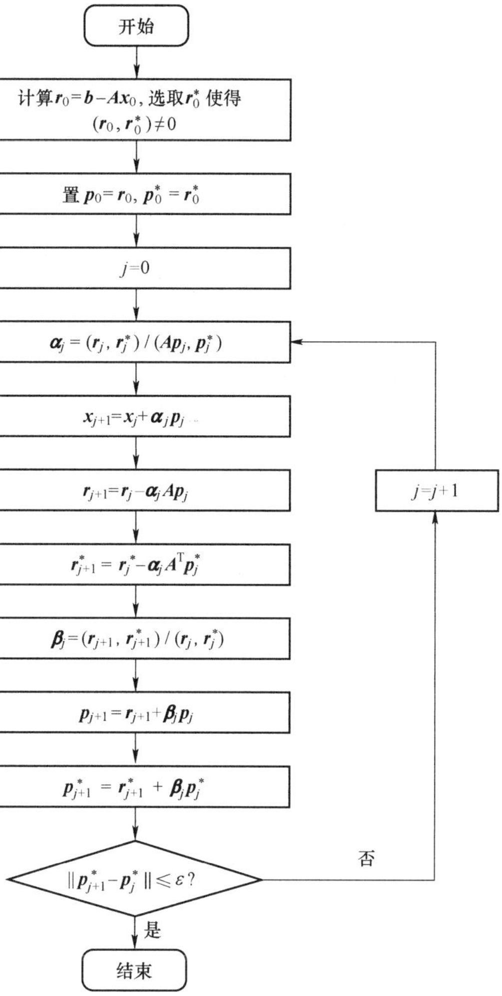

图 2－7　BiCG 方法计算流程图

2.1.4　求解非线性方程组的迭代法

求解非线性方程组的迭代法也可以分为求导数的方法和不求导数的方法。其中求导数的方法以牛顿方法为代表；不求导数的方法，在这里主要介绍史蒂芬森加速迭代法和安德森加速迭代法。

1. 牛顿方法

考虑方程组 $\boldsymbol{F}(\boldsymbol{x})=\boldsymbol{0}$，$\boldsymbol{x}\in\mathbb{R}^n$，$\boldsymbol{F}:\mathbb{R}^n\rightarrow\mathbb{R}^n$，求解非线性方程组的迭代公式为

$$\boldsymbol{x}_{k+1}=\boldsymbol{x}_k-\boldsymbol{F}'(\boldsymbol{x}_k)^{-1}\boldsymbol{F}(\boldsymbol{x}_k), k=0,1,\cdots \tag{2.10}$$

牛顿方法计算流程如图 2－8 所示，其具有局部平方收敛速率，但是对于初值较为敏感，收敛域较小。

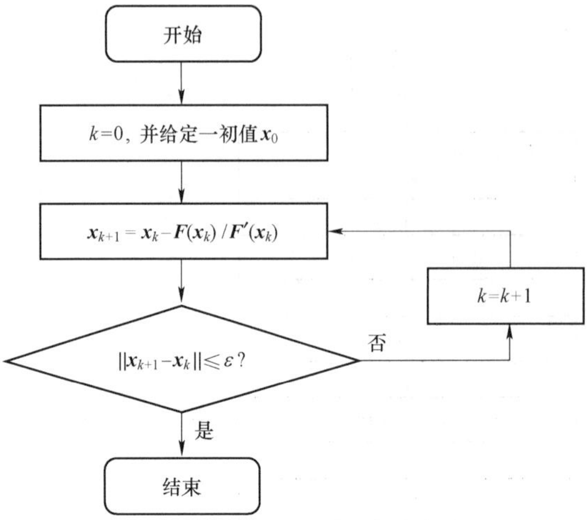

图 2-8　牛顿方法计算流程图

2. *史蒂芬森加速迭代法*

由式（2.10）可知，牛顿方法需要求导，这在实际问题中可能面临一些困难，例如一些非常复杂的非线性关系，难以进行求导。史蒂芬森加速迭代法[2]可以避免求导，对于一个初始猜测 $\boldsymbol{x}_{0,0}\in\mathbb{R}^K$ 其基本迭代公式为

$$\begin{cases}\boldsymbol{x}_{n,k}=\boldsymbol{F}(x_{n,k-1}),k=1,2,\cdots,K+1\\ \boldsymbol{x}_{n+1,0}=\boldsymbol{x}_{n,0}-\Delta\boldsymbol{x}_{n,0}(\Delta^2x_{n,0})^{-1}(\boldsymbol{x}_{n,1}-\boldsymbol{x}_{n,0}),n=0,1,\cdots\\ \Delta\boldsymbol{x}_{n,0}=\left[\boldsymbol{x}_{n,1}-\boldsymbol{x}_{n,0};\boldsymbol{x}_{n,2}-\boldsymbol{x}_{n,1};\cdots;\boldsymbol{x}_{n,K}-\boldsymbol{x}_{n,K-1}\right]\\ \Delta^2\boldsymbol{x}_{n,0}=\Delta\boldsymbol{x}_{n,1}-\Delta x_{n,0}\\ \qquad=\left[\boldsymbol{x}_{n,2}-2\boldsymbol{x}_{n,1}+\boldsymbol{x}_{n,0};\boldsymbol{x}_{n,3}-2\boldsymbol{x}_{n,2}+\boldsymbol{x}_{n,1};\cdots;\boldsymbol{x}_{n,K+1}-2\boldsymbol{x}_{n,K}+\boldsymbol{x}_{n,K-1}\right]\end{cases}\tag{2.11}$$

其中，序列 $\boldsymbol{x}_{n,0}$ 收敛时为 $\boldsymbol{x}=\boldsymbol{F}(\boldsymbol{x})$的解。史蒂芬森加速迭代法应用于非线性方程组时，很难从理论上证明其收敛性能，但是实践表明，史蒂芬森加速迭代法一般也具有平方收敛速率，相比于牛顿方法，它对于初值的敏感度相对较低，收敛域更大。史蒂芬森加速迭代法计算流程如图 2-9 所示。

3. *安德森加速迭代法*

安德森加速迭代法[3]的主要思路是，利用当前迭代 $\boldsymbol{x}_k$ 以及前 m_k 步迭代 $\boldsymbol{x}_{k-1},\cdots,\boldsymbol{x}_{k-m}$ 去计算一个新的迭代值 $\boldsymbol{x}_{k+1}$，使得 $\boldsymbol{x}_{k+1}$ 的残差 $\boldsymbol{g}(\boldsymbol{x}_{k+1})=\boldsymbol{x}_{k+1}-\boldsymbol{f}(\boldsymbol{x}_{k+1})$的范数尽可能小，计算流程如图 2-10 所示。

安德森加速迭代法的具体步骤如下：

首先确定一个系数

$$m_k=\min\{m,k\},\ k=0,1,\cdots\tag{2.12}$$

新的迭代值 $\boldsymbol{x}_{k+1}$ 由前 m 步迭代值加权得到

$$\boldsymbol{x}_{k+1}=\sum_{j=0}^{m_k}a_j^k\boldsymbol{f}(\boldsymbol{x}_{k-m_k+j}),k=0,1,\cdots\tag{2.13}$$

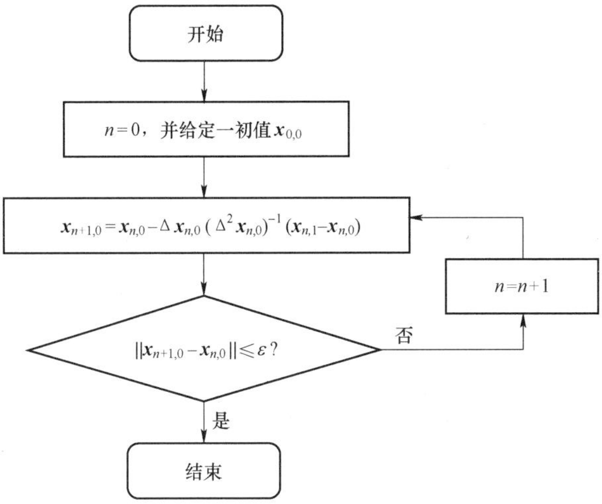

图 2－9　史蒂芬森加速迭代法计算流程图

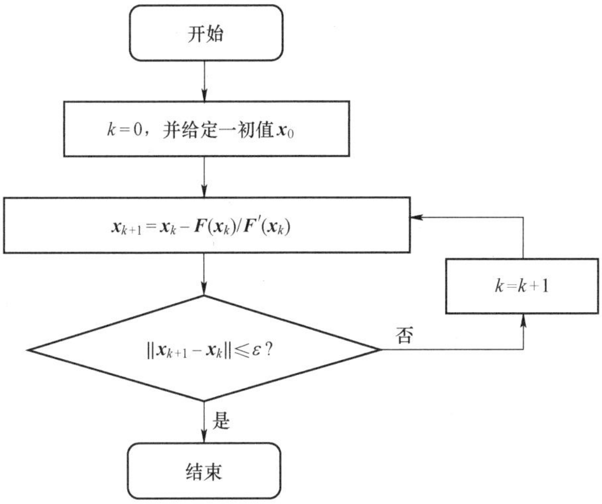

图 2－10　安德森加速迭代法计算流程

其系数 $a_0^k,\cdots,a_{m_k}^k$ 通过求解一带标准化约束的最小二乘问题得到

$$\min\left\|\sum_{j=0}^{m_k}a_j^k\boldsymbol{g}(\boldsymbol{x}_{k-m_k+j})\right\| \text{s.t.} \sum_{j=0}^{m_k}a_j^k=1 \tag{2.14}$$

安德森加速迭代法应用于非线性方程组求解时，很难从理论上证明其收敛性能，但是实践表明，其收敛速率一般优于牛顿方法。应用安德森加速迭代法涉及系数 m 的选取，对于不同的非线性方程问题，取不同的 m 值收敛效果可能不同。此外，相比于牛顿法，安德森加速迭代法对于初值的敏感度相对较低，收敛域更大[3]。

2.1.5　病态方程组和迭代法改善方法

在互联大电网优化计算中，由于电压等级、潮流、设备参数的显著差异，常常面临严重病态的方程组求解，此时，常见的迭代法需要进一步改进，否则会出现收敛速度缓慢甚至发散的问题。例如，在电力系统潮流计算时，通常采用牛顿方法（又称牛顿—拉夫逊法）进行求解，并以平启动的方式设置初值。当系统病态程度较高时，由于牛顿方法收敛性对初值敏感的特性，就很可能出现发散的情形。

为了有效应对病态方程组，改善迭代法的收敛性能，需要采取一些措施。一方面，可以采用矩阵预处理法，降低系数矩阵的条件数，这种方法通常应用于线性方程组的求解；另一方面，可以通过对迭代法本身进行改造，提高其收敛性能，例如 Levenburg－Marquardt 方法[4]应用于非线性方程组求解时，相比于牛顿方法，对初值的敏感度显著降低。

2.2 分布式优化与常见的分解优化算法

优化理论和优化算法一直以来是经济管理、工程设计、产品优化等诸多领域的核心内容，在电力能源领域亦是如此。优化问题的研究要和它所处的物理网络、信息网络环境联系起来。一方面，网络环境决定着优化问题中决策个体所能获取的信息，以及基于信息所做决策的稳定性和有效性；另一方面，优化过程中的决策机制影响着决策个体对信息的判别处理和传输能力，进而影响网络的复杂性和动态性。

近年来，随着计算机网络快速发展，分布式网络环境在科学研究和社会生活的各个领域广泛渗透，导致很多优化问题的求解处于分布式环境中，涌现出了一大批新的、更加复杂的优化理论研究和应用需求，特别是以分散自治个体间相互作用和协作为代表的分布式优化问题，推动了传统优化问题进入一个全新的阶段，如图 2－11 所示。分布式优化问题的典型特征，就是由分布在不同物理位置并且具有自主性的决策个体，通过一定的协调机制和规则，独立进行各自的决策和优化，并且平等地实现全局的优化目标。这种在处于复杂和海量信息下以及动态开放交互网络中的优化问题，呈现出与传统优化问题不同的特点，其中最明显的就是信息获取的区域化、动态化和控制设计的局部化、复杂化，使得分布式优化问题的建模和求解变得更加困难。

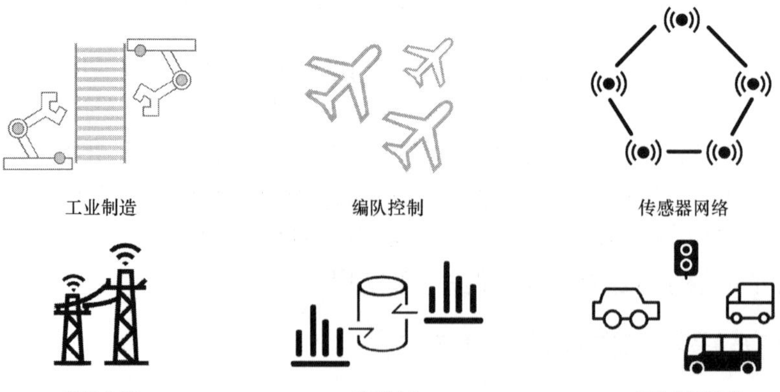

图 2－11　分布式优化的应用

2.2.1　分布式优化的意义

相较于传统的基于全局信息的决策模型和优化算法，分布式优化建模和求解技术具有重要的现实意义：

（1）由于无须获取和利用全局信息来实现优化决策，个体可以降低对多维信息的处理能力要求，在很大程度上避免决策机制设计上的复杂性以及问题求解过程中的额外开销。

（2）由于在地理上分布的分散性，分布式优化可以避免决策个体因要获取全局信息而需要更大的网络带宽资源，从而提高经济性。在某些应用场合，由于决策个体分布范围广并且周围通信环境恶劣，获取全局信息甚至是不可能的，分布式优化可以提高优化决策对通信条件的鲁棒性。

（3）参与决策的个体之间存在或多或少的利益联系，在基于全局信息的通信模式下，势必会增加信息泄露的危险性，信息的隐私性得不到保障。同时，如果存在外界的恶意干扰或者破坏，单个个体的失效甚至崩溃将迅速危及全网络的稳定和安全，信息的安全性也难以保证。分布式优化可以让个体的信息安全和利益得到有效的保护。

（4）在全局信息条件下，个体决策的有效性直接影响到其他个体，甚至是整个问题最终优化目标的实现，大大降低决策机制的鲁棒性。分布式优化可以有效通过迭代机制规避这一问题。

2.2.2　分解优化算法的主要思想

如图 2－12 所示，分布式优化算法的结构可以分为主从结构和完全分布式结构。主从结构一般包含一个主节点和多个从节点，从节点负责子问题的优化或迭代，主节点进行全局的计算或迭代，主从节点之间的计算往往有先后顺序，而从节点间往往能够进行并行计算。在最优化理论背景下的分布式算法，往往依赖对原问题、对偶问题、对偶变量的迭代求解，其中的分布式特点一般依赖原问题或对偶问题的可分形式，当所有环节均可分时，主从结构则转化为完全分布式结构。

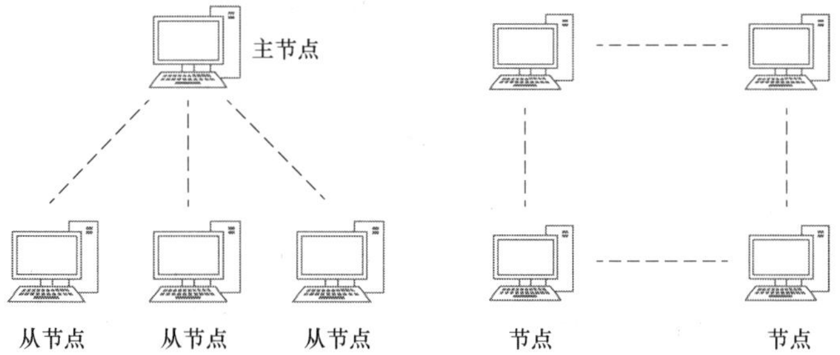

(a) 主从结构　　(b) 完全分布式结构

图 2－12　分布式优化算法结构示意图

分布式优化算法可以分为传统优化算法与现代优化算法。传统优化算法一般是基于优化问题中目标函数的导数特性来确定优化变量的搜索方向，比较有代表性的有一阶算法，比如梯度法和次梯度法；还有分解算法，包括原始分解法和对偶分解法。现代优化算法包括神经网络、模拟退火和遗传算法等启发式算法。考虑到互联大电网的实际特点，本书主要基于分解算法对互联大电网进行优化计算。

分解算法的主要思想是通过研究目标函数的结构信息和约束条件，将一个复杂的大问题分解为较为容易解决的一系列子问题，然后通过协调子问题的求解过程，获得优化目标函数的最优解。分解算法的引入，主要是基于两点考虑：① 为了适应目前优化问题的规模和复杂度越来越大的情况。分解算法不但具备对目标函数的特殊结构或者决策变量中的约束关系进行进一步研究的可能性，而且原来复杂问题的解决可以转化为规模和复杂度相对较小的子问题的求解，使得优化问题求解的难度大大降低。② 为了满足工程应用中越来越多的分布式并行处理能力的需求，尤其是多智能体系统应用中，系统中决策变量分布在不同的个体上，通过个体自主的决策以及相互的约束条件来实现整体的目标，因此，分解算法作为分布式优化算法，为此类问题的解决提供了一种很好的理论和设计框架。

下面将对常见的一些分解算法进行简要介绍。为了叙述的简便，这些算法均以两个决策个体之间的分布式优化进行原理的简介，读者可以自行将这些算法衍生到三个或三个以上决策个体之间的分布式优化，或是参考详细介绍这些分解算法的文献资料。

2.2.3 原始分解算法

原始分解算法是最简单的一类分解优化算法，同时它也是一种以资源分配为导向的分解算法。它的主要思想是通过更新主问题分配给每个子问题的资源量来优化目标函数，通常可以通过构造合适的子问题分解结构，保证算法渐进收敛到目标函数的最优值。

考虑如下的无约束优化问题

$$\min_{x,z,r} \boldsymbol{f}(\boldsymbol{x},\boldsymbol{r})+\boldsymbol{g}(\boldsymbol{z},\boldsymbol{r}) \tag{2.15}$$

这里，$\boldsymbol{f}$ 和 $\boldsymbol{g}$ 是两个决策主体的目标函数，$\boldsymbol{x}$ 和 $\boldsymbol{z}$ 是两个决策主体的优化变量。$\boldsymbol{r}$ 是两个决策主体之间的耦合向量。原始分解算法首先在给定的 $\boldsymbol{r}$ 下，分别计算下面的两个问题

$$\boldsymbol{\phi}^1(\boldsymbol{r})=\min_{\boldsymbol{x}} \boldsymbol{f}(\boldsymbol{x},\boldsymbol{r}) \tag{2.16}$$

$$\boldsymbol{\phi}^2(\boldsymbol{r})=\min_{z} \boldsymbol{g}(\boldsymbol{z},\boldsymbol{r}) \tag{2.17}$$

令 $\boldsymbol{\phi}(\boldsymbol{r})=\boldsymbol{\phi}^1(\boldsymbol{r})+\boldsymbol{\phi}^2(\boldsymbol{r})$，则优化问题（2.15）转化为下面的优化问题

$$\min_{\boldsymbol{r}} \boldsymbol{\phi}(\boldsymbol{r}) \tag{2.18}$$

其中，式（2.18）称为优化问题（2.15）的主问题，式（2.16）和式（2.17）称为子问题。如果式（2.15）中的优化目标函数是一个凸函数，则主问题中的目标函数也是一个凸函数。因此，可以利用凸优化中的次梯度算法来计算局部最小值，以此来获得凸问题的全局最小值。

假定子问题中凸函数 $\boldsymbol{\phi}^1(\boldsymbol{r})$ 在 $\boldsymbol{r}$ 处的次梯度是 $\boldsymbol{g}^1(\boldsymbol{r})$，凸函数 $\boldsymbol{\phi}^2(\boldsymbol{r})$ 在 $\boldsymbol{r}$ 处的次梯度是 $\boldsymbol{g}^2(\boldsymbol{r})$，那么主问题中目标函数的次梯度是 $\boldsymbol{g}^1(\boldsymbol{r})+\boldsymbol{g}^2(\boldsymbol{r})$。则主问题可以通过次梯度算法获得 $\boldsymbol{r}$ 的一系列迭代结果，直至 $\boldsymbol{r}$ 收敛。即

$$\boldsymbol{r}^{t+1}=\boldsymbol{r}^t-\eta^t\boldsymbol{g}(\boldsymbol{r}^t) \tag{2.19}$$

式中：$\boldsymbol{g}(\boldsymbol{r}^t)=\boldsymbol{g}^1(\boldsymbol{r}^t)+\boldsymbol{g}^2(\boldsymbol{r}^t)$；$\eta$ 为预设步长。

原始分解算法的流程图如图 2－13 所示。

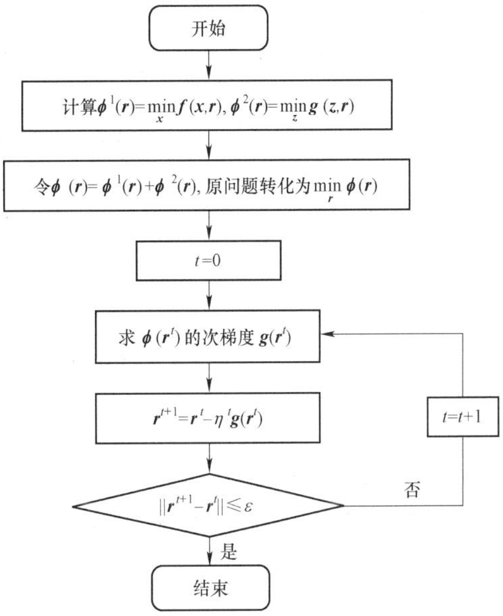

图 2－13　原始分解算法流程图

2.2.4　交替方向乘子法（ADMM）

交替方向乘子法（alternating direction method of multipliers，ADMM）是一种求解具有可分结构的凸优化问题的重要方法，其最早由 Gabay 和 Mercier 于 1976 年提出[5]。近些年，该算法在大规模数据分析处理领域（如统计学习、语音识别、图像处理等）由于处理速度快、收敛性能好等良好表现而备受关注。

ADMM 一般用于求解如下带有等式约束的凸优化问题[6]：

$$\min_{x,z} f(x)+g(z) \quad \text{s.t.}\ Ax+Bz=c \tag{2.20}$$

式中：$x\in\mathbb{R}^n$，$z\in\mathbb{R}^m$ 是优化变量；矩阵 $A\in\mathbb{R}^{p\times n}$，$B\in\mathbb{R}^{p\times m}$，$c\in\mathbb{R}^p$；函数 $f(x)$ 和函数 $g(z)$分别是关于变量 x、z 的凸函数。

则该问题的增广拉格朗日函数为

$$L_\rho(x,z,\lambda)=f(x)+g(z)+\lambda^{\mathrm{T}}(Ax+Bz-c)+\frac{\rho}{2}\|Ax+Bz-c\|^2 \tag{2.21}$$

式中：λ 是对偶变量；常量 $\rho>0$。

ADMM 的具体迭代式如下，直至 λ 收敛

$$\begin{aligned} x_{k+1}&=\arg\min_x L_\rho(x,z_k,\lambda_k)\\ z_{k+1}&=\arg\min_z L_\rho(x_{k+1},z,\lambda_k)\\ \lambda_{k+1}&=\lambda_k+\rho(Ax_{k+1}+Bz_{k+1}-c)\end{aligned} \tag{2.22}$$

ADMM 的流程图如图 2－14 所示。

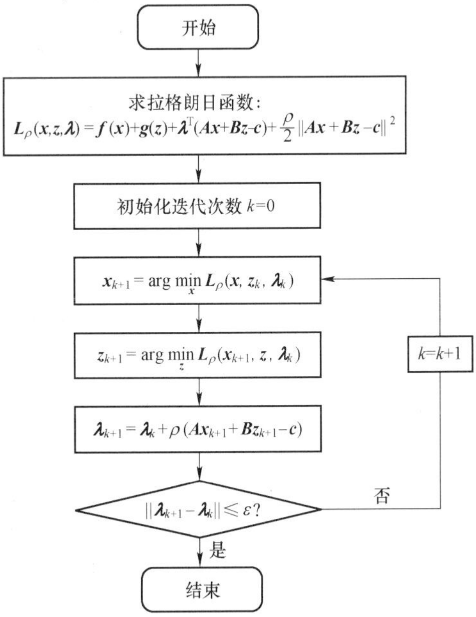

图 2－14　交替方向乘子法流程图

2.2.5　辅助问题原理法（APP）

辅助问题原理法（auxiliary problem principle，APP）一般用于求解如下带有等式约束的凸优化问题[7]

$$\min_{x,y,z} f(x,y)+g(z,y) \quad \text{s.t.}\ F_a(x,y)=0, G_a(x,y)\leqslant 0, F_b(y,z)=0, G_b(y,z)\leqslant 0 \tag{2.23}$$

式中：$x\in\mathbb{R}^n$，$y\in\mathbb{R}^t$，$z\in\mathbb{R}^m$ 是优化变量；函数 f、g、F_a、F_b、G_a、G_b 均是关于相应变量

的凸函数。

对于任意常数$\gamma \geqslant 0$，式（2.23）等价于

$$\min_{x,y,z} f(x,y)+g(z,y)+\frac{\gamma}{2}\|y_a-y_b\|^2 \tag{2.24}$$

APP 的具体迭代式如下，直至$\boldsymbol{\lambda}$和 $\boldsymbol{y}$ 收敛

$$\begin{aligned}
(x^{k+1},y_a^{k+1}) &= \arg\min_{x,y_a} f(x,y_a)+\frac{\beta}{2}\|y_a-y_a^k\|^2+\gamma y_a^{\mathrm{T}}(y_a^k-y_b^k)+\lambda^{k^{\mathrm{T}}} y_a \\
(y_b^{k+1},z^{k+1}) &= \arg\min_{y_b,z} g(y_b,z)+\frac{\beta}{2}\|y_b-y_b^k\|^2-\gamma y_b^{\mathrm{T}}(y_a^k-y_b^k)-\lambda^{k^{\mathrm{T}}} y_b \\
\lambda^{k+1} &= \lambda^k+\alpha(y_a^k-y_b^k)
\end{aligned} \tag{2.25}$$

式中：β，α，γ为预设常数。

APP 的流程图如图 2－15 所示。

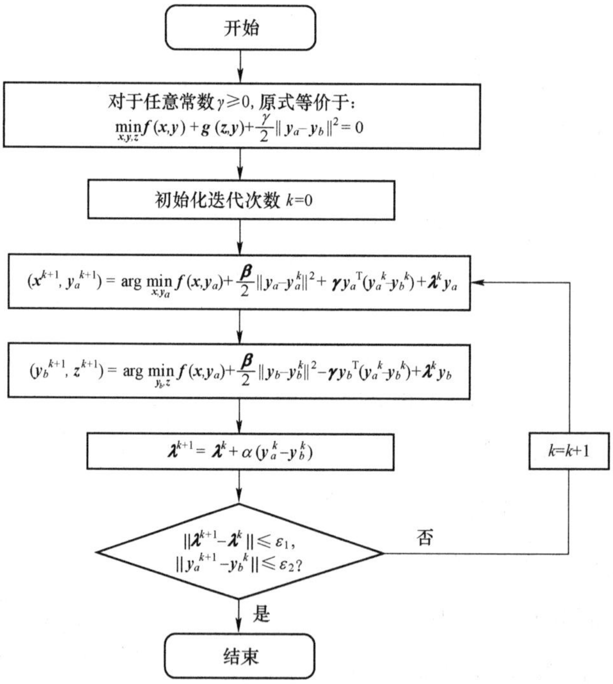

图 2－15　辅助问题原理法流程图

2.2.6　最优条件分解法（OCD）

最优条件分解法（optimal condition decomposition，OCD），又称为对偶分解算法，它的基本思想是根据求解问题和其对偶问题的结构特征，利用对偶理论来达到改进计算效率的目的[8]。

考虑如下的无约束优化问题

$$\begin{aligned}&\min_{x,z,r_1,r_2} \boldsymbol{f}(\boldsymbol{x},\boldsymbol{r}_1)+\boldsymbol{g}(\boldsymbol{z},\boldsymbol{r}_2)\\&\text{s.t.}\quad \boldsymbol{r}_1=\boldsymbol{r}_2\end{aligned} \tag{2.26}$$

式中：$\boldsymbol{x}\in\mathbb{R}^n$，$\boldsymbol{z}\in\mathbb{R}^m$，$\boldsymbol{r}_1\in\mathbb{R}^p$，$\boldsymbol{r}_2\in\mathbb{R}^p$ 是优化变量；函数 $\boldsymbol{f}$、$\boldsymbol{g}$ 是关于相应变量的凸函数。

接下来，利用拉格朗日乘子对问题进行改造，首先引入 λ 并定义拉格朗日函数为

$$\boldsymbol{L}(\boldsymbol{x},\boldsymbol{z},\boldsymbol{r}_1,\boldsymbol{r}_2,\lambda)=\boldsymbol{f}(\boldsymbol{x},\boldsymbol{r}_1)+\boldsymbol{g}(\boldsymbol{z},\boldsymbol{r}_2)+\boldsymbol{\lambda}(\boldsymbol{r}_1-\boldsymbol{r}_2) \tag{2.27}$$

其中，原来优化问题中的约束条件以加权和的形式出现在拉格朗日函数中。如果 $\lambda\geqslant 0$，那么则有 $\boldsymbol{L}(\boldsymbol{x},\boldsymbol{z},\boldsymbol{r}_1,\boldsymbol{r}_2,\lambda)\leqslant \boldsymbol{f}(\boldsymbol{x},\boldsymbol{r}_1)+\boldsymbol{g}(\boldsymbol{z},\boldsymbol{r}_2)$。进而，令拉格朗日对偶函数 $\boldsymbol{q}(\boldsymbol{\lambda})$ 定义为拉格朗日函数的最小值，即

$$\boldsymbol{q}(\boldsymbol{\lambda})=\inf_{x,z,r_1,r_2}\boldsymbol{L}(\boldsymbol{x},\boldsymbol{z},\boldsymbol{r}_1,\boldsymbol{r}_2,\boldsymbol{\lambda}) \tag{2.28}$$

可知拉格朗日对偶函数 $\boldsymbol{q}(\boldsymbol{\lambda})$ 是拉格朗日函数的逐点下确界，因此 $\boldsymbol{q}(\boldsymbol{\lambda})$ 是一个凹函数。如果用 c 表示优化问题（2.26）的最优值，那么 $\boldsymbol{q}(\boldsymbol{\lambda})$ 是 c 的下确界，即 $\boldsymbol{q}(\boldsymbol{\lambda})\leqslant c$。因此，为了求解 c，就要最大化下确界 $\boldsymbol{q}(\boldsymbol{\lambda})$。与原始分解算法不同，对偶分解算法首先固定的是拉格朗日乘子 $\boldsymbol{\lambda}$，并且如果令

$$\boldsymbol{\phi}^1(\boldsymbol{\lambda})=\inf_{x,r_1}(\boldsymbol{f}(\boldsymbol{x},\boldsymbol{r}_1)+\boldsymbol{\lambda}^{\mathrm{T}}\boldsymbol{r}_1) \tag{2.29}$$

$$\boldsymbol{\phi}^2(\boldsymbol{\lambda})=\inf_{z,r_2}(\boldsymbol{g}(\boldsymbol{z},\boldsymbol{r}_2)+\boldsymbol{\lambda}^{\mathrm{T}}\boldsymbol{r}_2) \tag{2.30}$$

那么，拉格朗日对偶函数可以表示为

$$\boldsymbol{q}(\lambda)=\boldsymbol{\phi}^1(\lambda)+\boldsymbol{\phi}^2(\lambda) \tag{2.31}$$

这里，式（2.31）为主问题，式（2.29）和式（2.30）为子问题。解决对偶问题就变成了求解主问题的最大化问题。根据次梯度算法，拉格朗日乘子的迭代方程如下

$$\boldsymbol{\lambda}^{t+1}=\max\{\boldsymbol{\lambda}^t-\eta^t(\boldsymbol{r}_1^t+\boldsymbol{r}_2^t),\boldsymbol{0}\} \tag{2.32}$$

因此，结合对偶分解算法和次梯度算法可以对约束优化问题进行求解。

OCD 的流程图如图 2－16 所示。

2.2.7　广义 Benders 分解法（GBD）

广义 Benders 分解法（generalized benders decomposition，GBD）考虑如下形式的优化问题[9]

$$\begin{aligned}&\min_{x,y}\boldsymbol{f}(\boldsymbol{x},\boldsymbol{y})\\&\text{s.t.}\quad \boldsymbol{G}(\boldsymbol{x},\boldsymbol{y})\leqslant 0,\boldsymbol{x}\in\boldsymbol{X},\boldsymbol{y}\in\boldsymbol{Y}\end{aligned} \tag{2.33}$$

求解的关键是把问题投影到 $\boldsymbol{y}$ 空间上来处理，其投影为

$$\begin{aligned}&\min_{y}\boldsymbol{V}(\boldsymbol{y})\\&\text{s.t.}\quad \boldsymbol{y}\in\boldsymbol{Y}\cap\boldsymbol{V}\end{aligned} \tag{2.34}$$

其中

$$\begin{aligned}&\boldsymbol{V}(y)=\inf_{x}\boldsymbol{f}(\boldsymbol{x},\boldsymbol{y})\\&\text{s.t.}\quad \boldsymbol{G}(\boldsymbol{x},\boldsymbol{y})\leqslant 0,\boldsymbol{x}\in\boldsymbol{X}\end{aligned} \tag{2.35}$$

$$\boldsymbol{V}=\{\boldsymbol{y}:\forall\boldsymbol{x},\boldsymbol{G}(\boldsymbol{x},\boldsymbol{y})\leqslant 0\} \tag{2.36}$$

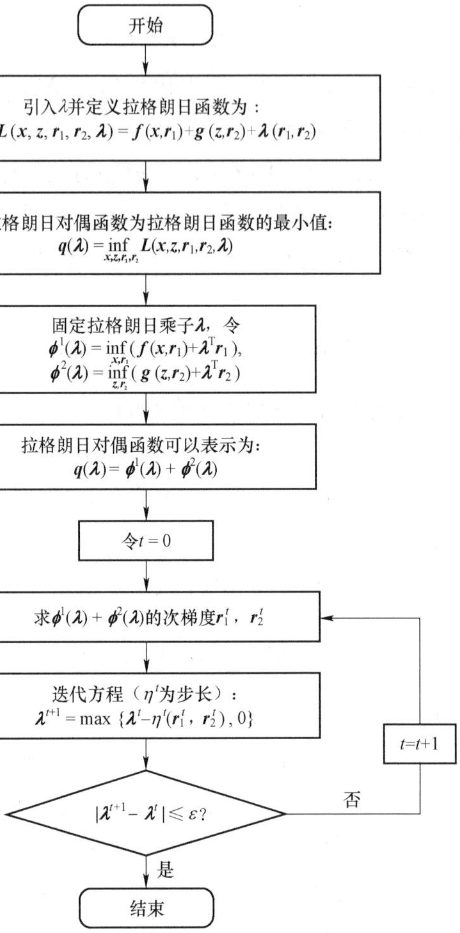

图 2-16　最优条件分解法流程图

因此，集合 $\boldsymbol{V}$ 是使问题（2.37）可能成立的 $\boldsymbol{y}$ 值的集合，$\boldsymbol{Y} \cap \boldsymbol{V}$ 可看成式（2.33）的可行区域对 $\boldsymbol{y}$ 空间的投影。

$$\begin{aligned} &\min_{x \in X} \boldsymbol{f}(\boldsymbol{x}, \boldsymbol{y}) \\ &\boldsymbol{G}(\boldsymbol{x}, \boldsymbol{y}) \leqslant 0 \end{aligned} \tag{2.37}$$

如果问题（2.33）不可行或有无界最优值，则问题（2.34）也是如此。如果（$\boldsymbol{x}^c, \boldsymbol{y}^c$）是问题（2.33）的最优解，则 $\boldsymbol{y}^c$ 必是问题（2.34）的最优解。反之，如果 $\boldsymbol{y}^c$ 是问题（2.34）的最优解，$\boldsymbol{x}^c$ 是问题（2.37）的最优解，则（$\boldsymbol{x}^c, \boldsymbol{y}^c$）是问题（2.33）的最优解。这样就可以将问题（2.33）的优化问题看成是两个优化过程的统一。

设 $\boldsymbol{x}$ 为非空凸集，对于任一给定的 $\boldsymbol{y} \in \boldsymbol{Y}$，$f(\boldsymbol{x}, \boldsymbol{y})$、$\boldsymbol{G}(\boldsymbol{x}, \boldsymbol{y})$在 $\boldsymbol{x}$ 上为凸，根据非线性的对偶理论，有

$$\begin{aligned} &v(\boldsymbol{y}) = \sup \inf [\boldsymbol{f}(\boldsymbol{x}, \boldsymbol{y}) + \boldsymbol{u}^{\mathrm{T}} \boldsymbol{G}(\boldsymbol{x}, \boldsymbol{y})] \\ &\boldsymbol{y} \in \boldsymbol{Y} \cap \boldsymbol{V}, \boldsymbol{u} \geqslant 0, \boldsymbol{x} \in \boldsymbol{X} \end{aligned} \tag{2.38}$$

可以得到与问题（2.33）等价的主导问题

$$\min \sup[\inf(\boldsymbol{f}(\boldsymbol{x},\boldsymbol{y})+\boldsymbol{u}^{\mathrm{T}}\boldsymbol{G}(\boldsymbol{x},\boldsymbol{y})]\ \boldsymbol{y}\in \boldsymbol{Y},\ \boldsymbol{u}\leqslant 0 \tag{2.39}$$

令 $\boldsymbol{y}_0=v(\boldsymbol{y})$且

$$\boldsymbol{L}(\boldsymbol{y},\boldsymbol{u})=\inf[\boldsymbol{f}(\boldsymbol{x},\boldsymbol{y})+\boldsymbol{u}^{\mathrm{T}}\boldsymbol{G}(\boldsymbol{x},\boldsymbol{y})]\boldsymbol{x}\in \boldsymbol{X} \tag{2.40}$$

则有

$$\begin{aligned}&\min \boldsymbol{y}_0\\ &\text{s.t. } \boldsymbol{y}_0\geqslant \boldsymbol{L}(\boldsymbol{y},\boldsymbol{u})\\ &\boldsymbol{u}\geqslant 0\end{aligned} \tag{2.41}$$

问题（2.41）即为要求的主问题。GBD 的流程图如图 2－17 所示。

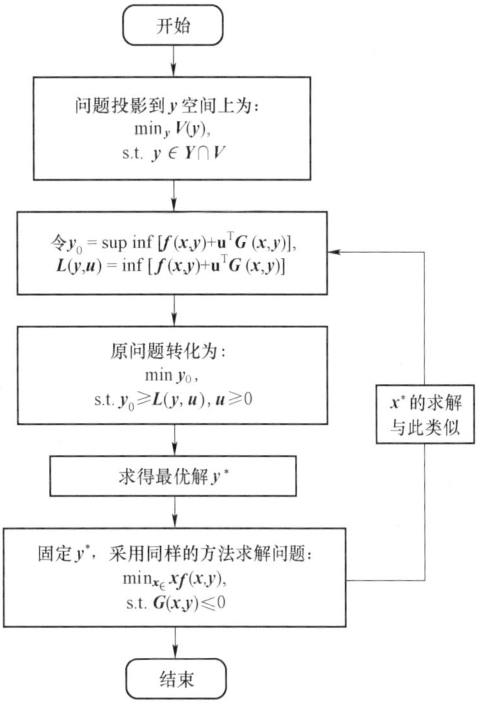

图 2－17　广义 Benders 分解法流程图

2.2.8　分解优化算法的适用场合及其局限性

分解优化问题最优解的存在性以及分解优化算法的收敛性一直以来受到学者的广泛关注。不同的分解优化问题通常对于目标函数和约束的要求也有所不同。一般来说，线性规划、二次规划等简单的凸优化问题的分布式求解，能够从数学理论上论证其收敛性能及其结果的最优性。以电力系统的优化问题为例，如果采用直流交流潮流模型，通常即可建立这样简单的凸优化问题。

然而，在互联大电网的优化分析中，交流潮流模型也是经常需要采用的模型，相比直流潮流模型等线性模型往往具有更高的精度。但与此同时，基于这些非线性模型建立的优化问题往往呈现出高度的非凸性，这使得分解优化算法的应用面临挑战。从理论上来讲，将这些分解优化算法应用于非凸优化中并不能保证收敛性能以及结果的最优性，例如优化问题的解可能陷入局部最优。但是，在实际应用中，许多学者将这些分解优化问题应用于互联大电网的优化分析中，仍然取得了良好的性能。因此，这些分解优化算法即使在非凸优化问题中，仍然具有工程实用性。

参考文献

[1] Zhang J. Preconditioned Krylov subspace methods for solving nonsymmetric matrices from CFD applications[J]. Computer Methods in Applied Mechanics and Engineering, 2000, 189(3): 825－840.

[2] Arai M, Okamoto K, Kametaka Y. Aitken-Steffensen acceleration and a new addition formula for Fibonacci numbers[J]. Proceedings of the Japan Academy Series A Mathematical Sciences, 1986, 62(1986): 5－7.

[3] Zhang J, O'Donoghue B, Boyd S. Globally Convergent Type－I Anderson Acceleration for Non-Smooth Fixed-Point Iterations[J]. 2018.

[4] Tang K, Dong S, Shen J, et al. A robust and efficient two-stage algorithm for power flow

calculation of large-scale systems[J]. IEEE Transactions on Power Systems, 2019, PP(99): 1 – 1.

[5] Boyd S, Parikh N, Chu E, et al. Distributed optimization and statistical learning via the alternating direction method of multipliers[J]. Foundations and Trends in Machine learning, 2011, 3(1): 1 – 122.

[6] Nishihara R, Lessard L, Recht B, et al. A General Analysis of the Convergence of ADMM[J]. JMLR.org, 2015.

[7] Cohen G. Auxiliary problem principle and decomposition of optimization problems[J]. Journal of Optimization Theory & Applications, 1980, 32(3): 277 – 305.

[8] Conejo A J, Nogales F J, and Prieto F J. A decomposition procedure based on approximate Newton directions. Math. Program, vol. 93, no. 3, pp. 495–515, 2002.

[9] Stolpe E M. Generalized Benders'Decomposition for topology optimization problems[J]. Journal of Global Optimization, 2011.

第 3 章

互联大电网建模

本章将介绍互联大电网优化计算中的建模部分，这是区域互联大电网优化计算的基础。其中 3.1 节将介绍一体化模型，这是互联大电网优化计算中常用的模型；3.2 节将介绍静态等值模型，这是在互联大电网优化分析过程中对外部网络进行等效和简化的一种模型。

3.1 一体化模型

一体化模型是指将各区域互联电网不设假设条件、完全按照实际电气连接关系进行拼合，即将不同区域互联电网中的每一个节点、每一个元件都视作相同地位进行处理，是一种全局的、统一的模型，能够精确刻画各网络的耦合关系。

3.1.1 实现方案

基于 CIM/E、CIM/G 及 DL 476 等标准，利用模型拼接、图形转换及通信索引表自动生成技术实现模型、图形和运行数据等信息的高度共享。CIM/E 是自描述的模型描述标准，本身可扩展，通信索引表、各应用的计算结果数据、告警数据等都可以采用 CIM/E 标准进行描述和交换。

电网模型一体化共享主要包括横向一体化和纵向一体化两个层面的内容。横向一体化是指调控中心内部各系统对电网模型和图形的一体化维护和共享。纵向一体化包含两个层面的含义：一是平台支撑层面，即调控中心间电网模型和图形的源端维护和相互共享；二是应用层面，如综合智能告警、在线安全分析结果以 CIM/E 格式为载体的一体化共享，即将各应用的计算结果封装成 CIM/E 模型文件的格式进行交换和共享，调度计划、安全校核基础应用数据和计算结果的交互等，也需要有共同的模型数据基础。为了实现大运行体系下的模型和图形信息共享，必须做到模型和图形信息维护的一体化、规范化和流程化。在调控中心内部，一体化体现在以电网公共模型为基础，各专业协调统一建模；在调控中心之间，一体化体现在电网公共模型的一体化联动，以及在此基础上的各应用模型和计算结果的实时共享。规范化体现在调控中心内部各专业之间和调控中心之间的模型、设备命名等遵循统一的标准。流程化体现在电网模型和图形的维护遵循统一的管理流程。在现有 D5000 系统的基础上，搭建电网模型和图形统一维护与验证平台（简称维护平台），平台结构如图 3－1 所示。[1]。

调控中心内部各专业电网模型和图形在维护平台统一维护、验证、同步及发布，D5000 系统的运行和维护分离。具体流程如下：

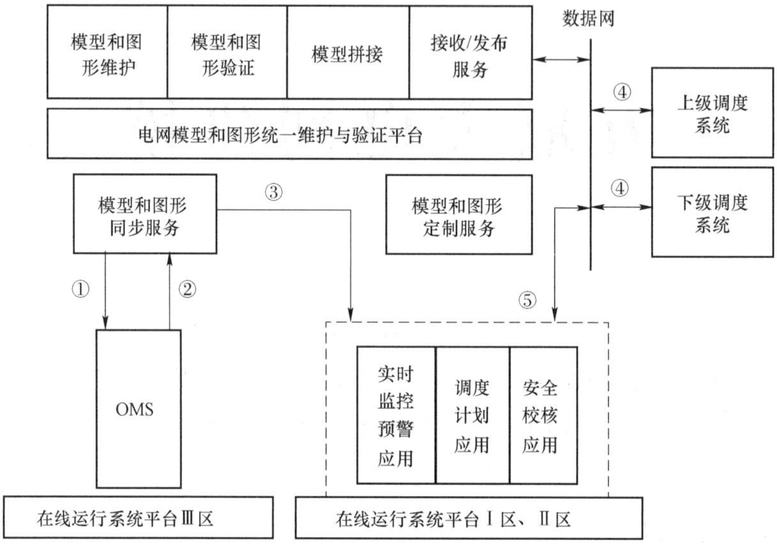

图 3－1　电网模型和图形统一维护示意图

（1）调控中心内部全业务的电网模型和图形在维护平台上统一完成基础信息的维护，包括电网模型的设备标识、设备命名、拓扑关系及关联关系。电网模型的基础信息维护完成后，发送到安全Ⅲ区的调度运行管理系统（OMS）应用，在 OMS 应用上各专业负责完成相应的设备参数等信息的维护。

（2）安全Ⅲ区的 OMS 应用将参数信息反送到维护平台，维护平台利用在线系统转发的运行数据及规划数据（新设备），进行电网模型的验证。

（3）根据设备的实际投运情况，将验证后的电网模型、图形、通信索引表等信息同步到在线系统的各应用系统。

（4）将投运后的电网模型、图形等信息同步发送给上下级调控中心。

（5）在线系统的各应用系统将计算结果发送到上下级调控中心对应的应用系统。

调控中心之间的电网模型和图形信息共享，首先是电网公共模型及应用模型图形信息的双向共享，在此基础上实现综合智能告警，然后是发电计划、检修计划、安全校核、在线安全稳定分析等应用的计算结果的双向共享。电网公共模型和应用模型的共享是各应用计算结果共享的基础，因此，各应用模型在调控中心之间也需要共享[1]。

如图 3－2 所示，通过 CIM/E 模型拼接工具，各级调控中心在维护平台上实现上下级调控中心之间的全业务模型和图形双向共享；在上下级调控中心的在线运行系统之间实现各应用计算结果的双向共享。

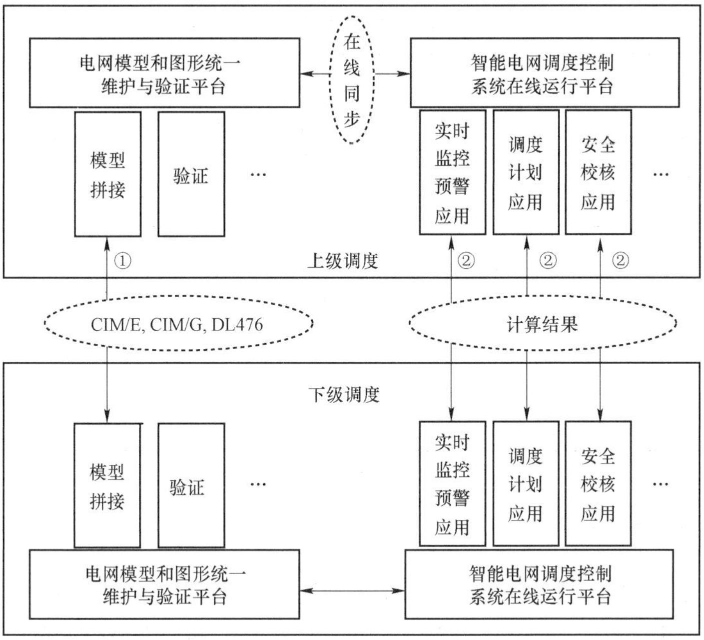

图 3－2　上下级调控中心多应用一体化共享

本地电网模型、图形、通信索引表等信息在维护平台上进行维护和验证后，首先以 CIM/E 文件的方式发布到上级或下级调控中心的维护平台，上级或下级调控中心收到远方调控中心的模型、图形等信息后，在维护平台上完成模型的拼接和验证。根据模型的投运时间，上下级调控系统同时同步到各自的在线系统，完成模型、图形的共享。最后是各应用系统计算结果的交换和共享。

各应用系统计算结果的交换和共享与上下级调控中心的电网模型是否一致密切相关。模型维护与交换是离线过程，而各应用系统计算结果的交换是在线过程。因此，一个调控中心的模型维护与验证完成后，应先送到远端的调控系统，双方根据投运时间再同时同步到在线系统。

图形以 CIM/G 文件的方式交换，如果双方都是 D5000 系统，图形文件可以直接使用，而对于非 D5000 系统或异构系统，则图形需要根据模型进行转换。

模型和图形统一验证分为两类模型的验证：① 单个调控中心的模型和图形验证（区域模型验证）；② 拼接后的全模型验证（模型拼接验证）。验证方式和验证内容如表 3－1 所示，基于 CIM/E 文件的电网模型，具备携带断面数据的能力。因此，只需把 CIM/E 文件作为参数传递给状态估计软件，状态估计软件通过文件解析，把模型和数据载入内存，全面验证模型的拓扑和所有设备参数的正确性。状态估计后的计算结果还可以作为参数传递给潮流计算软件加以进一步验证。对于模型拼接后的全电网模型，除了对参与拼接的每个区域模型进行两次验证外，还要进行全模型的关口联通性校验。关口联通性校验就是基于全网模型文件，根据边界定义，检查边界设备的拓扑连线关系、边界设备的测点信息等。对参与拼接的区域模型进行两项验证，全面验证了模型的拓扑连线及设备参数，而模型关口联通性校验则验证了模型合并的正确性。因此，通过这两种校验，可以判断拼接模型的正确性。

表 3-1　　模型与图形验证方式和内容

类型	验证方式	主要验证内容	说明
区域模型验证	基于文件的验证	语法检查、模型拓扑校验、典型参数校验、命名规范校验、模型和图形一致性验证	CIM/E 和 CIM/G 文件
	基于应用软件的验证	全面验证模型的拓扑和所有设备参数的正确性	状态估计和潮流计算
模型拼接验证	基于文件的验证	同上	参与拼接的单个模型和图形文件
	基于应用软件的验证	同上	参与拼接的单个模型和图形文件
	模型关口联通性校验	根据边界定义，检查边界设备拓扑连接关系、边界设备的测点信息	

3.1.2　优缺点和局限性

一体化模型是一种理想化的模型，它要求存在一个全局中心，或是类似调控云的环境，将各区域互联电网的数据、模型完全进行汇聚、整合和拼接，如图 3-3 所示。这在电网规模较小时不难实现，但在大规模多区域的互联电网中则面临挑战。

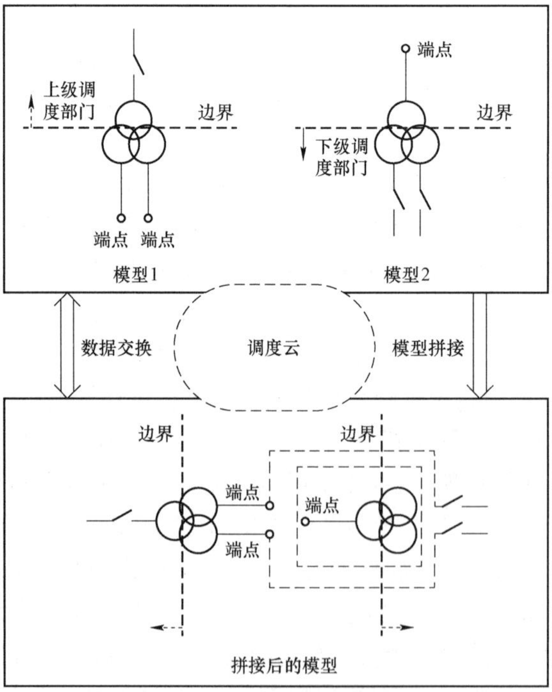

图 3-3　基于调控云的数据汇聚与模型拼接

由于这种模型完全地描述了互联大电网实际的电气连接关系，因此和其他的模型相比更为精确。同时，由于数据已经汇聚到一起（例如云端），优化分析的过程不会受复杂的通信网络干扰，如通信时延、通信失败等。

一体化模型的缺点和局限性[2]主要体现在：

1）这一模型假设不同区域的调度中心愿意分享各自的模型和数据，但在实际的优化调度过程中，这一假设不一定成立。在有些国家和地区，不同区域的电网往往由不同的公司进行管理，而这些公司属于不同的利益主体，因此彼此之间往往不能够共享数据。换句话说，一体化模型存在着潜在的数据隐私泄露和信息安全问题。

2）不同区域的电网在设备参数、电压等级、潮流级别等方面都存在着显著的数量级差异，而将这些区域电网的模型拼接为一体化模型后，得到的系统相关的矩阵，如雅可比矩阵等，往往存在着严重病态的问题。矩阵的病态进一步使得求解算法的收敛性能和效率面临严峻的挑战。

3）一体化模型由于拼接了不同区域的电网，其规模往往非常庞大。传统的计算方法和计算设备可能面临计算瓶颈，不能够在有效的时间内对大规模的一体化系统进行分析和计算。

3.2　静态等值模型

随着电力工业的发展，电网逐步变成巨大的互联系统以提高电能质量和获得较高的供电可靠性，但是互联系统却使运行方式的计算更为复杂。对互联系统进行不同运行方式下的分析计算往往会遇到计算机容量的限制或耗时过长等问题。用等值方法取代系统中某些不感兴趣的部分，可以大大缩小计算规模。

此外，当电力系统进行在线计算时，往往难以在调度中心获得整个系统的全部实时信息，而系统数学模型的规模又必须与所得到的实时信息相一致。因此，也不得不把系统中的某些不可观察部分通过等值方法来处理。

一般来说，一个互联的电力系统按其计算的要求，可以划分为研究系统和外部系统两部分。研究系统是指感兴趣的区域，或者是要求详细计算模拟的电网部分。而外部系统则是指不需要详细计算的部分，或是可以用某种等值方法来取代的电网部分。

研究系统又可以分为边界系统和内部系统两部分。所谓边界系统就是指内部系统与外部系统相联系的边界点或边界节点。内部系统与边界系统的连接支路称为联络线。任何一种将外部系统简化成外部等值的方法必须保证，当研究系统区内运行条件发生变化（例如出现预想事故），其等值网络的分析结果应与未简化前由全系统计算分析的结果相近。区域静态等值模型是将需要重点研究的区域以外的网络进行等值化简，使得等值化简后的网络在外部扰动下的响应与原复杂网络在相同扰动下的响应基本一致。

如图 3-4 所示，一个互联大电网可以分成三个部分：内部（研究）网络，外部网络和边界网络。其中边界网络连接内部网络和外部网络。集合 $\boldsymbol{I}$ 表示内部网络节点集合，集合 $\boldsymbol{B}$ 表示边界网络节点集合，集合 $\boldsymbol{E}$ 表示外部网络节点集合。下面介绍五种常见的区域等值方法[6]。

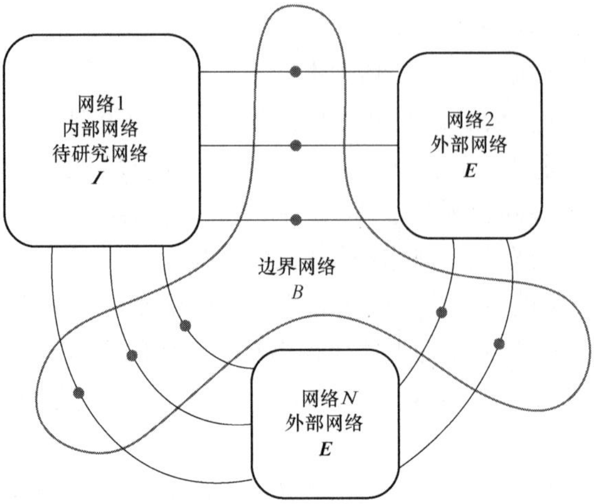

图 3－4　互联大电网的网络划分

3.2.1　线性网络等值

首先，网络的节点电压方程可写成如下形式

$$\begin{bmatrix} \boldsymbol{Y}_n^{EE} & \boldsymbol{Y}_n^{EB} & O \\ \boldsymbol{Y}_n^{BE} & \boldsymbol{Y}_n^{BB} & \boldsymbol{Y}_n^{BI} \\ O & \boldsymbol{Y}_n^{IB} & \boldsymbol{Y}_n^{II} \end{bmatrix} \begin{bmatrix} \boldsymbol{V}_n^{E} \\ \boldsymbol{V}_n^{B} \\ \boldsymbol{V}_n^{I} \end{bmatrix} = \begin{bmatrix} \boldsymbol{J}_n^{E} \\ \boldsymbol{J}_n^{B} \\ \boldsymbol{J}_n^{I} \end{bmatrix} \tag{3.1}$$

式中：$\boldsymbol{Y}_n$ 表示节点导纳矩阵；$\boldsymbol{V}_n$ 表示节点电压向量；$\boldsymbol{J}_n$ 表示节点注入电流向量；上标 E、B、I 分别表示外部、边界和内部网络。

故有

$$\boldsymbol{V}_n^{E} = \left(\boldsymbol{Y}_n^{EE}\right)^{-1}\left(\boldsymbol{J}_n^{E} - \boldsymbol{Y}_n^{EB}\boldsymbol{V}_n^{B}\right) \tag{3.2}$$

将其带入式（3.1）的第二行方程，有

$$\left[\boldsymbol{Y}_n^{BB} - \boldsymbol{Y}_n^{BE}\left(\boldsymbol{Y}_n^{EE}\right)^{-1}\boldsymbol{Y}_n^{EB}\right]\boldsymbol{V}_n^{B} + \boldsymbol{Y}_n^{BI}\boldsymbol{V}_n^{I} = \boldsymbol{J}_n^{B} - \boldsymbol{Y}_n^{BE}\left(\boldsymbol{Y}_n^{EE}\right)^{-1}\boldsymbol{J}_n^{E} \tag{3.3}$$

将此方程与式（3.1）的第三行方程合写为

$$\begin{bmatrix} \boldsymbol{Y}_n^{BB} - \boldsymbol{Y}_n^{BE}\left(\boldsymbol{Y}_n^{EE}\right)^{-1}\boldsymbol{Y}_n^{EB} & \boldsymbol{Y}_n^{BI} \\ \boldsymbol{Y}_n^{IB} & \boldsymbol{Y}_n^{II} \end{bmatrix} \begin{bmatrix} \boldsymbol{V}_n^{B} \\ \boldsymbol{V}_n^{I} \end{bmatrix} = \begin{bmatrix} \boldsymbol{J}_n^{B} - \boldsymbol{Y}_n^{BE}\left(\boldsymbol{Y}_n^{EE}\right)^{-1}\boldsymbol{J}_n^{E} \\ \boldsymbol{J}_n^{I} \end{bmatrix} \tag{3.4}$$

简记为

$$\boldsymbol{Y}_n^{EQ}\boldsymbol{V}_n^{EQ} = \boldsymbol{J}_n^{EQ} \tag{3.5}$$

其中

$$\boldsymbol{Y}_n^{EQ} = \begin{bmatrix} \boldsymbol{Y}_n^{BB} - \boldsymbol{Y}_n^{BE}\left(\boldsymbol{Y}_n^{EE}\right)^{-1}\boldsymbol{Y}_n^{EB} & \boldsymbol{Y}_n^{BI} \\ \boldsymbol{Y}_n^{IB} & \boldsymbol{Y}_n^{II} \end{bmatrix} \tag{3.6}$$

$$\boldsymbol{V}_n^{EQ} = \begin{bmatrix} \boldsymbol{V}_n^{B} \\ \boldsymbol{V}_n^{I} \end{bmatrix} \tag{3.7}$$

$$\boldsymbol{J}_n^{EQ}=\begin{bmatrix}\boldsymbol{J}_n^{B}-\boldsymbol{Y}_n^{BE}\left(\boldsymbol{Y}_n^{EE}\right)^{-1}\boldsymbol{J}_n^{E}\\ \boldsymbol{J}_n^{I}\end{bmatrix} \tag{3.8}$$

上面的式子是消去了外部节点后等值网络的方程式。关于线性等值，有如下四点结论：

1）从等值的过程看，等值的过程就是消除外部网络的过程。因此，等值的实质是消除外部网络的节点。

2）等值前后内部网络的参数和电源没有发生任何变化。

3）边界网络的拓扑结构没有变化，只是网络参数（导纳和电源）发生了改变。这种改变是外部网络等值所导致的。

4）对等值网络进行求解不仅可求出内部网络的节点电压，同时也求出了边界节点的节点电压。

3.2.2　Ward 等值

Ward 等值是功率注入型网络的一种降阶方法。如图 3－5 所示，Ward 等值方法可以视为线性网络等值方法在功率注入型网络，或者是在电力网络等值中的一种应用。功率注入型网络与线性网络的不同之处在于其源是非线性的。这导致了网络数学模型（或数学方程）的非线性。

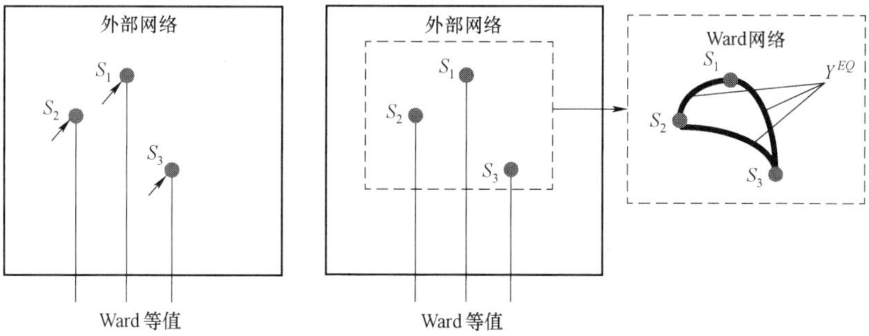

图 3－5　Ward 等值原理示意图

1. 数学原理

首先，节点注入功率 S_i 与节点电压 V_i、节点注入电流 J_i 的关系为

$$\hat{S}_i=\hat{V}_i\dot{J}_i \tag{3.9}$$

定义对角方阵

$$\boldsymbol{E}_n=\begin{bmatrix}\operatorname{diag}\left(\hat{\boldsymbol{V}}_n^{B}\right) & \boldsymbol{0}\\ \boldsymbol{0} & \operatorname{diag}\left(\hat{\boldsymbol{V}}_n^{I}\right)\end{bmatrix} \tag{3.10}$$

将等值方程式（3.5）两侧同时乘 $\boldsymbol{E}_n$，有

$$
\boldsymbol{E}_n\boldsymbol{Y}_n^{EQ}\begin{bmatrix}\boldsymbol{V}_n^B\\ \boldsymbol{V}_n^I\end{bmatrix}=\boldsymbol{E}_nJ_n^{EQ}=\begin{bmatrix}\mathrm{diag}\left(\hat{\boldsymbol{V}}_n^B\right) & \boldsymbol{0}\\ \boldsymbol{0} & \mathrm{diag}\left(\hat{\boldsymbol{V}}_n^I\right)\end{bmatrix}\begin{bmatrix}\boldsymbol{J}_n^B-\boldsymbol{Y}_n^{BE}\left(\boldsymbol{Y}_n^{EE}\right)^{-1}\boldsymbol{J}_n^E\\ \boldsymbol{J}_n^I\end{bmatrix}
$$

$$
=\begin{bmatrix}\hat{\boldsymbol{S}}_n^B-\left(\mathrm{diag}\left(\hat{\boldsymbol{V}}_n^B\right)\right)\boldsymbol{Y}_n^{BE}\left(\boldsymbol{Y}_n^{EE}\right)^{-1}\dfrac{\hat{\boldsymbol{S}}_n^E}{\hat{\boldsymbol{V}}_n^E}\\ \hat{\boldsymbol{S}}_n^I\end{bmatrix}=\begin{bmatrix}\hat{\boldsymbol{S}}_n^{\prime B}\\ \hat{\boldsymbol{S}}_n^I\end{bmatrix} \tag{3.11}
$$

上式即为 Ward 等值方程。在等值方程中，内部网络节点的节点注入功率没有任何变化，而边界网络节点的注入功率发生了变化。如果系统是在某一基本运行方式下进行等值，由于其节点电压是已知的，则外部系统注入功率分配到边界节点上的注入功率增量值为

$$
-\left(\mathrm{diag}\left(\hat{\boldsymbol{V}}_n^B\right)\right)\boldsymbol{Y}_n^{BE}\left(\boldsymbol{Y}_n^{EE}\right)^{-1}\frac{\hat{\boldsymbol{S}}_n^E}{\hat{\boldsymbol{V}}_n^E} \tag{3.12}
$$

由于外部系统注入功率在边界节点上的分配与 $\hat{\boldsymbol{V}}_n^B$ 有关，等值后的边界注入功率即式（3.11）与运行方式有关。因此上述的等值是不严格的。此外，在非基本运行情况时，由于外部节点电压 $\hat{\boldsymbol{V}}_n^E$ 不同于基本情况，而式（3.12）却引入了基本情况下的 $\hat{\boldsymbol{V}}_n^E$，这会给结果带来误差。

2. 形成 Ward 等值的步骤

形成 Ward 等值的步骤如下：

1）选取一种有代表性的基本运行方式，通过潮流计算确定全电网各节点的电压。

2）选取内部系统的范围和确定边界节点，然后对下列矩阵进行高斯消元

$$
\begin{bmatrix}\boldsymbol{Y}_n^{EE} & \boldsymbol{Y}_n^{EB}\\ \boldsymbol{Y}_n^{BE} & \boldsymbol{Y}_n^{BB}\end{bmatrix} \tag{3.13}
$$

即消去外部系统，保留边界节点，就得到仅含边界节点的外部等值导纳矩阵

$$
\boldsymbol{Y}_n^{BB}-\boldsymbol{Y}_n^{BE}\left(\boldsymbol{Y}_n^{EE}\right)^{-1}\boldsymbol{Y}_n^{EB} \tag{3.14}
$$

3）根据式（3.12）计算出分配到边界节点上的注入功率增量，并将其加到边界节点原有注入上，得到边界节点的等值注入 P_i^{EQ}、Q_i^{EQ}。也可以采用以下的简便方法来计算边界节点上的等值注入，如假定边界节点为 i，则 P_i^{EQ}、Q_i^{EQ} 的计算方法为

$$
\begin{aligned}
P_i^{EQ}&=\sum_{j\in i}\left[\left(V_i^0\right)^2\left(g_{ij}+g_{i0}\right)-V_i^0V_j^0\left(g_{ij}\cos\theta_{ij}^0+b_{ij}\sin\theta_{ij}^0\right)\right]\\
Q_i^{EQ}&=\sum_{j\in i}\left[V_i^0V_j^0\left(b_{ij}\cos\theta_{ij}^0-g_{ij}\sin\theta_{ij}^0\right)-\left(V_i^0\right)^2\left(b_{ij}+b_{i0}\right)\right]
\end{aligned} \tag{3.15}
$$

式中：V_i^0、θ_i^0 分别为基本运行方式下的内部与边界节点 i 电压幅值与相角；$g_{ij}+jb_{ij}$ 为与边界节点 i 相连的联络线或等值支路导纳；θ_{ij}^0 表示边界节点 i 和相邻节点 j 之间的电压相角差，$g_{i0}+jb_{i0}$ 为支路 i 侧的对地支路导纳；$j\in i$ 表示节点 j 与 i 相邻接。

这种方法适宜于在线应用，因为内部和边界的节点电压幅值、相角与联络线潮流都可以

由状态估计来提供。

经过以上步骤，Ward 等值后的网络接线如图 3－6 所示。

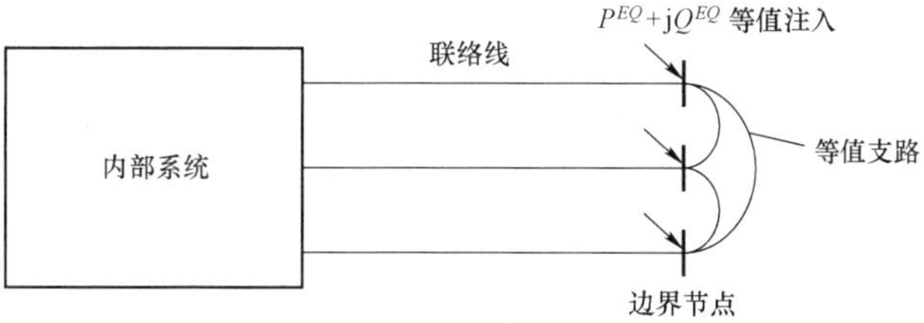

图 3－6　Ward 等值系统示意图

3. 特点分析

Ward 等值的基本思想是消除外部网络的节点，从而减少原网络分析的节点数，以降低网络方程组的维数。Ward 等值具备以下特点[3]：

（1）Ward 等值是近似等值。

（2）Ward 等值的实质就是消除外部网络的节点，其数学原理为线性网络等值原理。

（3）Ward 等值的使用条件是：外部网络状态量的变化与基本状态量近似相等或网络变化（内部网络的变化）后外部网络的节点电压变化不大。这样，外部网络的变化状态就可以用其基本状态近似替代。

（4）当利用 Ward 方法等值网络时，网络的基本状态是已知的。

（5）用等值网络求解潮流时，迭代次数可能过多或完全不能收敛。

（6）等值网络的潮流可能收敛在一个不可行解上。

（7）潮流计算结果可能误差太大。这是由于求取等值是在基本运行方式下进行的，而在系统实时情况下，由于运行方式变化会导致外部系统实际注入变化和参数发生变化，因此造成潮流计算的误差。这种现象在无功功率方面表现得更为突出。

3.2.3　缓冲等值法

针对 Ward 等值法的缺陷，近年来出现了许多改进型 Ward 等值法[3]，它们主要在以下四方面做了改进：

（1）通过求边界的等值功率注入来计及外部网络等值后对内部系统的影响：等值后的并联支路代表外部系统的对地电容与补偿电抗。由于外部系统串联电路阻抗小，所以等值后外部系统并联支路几乎全部集中在边界节点上。在大型电力互联系统中，会造成边界节点上集中有大量对地电容，在对电力系统进行分析和计算的过程中，边界节点电压变化时会造成很大的无功变化。而实际系统中外部系统各节点电压一般可以就地调整，与边界节点电压的变化并不一致。为了减小这一因素所造成的误差，等值时应尽量不用并联支路，而通过求边界的等值注入来计及其影响。

（2）等值时保留无功出力裕度较大且与内部系统电气距离小的 PV 节点：在等值时，如果外部系统中含有 PV 节点，则内部系统中发生事故开断时，应保持外部 PV 节点对内部系统提供的无功支援。而对于上述的 Ward 等值法，由于 PV 节点已被消去了，这一要求在实际中难以满足，为此进行外部等值时，应保留那些无功出力裕度较大，且与内部系统电气距离小的 PV 节点。

（3）实际情况下，一般是根据某一基本运行方式下的全网潮流解来进行外部等值的。在工程实时状况下，系统运行方式在不断变化，受到远动条件的限制，调度中心一般不能及时掌握全系统的实时网络结构与运行参数的变化，因而难以对基本运行方式的外部等值数据作实时修正，可能会导致较大的计算误差。一种简易的校正方法是，先通过内部系统的实时数据进行状态估计，求出边界节点的电压幅值和相角；然后以所有边界节点作为平衡节点，对基本运行方式下的外部等值系统（由边界节点及保留的外部系统节点组成）进行潮流计算。计算时，外部系统的保留 PV 节点的有功注入可假定为零，其电压幅值为原来的给定值，电压相角的初值可取边界节点电压相角的平均值，潮流计算所求得的边界注入就可用来校正基本运行方式的注入量。若用校正后的边界注入再次进行状态估计时，与内部系统实时信息仍有较大残差，则可以修改边界节点电压幅值和相角后再作一次潮流计算。重复 2～3 次后，即可获得比较满意的结果。

（4）Ward 等值会导致导纳矩阵稀疏性变差。通常情况下，式（3.5）中 $\boldsymbol{Y}_n^{EQ}$ 的稀疏性取决于消去范围的大小。如果一个 1000 节点 1500 条支路的系统等值成 200 个节点，而且其中 100 个是边界节点，则等值后的矩阵可能产生多达 $100\times99/2=4950$ 条等值支路，等值网比原始网的支路数多了 3 倍左右，导纳矩阵稀疏程度会降低，因而无法发挥稀疏矩阵处理技术的作用，对分析计算会造成不利影响。由此看出，消去外部节点后的稀疏性决定于边界和外部系统的连接关系。只有在边界节点数较多的情况下，才需要考虑消去法对稀疏性的影响。常用的一个判断准则是，消去节点后等值网的支路数需要小于原来支路数的 2 倍加节点数，如果消去节点后等值网的支路数不满足这一准则，则不适合采用 Ward 等值法，但这一准则也没有给出保留节点选择的原则和消去顺序的路径。

从以上所讨论的 Ward 等值法的一些改进方向出发，出现了若干种改进的 Ward 等值法，限于篇幅，本节仅介绍其中的一种，即缓冲等值法。对于其他改进方法，读者可以阅读相关文献。

根据同心松弛的概念，假如以发生预想事故的节点为中心，按各相关支路与中心联系的紧密程度可以把邻接的和非邻接的其余节点划分为若干节点层。同心松弛就是指各节点层所受到的事故扰动影响将随着与中心的距离增加而逐步衰减。对于静态安全分析来说，引起最大影响的开断事故，是发生在与边界节点相连的联络线上，以边界节点为中心，可向外部系统确定若干节点层。通常若保留第一层各节点，略去该层各节点之间的联络线，加上用 Ward 等值法得到的边界等值支路与等值注入，就可形成图 3－7（b）所示的缓冲等值网。第一层上的节点称为缓冲节点，缓冲节点与边界节点间的支路，称为缓冲支路。

在缓冲等值中边界节点之间的互连等值支路参数及边界节点的等值注入，可由常规的 Ward 等值法求出。为了在内部系统出现线路内部开断情况下，外部系统能向内部系统提供一定的无功功率支援，可把所有缓冲节点 m 定为 PV 节点，并规定其有功注入 $P_m=0$，节点电压等于相连的边界节点电压 $V_m=V_i^0$，这样缓冲节点在任何情况下都不会提供有功功率。此外，由于高压电网的电导远小于电纳，在 $P_m=0$ 时，$\theta_m=\theta_i^0$，所以在基本运行方式下，缓冲节点也不向内部系统提供无功功率。只有内部系统出现事故开断后，缓冲节点才会作出提供无功功率的响应。

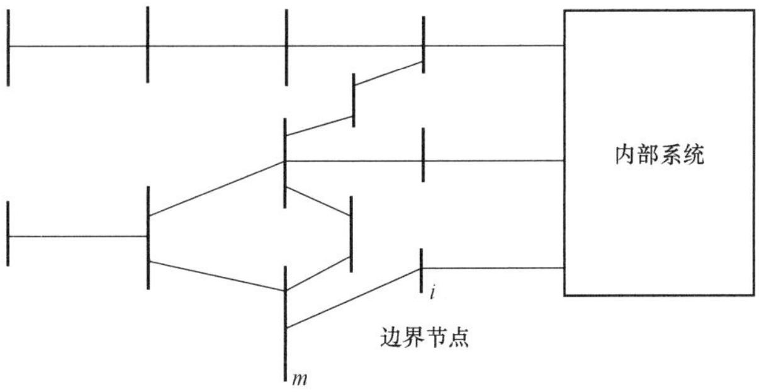

(a)

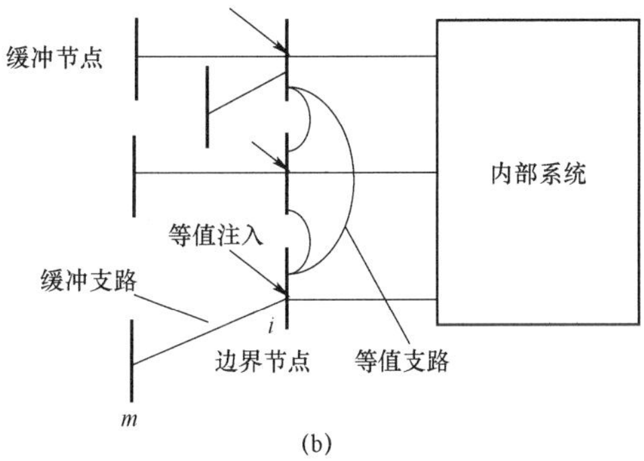

(b)

图 3－7 缓冲等值网络图

应当指出的是，构成等值时边界节点的类型应按其实际情况定为 PV 节点或 PQ 节点。如果边界节点原来就是 PV 节点，由于其本身即具有无功增量响应，就不需要在这些边界处增添相应的缓冲节点。当边界节点有相邻接的 PV 节点时，也可以考虑不增添相应的缓冲节点。

3.2.4 REI 等值

REI（radial equivalent independent）等值法是 P.Dimo 等人首先提出来并应用于电力系统的[9-11]。其基本思想是把电网的节点分为两组，即要保留的节点与要消去的节点。首先将要消去节点中的有源节点按其性质归并为若干组，每组有源节点用一个虚拟的等价有源节点来代替，它通过一个无损耗的虚构网络（REI 网络）与这些有源节点相连。在此虚拟有源节点上的有功、无功注入功率是该组有源节点有功与无功功率的代数和。在接入 REI 网络与虚拟等价节点后，原来的有源节点就变成无源节点了。然后将所有要消去的无源节点用常规的方法消去。为了清楚起见，可以结合图 3－8 来讨论。

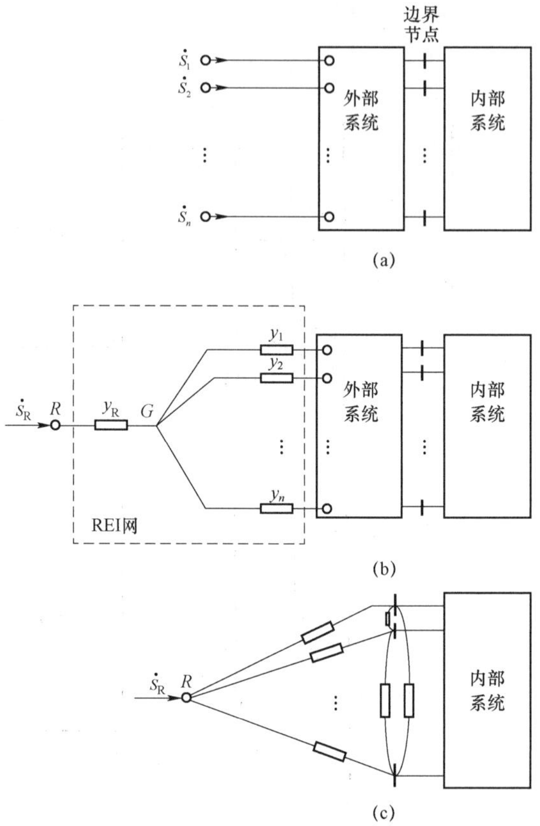

图 3－8　REI 等值网络的简化过程

第一步，将外部系统中具有相关性质（如同为电源或负荷节点，PV 或 PQ 节点，电气距离相近等）的有源节点归并为若干组，图 3－8（a）仅代表集中为一个组的情况。

第二步，用一个虚拟的有源节点 R 代替原来的若干有源节点。并通过一个 REI 网络接到原来的有源节点上，如图 3－8（b）所示，这里 $\dot{S}_R=\sum_{k=1}^{n}\dot{S}_k$，其中 $\dot{S}_k$ 为节点 k 的注入功率。为了使得注入原来各有源节点上的功率仍然保持原有的值，REI 网络的有功、无功损耗必须为 0，即 REI 网络应是一个无损网。为此在 REI 网络中引入一个 y_R 以抵消在 y_1～y_n 中产生的损耗。

以下讨论如何确定 REI 网络中各个导纳 $\frac{1}{y_R}$ 的数值。

对要消去的每个有源节点，其注入电流关系式为

$$\dot{I}_k=\frac{\hat{S}_k}{\hat{V}_k}(k=1,2,\cdots,n) \tag{3.16}$$

式中：$\dot{S}_k$ 为节点 k 注入功率的共轭；$\hat{V}_k$ 为基本潮流解的节点复电压的共轭。

于是

$$\dot{I}_{\mathrm{R}}=\sum_{k=1}^{n}\dot{I}_{k}=\sum_{k=1}^{n}\frac{\hat{S}_{k}}{\hat{V}_{k}} \tag{3.17}$$

在构造 REI 网络的参数时，应保持原始网络各有源节点的注入不变，可得

$$y_{k}=\frac{\dot{I}_{k}}{\dot{V}_{\mathrm{G}}-\dot{V}_{k}}(k=1,2,\cdots,n) \tag{3.18}$$

为了满足无损网的条件，则

$$\dot{S}_{\mathrm{R}}=\sum_{k=1}^{n}\dot{S}_{k} \tag{3.19}$$

$$\dot{V}_{\mathrm{R}}=\frac{\dot{S}_{\mathrm{R}}}{\hat{I}_{\mathrm{R}}}=\frac{\dot{S}_{\mathrm{R}}}{\sum_{k=1}^{n}\frac{\dot{S}_{k}}{V_{k}}} \tag{3.20}$$

而

$$y_{\mathrm{R}}=\frac{\dot{I}_{\mathrm{R}}}{\dot{V}_{\mathrm{R}}-\dot{V}_{\mathrm{G}}} \tag{3.21}$$

式（3.18）中的 $\dot{V}_{\mathrm{G}}$ 可以是任意的，通常取 $\dot{V}_{\mathrm{G}}=0$，于是 REI 网络的构造就变成了唯一的。当 $\dot{V}_{\mathrm{G}}=0$ 时，则

$$y_{k}=\frac{\dot{I}_{k}}{\dot{V}_{\mathrm{G}}-\dot{V}_{k}}=-\frac{\dot{I}_{k}}{\dot{V}_{k}}=-\frac{\hat{S}_{k}}{\dot{V}_{k}^{2}}(k=1,2,\cdots,n) \tag{3.22}$$

$$y_{\mathrm{R}}=\frac{\dot{I}_{\mathrm{R}}}{\dot{V}_{\mathrm{R}}-\dot{V}_{\mathrm{G}}}=\frac{\dot{I}_{\mathrm{R}}}{\dot{V}_{\mathrm{R}}}=\frac{\hat{S}_{\mathrm{R}}}{\dot{V}_{\mathrm{R}}^{2}} \tag{3.23}$$

第三步，消去不感兴趣的节点。假定扩展了 REI 网络以后的网络导纳矩阵是 $\boldsymbol{Y}$，以下标 E 表示要消去的节点集，以下标 I 表示要保留的节点集，于是 $\boldsymbol{Y}$ 可写成

$$\boldsymbol{Y}=\begin{bmatrix}\boldsymbol{Y}_{II} & \boldsymbol{Y}_{IE}\\ \boldsymbol{Y}_{EI} & \boldsymbol{Y}_{EE}\end{bmatrix} \tag{3.24}$$

消去外部系统 E 中的所有节点，得到由内部系统 I 中的节点所组成的简化网络，如图 3－9（c）所示。经过外部等值后的节点导纳矩阵为

$$\boldsymbol{Y}_{II}-\boldsymbol{Y}_{IE}\boldsymbol{Y}_{EE}^{-1}\boldsymbol{Y}_{EI} \tag{3.25}$$

由式（3.18）和式（3.21）可见，REI 网络的参数和网络的运行参数 $\dot{V}_{k}$ 有关。因此，只在基本运行方式下才满足和原网络相互等值的关系。当系统的运行情况偏离基本运行方式时，如果仍保持 REI 网络参数不变，就会出现误差。

因此，下面要讨论的是外部系统的有源节点应如何进行集合归并以分别形成若干个 REI 等值网络，从而使得在非基本运行方式下，利用由基本运行方式解确定的 REI 等值网络进行安全分析计算时，其潮流解仍然具有一定的准确性。

先研究下面的关系，当节点 $k=1$，2，…，n 上注入发生变化时，可将式（3.16）写成增量形式，并计入式（3.17）的关系后得

$$\frac{\Delta\hat{S}_k}{\hat{S}_k}=\frac{\Delta\hat{V}_k}{\hat{V}_k}+\frac{\Delta\dot{V}_k}{\dot{V}_k}-\frac{\Delta\dot{V}_{\rm G}}{\dot{V}_k} \tag{3.26}$$

由于$V_k^2=\hat{V}_k\dot{V}_k$，故其增量方程式为

$$2\frac{\Delta\dot{V}_k}{\dot{V}_k}=\frac{\Delta\hat{V}_k}{\hat{V}_k}+\frac{\Delta\dot{V}_k}{\dot{V}_k} \tag{3.27}$$

式（3.26）可写成

$$\frac{\Delta\hat{S}_k}{\hat{S}_k}=2\frac{\Delta\dot{V}_k}{\dot{V}_k}-\frac{\Delta\dot{V}_{\rm G}}{\dot{V}_k} \tag{3.28}$$

同样可得

$$\frac{\Delta\hat{S}_{\rm R}}{\hat{S}_{\rm R}}=2\frac{\Delta\dot{V}_{\rm R}}{\dot{V}_{\rm R}}-\frac{\Delta\dot{V}_{\rm G}}{\dot{V}_{\rm R}} \tag{3.29}$$

以下对节点的归并分组条件进行分析。

（1）假定被等值的全部节点均是 PQ 节点，此时原网络的$\Delta\dot{S}_k=0$，在 REI 网络中的 R 节点也被取为 PQ 节点，因此有$\Delta\dot{S}_{\rm R}=0$，把$\Delta\dot{S}_{\rm R}=0$代入式（3.29）得

$$\Delta\dot{V}_{\rm G}=2\dot{V}_{\rm R}\frac{\Delta\dot{V}_{\rm R}}{\dot{V}_{\rm R}} \tag{3.30}$$

于是式（3.28）变为

$$\frac{\Delta\hat{S}_k}{\hat{S}_k}=2\frac{\Delta\dot{V}_k}{\dot{V}_k}-2\frac{\dot{V}_{\rm R}\Delta\dot{V}_{\rm R}}{\dot{V}_k\dot{V}_{\rm R}} \tag{3.31}$$

为了保证 REI 网络是准确的，必须满足$\Delta\dot{S}_k=0$的条件，亦即由上式可得

$$\frac{\Delta\dot{V}_k}{\Delta\dot{V}_{\rm R}}\bullet\frac{\dot{V}_{\rm R}}{\dot{V}_k}=\frac{\dot{V}_{\rm R}}{\dot{V}_k} \tag{3.32}$$

由于式（3.32）的左边是实数，这就意味着$\dot{V}_{\rm R}$与$\dot{V}_k$的相角必须相等，即

$$\theta_R=\theta_k(k=1,2,\cdots,n) \tag{3.33}$$

或

$$\theta_1=\theta_2=\cdots=\theta_n \tag{3.34}$$

因此可得出结论：当一组外部 PQ 节点用 REI 网络进行等值时，为了保证等值网络在非基本运行方式下的准确度，在基本运行方式下这些节点的电压相角应该是同相位的。

（2）假定被等值的全部节点是 PV 节点，此时在原网络中应有$\Delta\dot{V}_k=0$，且由于节点的有功注入保持恒定，$\Delta\dot{S}_k$应是纯虚数。此外，在 REI 网络中的节点 R 也被取为 PV 节点。因此，有$\Delta\dot{V}_{\rm R}=0$，代入式（3.29）得

$$\Delta\dot{V}_{\rm G}=-\frac{\dot{V}_{\rm R}}{\hat{S}_{\rm R}}\Delta\hat{S}_{\rm R} \tag{3.35}$$

于是式（3.28）变为

$$\frac{\Delta\hat{S}_k}{\Delta\hat{S}_{\mathrm{R}}}=\frac{\dot{V}_{\mathrm{R}}\hat{S}_k}{\dot{V}_k\hat{S}_{\mathrm{R}}} \tag{3.36}$$

当 $\Delta\dot{S}_k$ 和 $\Delta\dot{S}_{\mathrm{R}}$ 是纯虚数的情况时，式（3.36）的左边是实数，亦即

$$\theta_{\mathrm{R}}-\angle\hat{S}_{\mathrm{R}}=\theta_k-\angle\hat{S}_k\,(k=1,2,\cdots,n) \tag{3.37}$$

式中：$\angle\hat{S}_k$ 为 $-\arctan\frac{Q_k}{P_k}$，亦即功率因数角 φ_k 为负值。

因此，为了要使等值网络与原始网络的响应一致，在基本运行方式下，这些 PV 节点的电压角 θ_k 和功率因数角 φ_k 之和应是相等的。

从以上两种情况下推导出来的必要条件，可作为 REI 等值网络节点分组的准则。这些条件都是由基本运行方式确定的。由于条件十分苛刻，因而在实用中还可以推导出一些其他实用准则，在此就不再详述。

总结来说，在 REI 等值方法中，内部网络又可称为 REI 网络，应当满足如下的条件：

1）REI 网络为无损网络。为保证网络的功率相等，保留节点的注入功率等于消除节点注入功率的代数和，即

$$\dot{S}_{\mathrm{L}}=\sum_{i=1}^{N}\dot{S}_i \tag{3.38}$$

2）REI 等值支路的汇集点 f 的电压可以任意指定，一般指定为 0。

3）满足节点注入功率的条件，即通过辐射状支路注入原节点上的功率应等于原网络的节点注入功率。

为了确定 REI 等值网络中的各参数，指定 $V_f=0$，

$$\hat{S}_i=\dot{I}_i\hat{V}_{ni}=Y_i\left(\dot{V}_f-\dot{V}_{ni}\right)\hat{V}_{ni}=-Y_i\left|V_{ni}\right|^2 \tag{3.39}$$

其中，V_{ni} 表示第 i 个节点的节点电压，

$$Y_i=-\frac{\hat{S}_i}{\left|V_{ni}\right|^2} \tag{3.40}$$

$$\hat{I}_{\mathrm{f}}=\sum_{i}^{N}\hat{I}_i=\sum_{i}^{N}\frac{\hat{S}_i}{\dot{V}_{ni}} \tag{3.41}$$

$$\hat{S}_{\mathrm{L}}=I_{\mathrm{f}}\hat{V}_{\mathrm{f}} \tag{3.42}$$

$$\dot{V}_{\mathrm{f}}=\frac{\hat{S}_{\mathrm{L}}}{\hat{I}_{\mathrm{f}}}=\frac{\hat{S}_{\mathrm{L}}}{\sum_{i=1}^{N}\frac{\hat{S}_i}{V_{ni}}} \tag{3.43}$$

在 REI 网络的参数计算中，含有外网络的节点电压 $\hat{V}_{ni}$ 在应用中应该已知。其确定的方法与 Ward 等值过程中外网络节点电压的确定方法相一致，即：外网络状态量的变化与基本状态量相似相等或网络变化后外网络的节点电压变化不大。这样外网络的变化状态就可以用基本状态近似替代。

3.2.5 基于代理模型法的等值

传统的 Ward 等值和 REI 等值均假设外部网络状态量的变化与基本状态量相似或网络变化后外网络的节点电压变化不大，这说明了线性的等值模型具有一定的局限性。事实上，电网模型一般具有高度的非线性，因此如果需要将外网等值模型应用于内部网络的潮流计算、优化分析时，往往需要更普适的非线性模型，即在网络变化后外部网络的节点电压变化较大时，仍能够较为精准地等值网络特性。

区域互联电网存在实际的数学模型，但模型非常复杂。对于一个区域网络，我们很难通过显式的、简单的表达式来描述区域网络参数的关系，如外部网络和内部网络边界处功率与电压很难建立参数型的函数关系。可以考虑通过基于代理模型法的等值解决这一问题。代理模型，或者叫代理函数，指在分析和优化设计过程中可替代那些复杂而费时的模型的近似模型。

代理模型法可以将高维复杂的函数关系近似等效处理为一个低维简单的函数关系。最早，代理模型的雏形是多项式响应面模型。随着技术的发展，代理模型不再仅仅是简单的替代，而是构成了一种基于历史数据来驱动样本点加入，以逼近原模型全局特性的机制。同时，复杂多维问题的代理模型不必在整个设计空间都具有高近似度，而是只需要在重点研究的取值空间具有高近似度。

图 3－9 举例说明了基于代理模型法的等值思路。内部网络与外部网络在边界节点处连接，边界节点处的有功和无功注入功率可以通过代理模型法表示为节点电压的近似函数，从而将复杂的外部网络特性等值为较为简单易分析的函数。

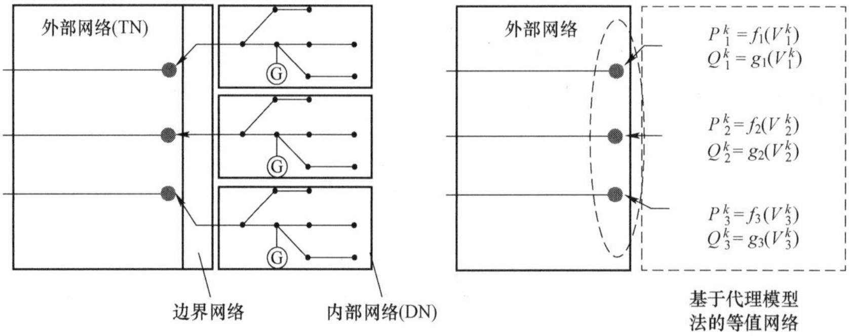

图 3－9　基于代理模型法的等值原理示意图

代理模型目前已经发展出多项式插值[12]、神经网络[13, 14]、克里金插值[15, 16]、多项式响应面[17, 18]、径向基函数插值[19–22]等多种方法：

（1）多项式插值法：利用函数在某区间中插入若干点的函数值，作出适当的特定函数，在这些点上取已知值，在区间的其他点上用这一特定函数的值作为函数的近似值。

（2）神经网络：一种普适的基于人工智能、深度学习的逼近模型。

（3）克里金模型：最早于地质统计学领域被提出，一种实用空间估计技术，也属于插值法的一种。

（4）多项式响应面模型：采用多元回归方程来拟合因素与响应值之间的函数关系，通过对回归方程的分析来寻求最优工艺参数。

（5）径向基函数插值法：一种将试验点与未知点之间的欧氏距离作为径向函数输入的方法。通过借用欧氏距离作为中转机制，将多维问题转换成一维问题，从而降低了模型的复杂度。一般地，满足这些条件的函数都可以作为径向基函数。

其中，多项式响应面、多项式插值接近回归拟合领域，使用方法比较简单。神经网络作为一套独立的体系，随着节点和隐含层的增多，可以实现对原模型的高度逼近，不过其运算速度一般，且可解释性差，很多网络本身就是一个黑箱。克里金插值和径向基函数插值是目前应用较多的两种方法，克里金模型又称高斯随机过程模型。

3.2.6　主要优势、缺点和局限性

静态等值模型相比于一体化模型，对于重点研究的区域进行详细建模，对于非重点研究的、影响较小的外部网络进行等值简化建模，大大减小了计算规模。同时，不同区域之间的网络也无需进行大量频繁的信息交互，不同网络所属的利益主体的信息安全也得到了有效的保护。因此，静态等值模型是目前实际工业应用中最为常用的一种模型。

静态等值模型的精度取决于等值模型与原模型的接近程度。随着电网规模的不断扩大，大量分布式电源、新式负荷接入网络后，实现电网模型的高精度等值将非常困难，特别是传统的一些等值方法可能失效，需要结合先进的机器学习、数据驱动理论进行等值处理。同时，静态等值模型下不同区域网络缺少必要的交互，因此，不可避免地带来边界功率失配、调控资源浪费等现象。

参考文献

[1] 刘涛，米为民，陈郑平，林静怀，蒋国栋，王智伟. 适用于大运行体系的电网模型一体化共享方案［J］. 电力系统自动化，2015，39（1）：36－41.

[2] 余佳音，唐坤杰，章杜锡，周飞，董树锋，吴金城. 输配网一体化建模与分析方法研究综述［J］. 浙江电力，2019，38（11）：1－9.

[3] 诸骏伟. 电力系统分析［M］. 北京：中国电力出版社，1995.115－124.

[4] 吴际舜，侯志俭. 等值电网的静态安全分析［J］. 电力系统自动化，1983，7（5）：3－10.

[5] Monticelli A, Deckmann S, Garcia A, et al. Real-time external equivalents for static security analysis[J]. IEEE Transactions on Power Apparatus and Systems, 1979 (2): 498－508.

[6] 吴际舜. 电力系统静态安全分析［M］. 上海：上海交通大学出版社，1985.

[7] Tinney W F, Bright J M. A daptive reductions for power flow equivalents[J]. IEEE transactions on power systems, 1987, 2 (2): 351－359.

[8] 于尔铿. 电力系统状态估计［M］. 北京：水利电力出版社，1985.

[9] Tinney W F, Powell W L. The REI approach to power network equivalents[C]//Proc. PICA Conference. 1977, 314.

[10] Liacco T E D, Savulescu S C, Ramarao K A. An on-line topological equivalent of a power system[J]. IEEE Transactions on Power Apparatus and Systems, 1978 (5): 1550－1563.

[11] Wu F F, et al. Necessary conditions for REI reduction tobe Exact[C]. IEEE PES Winter

Meeting, A 79065 – 4, (1979).

[12] 李光昱. 基于多项式插值代理模型的飞行器 MDO 技术研究[D]. 国防科学技术大学, 2012.

[13] Park J, Sandberg I W. Universal approximation using radial-basis-function networks[J]. Neural Computation, 1991, 3 (2): 246 – 257.

[14] Elanayar S V T, Shin Y C. Radial basis function neural network for approximation and estimation of nonlinear stochastic dynamic systems[J]. IEEE Transactions on Neural Net-works, 1994, 5 (4): 594 – 603.

[15] Krige D G. A statistical approach to some basic mine valuations problems on the witwa-tersrand[J]. Journal of the Chemical, Metallurgical and Mining Engineering Society of South Africa, 1951, 52 (6): 119 – 139.

[16] Sacks J, Welch W J, Mitchell T J, et al. Design and analysis of computer experi-ments[J]. Statistical Science, 1989, 4 (4): 409 – 423.

[17] Schmit L A, Farshi B. Some approximation concepts for structural synthesis[J]. AIAA Journal, 1974, 12 (5): 692 – 699.

[18] Giunta A A, Watson L T. A Comparison of approximation modeling techniques: Polynomial versus interpolation models: AIAA – 1998 – 4758[R]. Reston: AIAA, 1998.

[19] Powell M J D. Algorithms for approximation[M]. New York: Oxford University Press, 1987: 141 – 167.

[20] Buhmann M D. Acta numerica[M]. New York: Cambridge University Press, 2000: 1 – 38.

[21] Krishnamurthy T. Response surface approximation with augmented and compactly supported radial basis functions: AIAA – 2003 – 1748[R]. Reston: AIAA, 2003.

[22] Mullur A A, Messac A. Extended radial basis functions: more flexible and effective metamodeling[J]. AIAA Journal, 2005, 43 (6): 1306 – 1315.

第 4 章

互联大电网状态估计

状态估计是电力系统领域的重要研究课题，本章将介绍互联大电网状态估计相关内容。4.1 节简要介绍互联大电网状态估计的基本概念，4.2 节、4.3 节和 4.4 节分别介绍三类互联大电网状态估计方法。

4.1 互联大电网状态估计概述

随着电力系统的迅速发展，电力系统结构和运行方式日趋复杂。现代化的调度系统要求能快速、准确掌握电力系统的实际运行状态，对各种可能出现的问题制订相应对策，保证电力系统安全经济运行。在此背景下，电力系统状态估计被提出，并得到广泛研究和应用。

4.1.1 状态估计的概念和意义

状态估计也称为滤波，是利用实时量测系统的冗余度来提高数据精度，排除随机干扰引起的错误信息，估计或预报系统的运行状态。20 世纪 60 年代初，卡尔曼等人提出一种递推式数字滤波方法，此后状态估计逐步得到应用。1968 年，丰田淳一提出利用卡尔曼滤波法对水库来水和电力负荷进行预报，开启了电力系统状态估计应用研究。

现代化的电网调度自动化系统应当能够准确、迅速并且全面地掌握电力系统的实际运行状态，保证电力系统安全、可靠和经济地运行。为此，基于计算机控制的 EMS 得到了广泛应用，提高了电力系统调度的自动化水平。电力系统状态估计软件是 EMS 的重要组成部分，也是其他 EMS 高级应用软件的基础。其主要功能是利用电网实时量测系统的冗余量测信息，通过最佳估计准则计算得到最接近系统真实状态的最佳估计值。电力系统状态估计的精度和实时性将直接影响到电力系统监测、决策和控制的准确性以及实时性。

对于大规模电力系统的状态估计，目前比较常见的做法仍然是沿用以前传统状态估计的模式，采用集中式的整体状态估计方法。通过采集广域系统的实时量测信息，基于维护的网络参数和拓扑信息求解大维数的状态估计问题。一方面，整体式状态估计中计算中心主机的通信负担较重，且计算量较大，状态估计对于实时性的要求难以满足；另一方面，目前我国电网运行实行的是统一调度、分级管理的模式，通过彼此互联形成大规模系统的区域系统通常都有自己的独立状态估计程序。因此在充分利用各区域现有状态估计软、硬件条件的基础上，准确、快速地估计出电力系统实时状态具有重要现实意义。

4.1.2 状态估计问题的数学描述

电力系统状态估计可以理解为广义潮流，常规潮流可以理解为特定的状态估计。状态估计主要需要量测系统的数据和信息，量测系统是数学描述，包括量测值和量测设备两个反面：

（1）量测值的描述。

量测值 $\boldsymbol{z}$，包括支路功率、节点注入功率以及节点电压量测。量测值的来源有三种，大部分是 SCADA 系统遥测得到的实时数据，小部分来自 PMU 量测，极小部分是人工设置的数据。非遥测数据也被称为伪量测（pseudo measurement），可以是通过预报等方式得到的数值。

量测设备采集到的数据经过多项处理后才能到达调度中心，首先由互感器测得设备处的电压和电流，用功率转换器把两者相乘得到线路功率，利用模数转换器变成数字编码，再通过传输通道送到调度中心。由于量测器误差和传输时的误差等原因，得到的量测值与真实值总是存在差异，量测值与真实值的差值称为量测误差，可描述为

$$\boldsymbol{z}=\boldsymbol{z}_0+\boldsymbol{v}_z \tag{4.1}$$

式中：$\boldsymbol{z}_0$ 表示假定的量测量真值；$\boldsymbol{v}_z$ 表示量测误差，一般假设为均值是 0，方差是 σ^2 的正态分布。

当系统接线状态和网络参数固定时，量测量可以用状态量表示，式（4.1）可写为

$$\boldsymbol{z}=\boldsymbol{f}(\boldsymbol{x})+\boldsymbol{v}_z \tag{4.2}$$

式中：$\boldsymbol{f}(\boldsymbol{x})$ 为全局量测函数向量；$\boldsymbol{x}$ 为全局状态向量。

量测系统与通信系统出现偶然故障或受到随机干扰、测量点非同时量测或系统存在过渡过程会导致调度中心接收到不良数据。当考虑量测值中的不良数据时，可以描述为

$$\boldsymbol{z}=\boldsymbol{z}_0+\boldsymbol{v}_z+\boldsymbol{b} \tag{4.3}$$

式中：$\boldsymbol{b}$ 表示不良数据。

（2）量测设备的描述。

量测设备的描述主要包括量测设备的种类、安装地点和设备精度信息。精度用量测误差方差阵 $\boldsymbol{R}$ 表示：$E\left[\boldsymbol{v}_z\boldsymbol{v}_z^{\mathrm{T}}\right]=\boldsymbol{R}$，在状态估计中取 $\boldsymbol{R}^{-1}$ 为量测量的加权阵。

量测系统的信息在运行时基本不变，一般只在检修时改变。

4.1.3 状态估计的基本步骤

假设模型、状态估计、检测和辨识是电力系统状态估计的四个步骤：

1）假设模型：在给定网络参数和网络接线状态时，确定量测函数的方程 $\boldsymbol{f}(\boldsymbol{x})$ 和量测量的误差方差阵 $\boldsymbol{R}$。

2）状态估计：计算状态估计值 $\boldsymbol{x}$。

3）检测：检测不良数据 $\boldsymbol{b}$ 是否存在于量测值中。

4）辨识：确定不良数据 $\boldsymbol{b}$。

需要注意，这几个步骤在状态估计过程中并不是严格划分的，功能也不一定齐全。本章主要对互联大电网的状态估计过程进行介绍，不良数据的检测和辨识不作为本章重点。

4.1.4　加权最小二乘法状态估计算法

1970 年，美国麻省理工学院的 F.C.Schweppe 等人提出了基本加权最小二乘法状态估计（weighted least squares，WLS），这是一种最基本的算法，也是最经典的估计算法。其目标是要使加权残差的平方和最小，通过求解法方程得到状态量的估值，各个量测量的权重反映其测量精度，为测量误差的倒数。该算法的估计质量和收敛性较好，对理想正态分布的量测量，估计结果具有最优且无偏的优良特性，可以作为其他算法的对比基准。

给定全局量测向量 $\boldsymbol{z}$，量测方程为

$$\boldsymbol{z} = \boldsymbol{f}(\boldsymbol{x}) + \boldsymbol{v}$$

式中：$\boldsymbol{f}(\boldsymbol{x})$ 为全局量测函数向量，$\boldsymbol{x}$ 为全局状态向量；$\boldsymbol{v}$ 为全局量测误差向量。设电力系统中已安装量测设备的量测值为

$$\boldsymbol{z} = \begin{bmatrix} z_1 \\ z_2 \\ \vdots \\ z_{N_m} \end{bmatrix} \tag{4.4}$$

式中：N_m 是量测的个数。

向量 $\boldsymbol{x}$ 中包含 N_s 个状态变量，由状态变量计算量测估计值的函数为

$$\boldsymbol{f}(\boldsymbol{x}) = \begin{bmatrix} f_1(\boldsymbol{x}) \\ f_2(\boldsymbol{x}) \\ \vdots \\ f_{N_m}(\boldsymbol{x}) \end{bmatrix} \tag{4.5}$$

式中：$f_i(\boldsymbol{x}) = f_i(x_1, x_2, \cdots, x_{N_s})$。

对一个特定的电力系统而言，状态估计的最小二乘解可以通过求解下面这个优化问题而得到

$$\min \boldsymbol{J}(x) = [\boldsymbol{z} - \boldsymbol{f}(x)]^{\mathrm{T}} \boldsymbol{R}^{-1} [\boldsymbol{z} - \boldsymbol{f}(x)] \tag{4.6}$$

式中：矩阵 $\boldsymbol{R}$ 是测量误差的协方差矩阵，当误差相互独立时，$\boldsymbol{R}$ 是一个权系数为 σ_i^2 的对角矩阵。

$$\boldsymbol{R} = \begin{bmatrix} \sigma_1^2 & & & \\ & \sigma_2^2 & & \\ & & \ddots & \\ & & & \sigma_{N_m}^2 \end{bmatrix}$$

为求解得到式（4.6）的最小值，可以先求 $\boldsymbol{J}(\boldsymbol{x})$ 的梯度如下

$$\nabla J(x)=-2\boldsymbol{H}^{\mathrm{T}}\boldsymbol{R}^{-1}\boldsymbol{z}+2\boldsymbol{H}^{\mathrm{T}}\boldsymbol{R}^{-1}\boldsymbol{f}(\boldsymbol{x}) \tag{4.7}$$

式中：$\boldsymbol{H}$ 是函数 $\boldsymbol{f}(\boldsymbol{x})$ 的 $N_m\times N_s$ 维雅可比矩阵。

由 $\nabla\boldsymbol{J}(\boldsymbol{x})=0$ 得

$$\boldsymbol{H}^{\mathrm{T}}\boldsymbol{R}^{-1}[\boldsymbol{z}-\boldsymbol{f}(\boldsymbol{x})]=0 \tag{4.8}$$

将上式线性化（泰勒展开），并忽略高阶无穷小量

$$\boldsymbol{H}^{\mathrm{T}}\boldsymbol{R}^{-1}\left[\boldsymbol{z}-\boldsymbol{f}(\boldsymbol{x}_0)-\frac{\partial\boldsymbol{f}(\boldsymbol{x})}{\partial\boldsymbol{x}}\Delta\boldsymbol{x}\right]=\boldsymbol{H}^{\mathrm{T}}\boldsymbol{R}^{-1}\left[\boldsymbol{z}-\boldsymbol{f}(\boldsymbol{x}_0)-\boldsymbol{H}\Delta\boldsymbol{x}\right]=0$$

$$\boldsymbol{H}^{\mathrm{T}}\boldsymbol{R}^{-1}\boldsymbol{H}\Delta\boldsymbol{x}=\boldsymbol{H}^{\mathrm{T}}\boldsymbol{R}^{-1}\left[\boldsymbol{z}-\boldsymbol{f}(\boldsymbol{x}_0)\right] \tag{4.9}$$

求解上式得到 $\boldsymbol{x}$ 的变化量$\Delta\boldsymbol{x}$，再使用合适的数值求解方法得到 $\boldsymbol{x}$ 的更新值 $\boldsymbol{x}+\Delta\boldsymbol{x}$。反复迭代直到变化量$\Delta\boldsymbol{x}$ 小于一定阈值 ε，即认为状态变量 $\boldsymbol{x}^{\mathrm{est}}$ 的值趋于稳定，得到了最终的最小二乘解。

当 $N_s<N_m$，即当需要估计的参数的数量小于量测值的数量时，上面的推导过程成立，这也是状态估计的一般情况。

当 $N_s=N_m$ 时，上述状态估计问题退化为传统的潮流计算问题。

当 $N_s>N_m$ 时，状态估计问题依然有一个封闭解，但是，在这种情况下不再估计使似然函数最大的 $\boldsymbol{x}$ 值，因为 $N_s>N_m$ 通常意味着能找到很多不同的 $\boldsymbol{x}^{\mathrm{est}}$，使得对于所有的 $i=1$，…，N_{m}，$f_i(\boldsymbol{x}^{\mathrm{est}})$ 等于 z_i。取而代之的目标是找到使 $\boldsymbol{x}_i^{\mathrm{est}}$ 的平方和最小的 $\boldsymbol{x}^{\mathrm{est}}$，即

$$\min_{\boldsymbol{x}}\sum_{i=1}^{N_s}x_i^2=\boldsymbol{x}^{\mathrm{T}}\boldsymbol{x} \tag{4.10}$$

受 $\boldsymbol{z}=\boldsymbol{f}(\boldsymbol{x})$ 的限制，这种情况下的封闭解为

$$\boldsymbol{x}^{\mathrm{est}}=\boldsymbol{H}^{\mathrm{T}}\left(\boldsymbol{H}\boldsymbol{H}^{\mathrm{T}}\right)^{-1}\boldsymbol{z} \tag{4.11}$$

在电力系统状态估计中，欠确定问题（即 $N_s>N_m$ 的情况）无法解决，系统通常是不可观测的，如式（4.11）所示。因此，需要向量测集合中添加伪量测量，以使系统变为可观测系统。

4.2 基于一体化模型的互联大电网状态估计

前面章节已经介绍过，一体化模型对不同区域互联电网中的每一个节点、每一个元件都视作相同地位进行处理，是一种全局的、统一的模型，能够精确刻画各网络的耦合关系。但是其规模往往十分庞大，给计算设备和计算方法带来重大挑战。对基本加权最小二乘法而言，由于计算过程中量测向量的雅可比矩阵元素在每次迭代时均需重新计算，并导致相应的信息矩阵需要重新形成并进行因子化，内存占用量和计算量都较大，难以应用于大型互联电网的实时计算中。因此，对于具有一定规模的实际生产运行的电力系统，状态估计程序大部分都是基于最小二乘原理的快速分解状态估计算法（FDSE）[3]。

为了降低加权最小二乘法的内存消耗并提高计算速度，充分利用电力系统的物理性质，对其进行以下两种实用性简化：

（1）有功和无功分解：在正常运行时，高压电网有功功率 P 和电压幅值 V、无功功率 Q 和电压相角 θ 的联系较弱，在雅可比矩阵中表现为 $\dfrac{\partial P}{\partial V}$ 和 $\dfrac{\partial Q}{\partial \theta}$ 对应项都接近为 0，忽略这些元素可以将 $P-\theta$ 和 $Q-V$ 解耦计算。经过这样的近似迭代次数会增加，但问题的阶次降低了，内存占用较少，总体计算速度也会提高。

（2）雅可比矩阵常数化：一般情况下雅可比矩阵在迭代中变化较小，将其进行常数化近似往往也可以得到收敛结果。进行常数化后不需要重复地对 $\boldsymbol{H}$ 或 $\boldsymbol{H}^{\mathrm{T}}\boldsymbol{R}^{-1}\boldsymbol{H}$ 进行因子分解。在初始时做一次分解就可以用该因子表与不同自由矢量进行前推回代，求出该自由矢量对应的状态修正量，迭代速度可以得到大幅提高，同样迭代次数也会有所增加。

潮流计算正是利用上述假设建立了快速分解算法，自然地推广到加权最小二乘状态估计算法中，形成了快速分解状态估计算法。其基本原理如下：

首先将全局状态向量 $\boldsymbol{x}$ 分解成节点电压幅值 $\boldsymbol{V}$ 和相角 $\boldsymbol{\theta}$ 两部分

$$\boldsymbol{x}=\begin{bmatrix}\boldsymbol{V}\\ \boldsymbol{\theta}\end{bmatrix} \tag{4.12}$$

式中：$\boldsymbol{V}$ 和 $\boldsymbol{\theta}$ 维数都是 N_m 维。

将量测量 $\boldsymbol{z}$ 分解成无功量测和有功量测两部分

$$\boldsymbol{z}=\begin{bmatrix}\boldsymbol{z}_r\\ \boldsymbol{z}_a\end{bmatrix} \tag{4.13}$$

式中：$\boldsymbol{z}_r$ 是量测量中的无功量测，包括节点注入无功功率 Q_i 和支路的无功潮流 Q_{ij}，设为 N_r 维；$\boldsymbol{z}_a$ 是量测矢量中的有功量测，包括节点注入有功功率 P_i 和支路的有功潮流 P_{ij}，设为 N_a 维。

将量测量 $\boldsymbol{z}$ 和状态向量 $\boldsymbol{x}$ 的非线性量测函数 $\boldsymbol{f}(\boldsymbol{x})$ 分解为无功和有功两部分

$$\boldsymbol{z}=\begin{bmatrix}\boldsymbol{z}_r\\ \boldsymbol{z}_a\end{bmatrix}=\begin{bmatrix}\boldsymbol{f}_r(V,\theta)\\ \boldsymbol{f}_a(V,\theta)\end{bmatrix}+\begin{bmatrix}\boldsymbol{v}_r\\ \boldsymbol{v}_a\end{bmatrix} \tag{4.14}$$

式中：$\boldsymbol{f}_r$ 是量测函数中对应无功量测的量测函数向量，维数和 $\boldsymbol{z}_r$ 相同；$\boldsymbol{f}_a$ 是量测函数中对应有功量测的量测函数向量，维数和 $\boldsymbol{z}_a$ 相同。

通过上述分解，雅可比矩阵可以改写为下述形式

$$\boldsymbol{F}(\boldsymbol{V},\boldsymbol{\theta})=\begin{bmatrix}\dfrac{\partial \boldsymbol{f}_r}{\partial \boldsymbol{V}} & \dfrac{\partial \boldsymbol{f}_r}{\partial \boldsymbol{\theta}}\\ \dfrac{\partial \boldsymbol{f}_a}{\partial \boldsymbol{V}} & \dfrac{\partial \boldsymbol{f}_a}{\partial \boldsymbol{\theta}}\end{bmatrix}=\begin{bmatrix}\boldsymbol{F}_{rr} & \boldsymbol{F}_{ra}\\ \boldsymbol{F}_{ar} & \boldsymbol{F}_{aa}\end{bmatrix} \tag{4.15}$$

式中：$\boldsymbol{F}_{rr}$ 是 $N_r\times N_m$ 阶的子矩阵，$\boldsymbol{F}_{ra}$ 是 $N_r\times N_m$ 阶的子矩阵，$\boldsymbol{F}_{ra}$ 是 $N_a\times N_m$ 阶的子矩阵，$\boldsymbol{F}_{aa}$ 是 $N_a\times N_m$ 阶的子矩阵。

加权对角阵 $\boldsymbol{R}^{-1}$ 也可分解为无功和有功两部分，表示为

$$\boldsymbol{R}^{-1}=\begin{bmatrix}\boldsymbol{R}_r^{-1} & 0\\ 0 & \boldsymbol{R}_a^{-1}\end{bmatrix} \tag{4.16}$$

式中：$\boldsymbol{R}_r^{-1}$ 是对应 $\boldsymbol{z}_r$ 的 n_r 阶加权对角阵；$\boldsymbol{R}_a^{-1}$ 是对应 $\boldsymbol{z}_a$ 的 n_a 阶加权对角阵。

经过上述两个简化，$\boldsymbol{H}^{\mathrm{T}}\boldsymbol{R}^{-1}\boldsymbol{H}$ 可以简化为如下形式

$$\boldsymbol{H}^{\mathrm{T}}\boldsymbol{R}^{-1}\boldsymbol{H}=\begin{bmatrix}\boldsymbol{C} & 0\\ 0 & \boldsymbol{D}\end{bmatrix} \tag{4.17}$$

式中：$\boldsymbol{C}=V_0^2\left[\left(-\boldsymbol{F}_r\right)^{\mathrm{T}}\boldsymbol{R}_r^{-1}\left(-\boldsymbol{F}_r\right)\right]$，是 N_m 阶常对称矩阵；$\boldsymbol{D}=V_0^4\left[\left(-\boldsymbol{F}_a\right)^{\mathrm{T}}\boldsymbol{R}_a^{-1}\left(-\boldsymbol{F}_a\right)\right]$，是 N_m 阶常对称矩阵；V_0 表示系统参考节点的电压幅值；$\boldsymbol{F}_r$ 表示 $N_r \times N_m$ 阶 $Q-V$ 部分的常数雅可比矩阵；$\boldsymbol{F}_a$ 表示 $N_a \times N_m$ 阶 $P-\theta$ 部分的常数雅可比矩阵。根据快速分解法常规潮流的计算经验，$\boldsymbol{F}_r$ 取支路导纳的虚部；$\boldsymbol{F}_a$ 直接取支路电抗的倒数（变压器非标准变比和线路对地电抗）时具有最快的迭代收敛速度。

由于系数矩阵 $\boldsymbol{C}$ 和 $\boldsymbol{D}$ 都是常数对称矩阵，可以由前面所列公式计算，如果网络接线和量测系统都不变，则只需要一次分解因子，就可以进行后续步骤，因此迭代速度和估计速度可以得到大幅提高。

在当前的工程实践中，通常采用整体式状态估计（integrated state estimation，ISE）方法，即通过采集广域系统的量测量，求解大规模电力系统的状态估计问题，从而获得整个系统的状态估计解。整体式状态估计对于量测冗余度的要求比较苛刻，必须有足够的遥测量和遥信量才能够进行估计计算，且需要向互联系统计算中心传输大量量测数据，因而对于大规模互联电力系统，完成整体式状态估计具有一定的难度。此外，为了满足整体式状态估计的求解，各区域电力系统还需要调整现有状态估计软、硬件条件。

鉴于上述一体化模型，互联大电网状态估计存在模型数据量大、运算量大、对计算机运算速度要求较高的问题，如何在充分利用各区域电力系统调度中心现有状态估计程序和量测配置的前提下，利用较少的数据传输，更快地完成互联系统的状态估计一直以来受到广泛关注。为此，常用的方法有基于分层架构和基于区域等值模型的互联大电网状态估计方法，将在后续章节中介绍。

4.3 基于主从分层架构的互联大电网分布式状态估计

分布式状态估计是解决互联大电网状态估计问题的重要方法，主要以各区域电网间交换少量数据为代价，通过相互协调使得本地状态估计精度与集中式状态估计精度相同或相近，实现全网状态的实时匹配。基于分层架构的分布式状态估计示意图如图 4－1 所示。

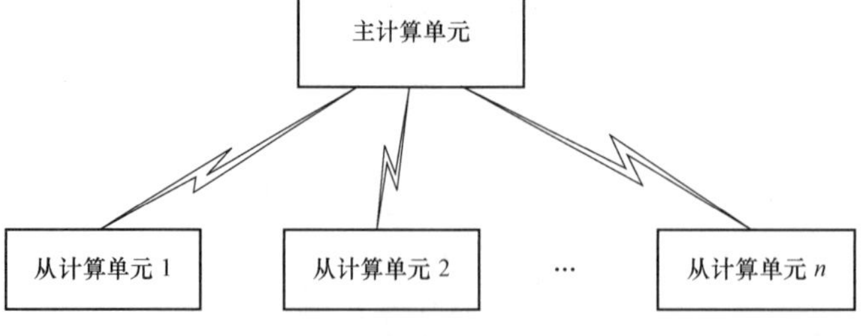

图 4－1　基于分层架构的分布式状态估计示意图

4.3.1　区域的划分

对互联电网进行分布式状态估计，首先需要将可观的电力系统网络裂解成 k 个可观的子系统。1987 年，Sasaki 等人第一次采用矩阵求逆引理对电力系统状态估计进行裂解的分区裂解算法[4]。一般而言区域裂解应尽量满足以下要求：

（1）依据地理位置和行政区划；

（2）裂解点处于弱耦合线路；

（3）子系统间的负荷和发电量尽量平衡；

（4）子系统间联络线尽可能少；

（5）一般选取两端节点的电压相角和幅值差尽可能小的线路为联络线。

通常子系统的划分类型有搭接式方法（包括共用节点或虚拟节点、共用支路）和非搭接式方法（联络线分割）。

4.3.2　分布式状态估计的关键点

和整体式状态估计相比，分布式状态估计一般表现出以下理想特性[5]：

（1）鲁棒性：在各类环境条件（如量测装置和不良数据）下可以收敛，得到可接受的解决方案。

（2）准确性：估计结果应足够精确，理想条件下应该和整体式状态估计相同。在实际工程实践中，最优解并不是必须结果，在准确性可以接受的情况下，具有其他优势的次优解可能更重要。

（3）高计算效率：鉴于算法复杂度受限，提高计算速度是分布式状态估计的一大特征。

（4）数据交换量：分布式处理器间的信息交换应该尽可能低，避免多台计算机共享量测值。

4.3.3　两层式状态估计

在 1970 年 Schweppe 提出基本加权最小二乘法状态估计方法的论文中，就已经提出了大规模电网的分区状态估计思想，虽然仅做了简单讨论，但对于分布式状态估计具有重要意义。文中简要描述了大型增益矩阵降维的两种方法，这两种方法都把一个大型网络认为是由通过联络线相互连接的区域构成。在每条联络线中间引入一个虚拟节点，各子系统状态估计的网络拓扑包含与各自相连的虚拟节点。

Schweppe 提出的第一种方法是空间量化（spatial quantization），这种方法只侧重于对局部区域单独进行状态估计迭代计算，这种方法的缺点在于各子区域必须有足够的量测用于估计边界节点和虚拟节点的状态，联络线功率估计偏差较大，在虚拟节点处估计的不匹配降低了联络线不良数据检测和辨识的能力。

Schweppe 提出的第二种方法是空间迭代（spatial sweep），即按顺序逐次进行各区域系统的状态估计计算，进行一次向前和向后的计算过程，完成整体系统状态估计计算。该方法通过将前一个区域在虚拟节点的估计结果作为下一相邻区域的附加量测，把前一系统的量测信息代入当前区域估计计算。但该方法由于需要等到前一区域系统状态估计结束后才能进行下一区域系统的估计计算，且各区域系统相当于串行地进行了两次常规状态估计计算，在计算时间上不但没有减少反而有所增加，此外算法实现的组织方案及通信方式复杂等原因也不利于算法实现。

从 20 世纪 80 年代起逐步出现了许多分层状态估计的研究，总体上均可按照 Schweppe 的思路分为估计协调法和迭代协调法。

1. 估计协调法

估计协调法是空间量化方法的发展和完善，它的基本原理为：在各区域电网独立完成本地估计迭代计算后，协调中心统一对各区域本地估计结果进行协调，此过程中各区域与协调中心只需一次数据信息交互通信。

（1）二分层分布式估计方法框架。

1981 年，T.Van.Cutsem 等建立了基于非重叠系统分区策略的二分层分布式估计方法，给出了分层状态估计的基本框架[6]。其中下层是子电网区域（即子系统），上层是调度中心（即协调层）。

在分层状态估计框架内，整个系统由 k 个不重叠的子系统组成，通过联络线（输电线路或变压器），联络线的末端称为边界节点，这些节点的集合被定义为第 $k+1$ 个（虚拟）子系统。

首先，分层状态估计程序对所有 k 个子系统独立地执行传统状态估计操作，即对于该层级的状态估计，每个子系统各自运行，可以使用不同算法进行状态估计，也不需和其他子系统进行通信。此时，状态向量通常是属于每个子系统的节点电压幅值和相角。另外，每个子系统使用的本地测量集的性质取决于使用的本地状态估计算法，可能包括电压大小、电流和功率等。

当第一层级 k 个子系统完成各自状态估计后，需要进行第二层级状态估计以起到协调的目的，即采用一个统一的角度基准。为此需要使用到两组变量集，第一组包括 k 个本地（局部）松弛母线的 $k-1$ 个相角以及 1 个用作参考的相角，第二组包括边界节点的电压大小和相角。需要注意，第二层级使用的量测量是联络线上的功率流和由第一层级状态估计得到的边界节点的状态变量的值。

两层式状态估计方法的好处是显而易见的：

对下层各个子系统而言：① 因为数据仅需在本地进行处理而不需要全部上传到上级调度中心，所以数据处理成本更低；② 相较整体式状态估计，各子系统所需数据都较少，本地计算机所需内存大大降低；③ 因为下层各子系统的状态估计是独立进行的，只有少量信息被发送到第二层级，这样，修改、嵌入或删除一个子系统都不会破坏或中断剩余系统的估计，和整体式状态估计相比具有较高灵活性；④ 分层架构允许在本地（子系统）级别上满足一般需求或比上层级别更频繁地获取数据；⑤ 子系统的状态估计算法可以灵活选择；⑥ 一般来说量测设备的故障只影响局部状态估计结构，不会大幅影响整个系统状态估计的准确性，因此其可靠性比整体式状态估计要高。

对上层调度中心而言：① 接收和处理的信息量相对较少；② 上层状态估计速度很快。

对整个分层状态估计程序而言：① 数据采集和处理成本比传统的整体式状态估计方法低得多；② 计算所需时间（主要是最耗费时间的上层状态估计）也比整体式状态估计方法

要少。

在二分层状态估计的基本框架上，A.A.EI－Keib 等在边界节点处利用基尔霍夫定律得到关于节点注入功率量测的修正模型，相应地对区域本地状态进行增广（将与边界节点相连的内部支路功率视为待估状态量），从理论分析中得到更好的精度[7]。

M.S.Kurzin 等提出的两层式框架和上述方法类似[8]，其主要区别在于：在第二层即协调层，直接将各区域电网边界状态估计视作准确结果参与计算，采用一种基于算术均值的启发式方法估计参考节点相角差，各区域电网再根据返回的参考节点相角差修正本地估计结果。通过测试该方法能够有效减少协调中心的计算量，实时性和灵活性较高。

（2）分层状态估计并行优化算法。

D.M.Falcao 等人将并行计算和分布式状态估计结合，提出了一种基于传统状态估计算法和耦合约束优化技术的求解方法，确定了分布式状态估计提供准确估计状态变量的条件[9]。将传统算法进行扩展，能使新的测量值被快速地整合到状态估计过程中，从而生成了分布式跟踪算法。算法具体如下：

1）量测模型。

$$\boldsymbol{z}=\boldsymbol{h}(\boldsymbol{x})+\boldsymbol{\omega} \tag{4.18}$$

式中：$\boldsymbol{z}$ 为 m 维量测向量；$\boldsymbol{x}$ 为 n 维状态向量；$\boldsymbol{\omega}$ 为 m 维量测误差向量。

通常选择的状态变量是母线电压相角和幅值，而测量的是有功和无功功率流、节点注入和电压值。

正如在潮流计算中，人们发现基于式（4.18）解耦版本的状态估计算法在通常的电网中表现良好。因此，通常采用以下解耦模型

$$\boldsymbol{z}_p=\boldsymbol{h}_p(\theta,\boldsymbol{v})+\boldsymbol{v}_p \tag{4.19}$$

$$\boldsymbol{z}_q=\boldsymbol{h}_q(\theta,\boldsymbol{v})+\boldsymbol{v}_q \tag{4.20}$$

式中：θ 为 $n_\theta=N-1$ 维电压相角向量；$\boldsymbol{v}$ 为 $n_v=N$ 维电压幅值向量；N 为系统节点数。

2）问题表示和最优条件。

假设将电网分解为 m 个区域。这些区域通过边界母线连接，边界母线同时属于两个相邻区域，使用相邻的量测集可以观察到重叠区域。进一步的假设是在重叠区域节点处没有注入量测。这个假设并不一定表示该方法受到的实际限制，因为在重叠区域的实际注入量测节点可以被没有注入量测的虚拟节点所取代，这些节点通过零阻抗线连接到实际节点。

在上述假设条件下，式（4.19）和式（4.20）引入的状态估计问题可以分解如下

$$\boldsymbol{z}_p^k=\boldsymbol{h}_p^k\left(\boldsymbol{\theta}^k,\boldsymbol{v}^k\right)+\omega_p^k,\quad k=1,\cdots,M \tag{4.21}$$

$$\boldsymbol{z}_q^k=\boldsymbol{h}_q^k\left(\boldsymbol{\theta}^k,\boldsymbol{v}^k\right)+\omega_q^k,\quad k=1,\cdots,M \tag{4.22}$$

式中：$\boldsymbol{z}_p^k$ 和 $\boldsymbol{z}_q^k$ 是区域 k 的电压相角和幅值向量，维数分别为 m_p^k 和 m_q^k；$\boldsymbol{\theta}^k$ 和 $\boldsymbol{v}^k$ 是区域 k 的电压相角和幅值向量，包括对应边界节点的，维数分别为 n_θ^k 和 n_v^k。

对式（4.21）和式（4.22）所示分布式状态估计问题采用加权最小二乘法求解。可以通过求解一个约束优化问题得到，该问题具有可分离的目标函数和一组线性约束，使重叠区域内的状态变量相同

$$\min_{\theta^k,v^k}\sum_{k=1}^{M}\frac{1}{2}\left\{\left[\boldsymbol{z}_p^k-\boldsymbol{h}_p^k(.)\right]^{\mathrm{T}}\left[\boldsymbol{R}_p^k\right]^{-1}\left[\boldsymbol{z}_p^k-\boldsymbol{h}_p^k(.)\right]+\left[\boldsymbol{z}_q^k-\boldsymbol{h}_q^k(.)\right]^{\mathrm{T}}\left[\boldsymbol{R}_q^k\right]^{-1}\left[\boldsymbol{z}_q^k-\boldsymbol{h}_q^k(.)\right]\right\} \tag{4.23}$$

$$\text{s. t.}\sum_{k=1}^{M}\boldsymbol{A}_p^k\boldsymbol{\theta}^k=0,\sum_{k=1}^{M}\boldsymbol{A}_q^k\boldsymbol{v}^k=0 \tag{4.24}$$

式中：$\boldsymbol{A}_p^k$ 和 $\boldsymbol{A}_q^k$ 分别为 $l\times n_\theta^k$ 和 $l\times n_v^k$ 阶矩阵，其非零元素为 1 或 -1，l 表示边界节点的个数。

由相应的拉格朗日函数 L 导出上述问题解的必要条件为

$$\frac{\partial \boldsymbol{L}}{\partial\boldsymbol{\theta}^k}=-\left[\boldsymbol{H}_p^k\right]^{\mathrm{T}}\left[\boldsymbol{R}_p^k\right]^{-1}\left[\boldsymbol{z}_p^k-\boldsymbol{h}_p^k\left(\boldsymbol{\theta}^k,\boldsymbol{v}^k\right)\right]+\left[\boldsymbol{A}_p^k\right]^{\mathrm{T}}\gamma_p=0,\quad k=1,\cdots,M \tag{4.25}$$

$$\frac{\partial \boldsymbol{L}}{\partial\boldsymbol{v}^k}=-\left[\boldsymbol{H}_q^k\right]^{\mathrm{T}}\left[\boldsymbol{R}_q^k\right]^{-1}\left[\boldsymbol{z}_q^k-\boldsymbol{h}_q^k\left(\boldsymbol{\theta}^k,\boldsymbol{v}^k\right)\right]+\left[\boldsymbol{A}_q^k\right]^{\mathrm{T}}\gamma_q=0,\quad k=1,\cdots,M \tag{4.26}$$

$$\frac{\partial \boldsymbol{L}}{\partial\gamma_p}=\sum_{k=1}^{M}\boldsymbol{A}_p^k\boldsymbol{\theta}^k=0,\quad \frac{\partial \boldsymbol{L}}{\partial\gamma_q}=\sum_{k=1}^{M}\boldsymbol{A}_q^k\boldsymbol{v}^k=0 \tag{4.27}$$

式中：γ_p 和 γ_q 为拉格朗日乘子向量；$\boldsymbol{H}_p^k=\dfrac{\partial\boldsymbol{h}_p^k\left(\boldsymbol{\theta}^k,\boldsymbol{v}^k\right)}{\partial\boldsymbol{\theta}^k}$，$\boldsymbol{H}_q^k=\dfrac{\partial\boldsymbol{h}_q^k\left(\boldsymbol{\theta}^k,\boldsymbol{v}^k\right)}{\partial\boldsymbol{v}^k}$。

3） 基本算法。

与整体式状态估计算法一样，高斯—牛顿法结合常规快速解耦假设能用于求解式（4.25）和式（4.27），可以得到以下算法

$$\tilde{\boldsymbol{\theta}}^k(i+1)=\boldsymbol{\theta}^k(i)+\left[\boldsymbol{C}_p^k\right]^{-1}\Delta\boldsymbol{b}_p^k(i),\quad k=1,\cdots,M \tag{4.28}$$

$$\gamma_p(i+1)=\boldsymbol{N}_p^{-1}\sum_{k=1}^{M}\boldsymbol{A}_p^k\tilde{\boldsymbol{\theta}}^k(i+1) \tag{4.29}$$

$$\boldsymbol{\theta}^k(i+1)=\tilde{\boldsymbol{\theta}}^k(i+1)-\left[\boldsymbol{C}_p^k\right]^{-1}\left[\boldsymbol{A}_p^k\right]^{\mathrm{T}}\gamma_p(i+1),\quad k=1,\cdots,M \tag{4.30}$$

$$\tilde{\boldsymbol{v}}^k(i+1)=\boldsymbol{v}^k(i)+\left[\boldsymbol{C}_q^k\right]^{-1}\Delta\boldsymbol{b}_q^k(i),\quad k=1,\cdots,M \tag{4.31}$$

$$\gamma_q(i+1)=\boldsymbol{N}_q^{-1}\sum_{k=1}^{M}\boldsymbol{A}_q^k\tilde{\boldsymbol{v}}^k(i+1) \tag{4.32}$$

$$\boldsymbol{v}^k(i+1)=\tilde{\boldsymbol{v}}^k(i+1)-\left[\boldsymbol{C}_q^k\right]^{-1}\left[\boldsymbol{A}_q^k\right]^{\mathrm{T}}\gamma_q(i+1) \tag{4.33}$$

其中

$$\Delta\boldsymbol{b}_p^k(i)=\left[\boldsymbol{H}_p^k\right]^{\mathrm{T}}\left[\boldsymbol{R}_p^k\right]^{-1}\left[\boldsymbol{z}_p^k-\boldsymbol{h}_p^k\left(\boldsymbol{\theta}_k(i),\boldsymbol{v}_k(i)\right)\right] \tag{4.34}$$

$$\Delta\boldsymbol{b}_q^k(i)=\left[\boldsymbol{H}_q^k\right]^{\mathrm{T}}\left[\boldsymbol{R}_q^k\right]^{-1}\left[\boldsymbol{z}_q^k-\boldsymbol{h}_q^k\left(\boldsymbol{\theta}_k(i+1),\boldsymbol{v}_k(i)\right)\right] \tag{4.35}$$

$$\boldsymbol{C}_p^k=\left[\boldsymbol{H}_p^k\right]^{\mathrm{T}}\left[\boldsymbol{R}_p^k\right]^{-1}\boldsymbol{H}_p^k \tag{4.36}$$

$$\boldsymbol{C}_q^k=\left[\boldsymbol{H}_q^k\right]^{\mathrm{T}}\left[\boldsymbol{R}_q^k\right]^{-1}\boldsymbol{H}_q^k \tag{4.37}$$

$$\boldsymbol{N}_p=\sum_{k=1}^{M}\boldsymbol{A}_p^k\left[\boldsymbol{C}_p^k\right]^{-1}\left[\boldsymbol{A}_p^k\right]^{\mathrm{T}} \tag{4.38}$$

$$N_q = \sum_{k=1}^{M} A_q^k \left[C_q^k \right]^{-1} \left[A_q^k \right]^{\mathrm{T}} \tag{4.39}$$

H_p 和 H_q 在标称条件下计算，在迭代过程中保持不变。

4）分布式算法。

式（4.28）～式（4.39）给出的算法可以使用分层估计器实现，但是这种估计器可能不太适合并行或分布式处理。如果忽略式（4.29）、式（4.30）和式（4.32）、式（4.33）中的矩阵 C_p^k 和 C_q^k 中的非对角元素，就可以得到适合分布式处理的算法版本。

$$\theta^k(i+1) = \tilde{\theta}^k(i+1) + \Delta\tilde{\theta}^k(i+1) \tag{4.40}$$

$$\theta^k(i+1) = \tilde{\theta}^k(i+1) + \Delta\tilde{\theta}^k(i+1) \tag{4.41}$$

其中除了对角线元素，$\Delta\tilde{\theta}^k(i+1)$ 中其他元素都为 0，其值如下

$$\Delta\tilde{\theta}_r^k(i+1) = \pm \frac{g_{\mathrm{rr}}^k}{g_{\mathrm{rr}}^k + g_{\mathrm{rr}}^j} \left[\tilde{\theta}_r^k(i+1) - \tilde{\theta}_r^j(i+1) \right] \tag{4.42}$$

式中：g_{rr}^k 和 g_{rr}^j 分别是相邻区域 k 和 j 的逆增益矩阵中和节点 r 对应的对角线元素，其符号根据 A_p^k 设置为 + 或 −，$\Delta\tilde{v}^k(i+1)$ 中元素的计算方法也类似。

5）分布式异步算法。

上一小节介绍的算法在每次迭代中以同步的方式计算 θ 和 v 的更新，它必须等到所有区域的状态向量更新后才开始新的迭代，这种方法对并行处理和分布式处理都有缺点。在并行处理中，由于处理器空闲时间的限制，除非能够实现完美的负载均衡，否则同步算法往往不能达到较高的效率。在分布式处理中，这种方法要求在地理分布的系统中进行较为困难的同步操作。另一方面，异步算法更适合并行和分布式处理实现。

在上述分布式算法的情况下，进行模拟实验表明，即使没有来自其他领域的信息，计算也可以继续进行。因为式（4.28）和式（4.31）实际上是一个局部解耦状态估计器，这使算法适合于异步实现。

随着向量测量单元（phasor measurement unit，PMU）的发展，基于 PMU 的电力系统分布式状态估计得到广泛关注。早期相关研究均集中在以加权最小二乘法为基础的分布式静态状态估计。与静态估计相比，动态状态估计具有系统状态预报功能和无需迭代的优点，近年来也开始朝着分布式方向发展。如刘辉乐等在动态估计扩展卡尔曼滤波算法的基础上，结合量测数据预处理和对雅可比矩阵加权等方法提出了一种基于 PMU 的分布式电力系统动态状态估计新算法[10]。

估计协调法算法过程简单，在实际应用中较为容易实现。但是估计协调算法大多只针对系统边界节点状态进行协调，并未根据边界状态协调值对分区域的内部状态作调整，因此整体的估计精度提高不大。

2. 迭代协调法

迭代协调法的基本原理为：在每次本地估计迭代计算中，各区域电网需与协调中心进行一次数据交换，在协调中心侧进行全网统一协调处理，各区域电网根据返回的协调结果修正当前估计迭代值，此过程需不断重复直到结果收敛。

George N.Korres 等以系统边界量测方程作为约束条件，采用拉格朗日乘子法将原集中

式估计问题进行分解，提出了一种适用于多区域电力系统的分布式状态估计方法[11]。原理上具有与集中式估计相同的解，且收敛性也完全一致。下面对该方法进行简要介绍。

假定一个大型互联电网具有 n 条母线，被划分为 k 个非重叠子系统 S_i，每个子系统有 n_i 条母线并通过联络线相连。每个区域由它自己的本地控制中心管理，该控制中心负责估计本区域状态，并通过通信网络连接到一个协调控制中心。

$$\begin{aligned} \boldsymbol{z}_i &= \boldsymbol{h}_i(\boldsymbol{x}_i) + \boldsymbol{v}_i, \quad i = 1, \cdots, k \\ \boldsymbol{z}_c &= \boldsymbol{h}_c(\boldsymbol{x}) + \boldsymbol{v}_c \end{aligned} \tag{4.43}$$

式中：$\boldsymbol{z}_i$ 是区域 S_i 内部量测向量，维数为 m_i；$\boldsymbol{z}_i$ 是区域 S_i 边界量测向量，维数为 m_c；$\boldsymbol{x}_i = \begin{pmatrix} \boldsymbol{\delta}_i \\ \boldsymbol{V}_i \end{pmatrix}$ 是区域 S_i 内所有母线电压相角和电压幅值组成的局部状态向量，维数为 $2n_i$；$\boldsymbol{x}$ 是整个系统的状态向量，维数为 $2n$；$\boldsymbol{h}_i(\cdot)$和 $\boldsymbol{h}_c(\cdot)$是非线性量测函数向量；$\boldsymbol{v}_i$ 和 $\boldsymbol{v}_c$ 为随机量测误差向量。

量测集包括：

（1）电压幅值

$$V_l^{\text{meas}} = V_l + v_{V_l} \tag{4.44}$$

（2）有功和无功功率潮流

$$P_{lm}^{\text{meas}} = P_{lm} + v_{P_{lm}} \tag{4.45}$$

$$Q_{lm}^{\text{meas}} = Q_{lm} + v_{Q_{lm}} \tag{4.46}$$

（3）注入的有功和无功

$$P_l^{\text{meas}} = \left(V_l^2 g_l + \sum_{m \in a(l)} P_{lm} \right) + \sum_{m \in b(l)} P_{lm} + e_{P_l} \tag{4.47}$$

$$Q_l^{\text{meas}} = \left(-V_l^2 b_l + \sum_{m \in a(l)} Q_{lm} \right) + \sum_{m \in b(l)} Q_{lm} + e_{Q_l} \tag{4.48}$$

其中

$$P_{lm} = V_l^2 (g_{lm} + g_{slm}) - V_l V_m \left[g_{lm} \cos(\delta_l - \delta_m) + b_{lm} \sin(\delta_l - \delta_m) \right] \tag{4.49}$$

$$Q_{lm} = -V_l^2 (b_{lm} + b_{slm}) - V_l V_m \left[g_{lm} \sin(\delta_l - \delta_m) - b_{lm} \cos(\delta_l - \delta_m) \right] \tag{4.50}$$

式中：l 是属于其中一个子区域 S_i 的节点；V_l 和 V_m 分别表示节点 l 和 m 的电压幅值；δ_l 和 δ_m 分别表示节点 l 和 m 的电压相角；$g_{lm} + \mathrm{j}b_{lm}$ 表示支路 $l-m$ 的串联导纳，$g_{slm} + \mathrm{j}b_{slm}$ 表示支路 $l-m$ 的并联导纳；$g_l + \mathrm{j}b_l$ 表示节点 l 的并联导纳；$a(l)$ 表示区域 S_i 和节点 l 相连的线路集；$b(l)$ 表示区域 S_j 和节点 l 相连的线路集，$j \neq i$。

为不失一般性，假设区域 S_i 至少包含一个电压幅值测量值。如果 l 是区域 S_i 的边界母线，式（4.45）和式（4.46）表示 $m \in b(l)$的联络线潮流，式（4.47）和式（4.48）表示 $m \in b(l)$ 的边界注入潮流。其他情况下式（4.44）～式（4.48）均表示区域 S_i 的内部量测量。

多区域状态估计问题可以表述为带约束的加权最小二乘法最小值问题。

$$\min \boldsymbol{J}(\boldsymbol{x}) = \boldsymbol{v}_{\mathrm{c}}^{\mathrm{T}} \boldsymbol{R}_{\mathrm{c}}^{-1} \boldsymbol{v}_{\mathrm{c}} + \sum_{i=1}^{k} \boldsymbol{v}_{i}^{\mathrm{T}}\left(\boldsymbol{x}_{i}\right) \boldsymbol{R}_{i}^{-1} \boldsymbol{v}_{i}\left(\boldsymbol{x}_{i}\right) \tag{4.51}$$

$$\text{s.t. } \boldsymbol{v}_{\mathrm{c}} = \boldsymbol{z}_{\mathrm{c}} - \boldsymbol{h}_{\mathrm{c}}(x)$$

其中

$$\boldsymbol{v}_{\mathrm{c}} = \boldsymbol{z}_{\mathrm{c}} - \boldsymbol{h}_{\mathrm{c}}(x) \tag{4.52}$$

$$\boldsymbol{R}_{i} = \operatorname{diag}\left[\sigma_{1}^{2} \cdots \sigma_{m_{i}}^{2}\right] \quad \boldsymbol{R}_{\mathrm{c}} = \operatorname{diag}\left[\sigma_{1}^{2} \cdots \sigma_{m_{\mathrm{c}}}^{2}\right] \tag{4.53}$$

采用拉格朗日乘子法求解上述问题。拉格朗日乘子 $\boldsymbol{L}(\boldsymbol{x}, \boldsymbol{\lambda})$ 可以定义为

$$\boldsymbol{L}(\boldsymbol{x}, \lambda) = \frac{1}{2} \boldsymbol{v}_{\mathrm{c}}^{\mathrm{T}} \boldsymbol{R}_{\mathrm{c}}^{-1} \boldsymbol{v}_{\mathrm{c}} + \frac{1}{2} \sum_{i=1}^{k} \boldsymbol{v}_{i}^{\mathrm{T}}\left(\boldsymbol{x}_{i}\right) \boldsymbol{R}_{i}^{-1} \boldsymbol{v}_{i}\left(\boldsymbol{x}_{i}\right) + \boldsymbol{\lambda}^{\mathrm{T}}\left(\boldsymbol{v}_{\mathrm{c}} - \boldsymbol{z}_{\mathrm{c}} + \boldsymbol{h}_{\mathrm{c}}(\boldsymbol{x})\right) \tag{4.54}$$

式中：$\boldsymbol{\lambda}$ 是 m_{c} 维拉格朗日乘子列向量。

状态估计向量 $\hat{\boldsymbol{x}}$ 是式（4.51）的解，且满足最优条件：

$$\frac{\partial \boldsymbol{L}}{\partial \boldsymbol{x}} = \mathbf{0} \Rightarrow -\left(\begin{bmatrix} \boldsymbol{H}_{1}^{\mathrm{T}}\left(\hat{x}_{1}\right) \boldsymbol{R}_{1}^{-1} & & \\ & \ddots & \\ & & \boldsymbol{H}_{k}^{\mathrm{T}}\left(\hat{\boldsymbol{x}}_{k}\right) \boldsymbol{R}_{k}^{-1} \end{bmatrix} \times \begin{bmatrix} z_{1} - \boldsymbol{h}_{1}\left(\hat{x}_{1}\right) \\ \vdots \\ z_{k} - \boldsymbol{h}_{k}\left(\hat{\boldsymbol{x}}_{k}\right) \end{bmatrix} + \boldsymbol{H}_{\mathrm{c}}^{\mathrm{T}}(\hat{x}) \hat{\boldsymbol{\lambda}} = 0\right) \tag{4.55}$$

$$\frac{\partial \boldsymbol{L}}{\partial \boldsymbol{v}_{\mathrm{c}}} = \mathbf{0} \Rightarrow \boldsymbol{R}_{\mathrm{c}}^{-1} \boldsymbol{v}_{\mathrm{c}} + \hat{\boldsymbol{\lambda}} = \mathbf{0} \tag{4.56}$$

$$\frac{\partial \boldsymbol{L}}{\partial \boldsymbol{\lambda}} = \mathbf{0} \Rightarrow \boldsymbol{v}_{\mathrm{c}} - z_{\mathrm{c}} + \boldsymbol{h}_{\mathrm{c}}\left(\hat{x}\right) = \mathbf{0} \tag{4.57}$$

从式（4.56）和式（4.58）可得

$$\boldsymbol{h}_{\mathrm{c}}(\hat{\boldsymbol{x}}) - z_{\mathrm{c}} - \boldsymbol{R}_{\mathrm{c}} \hat{\boldsymbol{\lambda}} = \mathbf{0} \tag{4.58}$$

非线性方程式（4.55）和式（4.58）可以用以下迭代格式求解 $\hat{\boldsymbol{x}}$

$$\begin{bmatrix} \boldsymbol{G}_{1}\left(\boldsymbol{x}_{1}^{j}\right) & & \\ & \ddots & \\ & & \boldsymbol{G}_{k}\left(\boldsymbol{x}_{k}^{j}\right) \end{bmatrix} \begin{bmatrix} \Delta \boldsymbol{x}_{1}^{j} \\ \vdots \\ \Delta \boldsymbol{x}_{k}^{j} \end{bmatrix} + \boldsymbol{H}_{\mathrm{c}}^{\mathrm{T}}\left(\boldsymbol{x}^{j}\right) \boldsymbol{\lambda}^{j+1} = \begin{bmatrix} \boldsymbol{H}_{1}^{\mathrm{T}}\left(\boldsymbol{x}_{1}^{j}\right) \boldsymbol{R}_{1}^{-1} \Delta z_{1}^{j} \\ \vdots \\ \boldsymbol{H}_{k}^{\mathrm{T}}\left(\boldsymbol{x}_{k}^{j}\right) \boldsymbol{R}_{r}^{-1} \Delta z_{k}^{j} \end{bmatrix} \tag{4.59}$$

$$\boldsymbol{H}_{\mathrm{c}}\left(\boldsymbol{x}^{j}\right) \Delta \boldsymbol{x}^{j} - \boldsymbol{R}_{\mathrm{c}} \boldsymbol{\lambda}^{k+1} = \Delta z_{\mathrm{c}}^{j} \tag{4.60}$$

其中上标 j 是迭代次数。

$$\Delta \boldsymbol{x}^{j} = \boldsymbol{x}^{j+1} - \boldsymbol{x}^{j} = \begin{bmatrix} \boldsymbol{x}_{1}^{j+1} - \boldsymbol{x}_{1}^{j} \\ \vdots \\ \boldsymbol{x}_{i}^{j+1} - \boldsymbol{x}_{i}^{j} \\ \vdots \\ \boldsymbol{x}_{k}^{j+1} - \boldsymbol{x}_{k}^{j} \end{bmatrix} = \begin{bmatrix} \Delta \boldsymbol{x}_{1}^{j} \\ \vdots \\ \Delta \boldsymbol{x}_{i}^{j} \\ \vdots \\ \Delta \boldsymbol{x}_{k}^{j} \end{bmatrix} \tag{4.61}$$

$$\Delta z_{i}^{j} = z_{i} - \boldsymbol{h}_{i}\left(\boldsymbol{x}_{i}^{j}\right), \quad i = 1, \cdots, k \tag{4.62}$$

$$\Delta z_{\mathrm{c}}^{j} = z_{\mathrm{c}} - \boldsymbol{h}_{\mathrm{c}}\left(\boldsymbol{x}^{j}\right) \tag{4.63}$$

$\boldsymbol{H}_i\left(\boldsymbol{x}_i^j\right)=\dfrac{\partial \boldsymbol{h}_i\left(\boldsymbol{x}_i^j\right)}{\partial \boldsymbol{x}_i}$ 是 $m_i \times 2n_i$ 阶和区域 S_i 内部量测相关的雅可比矩阵。

$$\boldsymbol{G}_i\left(\boldsymbol{x}_i^j\right)=\boldsymbol{H}_i^{\mathrm{T}}\left(\boldsymbol{x}_i^j\right)\boldsymbol{R}_i^{-1}\boldsymbol{H}_i\left(\boldsymbol{x}_i^j\right) \tag{4.64}$$

$\boldsymbol{G}_i$ 是区域 S_i 的 $2n_i \times 2n_i$ 阶增益矩阵。

$\boldsymbol{H}_{\mathrm{c}}(\boldsymbol{x}^j)=\dfrac{\partial \boldsymbol{h}_{\mathrm{c}}(\boldsymbol{x}^j)}{\partial \boldsymbol{x}}$ 是 $m_{\mathrm{c}} \times 2n$ 阶和边界量测相关的雅可比矩阵，可被划分为如下形式

$$\boldsymbol{H}_{\mathrm{c}}\left(\boldsymbol{x}^j\right)=\left[\boldsymbol{H}_{\mathrm{c}1}\left(\boldsymbol{x}_1^j\right) \quad \cdots \quad \boldsymbol{H}_{\mathrm{c}k}\left(\boldsymbol{x}_k^j\right)\right] \tag{4.65}$$

式中：$\boldsymbol{H}_{\mathrm{c}i}\left(\boldsymbol{x}_i^j\right)$ 是 $\boldsymbol{H}_{\mathrm{c}}\left(\boldsymbol{x}^j\right)$ 的 $m_{\mathrm{c}} \times 2n_i$ 阶子矩阵，$\boldsymbol{H}_{\mathrm{c}}\left(\boldsymbol{x}^j\right)$ 的列数和区域 S_i 的母线数量有关。

由式（4.59）～式（4.65）可以推导出下面的方程式

$$\begin{bmatrix} \boldsymbol{G}_1\left(\boldsymbol{x}_1^j\right) & & & \boldsymbol{H}_{\mathrm{c}1}^{\mathrm{T}}\left(\boldsymbol{x}_1^j\right) \\ & \ddots & & \vdots \\ & & \boldsymbol{G}_k\left(\boldsymbol{x}_k^j\right) & \boldsymbol{H}_{\mathrm{c}k}^{\mathrm{T}}\left(\boldsymbol{x}_k^j\right) \\ \boldsymbol{H}_{\mathrm{c}1}\left(\boldsymbol{x}_1^j\right) & \cdots & \boldsymbol{H}_{\mathrm{c}k}\left(\boldsymbol{x}_k^j\right) & -\boldsymbol{R}_{\mathrm{c}} \end{bmatrix}\begin{pmatrix} \Delta \boldsymbol{x}_1^j \\ \vdots \\ \Delta \boldsymbol{x}_k^j \\ \boldsymbol{\lambda}^{j+1} \end{pmatrix}=\begin{bmatrix} \boldsymbol{H}_1^{\mathrm{T}}\left(\boldsymbol{x}_1^j\right)\boldsymbol{R}_1^{-1}\Delta \boldsymbol{z}_1^j \\ \vdots \\ \boldsymbol{H}_k^{\mathrm{T}}\left(\boldsymbol{x}_k^j\right)\boldsymbol{R}_k^{-1}\Delta \boldsymbol{z}_k^j \\ \Delta \boldsymbol{z}_{\mathrm{c}}^j \end{bmatrix} \tag{4.66}$$

从式（4.66）可以得到每一次迭代需求解的方程如下

$$\Delta \boldsymbol{y}_i^j=\boldsymbol{G}_i^{-1}\left(\boldsymbol{x}_i^j\right)\boldsymbol{H}_i^{\mathrm{T}}\left(\boldsymbol{x}_i^j\right)\boldsymbol{R}_i^{-1}\Delta \boldsymbol{z}_i^j, \quad i=1,\cdots,k \tag{4.67}$$

$$\boldsymbol{\lambda}^{j+1}=\boldsymbol{G}_{\mathrm{c}}^{-1}\left(\boldsymbol{x}^j\right)\left(\Delta \boldsymbol{z}_{\mathrm{c}}^j-\sum_{i=1}^{k}\boldsymbol{H}_{\mathrm{c}i}\left(\boldsymbol{x}_i^j\right)\Delta \boldsymbol{y}_i^j\right) \tag{4.68}$$

$$\boldsymbol{u}_i^{j+1}=\boldsymbol{G}_i^{-1}\left(\boldsymbol{x}_i^j\right)\boldsymbol{H}_{\mathrm{c}i}^{\mathrm{T}}\left(\boldsymbol{x}_i^j\right)\boldsymbol{\lambda}^{j+1}, \quad i=1,\cdots,k \tag{4.69}$$

$$\Delta \boldsymbol{x}_i^j=\Delta \boldsymbol{y}_i^j+\boldsymbol{u}_i^{j+1}, \quad i=1,\cdots,k \tag{4.70}$$

其中

$$\boldsymbol{G}_{\mathrm{c}}\left(\boldsymbol{x}^j\right)=\sum_{i=1}^{k}\left(\boldsymbol{R}_{\mathrm{c}i}+\boldsymbol{H}_{\mathrm{c}i}\left(\boldsymbol{x}_i^j\right)\boldsymbol{G}_i^{-1}\left(\boldsymbol{x}_i^j\right)\boldsymbol{H}_{\mathrm{c}i}^{\mathrm{T}}\left(\boldsymbol{x}_i^j\right)\right) \tag{4.71}$$

式中：$\boldsymbol{G}_{\mathrm{c}}$ 是边界测量相关的增益矩阵；$\boldsymbol{R}_{\mathrm{c}i}$ 只包括 $\boldsymbol{R}_{\mathrm{c}}=\sum_{i=1}^{k}\boldsymbol{R}_{\mathrm{c}i}$ 对角线上的元素，和区域 $\boldsymbol{S}_i$ 的边界测量相关。

式（4.67）～式（4.70）是该算法的基础迭代框架，该估计方法在原理上与集中式估计方法具有相同的精度和冗余级别，且收敛性也完全一致。

4.4 基于区域静态等值模型的互联大电网分布式状态估计

基于外网静态等值模型的状态估计也是一种重要的分布式状态估计方法，等值方法大体分为拓扑法和非拓扑法两类。拓扑法需要一个时段的全网信息，估计外网等值阻抗和状态参数；非拓扑法只要求内部系统和边界节点的实时测量数据就能估计外网等值参数。

目前基于拓扑法的外网静态等值研究已较为完善，现有拓扑法大致可以分为简单挂等值机法、戴维南等值或诺顿等值方法、Ward 等值及其改进方法、REI 等值及其改进方法、考虑灵敏度一致性的等值方法五类。非拓扑法要求在识别周期中假定外部网络不变，一定程度上限制了它的应用，但是随着 PMU 的出现和应用，非拓扑法静态等值也取得了一定发展。

本小节介绍一种考虑外网常规 Ward 等值的状态估计算法，通过本地状态估计和外网静态等值模型实现对互联电网的状态估计[12]。第一步建立 Ward 等值模型，第二步通过 PMU 获取各子区域边界信息，更新外部等效网络，并提供内部区域的同步性。和分层状态估计方法不同，该方法仅需在子区域间进行状态估计，不需要一个协调层来进一步处理信息。

4.4.1 区域等值模型

考虑一个多区域互联电网，仅由联络线将各个独立子系统连接起来。该系统包括以下四种节点类型：

（1）内部节点：属于内部系统的节点，和外部系统没有连接关系；

（2）边界节点：至少和相邻系统的 1 个节点有连接关系的本地节点；

（3）第一邻近节点：属于外部系统的节点，和内部系统的边界节点有连接关系；

（4）外部节点：属于外部系统的节点。

首先考虑整个系统的节点导纳矩阵（$\boldsymbol{Y}$）、节点电压向量（$\boldsymbol{E}$）和节点注入电流向量（$\boldsymbol{I}$）的关系

$$\boldsymbol{YE}=\boldsymbol{I} \tag{4.72}$$

根据外部系统（下标 e）、边界系统（下标 b）和内部系统（下标 i），上式可以重写为

$$\begin{bmatrix} \boldsymbol{Y}_{\mathrm{ee}} & \boldsymbol{Y}_{\mathrm{eb}} & 0 \\ \boldsymbol{Y}_{\mathrm{be}} & \boldsymbol{Y}_{\mathrm{bb}} & \boldsymbol{Y}_{\mathrm{bi}} \\ 0 & \boldsymbol{Y}_{\mathrm{ib}} & \boldsymbol{Y}_{\mathrm{ii}} \end{bmatrix} \cdot \begin{bmatrix} \boldsymbol{E}_{\mathrm{e}} \\ \boldsymbol{E}_{\mathrm{b}} \\ \boldsymbol{E}_{\mathrm{i}} \end{bmatrix} = \begin{bmatrix} \boldsymbol{I}_{\mathrm{e}} \\ \boldsymbol{I}_{\mathrm{b}} \\ \boldsymbol{I}_{\mathrm{i}} \end{bmatrix} \tag{4.73}$$

然后对式（4.72）描述的互联系统的每个区域，在本区域的局部状态估计前先建立等效 Ward 模型。通过对外部节点进行高斯消去，整个系统可以简化为由边界节点和一个包含等效支路等效注入的等效网络，如下所示

$$\begin{bmatrix} \backslash & \times & \times \\ \boldsymbol{0} & \boldsymbol{Y}_{\mathrm{bb}}^{\mathrm{eq}} & \boldsymbol{Y}_{\mathrm{bi}} \\ \boldsymbol{0} & \boldsymbol{Y}_{\mathrm{ib}} & \boldsymbol{Y}_{\mathrm{ii}} \end{bmatrix} \cdot \begin{bmatrix} \boldsymbol{E}_{\mathrm{e}} \\ \boldsymbol{E}_{\mathrm{b}} \\ \boldsymbol{E}_{\mathrm{i}} \end{bmatrix} = \begin{bmatrix} \times \\ \boldsymbol{I}_{\mathrm{b}}^{\mathrm{eq}} \\ \boldsymbol{I}_{\mathrm{i}} \end{bmatrix} \tag{4.74}$$

其中

$$\boldsymbol{Y}_{\mathrm{bb}}^{\mathrm{eq}} = \boldsymbol{Y}_{\mathrm{bb}} - \boldsymbol{Y}_{\mathrm{be}}\boldsymbol{Y}_{\mathrm{ee}}^{-1}\boldsymbol{Y}_{\mathrm{eb}} \tag{4.75}$$

$$\boldsymbol{I}_{\mathrm{b}}^{\mathrm{eq}} = \boldsymbol{I}_{\mathrm{b}} - \boldsymbol{Y}_{\mathrm{be}}\boldsymbol{Y}_{\mathrm{ee}}^{-1}\boldsymbol{I}_{\mathrm{e}} \tag{4.76}$$

矩阵 $\boldsymbol{Y}_{\mathrm{bb}}^{\mathrm{eq}}$ 包括等效电路的导纳和连接边界节点的支路导纳（$\boldsymbol{Y}_{\mathrm{bb}}$），而等效注入向量 $\boldsymbol{I}_{\mathrm{b}}^{\mathrm{eq}}$ 则包括预先存在的边界注入和外部注入在边界节点上的等价量。

仅考虑边界和内部节点，向量 $\boldsymbol{I}_{\mathrm{b}}^{\mathrm{eq}}$ 也可以由式（4.72）计算，即

$$\boldsymbol{I}_{\mathrm{b}}^{\mathrm{eq}} = \boldsymbol{Y}_{\mathrm{bb}}^{\mathrm{eq}} - \boldsymbol{E}_{\mathrm{b}} + \boldsymbol{Y}_{\mathrm{bi}}\boldsymbol{E}_{\mathrm{i}} \tag{4.77}$$

上述表达式非常适合于外部数据难以获得的实时应用程序。一种常见的程序是从内部估计器获得复电压 $\boldsymbol{E}_{\mathrm{b}}$ 和 $\boldsymbol{E}_{\mathrm{i}}$，通过等效注入得到增广系统（内部系统加上外部等效系统），保持其和等效之前的状态相同，这一过程被称为边界匹配。

在非线性 Ward 等值情况下，注入电流转化为注入复功率 $S_{\mathrm{b}}^{\mathrm{eq}}$。$E_k = V_k \angle \theta_k$ 和 $E_m = V_m \angle \theta_m$ 分别代表边界节点 k 和它相邻节点 m 的复电压，$\theta_{km} = \theta_k - \theta_m$，节点 k 的有功和无功注入由下式给出

$$P_k^{\mathrm{eq}} = V_k \sum_{n \in K} V_m \left(G_{km}^{\mathrm{eq}} \cos\theta_{km} + B_{km}^{\mathrm{eq}} \sin\theta_{km} \right) \tag{4.78}$$

$$Q_k^{\mathrm{eq}} = V_k \sum_{m \in K} V_m \left(G_{km}^{\mathrm{eq}} \cos\theta_{km} - B_{km}^{\mathrm{eq}} \sin\theta_{km} \right) \tag{4.79}$$

式中：G_{km}^{eq} 和 B_{km}^{eq} 是简化导纳矩阵 $\boldsymbol{Y}^{\mathrm{eq}}$ 的 k、m 元素的实部和虚部。

通过在每个边界节点 k 增加额外的无功支撑得到扩展 Ward 模型，响应电压幅值的变化 ΔV_k，如下所示

$$\Delta Q_k = V_k \hat{b}_k \Delta V_k \tag{4.80}$$

式中：$\hat{b}_k$ 是连接到虚拟发电机节点的虚拟支路的并联导纳或连接到节点 k 的并联电纳。

要计算等效注入，需要有边界状态的先验知识。为此，该方法使用边界 PMU 提供的电压和电流相量来确定实际状态。因此，内部状态估计可以与外部静态等值一起执行，无须额外的协调步骤和数据交换就可以解决互联系统状态估计问题。因此，假定式(4.78)和式(4.79)中的电压 V_k、V_m 和角度 θ_{km} 通过 PMU 的数据进行更新。如果某个节点电压没有被监测到，例如节点 m，就利用 PMU 测得的电流相量 $I_{km}^{\mathrm{mea}} \angle \alpha_{km}^{\mathrm{mea}}$ 和基尔霍夫定律计算得到电压相量。

因此，通过 PMU 的测量得到了新的修正后的外部等值模型，用以下数据集表示：

$$\Omega = \left\{ \boldsymbol{Y}_{\mathrm{bb}}^{\mathrm{eq}}, \hat{\boldsymbol{b}}_{\mathrm{b}}^{\mathrm{eq}}, \boldsymbol{P}_{\mathrm{b}}^{\mathrm{eq}}, \boldsymbol{Q}_{\mathrm{b}}^{\mathrm{eq}} \right\} \tag{4.81}$$

式中：$\hat{\boldsymbol{b}}_{\mathrm{b}}^{\mathrm{eq}}$、$\boldsymbol{P}_{\mathrm{b}}^{\mathrm{eq}}$ 和 $\boldsymbol{Q}_{\mathrm{b}}^{\mathrm{eq}}$ 分别代表边界节点的等效并联电导、有功和无功注入功率。

4.4.2 局部状态估计

每个局部区域进行状态估计，量测方程如下式所示

$$\boldsymbol{z} = \boldsymbol{h}(\boldsymbol{x}) + \boldsymbol{v} \tag{4.82}$$

式中：$\boldsymbol{z}$ 为量测量；$\boldsymbol{h}(\boldsymbol{x})$为量测函数向量；$\boldsymbol{x}$ 为状态向量；$\boldsymbol{v}$ 为量测误差向量。

如果按照式（4.81）中的传统外部等效计算，则要消除原有的连接线、边界注入和互连潮流量测。因此，将高斯消去法扩展到第一邻近节点，如图 4－2 所示，该外部等值模型是基于静态信息和实时 PMU 测量计算的注入而建立的。

局部状态向量为

$$\boldsymbol{x} = [\boldsymbol{x}_{\mathrm{i}}, \boldsymbol{x}_{\mathrm{b}}, \boldsymbol{x}_{\mathrm{f}}] \tag{4.83}$$

式中：$\boldsymbol{x}_{\mathrm{i}}$、$\boldsymbol{x}_{\mathrm{b}}$ 和 $\boldsymbol{x}_{\mathrm{f}}$ 分别代表内部节点、边界节点和第一邻近节点的电压幅值和相角。

整个系统（内部系统和外部等值系统）状态估计的优化问题可以表示为

$$\min \ \frac{1}{2} \boldsymbol{r}' \boldsymbol{R}^{-1} \boldsymbol{r} \tag{4.84}$$

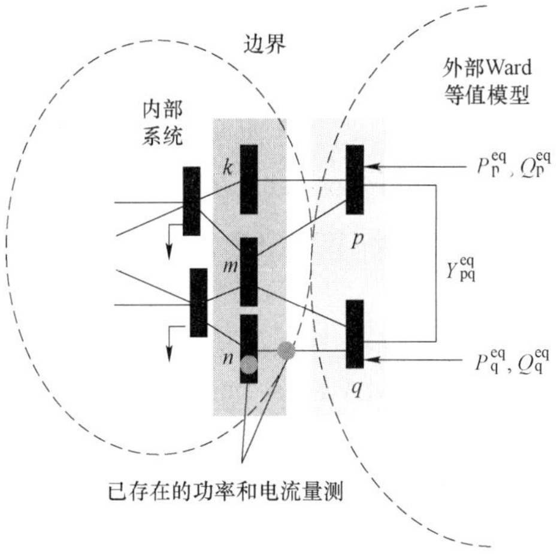

图 4-2　多区域互联系统

$$\text{s.t.} \quad \boldsymbol{z}-\boldsymbol{h}(\hat{\boldsymbol{x}})-\boldsymbol{r}=\mathbf{0} \quad \boldsymbol{h}_{\text{eq}}(\hat{\boldsymbol{x}})=\mathbf{0}$$

式中：$\boldsymbol{h}_{\text{eq}}(\hat{\boldsymbol{x}})$ 为非线性约束向量，和第一邻近节点的外部等效注入相关；$\boldsymbol{r}$ 为残差向量。

$$\boldsymbol{h}_{\text{eq}}(\hat{\boldsymbol{x}})=\begin{bmatrix}\boldsymbol{P}_{\text{f}}(\hat{\boldsymbol{x}})-\boldsymbol{P}_{\text{f}}^{\text{eq}}\\ \boldsymbol{Q}_{\text{f}}(\hat{\boldsymbol{x}})-\boldsymbol{Q}_{\text{f}}^{\text{eq}}\end{bmatrix} \tag{4.85}$$

式中：$\boldsymbol{P}_{\text{f}}(\hat{\boldsymbol{x}})$ 和 $\boldsymbol{Q}_{\text{f}}(\hat{\boldsymbol{x}})$ 分别表示第一邻居母线的有功和无功注入向量。

式（4.84）对应的拉格朗日函数为

$$\mathcal{L}=\frac{1}{2}\boldsymbol{r}'\boldsymbol{R}^{-1}\boldsymbol{r}+\boldsymbol{\lambda}_{\text{m}}'[\boldsymbol{z}-\boldsymbol{h}(\hat{\boldsymbol{x}})-\boldsymbol{r}]+\boldsymbol{\lambda}_{\text{eq}}'\boldsymbol{h}_{\text{eq}}(\hat{\boldsymbol{x}}) \tag{4.86}$$

其中，$\boldsymbol{\lambda}_{\text{m}}$ 和 $\boldsymbol{\lambda}_{\text{eq}}$ 分别为与量测量和外部等效约束有关的拉格朗日乘子向量。通过应用 KKT 一阶最优性条件并在点 $\boldsymbol{x}$ 附近线性化式（4.86），得到以下线性方程组：

$$\begin{bmatrix}\mathbf{0} & \mathbf{0} & \boldsymbol{H}_{\text{eq}}'\\ \mathbf{0} & \boldsymbol{R} & \boldsymbol{H}\\ \boldsymbol{H}_{\text{eq}} & \boldsymbol{H}' & \mathbf{0}\end{bmatrix}\begin{bmatrix}\boldsymbol{\lambda}_{\text{eq}}^{j+1}\\ \boldsymbol{\lambda}_{\text{m}}^{j+1}\\ \Delta\boldsymbol{x}^{j}\end{bmatrix}=\begin{bmatrix}-\boldsymbol{h}_{\text{eq}}(\boldsymbol{x}^{j})\\ \boldsymbol{z}-\boldsymbol{h}(\boldsymbol{x}^{j})\\ \mathbf{0}\end{bmatrix} \tag{4.87}$$

其中，$\boldsymbol{H}$、$\boldsymbol{H}_{\text{eq}}$ 分别是 $\boldsymbol{h}(\hat{\boldsymbol{x}})$ 和 $\boldsymbol{h}_{\text{eq}}(\hat{\boldsymbol{x}})$；$\Delta\boldsymbol{x}^{j}$ 是第 j 次迭代时的修正量。

当所有的本地状态估计都完成后，就得到了完整的多区域解。由于 Ward 等值方法对外部系统的表示很精确，状态估计结果也较好。

4.4.3　多区域状态估计步骤

下面介绍互联系统联合求解的主要步骤：

1）使用高斯消去法处理外部节点，产生子矩阵 $\boldsymbol{Y}^{\text{eq}}$ 和 Ward 等值支路，如式（4.75）所示；

2）使用式（4.78）和式（4.79）在当前运行状态进行边界匹配。得到向量 $\boldsymbol{P}_{\text{f}}^{\text{eq}}$ 和 $\boldsymbol{Q}_{\text{f}}^{\text{eq}}$；

3）如果存在额外无功支撑，计算边界上的等效并联导纳（扩展 Ward 等值模型）；

4）进行局部状态估计。

该方法在正确的内部状态下计算了等效注入，从而减小了误差对等效支路的影响。由于 PMU 测量的快速扫描速率，第 2 步的总体计算开销很小。

参考文献

[1] 于尔铿. 电力系统状态估计［M］. 北京：水利电力出版社，1985.

[2] Horisberger H P，Richard J C and Rossier C.A Fast decoupled static state estimation for electric power system. IEEE Transactions on Power Apparatus and Systems，95（1）：208－215.

[3] 闫小芹. 电力系统状态估计算法研究［D］. 华北电力大学，2012.

[4] SASAKI. H, AOKI. K, YOKOYAMA R. A parallel computation algorithm for static state estimation by means of matrix inversion lemma. IEEE Trans, 1987, PWRS－2: 624－632.

[5] Antonio Gómez-Expósito, Antonio de la Villa Jaén, Catalina Gómez-Quiles, et al. A tax-onomy of multi-area state estimation methods[J]. Electric power systems research, 2011, 81 (4): p. 1060－1069.

[6] Cutsem V T, et al. A Two-Level Static State Estimator for Electric Power Systems[J]. Power Apparatus and Systems, IEEE Transactions on PAS, 1981, 100 (8): 3722－3732.

[7] Elkeib A A, Carroll CC, Singh H, et al. Parallel state estimation in power systems[C]//IEEE Proceedings: The Twenty-Second Southeastern Symposium on System Theory. 1990: 255－260.

[8] Kurzin M S. Real-time state estimation for large-scale power systems[J]. IEEE Transactions on Power Apparatus and Systems, 1983, PAS－102 (7): 255－263.

[9] Falcao D M, FF Wu, Murphy L. Parallel and distributed state estimation[J]. IEEE Transac-tions on Power Systems, 1995, 10 (2): 724－730.

[10] 刘辉乐，刘天琪，彭锦新. 基于 PMU 的分布式电力系统动态状态估计新算法［J］. 电力系统自动化，2005（4）：34－39.

[11] George N. Korres. A distributed multi-area state estimation[J]. IEEE Transactions on Power Systems, 2011, 26 (1): 73－84.

[12] E. W. S. Ângelos and E. N. Asada, “Improving State Estimation With Real-Time External Equivalents,” in IEEE Transactions on Power Systems, vol. 31, no. 2, pp. 1289-1296, 2016.

第 5 章

互联大电网潮流计算

本章介绍互联大电网的潮流计算，在一体化模型、静态等值模型下，对互联大电网的潮流计算进行分析。同时考虑自动发电控制，对互联大电网进行分布式潮流计算。

5.1 基于一体化模型的互联大电网潮流计算

传统的电力系统潮流计算以牛顿—拉夫逊法为主，在利用这一算法进行潮流计算时，通过逐次线性化，反复求解非线性方程组对应的线性方程组的过程，占据了潮流计算的绝大多数时间。随着电网规模的不断扩大，系统矩阵阶数增大，雅可比矩阵条件数变差，对潮流计算速度和精度的需求不断提升。因此，研究针对大规模电力系统潮流方程的高效求解方法十分重要。

5.1.1 牛顿—拉夫逊法潮流计算的数学模型

本节在介绍高效求解方法前，先对牛顿—拉夫逊法潮流计算的数学模型和修正方程组特征进行简要介绍。在潮流计算中，以极坐标为例，节点功率方程可表示为[1]

$$\begin{cases} P_i - V_i \sum_{j=1}^{n} V_j (G_{ij} \cos\delta_{ij} + B_{ij} \sin\delta_{ij}) = 0 \\ Q_i - V_i \sum_{j=1}^{n} V_j (G_{ij} \sin\delta_{ij} - B_{ij} \cos\delta_{ij}) = 0 \end{cases} \tag{5.1}$$

式中：P_i表示各节点的有功注入量；Q_i表示各节点的无功注入量；V_i和V_j表示节点i和j的电压幅值；δ_{ij}表示节点i和j的相角差。

牛顿—拉夫逊法是常用的潮流计算方法。该方法通过逐次线性化，把非线性方程组的求解过程变成了反复求解其相对应的线性方程组的过程。极坐标下，对于节点功率方程，在第k次迭代时，令

$$\begin{cases} \Delta P_i^k = P_i - V_i^k \sum_{j=0}^{n} V_j^k (G_{ij}\cos\delta_{ij}^k + B_{ij}\sin\delta_{ij}^k) \\ \Delta Q_i^k = Q_i - V_i^k \sum_{j=0}^{n} V_j^k (G_{ij}\sin\delta_{ij}^k - B_{ij}\cos\delta_{ij}^k) \end{cases} \tag{5.2}$$

则其修正方程组为

$$\begin{cases} \Delta P_i = \sum_{j=1}^{n} \frac{\partial \Delta P_i}{\partial \delta_j}\Delta\delta_j + \sum_{j=1}^{n} \frac{\partial \Delta P_i}{\partial V_j}\Delta V_j \\ \Delta Q_i = \sum_{j=1}^{n} \frac{\partial \Delta Q_i}{\partial \delta_j}\Delta\delta_j + \sum_{j=1}^{n} \frac{\partial \Delta Q_i}{\partial V_j}\Delta V_j \end{cases} \tag{5.3}$$

对于所有节点

$$\begin{bmatrix} \Delta\boldsymbol{P} \\ \Delta\boldsymbol{Q} \end{bmatrix} = \begin{bmatrix} \boldsymbol{H} & \boldsymbol{N} \\ \boldsymbol{F} & \boldsymbol{L} \end{bmatrix} \begin{bmatrix} \Delta\delta \\ \Delta V / V \end{bmatrix} \tag{5.4}$$

其中雅可比矩阵的非对角元素满足

$$\begin{cases} H_{ij} = -V_i V_j (G_{ij}\sin\delta_{ij} - B_{ij}\cos\delta_{ij}) \\ N_{ij} = -V_i V_j (G_{ij}\cos\delta_{ij} + B_{ij}\cos\delta_{ij}) \\ F_{ij} = V_i V_j (G_{ij}\cos\delta_{ij} + B_{ij}\cos\delta_{ij}) \\ L_{ij} = -V_i V_j (G_{ij}\sin\delta_{ij} - B_{ij}\cos\delta_{ij}) \end{cases} \tag{5.5}$$

对角元素满足

$$\begin{cases} H_{ii} = Q_i + B_{ii}V_i^2 \\ N_{ii} = -P_i - G_{ii}V_i^2 \\ F_{ii} = -P_i + G_{ii}V_i^2 \\ L_{ii} = -Q_i + B_{ii}V_i^2 \end{cases} \tag{5.6}$$

通过修正方程组求解得到修正量$\Delta\delta$和ΔV后，即可得到新的解，反复迭代直至收敛即可。

系统规模较小时，雅可比矩阵规模也较小，潮流计算一般采用传统方法，即采用 LU 分解的牛顿—拉夫逊算法，例如可以使用 SuperLU 库实现 LU 分解步骤。SuperLU 库主要用于矩阵运算，其中求解线性方程组的方法属于直接法，经高度优化，效率较高。

系统规模较大时，结合算例可以发现，在线性方程组中，雅可比矩阵一般是大型稀疏非对称矩阵，其条件数远大于 1。一方面，系统规模庞大使得直接法难以满足计算需求，采用迭代法是解决大规模线性方程组求解问题的重要途径之一。另一方面，由于矩阵的条件数差，选择稳定的迭代方法以及采取相应的预处理技术也是必需的。

此外，牛顿法的收敛性与初值的选取高度相关，传统的初值选取方法如 Gauss-Seidel 法，计算效率很低，不适用于大规模系统的实时性潮流计算。

5.1.2 迭代法理论与预处理技术在潮流计算中的应用

本小节主要介绍 Krylov 子空间预处理迭代技术和改进雅可比预处理方法在潮流计算中的应用。

1. Krylov 子空间迭代法

基于 Krylov 子空间迭代法的潮流计算方法用到了不完全 LU 分解，因此首先对其进行说明。

如果一个系数矩阵 $\boldsymbol{J}$ 的顺序主子式矩阵都是非奇异的，那么矩阵 $\boldsymbol{J}$ 一定可以进行 LU 分解。如果 $\boldsymbol{J}$ 是一个大型稀疏矩阵，它的因子 $\boldsymbol{L}$ 和 $\boldsymbol{U}$ 的下、上三角部分一般来说都是满的矩阵。理论上最好取预处理矩阵 $\boldsymbol{M}=\boldsymbol{LU}$，但在实际中难以实现。一种不完全 LU 分解方法是把寻找 $\boldsymbol{L}$ 和 $\boldsymbol{U}$ 使得 $\boldsymbol{J}\cong\boldsymbol{LU}$，记为 ILU($N$)，$N$ 表示注入元素量，当注入元素为 0 即无填充时记为 ILU(0)，此时分解的两个因子分别与 $\boldsymbol{J}$ 的下、上三角部分有完全相同的非零结构。

由于雅可比矩阵是非对称矩阵，且条件数远大于 1，故基于不完全 LU 分解预处理技术和 Krylov 子空间迭代法中的双正交化方法，设计一种新的电力系统潮流算法。算法步骤具体如下[1]：

（1）根据原始数据形成节点导纳矩阵，从而得到式（5.2）中的 G_{ij}、B_{ij} 的值。

（2）设置牛顿—拉夫逊法的迭代变量 $\boldsymbol{\delta}$ 和 $\boldsymbol{V}$ 的初值，设置迭代次数 $k=0$。

（3）根据式（5.2）、（5.3）、（5.5）、（5.6），由当前迭代变量的值可得到修正方程组（5.4）。令

$$\boldsymbol{b}=\begin{bmatrix}\Delta\boldsymbol{P}\\ \Delta\boldsymbol{Q}\end{bmatrix} \tag{5.7}$$

$$\boldsymbol{J}=\begin{bmatrix}\boldsymbol{H} & \boldsymbol{N}\\ \boldsymbol{F} & \boldsymbol{L}\end{bmatrix} \tag{5.8}$$

$$\boldsymbol{x}=\begin{bmatrix}\Delta\boldsymbol{\delta}\\ \Delta\boldsymbol{V}/\boldsymbol{V}\end{bmatrix} \tag{5.9}$$

（4）解线性方程组

$$\boldsymbol{Jx}=\boldsymbol{b} \tag{5.10}$$

考虑到 $\boldsymbol{J}$ 矩阵的非对称和高度稀疏性，可采用双正交化方法选择迭代法的约束空间。基于稳定的双正交共轭梯度（BICGSTAB）方法的思想，线性方程组求解的具体步骤如下：

1）首先利用不完全 LU 分解中的 ILU(0)分解求取预处理子 $\boldsymbol{M}$。具体地，应用这一方法，将稀疏矩阵 $\boldsymbol{J}$ 分解成一个稀疏下三角矩阵 $\boldsymbol{L}$ 和一个稀疏上三角矩阵 $\boldsymbol{U}$ 的乘积，使得残差矩阵 $\boldsymbol{R}=\boldsymbol{LU}-\boldsymbol{J}$ 满足 ILU(0)分解条件。

2）取 $\boldsymbol{x}$ 的初始猜测 $\boldsymbol{x}_0$ 和允许误差 ε，计算 $\boldsymbol{r}_0=\boldsymbol{b}-\boldsymbol{Jx}_0$，令 $\boldsymbol{r}_0^*=\boldsymbol{r}_0$、$j=1$。

3）计算 $\rho_{j-1}=(\boldsymbol{r}_{j-1},\boldsymbol{r}_0^*)$，如果 $\rho_{j-1}=0$，方法失败，否则进入步骤 4）。

4）如果 $j=1$，令 $\boldsymbol{p}_j=\boldsymbol{r}_{j-1}$，否则令 $\beta_{j-1}=(\rho_{j-1}/\rho_{j-2})(\alpha_{j-1}/\omega_{j-1})$，$\boldsymbol{p}_j=\boldsymbol{r}_{j-1}+\beta_{j-1}(\boldsymbol{p}_{j-1}-\omega_{j-1}\boldsymbol{v}_{j-1})$。

5）由 $\boldsymbol{M}\hat{\boldsymbol{p}}=\boldsymbol{p}_j$ 求解 $\hat{\boldsymbol{p}}$，计算 $\boldsymbol{v}_j=\boldsymbol{J}\hat{\boldsymbol{p}}$，$\alpha_j=\rho_{j-1}/(\boldsymbol{v}_j,\boldsymbol{r}_0^*)$，$\boldsymbol{s}=\boldsymbol{r}_{j-1}+\alpha_j\boldsymbol{v}_j$。

6）如果 $\|\boldsymbol{s}\|\leqslant\varepsilon$，令 $\boldsymbol{x}_j=\boldsymbol{x}_{j-1}+\alpha_j\hat{\boldsymbol{p}}$，退出迭代过程。

7）由 $\boldsymbol{M}\hat{\boldsymbol{s}}=\boldsymbol{s}$ 求解 $\hat{\boldsymbol{s}}$，令 $\boldsymbol{t}=\boldsymbol{J}\hat{\boldsymbol{s}}$，$\omega_j=(\boldsymbol{s},\boldsymbol{t})/(\boldsymbol{t},\boldsymbol{t})$，$\boldsymbol{x}_j=\boldsymbol{x}_{j-1}+\alpha_j\hat{\boldsymbol{p}}+\omega_j\hat{\boldsymbol{s}}$。

8）如果 $\boldsymbol{x}_j$ 满足精度要求则退出迭代过程，否则令 $\boldsymbol{r}_j=\boldsymbol{s}-\omega_j\boldsymbol{t}$，将 j 值加 1，转至步骤 3）。

（5）根据步骤（4）求得的 $\boldsymbol{x}$ 的值，即修正量 $\Delta\boldsymbol{\delta}$ 和 $\Delta\boldsymbol{V}$，进行牛顿—拉夫逊法的收敛性判断，如满足精度要求，则退出潮流算法，认为算法收敛；否则，修正迭代变量 $\boldsymbol{\delta}$ 和 $\boldsymbol{V}$。

（6）令迭代次数 $k=k+1$，若已达到预设的最大迭代次数，则退出潮流算法，认为算法不收敛；否则，转至步骤 3）。

此算法的特点在于：

（1）算法采用 ILU(0)分解预处理技术，该方法对原系数矩阵做无任何额外非零元填充的 ILU 分解，预处理速度较快。大规模的电力系统的系数矩阵一般具有稀疏性，ILU(0)分解不注入非零元，能够有效保持系数矩阵的稀疏性，因此这一预处理方法适用于电力系统系数矩阵。而不完全 LU 分解中的其他两类方法 ILU(1)和 ILU(2)，虽然相较于 ILU(0)能够一定程度上提高预处理效果、减少方程求解的迭代次数，但是这两种预处理方法速度较慢，且均需要注入非零元，破坏电力系统系数矩阵的稀疏性，在稀疏矩阵的乘法、内积等运算中显著加大计算量，降低潮流计算的效率。

（2）算法基于 BICGSTAB 迭代法实现。电力系统系数矩阵具有非对称的特点，以 GMRES 法为代表的正交化方法和以 BICGSTAB 法为代表的双正交化方法均适用于此类矩阵对应的线性方程组的求解。然而，GMRES 法相比 BICGSTAB 方法及其他双正交化方法具有明显的缺点。一方面，在 GMRES 法中每多一次迭代，所需计算次数和存储空间都呈线性增长；另一方面 GMRES 法不具有短递归性质。而 BICGSTAB 的存储空间稳定，不随迭代次数变化，且具有短递归性质，因此更适用于大规模的电力系统潮流计算。

上述算法采用了不完全LU分解作为矩阵预处理的方法，下面再介绍另一种预处理方法：改进雅可比预处理[2]。

2. 改进雅可比预处理方法

改进雅可比预处理方法通过构造特殊预处理子以实现矩阵运算的快速求解。

雅可比矩阵包括有四个子矩阵，其中：$\boldsymbol{H}$ 为 $n-1$ 阶方阵，$\boldsymbol{N}$ 为$(n-1)\times(n-1-r)$阶矩阵，$\boldsymbol{J}$ 为$(n-1-r)\times(n-1)$阶矩阵，$\boldsymbol{L}$ 为 $n-1-r$ 阶方阵。

雅可比矩阵中各元素的计算表达式由式（5.5）和式（5.6）给出，其中 H_{ii}、N_{ii}、J_{ii} 和 L_{ii} 分别在 $\boldsymbol{H}$、$\boldsymbol{N}$、$\boldsymbol{J}$ 和 $\boldsymbol{L}$ 这 4 个子矩阵中占优。因此利用这些元素可以构造预处理子，即

$$\boldsymbol{M}^{-1}=\begin{bmatrix}\boldsymbol{A} & \boldsymbol{B}\\ \boldsymbol{C} & \boldsymbol{D}\end{bmatrix}^{-1} \tag{5.11}$$

取 $\boldsymbol{H}$、$\boldsymbol{N}$、$\boldsymbol{J}$ 和 $\boldsymbol{L}$ 中占主导的元素，分别得到 A_{ij}、B_{ij}、C_{ij} 和 D_{ij}，并且满足式（5.12）～式（5.15），即

$$A_{ij}=\begin{cases}H_{ij} & i=j\\ 0 & i\neq j\end{cases} \tag{5.12}$$

$$B_{ij}=\begin{cases}N_{ij} & i=j\\ 0 & i\neq j\end{cases} \tag{5.13}$$

$$C_{ij}=\begin{cases}J_{ij} & i=j\\ 0 & i\neq j\end{cases} \tag{5.14}$$

$$D_{ij}=\begin{cases}L_{ij} & i=j\\ 0 & i\neq j\end{cases} \tag{5.15}$$

预处理子 $\boldsymbol{M}$ 具有以下性质：

（1）$\boldsymbol{M}$ 为高度稀疏矩阵，其子矩阵 $\boldsymbol{A}$、$\boldsymbol{B}$、$\boldsymbol{C}$ 和 $\boldsymbol{D}$ 中每行的非零元和每列的非零元数量均不超过 1 个。

同时，$\boldsymbol{A}$ 和 $\boldsymbol{D}$ 为$(n-1)\times(n-1)$阶对角矩阵，$\boldsymbol{B}^{\mathrm{T}}$ 和 $\boldsymbol{C}$ 为$(n-1-r)\times(n-1)$阶矩阵，且非零元的位置相同。

（2）对 $\boldsymbol{M}$ 进行求逆无非零元注入，证明过程如下：

令

$$\boldsymbol{M}^{-1}=\begin{bmatrix}\boldsymbol{A} & \boldsymbol{B}\\ \boldsymbol{C} & \boldsymbol{D}\end{bmatrix}^{-1}=\begin{bmatrix}\boldsymbol{X}_1 & \boldsymbol{X}_2\\ \boldsymbol{X}_3 & \boldsymbol{X}_4\end{bmatrix} \tag{5.16}$$

则

$$\boldsymbol{M}\boldsymbol{M}^{-1}=\begin{bmatrix}\boldsymbol{A} & \boldsymbol{B}\\ \boldsymbol{C} & \boldsymbol{D}\end{bmatrix}\begin{bmatrix}\boldsymbol{X}_1 & \boldsymbol{X}_2\\ \boldsymbol{X}_3 & \boldsymbol{X}_4\end{bmatrix}=\begin{bmatrix}\boldsymbol{A}\boldsymbol{X}_1+\boldsymbol{B}\boldsymbol{X}_3 & \boldsymbol{A}\boldsymbol{X}_2+\boldsymbol{B}\boldsymbol{X}_4\\ \boldsymbol{C}\boldsymbol{X}_1+\boldsymbol{D}\boldsymbol{X}_3 & \boldsymbol{C}\boldsymbol{X}_2+\boldsymbol{D}\boldsymbol{X}_4\end{bmatrix}=\begin{bmatrix}\boldsymbol{E}_{n-1} & \boldsymbol{0}\\ \boldsymbol{0} & \boldsymbol{E}_{n-1-r}\end{bmatrix} \tag{5.17}$$

当 $\boldsymbol{H}$、$\boldsymbol{L}$、$\boldsymbol{H}-\boldsymbol{N}\boldsymbol{L}^{-1}\boldsymbol{J}$、$\boldsymbol{L}-\boldsymbol{J}\boldsymbol{H}^{-1}\boldsymbol{N}$ 都可逆时，解得

$$\begin{cases}\boldsymbol{X}_1=(\boldsymbol{A}-\boldsymbol{B}\boldsymbol{D}^{-1}\boldsymbol{C})^{-1}\\ \boldsymbol{X}_2=-\boldsymbol{A}^{-1}\boldsymbol{B}(\boldsymbol{D}-\boldsymbol{C}\boldsymbol{A}^{-1}B)^{-1}\\ \boldsymbol{X}_3=-\boldsymbol{D}^{-1}\boldsymbol{C}(\boldsymbol{A}-\boldsymbol{B}\boldsymbol{D}^{-1}\boldsymbol{C})^{-1}\\ \boldsymbol{X}_4=(\boldsymbol{D}-\boldsymbol{C}\boldsymbol{A}^{-1}\boldsymbol{B})^{-1}\end{cases} \tag{5.18}$$

以 $\boldsymbol{M}^{-1}$ 的子矩阵 $\boldsymbol{X}_1$ 为例。由于 $\boldsymbol{D}$ 为 $n-1$ 阶对角矩阵，而 $\boldsymbol{B}^{\mathrm{T}}$ 和 $\boldsymbol{C}$ 为$(n-1-r)\times(n-1)$阶矩阵，且具有相同的非零元素分布，故 $\boldsymbol{B}\boldsymbol{D}^{-1}\boldsymbol{C}$ 为对角矩阵。则 $\boldsymbol{X}_1=(\boldsymbol{A}-\boldsymbol{B}\boldsymbol{D}^{-1}\boldsymbol{C})^{-1}$ 与 $\boldsymbol{A}$ 同为$(n-1)\times(n-1)$阶对角矩阵。同理，$\boldsymbol{X}_2$、$\boldsymbol{X}_3$ 和 $\boldsymbol{X}_4$ 分别与子矩阵 $\boldsymbol{B}$、$\boldsymbol{C}$、$\boldsymbol{D}$ 具有相同的非零元位置。故 $\boldsymbol{M}^{-1}$ 不引入任何非零元注入。

在计算方面，由于 $\boldsymbol{A}$、$\boldsymbol{D}$、$\boldsymbol{A}-\boldsymbol{B}\boldsymbol{D}^{-1}\boldsymbol{C}$、$\boldsymbol{D}-\boldsymbol{C}\boldsymbol{A}^{-1}\boldsymbol{B}$ 均为对角矩阵，$\boldsymbol{B}$ 与 $\boldsymbol{C}$ 的非零元位置互为转置且每行至多只有一个非零元，因此可以采用特殊的方法快速求解：① 稀疏矩阵求逆时，只需对每个对角元分别求逆；② 稀疏矩阵相乘时，将其中一个矩阵转置，转置后矩阵的非零元与另一个矩阵中对应的非零元分别相乘即可。这一过程具有自然可并行性。

5.1.3　信赖域技术在区域互联电网潮流计算中的应用

1. 信赖域算法

线搜索法和信赖域算法是求解无约束优化问题（5.28）的两类迭代方法。

$$\min f(x) \tag{5.19}$$

式中：f 是二次连续可微函数。

线搜索法的目标是在特定方向上找到一个迭代步长，而信赖域算法则试图在当前步长附近找到一个二次模型逼近目标函数。具体地说，在每次迭代中，通过求解下列子问题来获得迭代步长 $\boldsymbol{d}_k$[6,7]。

$$\begin{cases}\min u_k(\boldsymbol{d})=f_k+\boldsymbol{g}_k^{\mathrm{T}}\boldsymbol{d}+\dfrac{1}{2}\boldsymbol{d}^{\mathrm{T}}\boldsymbol{h}_k\boldsymbol{d}\\ \|\boldsymbol{d}\|\leqslant\alpha_k\end{cases}\tag{5.20}$$

其中

$$f_k=f(\boldsymbol{x}_k),\ \boldsymbol{g}_k=\nabla f(\boldsymbol{x}_k),\ \boldsymbol{h}_k=\nabla^2 f(\boldsymbol{x}_k)\tag{5.21}$$

式中：α_k是信赖域半径。

信赖域算法的一个关键是通过计算一个比值τ_k来更新信赖域半径α_k。要计算这个比值，首先要取一个评价函数$\phi(\boldsymbol{x})$。然后，τ_k通常表示为

$$\tau_k=\frac{\phi(\boldsymbol{x}_k)-\phi(\boldsymbol{x}_k+\boldsymbol{d}_k)}{u_k(\boldsymbol{0})-u_k(\boldsymbol{d}_k)}\tag{5.22}$$

式中：分子为实际下降量，分母为预测下降量。

一些研究对实际下降量和预测下降量进行了修改，以获得性能更好的现代信赖域算法。信赖域算法的一般步骤如下[6,7]：

（1）初始化。设置$k=1$，初始点$\boldsymbol{x}_1$，初始信赖域半径α_1，收敛精度要求r和几个常数$0<p_{\mathrm{L}}\leqslant p_{\mathrm{H}}<1$。

（2）计算f_k，$\boldsymbol{g}_k$，$\boldsymbol{h}_k$（或其近似值）。如果$\|\boldsymbol{g}_k\|\leqslant r$，则停止。

（3）解子问题（5.20），确定迭代步长$\boldsymbol{d}_k$。

（4）计算u_k和τ_k。

（5）如果$\tau_k>p_{\mathrm{L}}$，则令$\boldsymbol{x}_k=\boldsymbol{x}_k+\boldsymbol{d}_k$。

（6）根据τ_k、p_{L}、p_{H}的相对大小，更新信任域半径α_k（增减或保持不变）。

如步骤中所示，常数p_{L}和p_{H}用于定义τ_k值的范围，对于该范围，判断迭代步长是否满足要求（这是p_{L}的作用），如果满足要求，则判断是否非常满足（这是p_{H}的作用）[7]。因此，通过比较τ_k、p_{L}、p_{H}来更新信赖域半径，p_{L}和p_{H}是基于数值实验由用户定义的经验参数。

现代信赖域算法被认为是 Levenberg-Marquardt（L－M）法的进一步发展。但是，信赖域算法需要更新 Hessian 矩阵或其近似矩阵，并在每次迭代中求解二次优化，这比 L－M 法需要更多的存储空间和更多的时间。然而，信赖域半径控制技术有利于提高收敛速度，因此，可以将其应用于 L－M 法中来控制阻尼因子和判断是否接受迭代步长。

2. 将信赖域技术应用于 L－M 算法

区域互联电网的潮流方程可以表示为非线性方程

$$\boldsymbol{F}(\boldsymbol{X})=\boldsymbol{0}\tag{5.23}$$

式中：$\boldsymbol{X}$表示潮流计算中的状态变量。

状态变量为无功率越限时的母线电压幅值和相角。但是，当存在功率越限的情况时，状态变量会改变，此处暂不讨论。包含信赖域技术的 L－M 算法的详细步骤如下所示：

（1）设定：① 状态变量的初始值$\boldsymbol{X}_1$；② 几个常数参数$0<p_0\leqslant p_{\mathrm{L}}\leqslant p_{\mathrm{H}}<1$，$\alpha_1>m>0$，$s>1$；③ 收敛精度要求$r$；④ 当前迭代次数$k=1$。

（2）计算第k次迭代的阻尼因子λ_k：

$$\lambda_k = \alpha_k \Gamma(\boldsymbol{F}(\boldsymbol{X}_k)) \tag{5.24}$$

式中：$\Gamma(\boldsymbol{F}(\boldsymbol{X}_k))$为 $\boldsymbol{F}(\boldsymbol{X}_k)$的函数。

（3）在第 k 次迭代时计算迭代步长为$\Delta \boldsymbol{X}_k$，其中 $\boldsymbol{J}(\boldsymbol{X}_k)$表示在 $\boldsymbol{X}_k$ 处计算的 $\boldsymbol{F}$ 的雅可比矩阵。

$$\Delta \boldsymbol{X}_k = -[\boldsymbol{J}(\boldsymbol{X}_k)^{\mathrm{T}} \boldsymbol{J}(\boldsymbol{X}_k) + \lambda_k \boldsymbol{I}]^{-1} \boldsymbol{J}(\boldsymbol{X}_k)^{\mathrm{T}} \boldsymbol{F}(\boldsymbol{X}_k) \tag{5.25}$$

（4）按照式（5.26）计算评价函数：

$$\phi(x) = \|\boldsymbol{F}(\boldsymbol{X}_k)\|^2 \tag{5.26}$$

因此，第 k 次迭代的实际下降量和预测下降量定义如下：

$$Ared_k = \|\boldsymbol{F}(\boldsymbol{X}_k)\|^2 - \|\boldsymbol{F}(\boldsymbol{X}_k + \Delta \boldsymbol{X}_k)\|^2 \tag{5.27}$$

$$Pred_k = \|\boldsymbol{F}(\boldsymbol{X}_k)\|^2 - \|\boldsymbol{F}(\boldsymbol{X}_k + \boldsymbol{J}(\boldsymbol{X}_k)\Delta \boldsymbol{X}_k)\|^2 \tag{5.28}$$

（5）计算比值 τ_k：

$$\tau_k = \frac{Ared_k}{Pred_k} \tag{5.29}$$

（6）将 τ_k 与 p_0 进行比较，以决定是否接受当前迭代步长：

$$\boldsymbol{X}_{k+1} = \begin{cases} \boldsymbol{X}_k + \Delta \boldsymbol{X}_k & \tau_k > p_0 \\ \boldsymbol{X}_k & \tau_k \leqslant p_0 \end{cases} \tag{5.30}$$

步骤（4）～步骤（6）使用信赖域算法来计算用于判断当前迭代步长是否应该被接受的比率。这里，p_0 与在信赖域算法中的 p_{L} 具有类似的功能。

（7）调整自适应因子：

$$\alpha_{k+1} = \begin{cases} s\alpha_k & \tau_k < p_{\mathrm{L}} \\ \alpha_k & p_{\mathrm{L}} \leqslant \tau_k \leqslant p_{\mathrm{H}} \\ \max\left\{\dfrac{\alpha_k}{s}, m\right\} & \tau_k > p_{\mathrm{H}} \end{cases} \tag{5.31}$$

这里用 p_{L} 和 p_{H} 来调整自适应因子，类似于信赖域算法中更新信赖域半径的 p_{L} 和 p_{H}。

（8）如果满足式（5.32），则转至下一步。否则，使 $k=k+1$，并返回步骤（2）。

$$\min\{\|\boldsymbol{J}(\boldsymbol{X}_k)^{\mathrm{T}} \boldsymbol{F}(\boldsymbol{X}_k)\|, \|\boldsymbol{F}(\boldsymbol{X}_k)\|_\infty\} < r \tag{5.32}$$

（9）若$\|\boldsymbol{F}(\boldsymbol{X}_k)\|_\infty < r$，则得到了所需精度下的潮流计算的解。否则，算法不能得到精确解，而是使 $\boldsymbol{X}$ 序列收敛到最小二乘解，可视为潮流计算的近似解。

3. 参数选择

上述算法需要确定阻尼因子的函数以及几个常数参数。

阻尼因子 λ 是最重要的参数之一，影响算法的收敛速度。在以前的数学研究中有一些常见的选择[8-14]。例如，文献［8］使用 $\Gamma(\boldsymbol{F}(\boldsymbol{X}_k)) = \|\boldsymbol{F}(\boldsymbol{X}_k)\|$，文献［9］使用 $\Gamma(\boldsymbol{F}(\boldsymbol{X}_k)) = \|\boldsymbol{F}(\boldsymbol{X}_k)\|^2$，文献［10］使用 $\Gamma(\boldsymbol{F}(\boldsymbol{X}_k)) = \|\boldsymbol{F}(\boldsymbol{X}_k)\|/(1+\boldsymbol{F}(\boldsymbol{X}_k))$。然而，这种表达式在潮流计算中不会有很高的收敛速度。

根据潮流计算迭代过程中收敛曲线的特点，合理组合阻尼因子的不同表达式，以达到较好的收敛效果，具体表达式如下所示：

$$\Gamma(\boldsymbol{F}(\boldsymbol{X}_k))=\begin{cases}\|\boldsymbol{F}(\boldsymbol{X}_k)\|_\infty, \|\boldsymbol{F}(\boldsymbol{X}_k)\|\geqslant g\\ \|\boldsymbol{F}(\boldsymbol{X}_k)\|^2, \|\boldsymbol{F}(\boldsymbol{X}_k)\|< g\end{cases} \tag{5.33}$$

式中：g 是临界值，是用户定义的参数。通常，$g=1$ 可以达到较好的性能。

这种表达式的选择不同于以往大多数数学研究成果中的表达式选择。在以往的研究中，当 $\boldsymbol{F}(\boldsymbol{X}_k)$很大时，表达式选择的目的是使阻尼因子不太大，这样迭代步长就不会太小，算法在初始迭代中就能快速地向解集移动。然而，在潮流计算中，特别是在病态系统的潮流计算中，初始阶段的迭代步长必须足够小，否则会产生大量的“失败步骤”——步骤（6）中的 $\tau_k\leqslant p_0$，从而降低了效率。这里应用的是$\|\boldsymbol{F}(\boldsymbol{X}_k)\|_\infty$，它小于$\|\boldsymbol{F}(\boldsymbol{X}_k)\|$，但在初始迭代中通常大于 1。这样，迭代步长既不会太小，也不会太大，使算法在初始迭代时有较好的收敛性能。

当 $\boldsymbol{X}_k$ 接近潮流解时，$\|\boldsymbol{F}(\boldsymbol{X}_k)\|$在最终迭代中接近于 0。因此，应用$\|\boldsymbol{F}(\boldsymbol{X}_k)\|^2$，而不是诸如$\|\boldsymbol{F}(\boldsymbol{X}_k)\|$这样的普通选择，因为$\|\boldsymbol{F}(\boldsymbol{X}_k)\|^2$ 使阻尼因子更小，迭代步长更大，以在最终迭代中实现快速收敛。

综上所述，提出的阻尼因子表达式在减少迭代次数方面主要有两个优点：① 初始迭代的搜索步长更短、更安全，以减少失败的步数；② 最终迭代的迭代步长更大，以实现更快的收敛。

此外，算法中预先指定的常数参数也是影响算法性能的重要因素，必须根据数值结果仔细选择它们。

4. 收敛条件

（1）全局收敛条件。

定理 I[5]：如果 $\boldsymbol{F}(\boldsymbol{X})$是连续可微的，且利普希茨连续，则 $\boldsymbol{J}(\boldsymbol{X})$是利普希茨连续的，即存在正常数 L_1 和 L_2，使得：

$$\|\boldsymbol{J}(\boldsymbol{x})-\boldsymbol{J}(\boldsymbol{y})\|\leqslant L_1\|\boldsymbol{x}-\boldsymbol{y}\|,\ \forall\, \boldsymbol{x},\boldsymbol{y}\in \boldsymbol{D} \tag{5.34}$$

$$\|\boldsymbol{J}(\boldsymbol{x})-\boldsymbol{J}(\boldsymbol{y})\|\leqslant L_2\|\boldsymbol{x}-\boldsymbol{y}\|,\ \forall\, \boldsymbol{x},\boldsymbol{y}\in \boldsymbol{D} \tag{5.35}$$

式中：$\boldsymbol{D}$ 表示 $\boldsymbol{F}(\boldsymbol{X})$和 $\boldsymbol{J}(\boldsymbol{X})$的定义域。

然后，算法在有限迭代中终止或满足于：

$$\liminf_{k\to\infty}\left\|J(\boldsymbol{X}_k)^{\mathrm{T}}\boldsymbol{F}(\boldsymbol{X}_k)\right\|=0 \tag{5.36}$$

潮流函数 $\boldsymbol{F}(\boldsymbol{X})$是连续可微的。在实际工程中，状态变量都是有界的，因此不难证明 $\boldsymbol{F}(\boldsymbol{X})$对每个变量都是利普希茨连续的，并且 $\boldsymbol{J}(\boldsymbol{X})$的特征值是有界的。然后证明存在 L_1 和 L_2 使式（5.34）和式（5.35）成立。根据定理 I，算法具有全局收敛性。

（2）局部收敛条件。

文献［10，14］讨论了算法的局部收敛性：如果存在解 $\boldsymbol{x}^*$，且初值在 $\boldsymbol{x}^*$的某个邻域上，其中$\|\boldsymbol{F}(\boldsymbol{X})\|$提供了该邻域上的局部误差界，则序列收敛到 $\boldsymbol{x}^*$。潮流方程允许多解，但是，初始值通常接近真实解，因此 $\boldsymbol{X}_k$ 最终会收敛到这一点。

5.2 基于静态等值模型的互联大电网潮流计算

5.2.1 基于 Ward 静态等值的多区域潮流计算[15]

设有一个两区域的互联电力系统，其区域间的联络关系如图 5-1 所示，其中子集 A_i 表示区域 i 的节点集合，包括 n 个节点；子集 A_j 表示区域 j 的节点集合，包括 m 个节点；子集 B 表示为连接 A_i 和 A_j 的边界节点集合，包括 h 个节点，图中 $\boldsymbol{B}=\{b_1, b_2\}$。

当 A_j 作为 A_i 的外部系统时，由 Ward 等值可以得出：

$$\boldsymbol{S}_{\mathrm{B}}^{\mathrm{eq}}=-\operatorname{diag}\left[\boldsymbol{V}_{\mathrm{B}}\right]\hat{\boldsymbol{Y}}_{\mathrm{BA}_j}\hat{\boldsymbol{Y}}_{\mathrm{A}_j\mathrm{A}_j}^{-1}\left(\frac{\boldsymbol{S}_{\mathrm{A}_j}}{\boldsymbol{V}_{\mathrm{A}_j}}\right) \tag{5.37}$$

$$\boldsymbol{Y}^{\mathrm{eq}}=\left[\boldsymbol{Y}_{\mathrm{BB}}-\boldsymbol{Y}_{\mathrm{BA}_j}\boldsymbol{Y}_{\mathrm{A}_j\mathrm{A}_j}^{-1}\boldsymbol{Y}_{\mathrm{A}_j\mathrm{B}}\right] \tag{5.38}$$

式中：上标^表示取共轭，$\boldsymbol{V}_{\mathrm{B}}$ 是 $h\times 1$ 阶，为所有边界节点的电压向量；$\boldsymbol{V}_{\mathrm{A}_j}$ 是 $m\times 1$ 阶，为区域 A_j 中所有节点的电压向量；$\boldsymbol{Y}_{\mathrm{BA}_j}$ 是 $h\times m$ 阶，为边界节点与区域 A_j 中节点之间的互导纳；$\boldsymbol{Y}_{\mathrm{BB}}$ 是 $h\times h$ 阶，为边界节点的导纳矩阵；$\boldsymbol{Y}_{\mathrm{A}_j\mathrm{A}_j}$ 是 $m\times m$ 阶，为区域 A_j 中节点的导纳矩阵；$\boldsymbol{S}_{\mathrm{A}_j}$ 是 $m\times 1$ 阶，为区域 A_j 各节点的注入功率；$\boldsymbol{Y}_{\mathrm{A}_j\mathrm{B}}$ 是 $m\times h$ 阶，为区域 A_j 中节点与边界节点的导纳矩阵；$\boldsymbol{Y}^{\mathrm{eq}}$ 表示边界节点的外部网络等值导纳矩阵，由边界节点的自导纳与其之间的互导纳组成；$\boldsymbol{S}_{\mathrm{B}}^{\mathrm{eq}}$ 表示外部网络在边界点的等值注入功率。

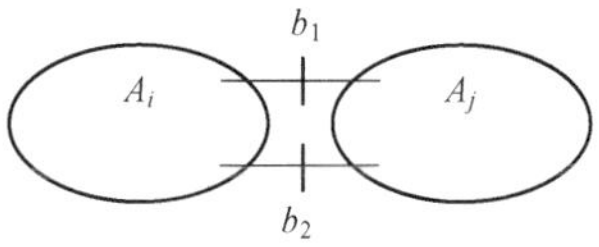

图 5-1 两区域互联系统

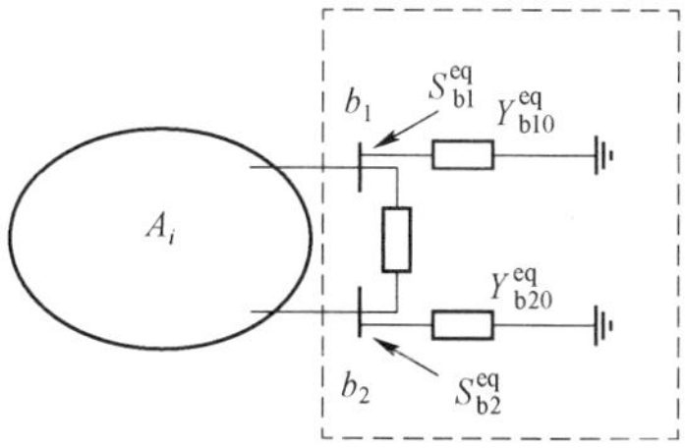

图 5-2 A_j 的 Ward 等值示意图

当边界点为 2 个节点时，区域 A_j 的 Ward 等值物理模型如图 5-2 虚线框中等值网络所示，包括边界节点之间的等值支路导纳 $Y_{\mathrm{b_1b_2}}^{\mathrm{eq}}$ 和边界节点的等值对地导纳 $Y_{\mathrm{b_{10}}}^{\mathrm{eq}}$、$Y_{\mathrm{b_{20}}}^{\mathrm{eq}}$、注入功率 $S_{\mathrm{b_1}}^{\mathrm{eq}}$、$S_{\mathrm{b_2}}^{\mathrm{eq}}$；若区域 A_j 中，边界节点 b_1 和 b_2 之间没有电气通路，则等值支路导纳 $Y_{\mathrm{b_1b_2}}^{\mathrm{eq}}$ 为 0。当边界节点仅有一个节点 b_1 时，则 A_j 的 Ward 等值物理模型仅包括该节点的对地支路 $Y_{\mathrm{b_{10}}}^{\mathrm{eq}}$ 和注入功率 $S_{\mathrm{b_1}}^{\mathrm{eq}}$；当边界节点为 3 个及其以上时，可以看作是多个双边界节点组合，其外部网络的 Ward 等值物理模型同样可以由各边界节点的等值注入功率、等值对地支路和边界节点之间的等值支路组成。同样，若任意两个边界节点之间没有电气通路，则其等值支路导纳同样为 0，相当于不存在该等值支路。

采用主从分区原则进行电网分区。其中，包含平衡节点的区域为主区域；不含平衡节点的其他区域为从区域（不考虑多平衡节点系统）。

根据上述 Ward 等值方法，分区个数不同，其外网的等值模型处理不同。

当只有 2 个区域时，双边界节点的外部等值网络如图 5－2 的虚线框内部网络所示。当区域 A_i 作为 A_j 的外部系统时，可以采用类似的方法，将其等值为边界节点的注入功率、支路导纳和对地导纳。同样方法，可处理单边界和多边界节点的外部等值系统。

当有多个从分区时，从分区之间的等值网络需要合并。下面以图 5－3 的 2 个从分区为例。其中，A_1 为主分区，A_2 和 A_3 为从分区，B_1、B_2 和 B_3 为各个分区间的边界节点集合。当确定 A_1 的外部等值网络时，需要同时将 A_2 和 A_3 进行 Ward 等值，相应形成图 5－4 所示的外部等值网络。由于边界节点 B_3 存在 2 条等值对地支路和 2 个等值注入功率。因此需要合并为一条等值对地支路和一个等值注入功率，如图 5－5 所示，即

$$S_{B_3}^{eq} = S_{B_3}'^{eq} + S_{B_3}''^{eq} \tag{5.39}$$

$$Y_{b_{30}}^{eq} = Y_{b_{30}}'^{eq} + Y_{b_{30}}''^{eq} \tag{5.40}$$

如果从区域 A_2 和 A_3 之间没有边界节点 B_3，则 A_1 的外网等值模型如图 5－6 所示，不存在合并问题。

通过 Ward 等值，形成外部系统的等值网络，则各子分区可独立进行潮流计算。潮流计算时，首先需要确定各边界节点的类型。

对于主分区，其内部存在平衡节点，因此将所有边界节点定义为 PQ 节点。对于从分区，由于缺乏平衡节点，且为了整个系统的相位参考一致性，将与主分区相联的任意一个从分区边界节点定义为平衡节点，其他边界节点（包含与主分区或者从分区相联的边界节点）定义为 PV 节点。当一个从分区不与主分区相联时，则选择与上一级从分区相联的任意一个边界节点为平衡节点，其他边界节点为 PV 节点。

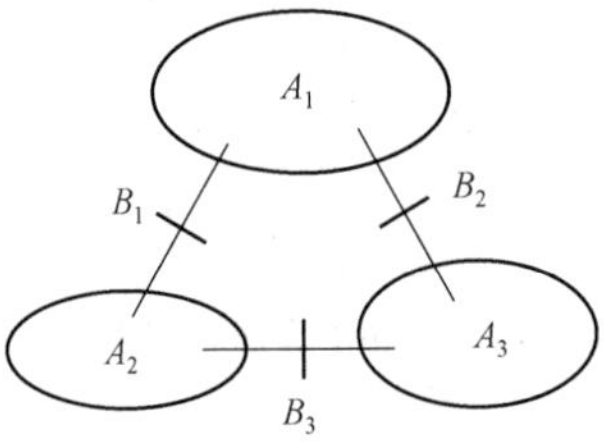

图 5－3　三区域互联系统

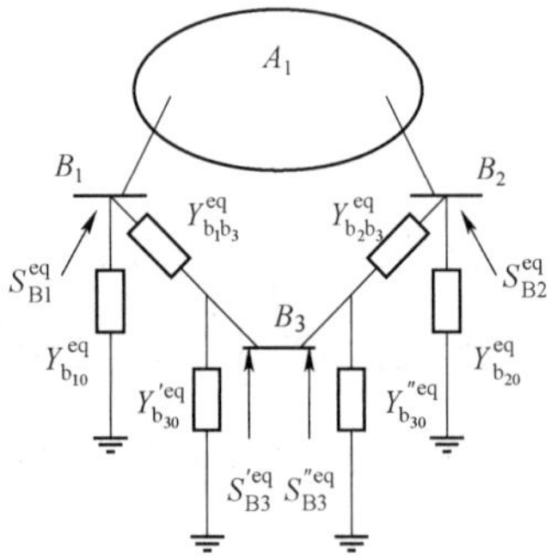

图 5－4　两个相连从分区 Ward 等值

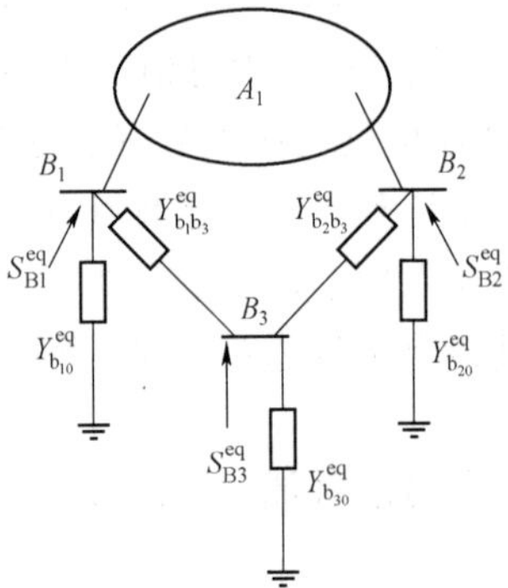

图 5－5　两个相连从分区 Ward 等值化简

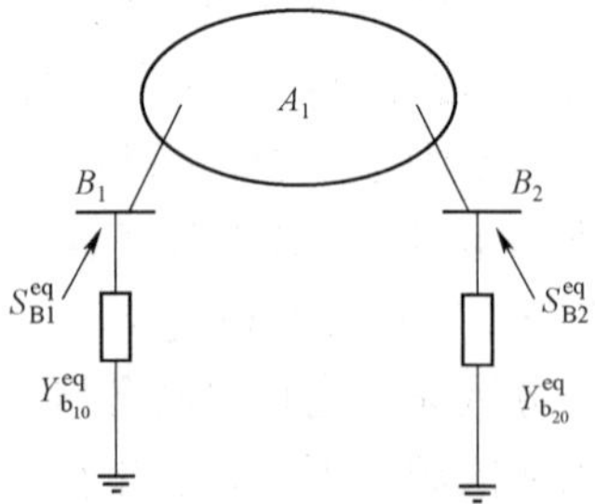

图 5－6　两个不相连从分区进行 Ward 等值

通过上述节点类型的划分，可以实现全系统电压相位参考的统一性。其中，同时作为主分区 PQ 节点和从分区平衡节点的关键边界节点，起到相位传递作用。相位传递方式如下：

设关键边界节点在主分区中的电压相位 θ_0，关键边界节点所在子系统中有任意节点 i，其相对电压相位（以关键边界节点为参考）为 δ_i，则该节点的实际电压相位（相对全系统平衡点为参考）θ_i 为

$$\theta_i=\theta_0+\delta_i \tag{5.41}$$

因此，虽然各子系统都有各自的独立相位参考点，但通过关键边界节点的相位传递，可以确定任意子系统的节点电压实际相位，从而实现全网系统节点电压相位的统一性。

仿真发现，边界节点是否存在注入功率对分区潮流计算的收敛性有影响。为了避免不利影响，对含注入功率的边界节点进行处理，即在该边界节点所在联络线上，增加一个虚拟节点，来代替原边界节点。

设系统由 N 个分区组成，A_1 为主分区，$A_2,\cdots,A_N$ 为从分区，B 为边界节点集合。

则分布式潮流计算步骤如下：

1）根据分区原则和边界节点类型的处理方法，确定出主从分区及各分区中边界节点的类型。然后根据介绍的外部系统 Ward 等值方法，形成所有分区边界节点的等值导纳矩阵 $\boldsymbol{Y}^{\text{eq}}$、分区内部节点与边界节点的互导纳矩阵 $\boldsymbol{Y}^{\text{eq}}_{\text{BA}_i}$ $(i=1,\cdots,N)$、分区内部节点导纳矩阵 $\boldsymbol{Y}^{\text{eq}}_{\text{A}_i\text{A}_i}$。

2）全网节点电压和注入功率初始化：$\boldsymbol{V}^{(0)}=[\boldsymbol{V}^{(0)}_{\text{A}_1},\boldsymbol{V}^{(0)}_{\text{A}},\boldsymbol{V}^{(0)}_{\text{A}_2},\cdots,\boldsymbol{V}^{(0)}_{\text{A}_N}]$，$\boldsymbol{S}^{(0)}=[\boldsymbol{S}^{(0)}_{\text{A}_1},\boldsymbol{S}^{(0)}_{\text{B}},\boldsymbol{S}^{(0)}_{\text{A}_2},\cdots,\boldsymbol{S}^{(0)}_{\text{A}_N}]$

3）根据从分区节点电压，计算节点注入功率并按照式（5.37）形成分区边界节点等值注入功率 $\boldsymbol{S}^{\text{eq}(0)}_{\text{B}}$，并置迭代次数 $k=0$。

4）采用牛顿法进行主从分区潮流计算，确定主分区节点的电压和注入功率，并按照式（5.37）计算主分区边界节点的等值注入功率。

5）将主分区边界节点的电压幅值和等值注入有功功率赋予相应从分区边界节点，从而修正从分区边界节点电压幅值和边界 PV 节点的有功注入。然后同样采用牛顿法求解从分区潮流，确定从分区节点的电压和注入功率，并按照式（5.37）计算从分区边界节点的等值注入功率。

6）根据已确定的主分区和从分区的边界节点电压及其等值注入功率，依次修正并求解待求从分区的边界节点电压及其等值注入功率，直到所有从分区的潮流计算完毕，则完成一次全网分布式潮流迭代计算。然后更新全网节点电压和注入功率，用于下一次分布迭代。

7）收敛判据：相邻两次迭代中边界节点电压模值和相角的最大偏差值小于给定的收敛精度 ε，即 $\max\{|\Delta V_{\text{B}i}|,|\Delta\delta_{\text{B}i}|\}<\varepsilon$。若满足收敛判据，则分布式潮流计算收敛，输出潮流结果。否则，$k=k+1$，转步骤 4）。

由以上的算法步骤可以看出，各分区之间的数据交换只发生在相邻分区之间，且集中在边界点的等值导纳、等值注入功率和电压上。其中，边界点等值导纳只需要计算一次，分区交换信息后不需要修正。而边界点电压和等值注入功率则在每次迭代中都需要重新计算和修正。由于边界节点的数目往往很少，因此其等值注入功率的修正计算量很少。而由于边界节点的等值导纳和等值注入功率可以比较全面地反映外部系统确定的拓扑结构和导纳参数以及变化的节点电压和注入功率对内部系统潮流的影响，因此尽管各分区交换的信息不多，但可以比较全面地反映分区潮流变化的影响，从而可以大幅度提高分区潮流的迭代效率。

5.2.2 基于戴维南定理的含分布式电源的潮流计算

戴维南定理指出，任一含源线性时不变一端口网络对外可用一条电压源与阻抗的串联支路来等效地加以置换，此电压源的电压等于一端口网络的开路电压，此阻抗等于一端口网络内全部独立电源置零后的输入阻抗。基于直流潮流的潮流计算方程为线性方程，因此可应用戴维南定理对网络进行等值[16]，其等值网络如图 5－7 所示。

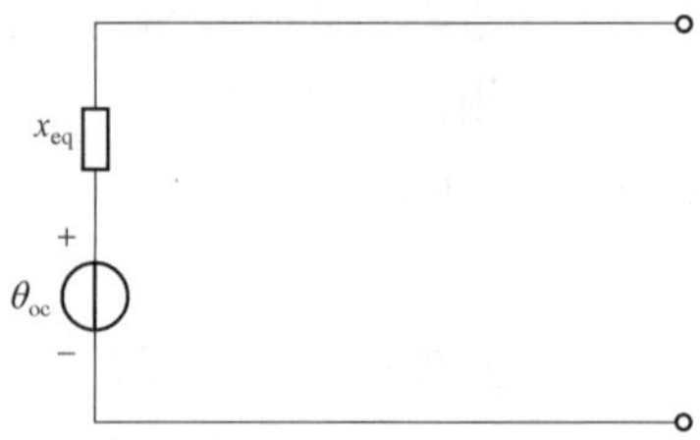

图 5－7　基于直流潮流的戴维南等值电路

$$\begin{cases} P_{ij} = -b_{ij}\theta_{ij} = \dfrac{(\theta_i - \theta_j)}{x_{ij}} \\ Q_{ij} = 0 \end{cases} \tag{5.42}$$

式中：x_{ij} 为支路 $i-j$ 的电抗；b_{ij} 为支路 $i-j$ 的电纳；θ_{ij} 为支路 $i-j$ 的相角差。

因为忽略了支路电阻和接地的并联支路，直流潮流模型无有功功率损耗，所以各支路通过的有功功率可由负荷数据确定，且满足 KCL 定律。通常，地区电网调度机构都具备能量管理系统，其数据采集与监控（SCADA）系统具有丰富的节点实时潮流数据。选定合适的平衡节点，根据式（5.42）可算出网络节点的电压相角，并计算出合环开关两侧的相角差 θ_{oc}。根据网络的连接关系得出等值电抗 x_{eq} 后，即可得到合环潮流ΔP

$$\Delta P = \frac{\theta_{oc}}{x_{eq}} \tag{5.43}$$

包含分布式电源（DG）的配电网潮流计算与普通潮流计算的区别之一是 DG 的潮流计算模型与传统发电机组计算模型不一致。传统发电机节点在潮流计算中一般取为 PQ 节点、PV 节点或平衡节点。而 DG 有特殊性，其节点是否能取为上述 3 种节点类型需要全面考虑。考虑到特殊负荷、环保和经济等方面的要求，认为 DG 运行在额定工况附近，在潮流计算中将其作为 PQ 节点处理。

通常在做含 DG 的潮流计算时，一般都将 DG 当作一个 PQ 节点，再将它接入配电系统，而当其接入时需要修改程序重新定义相关变量显得较为复杂。本算法将 DG 用戴维南定理等效为理想电压源和一个阻抗串联。在加入 DG 之后，只需把加入的每一个 DG 都独立看成一个节点和一条支路。该处理方法相比于其他处理方法更加简便，而且更利于程序的运行。

利用戴维南定理求取 DG 的数学模型时，只需考虑加入 DG 的功率大小，将其功率等效为电压源的功率，戴维南等效电路的串联阻抗采用外加电压法求取。因此，利用该算法求取 DG 的数学模型时只需知道接入 DG 的功率即可。

5.2.3 基于多平衡节点诺顿等值的潮流计算

多平衡节点诺顿等值的原理示于图 5－8 中[16]。图中，$i, j, \cdots, k$ 为平衡节点；$l, m, \cdots, n$ 为处于网络其他部分中的非平衡节点；$y_{il}, y_{jm}, \cdots, y_{kn}$ 为相应平衡节点和非平衡节点间的支路导纳，$y_{i0}, y_{l0}, y_{j0}, y_{m0}, \cdots, y_{k0}, y_{n0}$ 为对应支路的对地导纳。现设节点 $i, j, \cdots, k$ 的电压相量分别为 V_i，V_j，$\cdots$，V_k，由于其幅值和相位是给定的，因此可认为在节点 $i, j, \cdots, k$ 和地之间存在恒压源。将这些恒压源通过诺顿等值转变成节点 $l, m, \cdots, n$ 的注入恒流源 $I_i = y_{il} V_i$，$I_j = y_{jm} V_j$，$\cdots$，$I_k = y_{kn} V_k$，即对电流注入型潮流算法，或进一步转变成可变的功率注入源 $V_l I_i^*$，$V_m I_j^*$，$\cdots$，$V_n I_k^*$，即对功率注入型潮流算法，上标“*”表示复数的共轭运算，它们与该节点的其他注入源汇总后参与潮流迭代过程。在等值后，原网络中的导纳 y_{il} 和 y_{l0} 并联，y_{jm} 和 y_{m0} 并联，$\cdots$，y_{kn} 和 y_{n0} 并联，然后分别作为节点 $l, m, \cdots, n$ 对地导纳的一部分参与网络参数矩阵的形成。这时，图 5－8（b）等值网络已不再含有任何平衡节点，即等值处理后的网络只包含 PV 和 PQ 两种节点类型，在此基础上就可以利用任意一种常规潮流算法来求解只含 PV 和 PQ 两种节点类型的网络潮流。

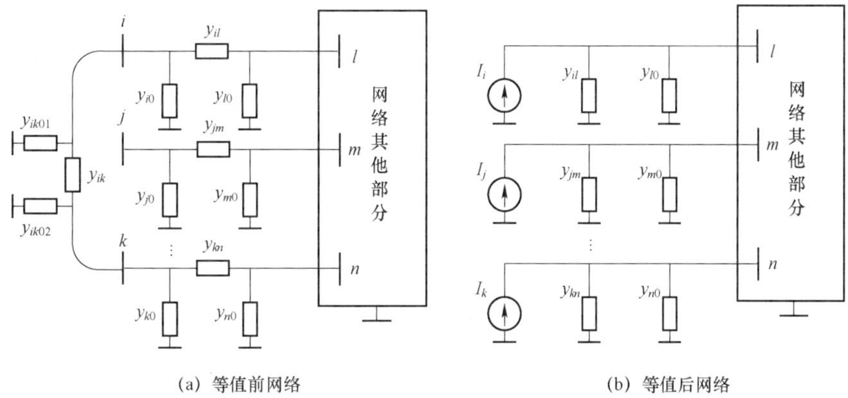

图 5－8 多平衡节点的诺顿等值处理

另外，若网络其他部分中的某一非平衡节点与 2 个或多个平衡节点间存在支路联系，则会在该节点产生 2 个或多个注入源，这时只要将它们与该节点的其他注入源汇总后一起参与潮流迭代过程即可。再者，若原网络的任意 2 个平衡节点间具有支路联系，如图 5－8（a）中的平衡节点 i 和 k 间存在支路联系，其对等值后的图 5－8（b）网络没有影响，这些支路的潮流在最终结果输出模块中由两端平衡节点电压和支路参数直接求出。在求得等值后的网络潮流解后，原网络中平衡节点和非平衡节点间的支路潮流也可在最终结果输出模块中由平衡节点电压和相连的已求得的非平衡节点电压及两节点间的支路参数求得。

由前述分析可见，基于诺顿等值的多平衡节点处理方法可保证具体使用时能够灵活地视实际情况设定若干个平衡节点，并可同时解算相互解列的、各自内部具有多个平衡节点的不同子网潮流问题及馈线间存在环网时的配网潮流问题。因此，常规潮流程序不能直接处理的典型多平衡节点问题可以得到解决。

5.3 考虑自动发电控制的互联大电网分布式潮流计算

基于传统的潮流计算一体化模型，下面介绍的改进方法将多区域自动发电控制

（AGC）机制整合到潮流公式中，提出一种考虑自动发电控制的互联大电网分布式潮流计算方法[17]。

5.3.1 考虑分区内的不平衡功率

假设将系统划分为 d 个区域，并且每个区域都拥有一个独立的 AGC 系统。对应于不同区域的每个节点的 AGC 参与因子由 $\alpha\,(\alpha\geqslant 0)$ 定义。因此，可以得到因子矩阵为

$$\boldsymbol{A}=\begin{bmatrix}\alpha_{11} & \alpha_{12} & \cdots & \alpha_{1d}\\ \alpha_{21} & \alpha_{22} & \cdots & \alpha_{2d}\\ \vdots & \vdots & \ddots & \vdots\\ \alpha_{n1} & \alpha_{n2} & \cdots & \alpha_{nd}\end{bmatrix} \tag{5.44}$$

式中：α_{ik} 表示矩阵 $\boldsymbol{A}$ 中第 i 行和第 k 列的元素，对应于第 i 个节点和第 k 个区域。如果第 i 个节点不在第 k 个区域，则 $\alpha_{ik}=0$；如果第 i 个节点在第 k 个区域中但不参与 AGC 操作，则 $\alpha_{ik}=0$；如果第 i 个节点位于第 k 个区域并参与 AGC 操作，则 $\alpha_{ik}\neq 0$。每列中的元素均满足以下关系：

$$\sum_{i=1}^{n}\alpha_{ik}=1 \tag{5.45}$$

常规潮流模型中只有唯一一个平衡节点，称为 $V\theta$ 节点，具有恒定的 V 和 $\theta(\theta=0)$，可补偿系统的不平衡有功功率。然而，在实际的电力系统运行中，不平衡功率由一组发电机补偿，这些发电机根据式（5.44）中所示的参与因子进行分配并参与 AGC 控制过程。由于每个区域的 AGC 系统都是独立运行的，因此，由 d 个区域组成的网络的不平衡功率因数由式（5.46）定义：

$$\boldsymbol{\mu}=[\mu_1\quad \mu_2\quad \cdots\quad \mu_d]^{\mathrm{T}} \tag{5.46}$$

如果 $\mu_d>0$，则在第 d 个区域中 AGC 单元的输出将增加以补偿不平衡功率，反之亦然。因此，可以根据矢量 $\boldsymbol{\mu}$ 和矩阵 $\boldsymbol{A}$ 获得以下关系：

$$\begin{cases}\boldsymbol{A\mu}=[\beta_1\quad \beta_2\quad \cdots\quad \beta_n]^{\mathrm{T}}\\ \beta_i=\displaystyle\sum_{j=1}^{d}\alpha_{ij}\mu_j\end{cases} \tag{5.47}$$

式中：参数 β_i 代表在第 i 个节点上注入网络的功率补偿值。

在式中包含补偿能力 β_i 可以使传统的潮流平衡方程转写为

$$\begin{cases}f_i=Q_i-h_i^{\mathrm{Q}}(\boldsymbol{V},\boldsymbol{\theta})=0\quad (i=1,2,\cdots,m)\\ f_{m+j}=P_j-h_j^{\mathrm{P}}(\boldsymbol{V},\boldsymbol{\theta})+\beta_j=0\quad (j=1,2,\cdots,n)\end{cases} \tag{5.48}$$

式（5.48）中包含平衡节点 f_{m+n} 的有功功率平衡方程，使得式（5.48）中的方程数目比传统的潮流平衡方程的数目多 1。这样就可通过参与 AGC 的一组节点代替经典的唯一平衡节点来调整不平衡功率，传统的平衡节点仍为电压相角（$\theta=0$）提供参考。式（5.48）可以用紧凑形式表示为

$$\boldsymbol{f}(\boldsymbol{X})=\boldsymbol{0} \tag{5.49}$$

式中：$\boldsymbol{X}$ 是式（5.49）中所有变量的未知向量，可表示为

$$\boldsymbol{X}=[\boldsymbol{V},\boldsymbol{\theta},\boldsymbol{\mu}]=\begin{bmatrix}x_1 & x_2 & \cdots & x_{(m+n+d-1)}\end{bmatrix} \tag{5.50}$$

在式（5.49）中，未知变量的数量（$m+n+d-1$）大于方程的数量 $m+n$，因此，需要增加 $d-1$ 个方程来求解。

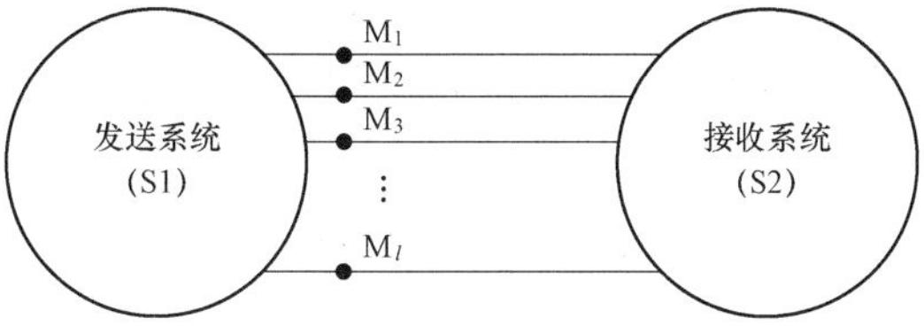

图 5－9　两区域互联电网原理图

5.3.2　考虑分区之间的功率交换

对于由多区域组成的电力网络，几个 AGC 系统相互配合以实现对功率交换的控制。图 5－9 是两个区域之间的互联电网原理图。

功率量测端子可以位于连接线的两侧，在图 5－9 中用“M”表示。第 l 条联络线的功率量测数据在发送系统 S_1 和接收系统 S_2 之间共享。对于某种运行方式，每个分区中的 AGC 单元将交换功率作为一个稳定值，可以表示为

$$g_k=\sum_{l\in L_k}\phi_l P_l-\Delta P_k=0 \quad (k=1,2,\cdots,d) \tag{5.51}$$

其中

$$\begin{aligned}&P_l=V_i^2G_l-V_iV_j(G_l\cos\theta_{ij}+B_l\sin\theta_{ij})\\&\phi_l=\begin{cases}1 & (i\in\Omega_k,j\notin\Omega_k)\\-1 & (i\notin\Omega_k,j\in\Omega_k)\end{cases}\end{aligned} \tag{5.52}$$

式中：P_l 表示由第 l 条联络线传输的有功功率；下标 i 和 j 代表连接线的两侧；ϕ_l 表示第 l 条联络线的功率传输方向；L_k 是连接到第 k 个区域的联络线的集合；G_l 和 B_l 代表第 l 条联络线阻抗的实部和虚部；$\boldsymbol{\Omega}_k$ 是位于第 k 个区域的节点集合；ΔP_k 是注入第 k 个区域的功率，$\Delta P_k>0$ 表示向第 k 个区域注入功率，而 $\Delta P_k<0$ 表示从第 k 个区域输出功率。

对于具有 d 个子区域的多区域电网，可以通过以下关系式给出所有子区域的功率交换：

$$\sum_{k=1}^{d}\left(\sum_{l\in L_k}P_l\right)=\sum_{k=1}^{d}\Delta P_k=0 \tag{5.53}$$

由于总量等于 0，因此任何 $d-1$ 个子区域的公式都足以描述整个电网的功率交换关系。

5.3.3　算法实现方案

取式（5.51）中 d 个方程中的任何 $d-1$ 个方程，以第 1 个到第 $d-1$ 个方程为例，功率交换的关系可以用下式表示

$$g(X)=\begin{matrix} g_k=\sum_{l\in\Omega_k}\varphi_l P_l-\Delta P_k=0 \\ (k=1,2,\cdots,d-1) \end{matrix} \tag{5.54}$$

因此，式（5.55）中变量的数量和方程的数量均等于 $m+n$，它表示互联电网的综合潮流模型

$$\boldsymbol{F}(\boldsymbol{X})=\begin{cases}\boldsymbol{f}(\boldsymbol{X})=\boldsymbol{0}\\ \boldsymbol{g}(\boldsymbol{X})=\boldsymbol{0}\end{cases} \tag{5.55}$$

如下使用牛顿迭代法以求解式（5.55）中的非线性代数方程式

$$\begin{cases}\boldsymbol{F}(\boldsymbol{X}^{(t)})=\boldsymbol{J}^{(t)}\Delta\boldsymbol{X}^{(t)}\\ \boldsymbol{X}^{(t+1)}=\boldsymbol{X}^{(t)}+\Delta\boldsymbol{X}^{(t)}\end{cases} \tag{5.56}$$

式中：(t)和 $(t+1)$表示迭代次数，特别地，$t=0$ 表示初始迭代。

初始化未知向量 $\boldsymbol{X}$ 为平启动：

$$\begin{cases}\boldsymbol{V}^{(0)}=[1\ 1\ \cdots\ 1]\\ \boldsymbol{\theta}^{(0)}=[0\ 0\ \cdots\ 0]\\ \boldsymbol{\mu}^{(0)}=[0\ 0\ \cdots\ 0]\end{cases} \tag{5.57}$$

以下关系式是牛顿迭代法的收敛条件：

$$\begin{cases}\sigma=\left|\boldsymbol{F}(\boldsymbol{X}^{(t)})\right|_1\\ \sigma\leqslant\sigma_m\end{cases} \tag{5.58}$$

式中：σ 是收敛标准参数，在每次迭代过程中都会更新，σ_m 是为保证解的准确性而预先给出的一个小的正数。

在式（5.56）中，$\boldsymbol{J}^{(t)}$ 表示扩展的积分雅可比矩阵，表示如下

$$\boldsymbol{J}=\frac{\partial\boldsymbol{F}}{\partial\boldsymbol{X}}=\begin{bmatrix}\dfrac{\partial\boldsymbol{f}}{\partial\boldsymbol{V}} & \dfrac{\partial\boldsymbol{f}}{\partial\boldsymbol{\theta}} & \dfrac{\partial\boldsymbol{f}}{\partial\boldsymbol{\mu}}\\ \dfrac{\partial\boldsymbol{g}}{\partial\boldsymbol{V}} & \dfrac{\partial\boldsymbol{g}}{\partial\boldsymbol{\theta}} & \boldsymbol{0}\end{bmatrix} \tag{5.59}$$

式中，$\dfrac{\partial\boldsymbol{f}}{\partial\boldsymbol{V}}$ 为

$$\frac{\partial\boldsymbol{f}}{\partial\boldsymbol{V}}=\begin{bmatrix}\dfrac{\partial f_1}{\partial V_1} & \dfrac{\partial f_1}{\partial V_2} & \cdots & \dfrac{\partial f_1}{\partial V_m}\\ \dfrac{\partial f_2}{\partial V_1} & \dfrac{\partial f_2}{\partial V_2} & \cdots & \dfrac{\partial f_2}{\partial V_m}\\ \vdots & \vdots & \ddots & \vdots\\ \dfrac{\partial f_{(m+n)}}{\partial V_1} & \dfrac{\partial f_{(m+n)}}{\partial V_2} & \cdots & \dfrac{\partial f_{(m+n)}}{\partial V_m}\end{bmatrix} \tag{5.60}$$

$\dfrac{\partial\boldsymbol{f}}{\partial\boldsymbol{\theta}}$ 为

$$\frac{\partial \boldsymbol{f}}{\partial \boldsymbol{\theta}}=\begin{bmatrix} \frac{\partial f_1}{\partial \theta_1} & \frac{\partial f_1}{\partial \theta_2} & \cdots & \frac{\partial f_1}{\partial \theta_{n-1}} \\ \frac{\partial f_2}{\partial \theta_1} & \frac{\partial f_2}{\partial \theta_2} & \cdots & \frac{\partial f_2}{\partial \theta_{n-1}} \\ \vdots & \vdots & \ddots & \vdots \\ \frac{\partial f_{(m+n)}}{\partial \theta_1} & \frac{\partial f_{(m+n)}}{\partial \theta_2} & \cdots & \frac{\partial f_{(m+n)}}{\partial \theta_{n-1}} \end{bmatrix} \tag{5.61}$$

$\frac{\partial \boldsymbol{f}}{\partial \boldsymbol{\mu}}$为

$$\frac{\partial \boldsymbol{f}}{\partial \boldsymbol{\mu}}=\begin{bmatrix} \frac{\partial \beta_1}{\partial \mu_1} & \frac{\partial \beta_1}{\partial \mu_2} & \cdots & \frac{\partial \beta_1}{\partial \mu_d} \\ \frac{\partial \beta_2}{\partial \mu_1} & \frac{\partial \beta_2}{\partial \mu_2} & \cdots & \frac{\partial \beta_2}{\partial \mu_d} \\ \vdots & \vdots & \ddots & \vdots \\ \frac{\partial \beta_n}{\partial \mu_1} & \frac{\partial \beta_n}{\partial \mu_2} & \cdots & \frac{\partial \beta_n}{\partial \mu_d} \end{bmatrix} \tag{5.62}$$

矩阵$\frac{\partial \boldsymbol{f}}{\partial \boldsymbol{\mu}}$的元素由以下关系式给出

$$\frac{\partial \beta_b}{\partial \mu_k}=\alpha_{bk}\ (k=1, 2,\cdots, d; b=1, 2, \cdots, n) \tag{5.63}$$

因此，式（5.62）可以缩写为

$$\frac{\partial \boldsymbol{f}}{\partial \boldsymbol{\mu}}=\begin{bmatrix} \boldsymbol{A} \\ \boldsymbol{0} \end{bmatrix} \tag{5.64}$$

式中，矩阵 $\boldsymbol{A}$ 是 AGC 参与因子，而 $\boldsymbol{0}$ 表示元素等于零的矩阵。

$\frac{\partial \boldsymbol{g}}{\partial \boldsymbol{V}}$为

$$\frac{\partial \boldsymbol{g}}{\partial \boldsymbol{V}}=\begin{bmatrix} \frac{\partial g_1}{\partial V_1} & \frac{\partial g_1}{\partial V_2} & \cdots & \frac{\partial g_1}{\partial V_m} \\ \frac{\partial g_2}{\partial V_1} & \frac{\partial g_2}{\partial V_2} & \cdots & \frac{\partial g_2}{\partial V_m} \\ \vdots & \vdots & \ddots & \vdots \\ \frac{\partial g_{(d-1)}}{\partial V_1} & \frac{\partial g_{(d-1)}}{\partial V_2} & \cdots & \frac{\partial g_{(d-1)}}{\partial V_m} \end{bmatrix} \tag{5.65}$$

矩阵中的元素可以由下式计算得到

$$\frac{\partial g_k}{\partial V_p}=\sum_{l\in\Omega_k}\left(\varphi_l\frac{\partial P_l}{\partial V_p}\right)(k=1, 2, \cdots, d-1; p=1, 2, \cdots, m) \tag{5.66}$$

其中

$$\frac{\partial P_l}{\partial V_p}=\begin{cases}2V_iG_l-V_j(G_l\cos\theta_{ij}+B_l\sin\theta_{ij}) \quad (p=i)\\ -V_i(G_l\cos\theta_{ij}+B_l\sin\theta_{ij}) \quad (p=j)\\ 0 \quad (p\neq i,p\neq j)\end{cases} \tag{5.67}$$

$\dfrac{\partial \boldsymbol{g}}{\partial \boldsymbol{\theta}}$为

$$\frac{\partial \boldsymbol{g}}{\partial \boldsymbol{\theta}}=\begin{bmatrix}\dfrac{\partial g_1}{\partial\theta_1} & \dfrac{\partial g_1}{\partial\theta_2} & \cdots & \dfrac{\partial g_1}{\partial\theta_{n-1}}\\ \dfrac{\partial g_2}{\partial\theta_1} & \dfrac{\partial g_2}{\partial\theta_2} & \cdots & \dfrac{\partial g_2}{\partial\theta_{n-1}}\\ \vdots & \vdots & \ddots & \vdots\\ \dfrac{\partial g_{(d-1)}}{\partial\theta_1} & \dfrac{\partial g_{(d-1)}}{\partial\theta_2} & \cdots & \dfrac{\partial g_{(d-1)}}{\partial\theta_{n-1}}\end{bmatrix} \tag{5.68}$$

矩阵中的元素可以由下式计算得到

$$\frac{\partial g_k}{\partial \theta_q}=\sum_{l\in\Omega_k}\left(\frac{\partial P_l}{\partial\theta_q}\right)(k=1,2,\cdots,d-1;q=1,2,\cdots,n-1) \tag{5.69}$$

其中

$$\frac{\partial P_l}{\partial\theta_q}=\begin{cases}V_iV_j(G_l\sin\theta_{ij}-B_l\cos\theta_{ij}) \ (q=i)\\ V_iV_j(B_l\cos\theta_{ij}-G_l\sin\theta_{ij}) \ (q=j)\\ 0 \quad (q\neq i,q\neq j)\end{cases} \tag{5.70}$$

在潮流计算开始前，需要为迭代过程选定一个初值。初值选取的方法如下：代表功率交换的变量被初始化为0，电压幅值和相角按平启动初始化。所有变量使用所述的牛顿迭代法同步更新，在确定了收敛条件的基础上，可以获得潮流方程的数值解。

参考文献

[1]唐坤杰，董树锋，宋永华. 基于不完全LU分解预处理迭代法的电力系统潮流算法[J]. 中国电机工程学报，2017，37（S1）：55－62.

[2] 唐灿，董树锋，任雪桂，等. 用于迭代法潮流计算的改进Jacobi预处理方法［J］. 电力系统自动化，2018，42（12）：81－86.

[3] 邱智勇，周越德，刘中平. CPU＋GPU 架构下节点阻抗矩阵生成及节点编号优化方法［J］. 电力系统自动化，2020，44（2）：215－226.

[4] 王明轩，陈颖，黄少伟，魏巍，常晓青. 适用于CPU＋GPU协同架构的大规模病态潮流求解方法［J］. 电力系统自动化，2018，42（10）：82－86.

[5]俞龙飞，曾江，丘国斌，欧阳森. 考虑等效拟合特性的输配电网全局潮流计算方法[J]. 现代电力，2018，35（4）：52－58.

[6] 韩祯祥. 电力系统分析［M］. 第4版. 杭州：浙江大学出版社，2009：114－124.

[7] 王晗，徐潇源，严正. 基于改进信赖域算法的孤岛交直流混合微电网潮流计算 [J]. 电力系统自动化，2017，41（20）：38 – 46.
[8] 颜伟，何宁. 基于 Ward 等值的分布式潮流计算 [J]. 重庆大学学报（自然科学版），2006（11）：36 – 40.
[9] 于继来，王江，柳焯. 电力系统潮流算法的几点改进 [J]. 中国电机工程学报，2001（9）：89 – 94.
[10] 林青，赵晋泉. 输配电网一体化分布式潮流计算方法 [J]. 广东电力，2018，31（6）：114 – 119.
[11] 温建春，禚战峰. 基于直流潮流与戴维南等值的配电网合环潮流计算方法 [J]. 电工技术，2012（9）：27 – 28.
[12] 余佳音，唐坤杰，章杜锡，等. 输配网一体化建模与分析方法研究综述 [J]. 浙江电力，2019，38（11）：1 – 9.
[13] Sun Hongbin, Guo Qinglai, Zhang Boming, et al. Master-slave-splitting based distributed global power flow method for integrated transmission and distribution analysis[J]. IEEE Transactions on Smart Grid, 2015,6(3): 1484 – 1492.
[14] Dong X, Sun H, Wang C, et al. Power flow analysis considering automatic generation control for multi-area interconnection power networks[J]. IEEE Transactions on Industry Applications, 2017, 53(6): 5200 – 5208.
[15] 颜伟，何宁. 基于 Ward 等值的分布式潮流计算 [J]. 重庆大学学报（自然科学版），2006（11）：36 – 40.
[16] 温建春，禚战峰. 基于直流潮流与戴维南等值的配电网合环潮流计算方法 [J]. 电工技术，2012（09）：27 – 28.

第 6 章

互联大电网优化分析

本章将介绍互联大电网优化分析的相关内容，主要为分布式算法在电力系统优化中的应用。6.1 节概述互联大电网优化问题，6.2 节介绍线性逼近模型的分布式优化，6.3 节介绍非线性凸逼近模型的分布式优化，6.4 节介绍非凸模型的分布式优化，6.5 节介绍互联大电网分布式优化分析技术比较。

6.1 互联大电网优化问题概述

集中计算是优化和控制算法应用于电力系统的主要途径，如独立系统运营商（independent system operator，ISO）通过求解最优潮流（optimal power flow，OPF）问题来寻求大规模传输系统的最小成本调度方法；也可实现其他控制目标，如维持计划电力交换，通过发送至发电机的 AGC 信号来提供日常服务。这些优化和控制问题通过网络参数、发电机参数、负荷参数来计算。其中，网络参数包括线路阻抗、系统拓扑和潮流约束；发电机参数包括成本函数和输出约束；负荷参数包括预期负荷需求的估计。ISO 收集所有必要的参数，进行集中计算以解决相应的优化和控制问题。

随着分布式能源渗透的增加，集中计算的局限性越来越大，分布式计算是未来的发展趋势。分布式算法不需要收集所有参数进行中心计算，而是由许多智能体进行分布式计算，这些智能体通过与相邻智能体通信来获得某些参数。与集中式方法相比，分布式算法具有几个潜在的优点：智能体只需与其他智能体共享有限数量的信息，这可以改善网络安全，减少必要通信基础设施的费用；分布式算法对单个智能体的失效具有鲁棒性。此外，由于具有执行并行计算的能力，无论是在求解速度还是解决问题规模的大小上，分布式算法都优于集中式算法。同时，分布式算法还保护了数据、成本函数、约束的隐私性。

分布式优化算法被广泛应用于电力系统中，潮流模型的特性对优化方程的理论和实践有重大影响，因此，许多分布式优化技术是与潮流物理模型同步发展的，并且不同的分布式算法在不同的潮流模型下有不同的表现。第二章已经对常见的一些分解算法进行了简要介绍，本章将介绍几种不同潮流模型下分布式算法的具体应用，根据潮流模型的不同分为直流潮流模型，凸优化模型以及非凸模型。

为不失一般性，本章使用的 OPF 方程如下

$$\min C=\sum_{i=1}^{G}(c_{i2}P_i^2+c_{i1}P_i+c_{i0})$$
$$\text{s.t.}\begin{cases}P_i^{\min}\leqslant P_i\leqslant P_i^{\max} & \forall i\in\mathcal{N}\\ Q_i^{\min}\leqslant Q_i\leqslant Q_i^{\max} & \forall i\in\mathcal{N}\\ (V_i^{\min})^2\leqslant\left|V_i\right|^2\leqslant(V_i^{\max})^2 & \forall i\in\mathcal{N}\\ f_{ik}\left(V_i,V_k\right)\leqslant I_{i,k}^{\max} & \forall(i,k)\in\mathcal{L}\end{cases}\tag{6.1}$$

其中，目标函数为发电成本，c_{i2}、c_{i1}、c_{i0} 是表示发电成本与节点 i 处发电机有功功率间关系的线性系数；目标函数受到功率、电压的约束，“max”和“min”表示相应量的指定上限和下限，f_{ik} $(V_i,\ V_k)$表示线路$(i,\ k)\in\mathcal{L}$ 的潮流。本节中潮流模型有直流潮流、DistFlow 模型、SDP 松弛模型、SOCP 松弛模型、非凸模型等形式。具体表达式在各小节中详细描述。

6.2　线性逼近模型的分布式优化

潮流平衡方程式通常是优化问题的等式约束，采用传统潮流模型（如交流潮流模型）会导致优化问题为非凸优化问题，难以直接处理。因此，许多算法都集中于研究潮流方程的线性逼近和凸松弛上，本节主要介绍线性逼近模型及相应的互联大电网分布式优化算法。

6.2.1　线性逼近模型简介

互联大电网中的输电网和配电网使用不同的线性逼近模型。输电网即主网，最常用的是直流潮流模型。直流潮流模型即在交流潮流模型的基础上假设：① 无功潮流可以忽略；② 线路是无损的（即 $G\approx0$），分流元件可以忽略；③ 所有母线的电压大小大致相等，即$|V_i|\approx1$，$\forall i\in\mathcal{N}$；④ 连接母线间的相角差很小，即 $\sin(\theta_i-\theta_k)\approx\theta_i-\theta_k$，$\forall(i,k)\in\mathcal{L}$。根据以上假设，可以得到直流潮流模型如下式所示

$$\sum_{(i,k)\in\mathcal{L}}B_{ik}(\theta_i-\theta_k)=P_i,\quad\forall i\in\mathcal{N}\tag{6.2}$$

式中：B_{ik} 表示节点 i 和节点 k 之间的电纳。

配电网大多是辐射状和三相不平衡的，且不满足直流潮流模型的基本假设，这推动了交替线性化方法的产生。常用的有两种交替线性化的方法：其中一种是在忽略并联阻抗和近标称电压幅值的假设下，围绕“空载”电压剖面进行线性化。然后，电压幅值$|\boldsymbol{V}|$可以近似为有功和无功注入矢量 $\boldsymbol{P}$ 和 $\boldsymbol{Q}$ 的函数，如下式所示

$$|\boldsymbol{V}|=1+\boldsymbol{RP}+\boldsymbol{XQ} \tag{6.3}$$

式中：$\boldsymbol{R}$ 和 $\boldsymbol{X}$ 分别为线路的电阻和电感。

另一种线性近似是忽略 DistFlow 潮流模型中的线路传输损耗。DistFlow 潮流模型最早由学者 Baran 等人提出，与交流潮流模型相同，均是对电力系统运行特性的完整描述，在物理上是等价的。但是由于两者选取的物理特征量不同，因此表达形式不同。Distflow 潮流模型如下式所示

$$\begin{gathered} P_{ik}=r_{ik}l_{ik}-P_k+\sum_{m:k\to m}P_{km} \\ Q_{ik}=x_{ik}l_{ik}-Q_k+\sum_{m:k\to m}Q_{km} \\ v_k=v_i-2(r_{ik}P_{ik}+x_{ik}Q_{ik})+(r_{ik}^2+x_{ik}^2)l_{ik} \\ l_{ik}v_i=P_{ik}^2+Q_{ik}^2 \end{gathered} \tag{6.4}$$

式中：定义从节点 i 到节点 k 的线路上发送端的有功和无功功率分别为 P_{ik} 和 Q_{ik}；v_i 和 v_k 分别表示节点 i 和 k 的节点电压幅值的平方；l_{ik} 表示从节点 i 到节点 k 的电流的平方；r_{ik} 和 x_{ik} 分别是线路 ik 的串联电阻和电抗。

忽略 Distflow 模型中的线路损耗，即令 $l_{ik}=0$，将其代入式（6.4），即可得到适用于配网的线性化的 Distflow 模型，如下式所示

$$\begin{gathered} P_{ik}=-P_k+\sum_{m:k\to m}P_{km} \\ Q_{ik}=-Q_k+\sum_{m:k\to m}Q_{km} \\ v_i=v_k+2(r_{ik}P_{ik}+x_{ik}Q_{ik}) \end{gathered} \tag{6.5}$$

6.2.2 直流潮流模型的互联大电网分布式优化

在对采用直流潮流模型的互联大电网 OPF 问题进行求解时，常用的分布式优化算法有对偶分解法（dual decomposition）、交替方向乘子法（alternating direction method of multipliers，ADMM）、目标级联法（analytical target cascading，ATC）、辅助问题原理法（auxiliary problem principle，APP）、最优条件分解法（optimality condition decomposition，OCD）和 consensus+innovation（C+I）法等。这里主要介绍采用 ATC 和 ADMM 算法对直流模型的互联大电网分布式优化问题进行求解的详细步骤。

ATC 算法是一种基于模型的多层次优化方法，如图 6－1 所示，整个系统（优化问题）被划分为一组子系统（子问题），这些子系统（子问题）是分层连接的。在分层 ATC 结构中，同一级别的子系统之间没有耦合变量，但是上下层之间是通过耦合变量联系起来的。这些耦合变量在上层被称为目标变量，在下层被称为响应变量。上层设置目标变量的值，并将他们发送给下层。下层得到响应变量后定义了与目标的距离。首先引入一组一致性约束来表示目标和响应变量

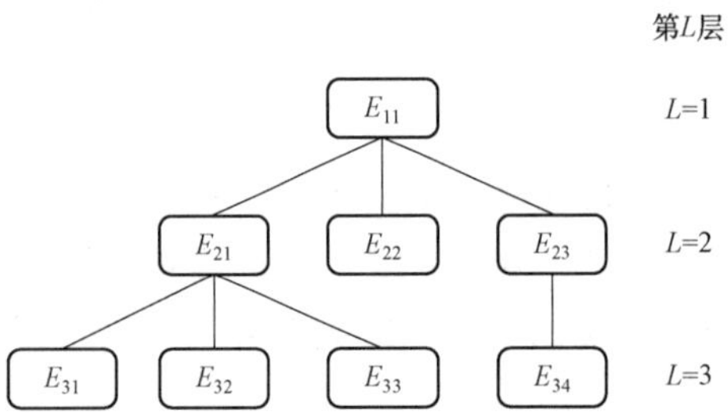

图 6－1　ATC 算法的分层结构示意图

在上下级优化问题中的影响。然后将一致性约束作为惩罚函数纳入各子系统的目标函数，从而放松一致性约束。ATC 算法在子问题的协调和惩罚函数的选择上提供了一定的灵活性。

ADMM 算法结合了对偶分解法和以分布式方式求解增广拉格朗日问题的乘子法。由于 ADMM 算法具有较好的鲁棒性和收敛速度，被广泛应用于各种互联大电网优化问题的求解中。在本书的 2.2 节已经对 ADMM 的算法步骤作了一定说明，由于式（2.22）中的 $\boldsymbol{x}$ 和 $\boldsymbol{z}$ 是独立更新的，所以该优化算法可以用于对分布式的优化问题进行求解。然而根据式（2.22）的第 3 个式子易知，在每一次迭代更新的过程中，ADMM 算法需要一个中央协调器来管理对偶变量更新步骤，然而这样做往往会带来一些问题，比如效率降低、传输延时等。

6.2.2.1　DC－OPF 模型

在互联大电网优化分析中，最常用的线性逼近模型是直流潮流模型。本节首先介绍了一般 DC－OPF 模型，随后给出了互联大电网的 DC－OPF 模型。

1. 一般 DC－OPF 模型

一般 DC－OPF 的直流近似如下式所示：

$$\min_{(p,\theta)} \sum_{u\in\Omega_G} f(p_u) \tag{6.6}$$

$$\text{s.t.}\quad \boldsymbol{h}(\boldsymbol{x}):\begin{cases} p_i - d_i = \sum\limits_{j\in\Omega_i} \dfrac{\theta_i-\theta_j}{X_{ij}} & \forall i\in\{1,\cdots,N_b\} \\ \theta_{\text{ref}}=0 \end{cases} \tag{6.7}$$

$$\boldsymbol{g}(\boldsymbol{x}):\begin{cases} \underline{P_u}\leqslant p_u\leqslant \overline{P}_u & \forall u\in\Omega_G \\ \underline{PL_{ij}}\leqslant \dfrac{\theta_i-\theta_j}{X_{ij}}\leqslant \overline{PL_{ij}} & \forall ij\in\Omega_L \end{cases} \tag{6.8}$$

$$\boldsymbol{x}=\{\boldsymbol{p},\boldsymbol{\theta}\} \tag{6.9}$$

式中：$\boldsymbol{x}$ 包括发电单元的有功输出 $\boldsymbol{p}$ 和节点电压相角 $\boldsymbol{\theta}$；函数 $\boldsymbol{h}(\boldsymbol{x})$和 $\boldsymbol{g}(\boldsymbol{x})$分别是等式和不等式约束的集合；$p_u$ 表示发电机组 u 的输出有功功率；$f(p_u)$是发电单元 u 的二次成本函数；p_i 和 d_i 分别表示节点 i 的有功注入与负载；Ω_G 表示所有发电机组的集合；Ω_i 表示连接到节点 i 的所有节点的集合；X_{ij} 表示线路 ij 的电抗；Ω_L 表示所有线路的集合；θ_{ref} 为参考节点的相角；$\overline{P}_u$ 和 $\underline{P_u}$ 分别表示发电机组 u 的有功输出上下界限制；$\overline{PL_{ij}}$ 和 $\underline{PL_{ij}}$ 分别表示输电线路 ij 中流过的有功潮流的上下界限制；节点潮流平衡由式（6.7）的第一个式子限制。式（6.7）的第二个等式将参考母线的电压相角设置为零。不等式（6.8）确保发电机组 u 的功率输出和输电线路 ij 中的潮流始终在其上下界范围内。

2. 互联大电网的 DC－OPF 模型

在互联大电网系统中，存在多个区域，区域之间通过联络线相互连接，区域的 OPF 模型被耦合在一起。有两种常见的模型来重新制定多区域 OPF，一种是变量耦合模型，另一种是约束耦合模型。在前一种模型中，不同的区域可能包含相同的变量，但约束集是分开的；而在后一种模型中，变量集是分开的，但有约束包含来自两个或多个区域的变量。基于这两种模型，可以应用不同的分解方法来解决问题。下面分别给出了耦合变量与耦合约束的线性逼近互联大电网 OPF 模型。

当考虑变量耦合，在一般形式下，区域 n 的 OPF 问题可以如下式表示：

$$\begin{aligned}
&\min_{(\boldsymbol{x}_n,\boldsymbol{\Phi}_n)} \sum_{u\in\Omega_{G_n}} f(\boldsymbol{p}_u) \\
&\text{s.t.}\quad \boldsymbol{h}_n(\boldsymbol{x}_n,\boldsymbol{\Phi}_n)=0 \\
&\qquad \boldsymbol{g}_n(\boldsymbol{x}_n,\boldsymbol{\Phi}_n)\leqslant 0 \\
&\qquad \boldsymbol{x}_n=\{\boldsymbol{p}_n,\boldsymbol{\theta}_n\}
\end{aligned} \tag{6.10}$$

式中：$f(\boldsymbol{p}_u)$是位于区域 n 的发电机组 u 的成本函数；Ω_{G_n} 是区域 n 中所有发电机组的集合；$\boldsymbol{x}_n$ 表示区域 n 的局部变量，包括发电机有功输出 $\boldsymbol{p}_n$ 和电压相角 $\boldsymbol{\theta}_n$；$\boldsymbol{\Phi}_n$ 表示区域 n 与其相邻区域之间的耦合变量。

耦合变量 $\boldsymbol{\Phi}$ 出现在多个区域的约束中，影响了互联大电网 OPF 问题解的可行空间。因此，这些连通区域的 OPF 问题无法独立求解。需要一种分布式算法来协调由不同区域确定的 $\boldsymbol{\Phi}$ 的值。在所考虑的 DC－OPF 问题中，$\boldsymbol{\Phi}$ 对应于两个区域之间边界节点的电压相角。

当考虑约束耦合，区域 n 的 OPF 问题可以针对与每个区域相关的变量集重新制定如下：

$$\min_{\boldsymbol{x}_1,\cdots,\boldsymbol{x}_n,\cdots,\boldsymbol{x}_N} \sum_{u\in\Omega_{G_n}} f(\boldsymbol{p}_u) \tag{6.11}$$

$$\text{s.t.}\quad \boldsymbol{h}_n^c(\boldsymbol{x}_1,\cdots,\boldsymbol{x}_n,\cdots,\boldsymbol{x}_N)=0 \tag{6.12}$$

$$\boldsymbol{g}_n^c(\boldsymbol{x}_1,\cdots,\boldsymbol{x}_n,\cdots,\boldsymbol{x}_N)\leqslant 0 \tag{6.13}$$

$$\boldsymbol{h}_n^s(\boldsymbol{x}_n)=0 \tag{6.14}$$

$$\boldsymbol{g}_n^s(\boldsymbol{x}_n)\leqslant 0 \tag{6.15}$$

$$\boldsymbol{x}_n=\{\boldsymbol{p}_n,\boldsymbol{\theta}_n\} \tag{6.16}$$

式中：N 表示区域（或子问题）的总数；$\boldsymbol{x}_n$ 表示区域 n 的变量。

式（6.12）和式（6.13）是区域 n 的耦合约束，式（6.14）和式（6.15）是区域 n 的非耦合约束。

在考虑的 DC－OPF 问题中，耦合约束包括边界节点的功率平衡方程［例如，式（6.7）第一行中，节点 i 和节点 j 属于不同的区域］以及线路流量限制［例如，式（6.8）第二行中节点 i 和节点 j 属于不同的区域］，而其他约束则被认为是非耦合约束。

值得注意的是，一般情况下，不同的分解方法在处理变量耦合或约束耦合的方式上有所不同。此外，根据所考虑的问题，可以将具有约束耦合的问题转换为具有变量耦合的问题，反之亦然。

6.2.2.2　基于 ATC 解法的分布式 DC－OPF 算法

如图 6－2 所示，区域 m 和区域 n 中的节点 b 和 b' 通过联络线连接，这条联络线上的潮流影响着这两个区域的运行状态。节点 b 和 b' 的电压相角：θ_b 和 θ'_b（用 Φ'_{bb} 表示）为耦合变量。

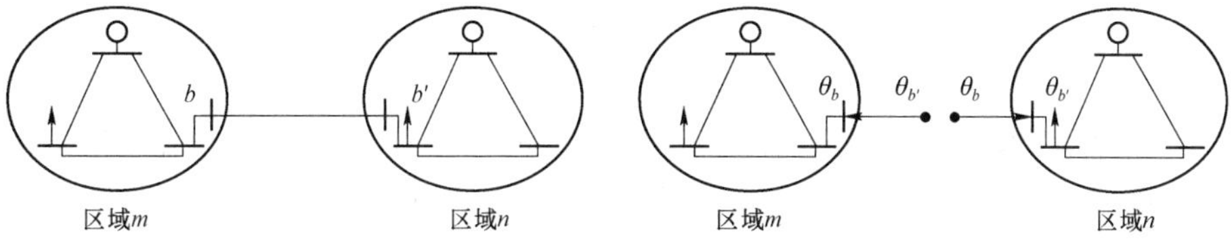

(a) 互联的两个区域示意图　　(b) 两个区域间的共享变量

图 6－2　区域互联大电网示意图

首先定义系统结构，使同层的子问题可以并行求解。这可以通过复制联络线两端的电压相角来实现，即 θ_b 和 θ'_b，现在是用 Φ'_{bb} 表示耦合变量。此外，还引入了一个中央协调器来协调耦合变量的值，如图 6－3（a）所示。这个结构是一个 ATC 结构，有两个层次，中央协调器形成上层，多个区域形成下层。协调器与区域之间的信息交换如图 6－3（b）所示。注意，由于任何两个区域之间没有直接联系，它们的优化问题可以并行解决。

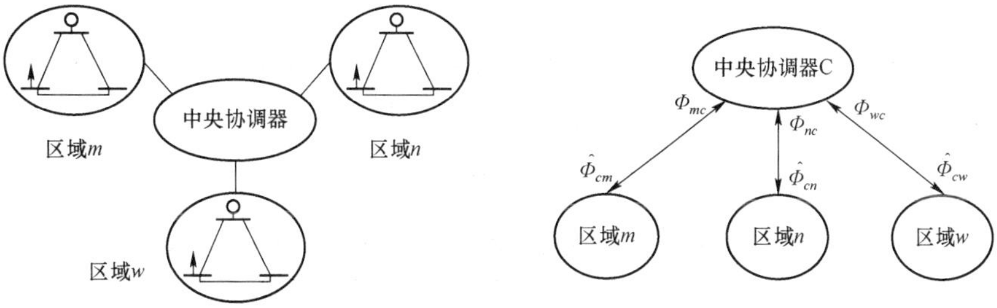

(a) 中央协调器与互不耦合的区域　　(b) 两层ATC 结构

图 6－3　互联大电网 ATC 结构

根据图 6－3（b），可以为区域 n 制定一组一致性约束，即 $\hat{\boldsymbol{\Phi}}_{bb'}-\boldsymbol{\Phi}_{bb',n}=0$。该一致性约束表明，中央协调器的目标变量 $\hat{\boldsymbol{\Phi}}_{bb'}$ 和区域 n 的相应响应变量 $\boldsymbol{\Phi}_{bb',n}$ 需要具有相同的值（注意，连接两个相邻区域的每个联络线都有一组耦合变量，前面通过具有下标 bb' 的 $\boldsymbol{\Phi}$ 来表示这一点，接下来将所有这些耦合变量合并到向量 $\boldsymbol{\Phi}$ 中）。然后利用增广拉格朗日松弛，即二阶惩罚函数，对一致性约束进行松弛。则第 $k+1$ 次迭代时，区域 n 的局部优化问题如下式所示：

$$\min_{\boldsymbol{x}_n^{k+1},\boldsymbol{\Phi}_n^{k+1}} \sum_{u\in\Omega_{G_n}} f(\boldsymbol{p}_u^{k+1})+(\boldsymbol{\lambda}^{k*}(\hat{\boldsymbol{\Phi}}_c^{*k}-\boldsymbol{\Phi}_n^{k+1})+\|\boldsymbol{\beta}^k\circ(\hat{\boldsymbol{\Phi}}_c^{*k}-\boldsymbol{\Phi}_n^{k+1})\|^2)$$

$$\begin{aligned} \text{s.t.}\quad & \boldsymbol{h}_n(\boldsymbol{x}_n^{k+1},\boldsymbol{\Phi}_n^{k+1})=0 \\ & \boldsymbol{g}_n(\boldsymbol{x}_n^{k+1},\boldsymbol{\Phi}_n^{k+1})\leqslant 0 \\ & \boldsymbol{x}_n^{k+1}=\{\boldsymbol{p}_n^{k+1},\theta_n^{k+1}\} \\ & \boldsymbol{\Phi}_n^{k+1}=\begin{Bmatrix}\theta_b^{k+1}\\ \theta_{b'}^{k+1}\end{Bmatrix}\hat{\boldsymbol{\Phi}}_c^{*k}=\begin{Bmatrix}\hat{\theta}_b^{*k}\\ \hat{\theta}_{b'}^{*k}\end{Bmatrix} \end{aligned} \tag{6.17}$$

式中：$\circ$ 表示 Hadamard 乘积，上标*表示转置；$\boldsymbol{x}_n$ 是区域 n 的局部变量集合；$\boldsymbol{\Phi}_n$ 是区域 n 和其他区域之间的耦合变量集合。$\hat{\boldsymbol{\Phi}}_c^*$ 表示由中央协调器确定的变量，在每个区域 n 的优化问题中被视作固定值。所有区域都解决自己的局部子问题，以确定耦合变量的值。

中央协调器作为上级，从其下级接收耦合变量的值。然后，求解下面的优化问题：

$$\min_{\hat{\boldsymbol{\Phi}}_c^{k+1}} \sum_n (\boldsymbol{\lambda}^{k*}(\hat{\boldsymbol{\Phi}}_c^{k+1}-\boldsymbol{\Phi}_n^{*k+1})+\|\beta^k\circ(\hat{\boldsymbol{\Phi}}_c^{k+1}-\boldsymbol{\Phi}_n^{*k+1})\|^2) \tag{6.18}$$

上式含义是最小化耦合变量的自身值与下层提供的值之间的差异。因此，中央协调器的目标函数实际是一个惩罚函数，其中它的变量是辅助变量 $\hat{\boldsymbol{\Phi}}$，$\boldsymbol{\Phi}^*$ 是下层预先决定的值。假定联络线 bb' 连接区域 m 和 n，由中央协调器确定的 $\hat{\theta}_b^{k+1}$（和 $\hat{\theta}_{b'}^{k+1}$）的值在区域 n 和 m 上都应一致。对此，可以使用式（6.18）中的一个变量来表示节点 b（另一个变量表示节点 b'），然后将这个变量与区域 n 和 m 交换。这保证了结果的可行性，因为节点 b 的电压相角必须与在子问题 n 和 m 中相同，并且表明中央协调器作为一个没有发电或负荷消耗的节点发挥作用。

基于 ATC 的分布式 OPF 并行求解的迭代算法步骤如表 6-1 所示。每个区域 n 形成自己的 DC-OPF 问题，见式（6.17）。优化目标是最小化区域 n 的发电成本和惩罚函数，区域 n 优化问题的约束条件是局部等式（6.7）和不等式（6.8）约束。

表 6-1　　基于 ATC 的分布式 DC-OPF 迭代求解步骤

序号	内容
1	初始化。给定下列初值：$\hat{\boldsymbol{\Phi}}^*,\lambda,\boldsymbol{\beta}$，设置 $k=0$
2	***while*** $\|\hat{\boldsymbol{\Phi}}^{*k}-\boldsymbol{\Phi}^{*k}\|\geqslant\epsilon$，$k=k+1$　　**do**
3	对所有区域并行求解式（6.17），得到 $\boldsymbol{x}_n$ 和 $\boldsymbol{\Phi}^{*k}$
4	发送 $\boldsymbol{\Phi}^{*k}$ 至中央协调器
5	中央协调器根据式（6.18）计算 $\hat{\boldsymbol{\Phi}}^{*k}$
6	将 $\hat{\boldsymbol{\Phi}}^{*k}$ 下发至各个区域
7	更新 $\boldsymbol{\lambda}^{k+1}=\boldsymbol{\lambda}^k+2(\boldsymbol{\beta}^k)^2(\hat{\boldsymbol{\Phi}}^{*k}-\boldsymbol{\Phi}^{*k})$
8	更新 $\boldsymbol{\beta}^{k+1}=\boldsymbol{\alpha}\cdot\boldsymbol{\beta}^k$
9	**end while**

在求解的第一步中，初始化所有边界节点的电压相角（即由中央协调器发送给各个区域的耦合变量$\hat{\boldsymbol{\Phi}}$）以及惩罚函数的惩罚乘子$\boldsymbol{\lambda}$和$\boldsymbol{\beta}$。然后，每个区域解决其局部 DC－OPF 问题。注意，这个解决方案步骤不是顺序的，所有的区域都可以并行地解决它们的局部优化问题。当所有局部 OPF 问题解决后，每个区域n将其与邻居的耦合变量的更新值（注意每个区域的优化问题中可能只会出现少数耦合变量）发送给中央协调器。当接收到来自所有区域的所有耦合变量时，中央协调器求解式（6.18）以协调耦合变量。然后，中央协调器检查是否满足收敛条件（即耦合变量之间的差异小于阈值）。如果满足，则中央协调器将耦合变量的更新值发送给区域，并且迭代完成；否则，根据表 6－1 的步骤 7 和步骤 8 更新惩罚乘子$\boldsymbol{\lambda}$和$\boldsymbol{\beta}$，并使用耦合变量和惩罚乘子的更新值再次解决局部 OPF 问题。这个过程不断迭代，直到达到收敛。注意，表 6－1 中的调优参数$\boldsymbol{\alpha}$需要不小于 1 才能实现算法的收敛。

6.2.2.3　基于 ADMM 解法的分布式 DC－OPF 算法

在互联大电网优化问题的分布式求解中，ADMM 算法的思想是为每个区域引入耦合变量的复制，以解耦耦合约束，同时使用一致性约束强制耦合变量及其复制之间的一致性。耦合变量的集合再次用$\boldsymbol{\Phi}$表示，此耦合变量的组成部分以分布式方式进行更新。

在 DC－OPF 问题中，节点功率平衡方程是一个耦合约束，因为它涉及物理连接相邻母线的电压相角。为了使功率平衡方程在联络线上解耦，每个区域都持有与位于相邻区域的相邻母线相关的电压相角的复制。引入耦合变量的复制可以为每个子问题提供自治的解决方法。因此，我们可以将每个子问题分配给一个区域。然而，中央协调器必须确保所有本区域复制在迭代过程中达成共识。对于位于区域n的节点b，引入B_{bn}表示物理连接到节点b的相邻区域的节点的集合。集合B_{bn}还包括节点b本身。在B_{bn}中，与节点相关的电压相角复制矢量用$\boldsymbol{\theta}_{bn}\in\boldsymbol{R}^{|B_{bn}|}$表示。同样的，我们认为$\boldsymbol{\Phi}$是全局变量（由边界节点的电压相角组成）。注意所有区域都可以访问全局变量的复制。一致性约束如下式所示：

$$\boldsymbol{\theta}_{bn}=\boldsymbol{M}_{bn}\boldsymbol{\Phi} \tag{6.19}$$

式中：$\boldsymbol{M}_{bn}\in\boldsymbol{R}^{|B_{bn}|\times B}$为系数矩阵。如果节点$b$在区域（子系统）$n$中，则$\boldsymbol{M}_{bn}$的元素等于 1，否则为 0。

将 ADMM 方法应用于具有附加一致性约束［式（6.19）］的 OPF 问题。ADMM 以迭代的方式最小化与每个区域相关联的分解增广拉格朗日函数。包含一致性约束［式（6.19）］的 OPF 模型的增广拉格朗日函数如下式所示：

$$\begin{gathered}L_{\rho}(\boldsymbol{\rho},\boldsymbol{\theta},\boldsymbol{\Phi},\boldsymbol{\lambda})=\sum_{n}\sum_{u\in\Omega_{G_n}}f(\boldsymbol{p}_u)+\\ \sum_{n}\sum_{b\in B_{bn}}\left(\boldsymbol{\lambda}_{bn}^{*}(\theta_{bn}-\boldsymbol{M}_{bn}\boldsymbol{\Phi})+\frac{\boldsymbol{\rho}}{2}\left\|\boldsymbol{\theta}_{bn}-\boldsymbol{M}_{bn}\boldsymbol{\Phi}\right\|_2^2\right)\end{gathered} \tag{6.20}$$

式中：$\boldsymbol{\lambda}_n$是与式（6.19）关联的对偶变量；$\boldsymbol{\rho}$是惩罚因子。

式（6.20）的第一项中，内求和为对每个区域内的每个发电节点的成本求和，外求和为对所有区域求和。假定$\boldsymbol{\lambda}_{bn}^{k}$和$\boldsymbol{\Phi}^{k}$分别表示第$k$次迭代时对偶变量和全局变量的值。$\boldsymbol{\theta}_{bn}^{k+1}$在每个区域$n$内可以通过求解以下约束问题得到：

$$\min_{p_n^{k+1},\theta_n^{k+1}}\sum_{u\in\Omega_{Gn}}f(p_u^{k+1})+\sum_{b\in B_{bn}}\left[\boldsymbol{\lambda}_{bn}^k(\boldsymbol{\theta}_{bn}^{k+1}-\boldsymbol{M}_{bn}\boldsymbol{\Phi}^{*k})+\frac{\rho}{2}\left\|\boldsymbol{\theta}_{bn}^{k+1}-\boldsymbol{M}_{bn}\boldsymbol{\Phi}^{*k}\right\|_2^2\right] \tag{6.21}$$

上式的约束条件包括局部潮流约束和区域 n 内发电功率及线路容量的限制。得到了对偶变量 $\boldsymbol{\lambda}_{bn}^k$ 和 $\boldsymbol{\theta}_{bn}^{k+1}$ 后，从以下无约束公式可以求得全局变量 $\boldsymbol{\Phi}$ 的第 $k+1$ 次更新：

$$\min_{\boldsymbol{\Phi}^{k+1}}\sum_n\sum_{b\in B_{bn}}\boldsymbol{\lambda}_{bn}^k(\boldsymbol{\theta}_{bn}^{*k+1}-\boldsymbol{M}_{bn}\boldsymbol{\Phi}^{k+1})+\frac{\rho}{2}\sum_n\sum_{b\in B_{bn}}\left\|\boldsymbol{\theta}_{bn}^{*k+1}-\boldsymbol{M}_{bn}\boldsymbol{\Phi}^{k+1}\right\|_2^2 \tag{6.22}$$

可以得到式（6.22）的解析解，由此，$\boldsymbol{\Phi}^{k+1}$ 可以表示为

$$\boldsymbol{\Phi}^{k+1}=\left(\sum_n\sum_{b\in B_{bn}}\boldsymbol{M}_{bn}^T(\boldsymbol{M}_{bn})^{-1}\times\sum_n\sum_{b\in B_{bn}}\boldsymbol{M}_{bn}^T\left(\boldsymbol{\theta}_{bn}^{*k+1}+\frac{1}{\rho}\lambda_{bn}^k\right)\right) \tag{6.23}$$

表 6－2 给出了 ADMM 算法分布式求解互联大电网 DC－OPF 问题的步骤。每个区域 n 将其本区域的 DC－OPF 问题表示为式（6.21）。优化目标是最小化区域 n 的发电成本和对偶变量建模对应的增广拉格朗日函数之和（每个共享变量需要一个惩罚项）。区域 n 优化问题的约束条件是局部等式［如式（6.7）］和不等式［如式（6.8）］约束。

表 6－2　　基于 ADMM 的分布式 DC－OPF 迭代求解步骤

序号	内容
1	初始化。给定初值：对偶变量 $\lambda_b^{n(0)}$和全局变量电压相角向量 $\boldsymbol{\Phi}^{(0)}$，设置 $k=0$
2	**while** 判断是否收敛，若未收敛，则 $k=k+1$　**do**
3	对所有区域并行求解式（6.21），得到 $\boldsymbol{p}^k$ 和 $\boldsymbol{\theta}^k$
4	求解式（6.22）［或计算式（6.23）］更新 $\boldsymbol{\Phi}^k$
5	更新 λ：$\boldsymbol{\lambda}_{bn}^k=\boldsymbol{\lambda}_{bn}^{k-1}+\rho(\boldsymbol{\theta}_{bn}^k-\boldsymbol{M}_{bn}\boldsymbol{\Phi}^k),\forall b\in B_{bn}$
6	**end while**

在求解的第一步中，初始化边界节点的所有电压相角（即全局相位角 $\boldsymbol{\Phi}$）和对应增广拉格朗日函数的惩罚乘子 $\boldsymbol{\lambda}$。然后，区域并行解决局部 DC－OPF 问题。当解决所有局部 OPF 问题后，每个区域 n 将与其邻居共享的变量的更新值发送给中央协调器。在接收到来自所有区域的所有对偶变量后，中央协调器通过求解式（6.22）［或计算式（6.23）］来协调对偶变量。然后，检查每一对对偶变量之间的差异（注意对偶变量由两个区域计算，因此，每个对偶变量有一对变量）是否小于预定阈值。如果小于，协调器将对偶变量的更新值发送到区域，结束循环；否则，根据表 6－2 中的步骤 5 更新惩罚乘子 $\boldsymbol{\lambda}$，并使用对偶变量和惩罚乘子的更新值再次解决局部 OPF 问题。这个过程不断迭代，直到达到收敛。

6.3 非线性凸逼近模型的分布式优化

6.3.1 节讲述最优潮流问题凸松弛技术的发展历程，着重介绍最常见的两种凸松弛：一般网络模型的半定规划（semidefinite programming，SDP）松弛[1, 2]和辐射状网络 DistFlow 模型的二阶锥规划（second-order cone programming，SOCP）松弛[3–5]。6.3.2 节介绍对偶分解在 SDP 中的应用。6.3.3 节介绍 ADMM 在 SOCP 中的应用。

6.3.1 最优潮流凸松弛技术

凸松弛技术是将非凸问题中的二次约束进行松弛，从而使非凸问题松弛为凸问题。凸松弛技术首先被应用于节点注入模型（bus injection model，BIM）。2006 年，Rabih A.Jabr 首次提出 SOCP 松弛，应用于辐射状网络；2008 年，Xiaoqing Bai 提出 SDP 松弛，应用于一般网络；后续还提出了应用于支路潮流模型（Branch flow model，BFM）的 SOCP，以及“精确松弛”的概念，给出了精确松弛的充分条件。这是凸松弛技术发展的主要历程。

通过松弛解决 OPF 问题的优点是能够证明解是全局最优的：如果松弛的最优解满足容易检验的条件（例如，如果 SDP 松弛的最优矩阵秩为 1），则其解即为原始非凸 OPF 问题的全局最优解，在这种情况下，松弛是精确的。SOCP 松弛比 SDP 松弛计算更简单，但对于一般网络来说，SDP 松弛更紧。而对于辐射状网络的单相模型，它们具有相同的紧致性，即给定任何 OPF 实例，其 SOCP 松弛是精确的当且仅当其 SDP 松弛是精确的[6–7]。

然而，OPF 的 SDP 松弛通常是不精确的，因为 OPF 被证明是 NP-Hard 问题[2, 8, 9]。当它不精确时，松弛的解不满足基尔霍夫定律，但它给出了非凸 OPF 问题目标值的下界。对于辐射状网络，已经导出了一组充分的条件，在此条件下，OPF 的 SOCP、SDP 松弛总是精确的。但这些充分条件在实际网络中可能无法满足。

本节采用的 OPF 模型为式（6.1）。

6.3.1.1 半定规划松弛

SDP[10]的核心是选择一个半正定矩阵来优化受线性约束的线性函数。换言之，通过用对称矩阵代替变量向量，用半正定约束代替非负约束，推广了线性规划问题。这一推广继承了向量的几个重要性质：它是凸的，具有丰富的对偶性质（尽管不如线性规划的对偶理论强大），并且在理论上允许基于内点迭代的求解过程。SDP 问题可以是不同形式的，下面介绍一般网络模型下的 SDP 松弛。

一般网络模型的潮流方程：

$$
\begin{aligned}
P_i + \mathrm{j}Q_i &= V_i \sum_{k=1}^{n} \overline{Y}_{ik} \overline{V}_k \\
v_i &= V_i \overline{V}_i = \left|V_i\right|^2
\end{aligned}
\tag{6.24}
$$

将该模型代入 OPF 模型式（6.1）中，称为 OPF 模型－1。OPF 模型－1 的非凸性来源于上式中的电压复变量乘积。通过引入矩阵 $\boldsymbol{W}=\boldsymbol{V}\boldsymbol{V}^{\mathrm{H}}\in\mathbb{C}^{n\times n}$，其中$(\cdot)^{\mathrm{H}}$是复共轭转置算子，$\boldsymbol{W}$

是一个秩为 1 的半正定矩阵变量，将 OPF 模型线性化，但仍为非凸。设 $\boldsymbol{e}_i \in \mathbb{C}^n$ 表示第 i 个标准基向量。定义矩阵：

$$\begin{aligned} \boldsymbol{H}_i &= \frac{\boldsymbol{Y}^{\mathrm{H}}\mathbf{e}_i\mathbf{e}_i^{\mathrm{T}} + \mathbf{e}_i\mathbf{e}_i^{\mathrm{T}}\boldsymbol{Y}}{2} \\ \widetilde{\boldsymbol{H}}_i &= \frac{\boldsymbol{Y}^{\mathrm{H}}\mathbf{e}_i\mathbf{e}_i^{\mathrm{T}} - \mathbf{e}_i\mathbf{e}_i^{\mathrm{T}}\boldsymbol{Y}}{2\mathrm{j}} \end{aligned} \tag{6.25}$$

式中，$(\bullet)^{\mathrm{T}}$ 是转置算子。

SDP 松弛是将非凸秩约束放宽到半正定矩阵约束：

$$\begin{gathered} P_i + \mathrm{j}Q_i = \mathrm{tr}\,(\boldsymbol{H}_i\,\boldsymbol{W}) + \mathrm{j}\,\mathrm{tr}\,(\boldsymbol{H}_i\boldsymbol{W}) \\ \left|V_i\right|^2 = \mathrm{tr}(\mathbf{e}_i\mathbf{e}_i^T\boldsymbol{W}) \\ \boldsymbol{W} \geqslant 0 \end{gathered} \tag{6.26}$$

式中，tr (•)是矩阵跟踪算子，表示半正定性。如果 $\boldsymbol{W}$ 的秩为 1，则 SDP 松弛是精确的，优化问题可以得到全局最优解。具体地，令 $\boldsymbol{\eta}$ 表示 $\boldsymbol{W}$ 的单位长度特征向量，设置母线 1 为电压相角参考点，并具有相关的非零特征值 λ。全局最优条件下的电压向量为 $\boldsymbol{V}^* = \sqrt{\lambda}\,\boldsymbol{\eta}$。如果 $\boldsymbol{W}$ 的秩大于 1，则 SDP 松弛并不能够直接提供全局最优决策变量，而是在非凸问题的最优目标值上产生一个界。

6.3.1.2　二阶锥规划松弛

平衡的辐射状网络可用 DistFlow 模型表示。DistFlow 模型隐式地假定具有任意方向的有向图。用（i, j）和 $i \to j$ 来表示从母线 i 到母线 j 的有向线路。定义从母线 i 到母线 k 线路上的有功和无功功率分别为 P_{ik} 和 Q_{ik}。P_i 和 Q_i 表示节点注入，P_{ik} 和 Q_{ik} 表示支路潮流。通过 ℓ_{ik} 表示从母线 i 到母线 k 的电流的平方值。DistFlow 模型具体可表示为

$$\begin{aligned} P_{ik} &= r_{ik}\ell_{ik} - P_k + \sum_{m:k\to m} P_{km} \\ Q_{ik} &= x_{ik}\ell_{ik} - Q_k + \sum_{m:k\to m} Q_{km} \\ v_k &= v_i - 2(r_{ik}P_{ik} + x_{ik}Q_{ik}) + (r_{ik}^2 + x_{ik}^2)\ell_{ik} \\ \ell_{ik}v_i &= P_{ik}^2 + Q_{ik}^2 \end{aligned} \tag{6.27}$$

式中：每条线路（i, k）$\in \mathcal{L}$ 的串联阻抗为 $r_{ik} + \mathrm{j}x_{ik}$。

DistFlow 模型表示精确建模辐射状网络的潮流。但由于缺乏保证电压相角一致性的约束，该模型是一般网络拓扑的松弛。如文献［3］、［4］中所解释，如果在该模型中加入一组称为循环条件的非线性方程（辐射状网络的循环条件是空的），则得到的模型等价于一般网络的模型式（6.24），因为它们的解集之间存在双射关系。因此，在这些模型中，任何潮流分析或优化问题都可以等价地提出。

将该模型式（6.27）代入 OPF 模型式（6.1）中，称为 OPF 模型 − 2。除了式（6.27）中第四式外，DistFlow 模型中变量$(P_i, Q_i, v_i, \ell_{ij}, P_{ij}, Q_{ij})$都为线性。将第四式等式约束替换为如下不等式，得到 OPF 模型 − 2 的 SOCP 松弛：

$$\ell_{ik}v_i \geqslant P_{ik}^2 + Q_{ik}^2, \forall (i,k) \in \mathcal{L} \tag{6.28}$$

该 SOCP 松弛适用于辐射状网络的单相平衡模型。

配电系统大多是辐射状和不平衡的。一般潮流模型式（6.24）可以推广到不平衡网络（辐射状或网格拓扑）。通过考虑其单相等效电路，将 SDP 松弛在文献［11］、［12］中扩展得到广义模型。对于辐射状网络，文献［12］将 DistFlow 模型式（6.27）扩展得到不平衡网络模型，并可将 SOCP 松弛扩展得到 SDP 松弛。

6.3.2　SDP 的对偶分解

基于 SDP 和 SOCP 的凸松弛算法在解决各种电力系统优化问题中表现出了良好的应用前景。下面介绍一种求解 SDP 松弛模型的分布式方法：对偶分解在 SDP 松弛中的应用。首先介绍本小节中用到的预备知识，然后介绍求解 SDP 的原始算法和对偶算法。

6.3.2.1　预备知识

1. 相关定义

假设电网中有 n 条母线，对于母线 i 和 k，$i\sim k$ 意味着它们通过电力线连接。z_{ik} 和 y_{ik} 分别是 i 和 k 之间的复阻抗和导纳，有 $y_{ik}=1/z_{ik}$。$\boldsymbol{Y}$ 为导纳矩阵，其中

$$Y_{ik} = \begin{cases} \sum\limits_{l\sim i} y_{ik}, i=k \\ -y_{ik}, i\sim k \\ 0, i \nsim k \end{cases} \tag{6.29}$$

$\boldsymbol{v}=(V_1,V_2,\cdots,V_n)^{\mathrm{T}}\in\mathbb{C}^n$ 和 $\boldsymbol{i}=(I_1,I_2,\cdots,I_n)^{\mathrm{T}}\in\mathbb{C}^n$ 分别是电压、电流向量，且 $\boldsymbol{i}=\boldsymbol{Y}\boldsymbol{v}$。母线注入功率为 $S_i=P_i+\mathrm{j}Q_i=V_iI_i^{\mathrm{H}}$，$(\bullet)^{\mathrm{H}}$ 为共轭转置算子。有功功率向量 $\boldsymbol{p}=(P_1,P_2,\cdots,P_n)^{\mathrm{T}}=\mathrm{Re}\{\mathrm{diag}(\boldsymbol{v}\boldsymbol{v}^{\mathrm{H}}\boldsymbol{Y}^{\mathrm{H}})\}$，其中 $\mathrm{diag}(\boldsymbol{v}\boldsymbol{v}^{\mathrm{H}}\boldsymbol{Y}^{\mathrm{H}})$形成一个对角矩阵，其对角矩阵是 $\boldsymbol{v}\boldsymbol{v}^{\mathrm{H}}\boldsymbol{Y}^{\mathrm{H}}$。定义母线 i 成本函数 $\mathrm{cost}_i(P_i)=c_{i2}P_i^2+c_{i1}P_i+c_{i0}$，其中 $\forall i, c_{i0}, c_{i1}, c_{i2}\in\mathbb{R}$ 且 $c_{i2}\geqslant 0$，OPF 可写为

$$\begin{aligned} &\min \quad \sum_{i=1}^{n} c_{i2}P_i^2 + c_{i1}P_i + c_{i0} \\ &\text{s.t.} \begin{cases} \underline{V_i} \leqslant |V_i| \leqslant \overline{V}_i, \forall i \\ \underline{P_i} \leqslant P_i \leqslant \overline{P}_i, \forall i \\ P_{ik} \leqslant \overline{P}_{ik}, \forall i,k \\ \boldsymbol{p} = \mathrm{Re}\{\mathrm{diag}(\boldsymbol{v}\boldsymbol{v}^{\mathrm{H}}\boldsymbol{Y}^{\mathrm{H}})\} \end{cases} \end{aligned} \tag{6.30}$$

四个约束式分别为节点电压幅值、节点有功功率、支路潮流及网络的物理特性约束，约束的一、四式导致问题非凸。为了说明算法，首先考虑简化版本的 OPF，$c_{i2}=c_{i0}=0$（$\forall i$）并忽略约束的二、三式的情况。$c_{i0}=0$ 不会影响原始问题的最优解，后续将解释如何处理非零的 c_{i2}。通过引入一个复矩阵 $\boldsymbol{W}=\boldsymbol{v}\boldsymbol{v}^{\mathrm{H}}$，简化 OPF 写为

$$\begin{aligned}&\min \quad \sum_{i=1}^{n} c_{i1} P_i\\&\text{s.t.}\quad \begin{cases}\underline{V_i}^2 \leqslant W_{ii} \leqslant \overline{V_i}^2, \forall i\\ \operatorname{rank}(\boldsymbol{W})=1\\ \boldsymbol{p}=\operatorname{Re}\{\operatorname{diag}(\boldsymbol{v}\boldsymbol{v}^{\mathrm{H}}\boldsymbol{Y}^{\mathrm{H}})\}\end{cases}\end{aligned} \tag{6.31}$$

令 $\boldsymbol{C}=\operatorname{diag}(c_{11},c_{21},\cdots,c_{n1})$ 且 $\boldsymbol{M}=(M_{ik},1\leqslant i,k\leqslant n)=\frac{1}{2}(\boldsymbol{Y}^{\mathrm{H}}\boldsymbol{C}+\boldsymbol{C}\boldsymbol{Y})$。放宽秩约束，SDP 松弛模型写为

$$\begin{aligned}&\min \quad \operatorname{Tr}(\boldsymbol{M}\boldsymbol{W})\\&\text{s.t.}\quad \begin{cases}\underline{V_i}^2 \leqslant W_{ii} \leqslant \overline{V_i}^2, \forall i\\ \boldsymbol{W}\succeq 0\end{cases}\end{aligned} \tag{6.32}$$

式中，Tr (•) 表示矩阵的迹。

2. 零对偶间隙

网络具有树结构，是无网损的环路或是树和无网损环路的组合时，简化的 OPF 与 SDP 具有等效的最优解[13]，对于这些在配电网中常见的网络结构，从式（6.32）计算出的最优解与从式（6.30）计算出的最优解完全相同。因此，对于配电网，只需要关注式（6.32）。

式（6.32）的对偶性由下式给出

$$\begin{aligned}&\min \quad \sum_{i=1}^{n}\left(-\overline{\lambda}_i\overline{V}_i^2+\underline{\lambda_i}\underline{V_i}^2\right)\\&\text{s.t.}\quad \begin{cases}\overline{\lambda}_i\geqslant 0,\underline{\lambda_i}\geqslant 0, \forall i\\ \operatorname{diag}(\overline{\lambda}_1-\underline{\lambda_1},\cdots,\overline{\lambda}_n-\underline{\lambda_n})+M\succeq 0\end{cases}\end{aligned} \tag{6.33}$$

式中，$\overline{\lambda}_i$ 和 $\underline{\lambda_i}$ 分别是与约束 $W_{ii}\leqslant\overline{V}_i^2$ 和 $\underline{V_i}^2\succeq W_{ii}$ 相关联的拉格朗日乘子。由 KKT 条件，文献［13］表明式（6.32）的解总是秩为 1。

3. 图结构

本节将使用以下图结构来分解 SDP 问题。

考虑一个图 $G=(V,E)$，其中 $V=\{i\,|\,1\leqslant i\leqslant n\}$ 是顶点，$E=\{(i,k)\in V\times V\}$ 是边。如果 $(i,k)\in E$，则顶点 i 和 k 相邻。若 $G'=(V',E'),V'\subseteq V,E'=\{(u,v)|\ u,v\in V',(u,v)\in E\}$，则称 G' 为诱导子图。若 C 是 V 的一个子集且其诱导子图是全连接的，C 是一个团，即 $(i,k)\in E(\forall i,k\in C)$。若一个团不能通过增加任意一个顶点扩展为一个更大的团，那么它是极大团。换句话说，不存在一个团的子集是极大团。弦是在一个连接环中两个不相邻顶点的边，若一个具有四个或四个以上顶点环的图含有一个弦，则称图为弦图。

若 G 是非弦的，可以生成相应的弦图 $\overline{G}=(V,\tilde{E})$，其中 $\tilde{E}=E\cup E_f$，$E_f=\{(i,j)\in V\times V-E\}$ 是 G 的弦，称为填充边。$\tilde{G}$ 并不是唯一的，从 $\tilde{G}$ 可以计算所有可能的极大团 $\mathcal{C}=\{C_1,\cdots,C_{|\mathcal{C}|}\}$，其中 $C_i=\{i\in V\}$ 的诱导子图是完整且最大的。如果 G 是树，由边连接的每一对顶点构成一个极大团。具有 n 个顶点的树，可以被分解为 $n-1$ 个极大团。

对于式（6.32）中的目标函数，可以通过 $V=\{i\,|\,1\leqslant i\leqslant n\}$ 和 $E=\{(i,k)|\ M_{i,k}\neq 0\}$ 来诱导

相应的 G。因为 Y，G 与电网结构有非常密切的关系，如果所有的 $c_{i1}(\forall i)$ 都是非零的，则 G 直接表示网络。

使用以下流程从 $\boldsymbol{M}$ 中生成 C：

1）从 $\boldsymbol{M}$ 构造一个图 $G=(V,E)$。

2）从 G 中，计算最大基数搜索[14]来构造顶点的消去次序 σ[15]。

3）通过 σ 执行填充计算[16]，获得弦图 $\tilde{G}$。

4）由 $\tilde{G}$，通过 Bron-Kerbosch 算法[17]得到极大团的集合 C。

6.3.2.2　原始算法

目标函数式（6.32）可表示为

$$\mathrm{Tr}\,(\boldsymbol{MW})=\sum_{i,k=1}^{n} M_{ik}^{\mathrm{H}} W_{ik} \tag{6.34}$$

式中，每一项 $M_{ik}^{\mathrm{H}} W_{ik}$ 可归为以下三类其中之一：

（1）忽略项：每项都有 $M_{ik}=0$。令 $\mathcal{I}=\{(i,k)\,|\,M_{ik}=0\}$。

（2）特殊项：对于 $M_{ik}\neq 0$，i 和 k 都属于某个极大团。$\forall r\neq l$ 如果 $i,k\in C_l$，则 $i,k\notin C_r$。令 $\mathcal{U}=\{(i,k)\,|\,i,k\in C_l,\forall l,i,k\notin C_r,\forall r\neq l\}$。

（3）耦合项：对于 $M_{ik}\neq 0$，i 和 k 都属于一个以上的极大团。

则式（6.34）变为

$$\mathrm{Tr}\,(\boldsymbol{MW})=\sum_{i,k|(i,k)\in\mathcal{I}} M_{ik}^{\mathrm{H}} W_{ik}+\sum_{i,k|(i,k)\in\mathcal{U}-\mathcal{I}} M_{ik}^{\mathrm{H}} W_{ik}+\sum_{i,k|(i,k)\notin\mathcal{I}\cup\mathcal{U}} M_{ik}^{\mathrm{H}} W_{ik} \tag{6.35}$$

其中所有忽略项都可以忽略。由于每个特殊项对每个极大团都是唯一的，所以式（6.35）变为

$$\mathrm{Tr}\,(\boldsymbol{MW})=\sum_{i,k\in C_l,\forall C_l\in\mathcal{C}} M_{ik}^{\mathrm{H}} W_{ik}+\sum_{i,k|(i,k)\notin\mathcal{I}\cup\mathcal{U}} M_{ik}^{\mathrm{H}} W_{ik} \tag{6.36}$$

式（6.32）约束中的第一式给出每个 $W_{ii},1\leqslant i\leqslant n$ 的边界，等价于

$$\underline{V_i}^2\leqslant W_{ii}\leqslant \bar{V}_i^2,\forall i\in C_l,\forall C_l\in\mathcal{C} \tag{6.37}$$

如果矩阵所对应的所有子矩阵都是半正定的，则矩阵是半正定的。令 $\boldsymbol{W}_{C_lC_l}$ 是 $\boldsymbol{W}$ 的子矩阵，根据 C_l 索引行列。式（6.32）中的半正定矩阵条件等价于：

$$\boldsymbol{W}_{C_lC_l}\succeq 0,\forall C_l\in\mathcal{C} \tag{6.38}$$

因此，式（6.32）写为

$$\begin{gathered}\min \sum_{\substack{i,k\in C_l,\forall C_l\in\mathcal{C}\\|(i,k)\in\mathcal{U}-\mathcal{I}}} M_{ik}^{\mathrm{H}} W_{ik}+\sum_{i,k|(i,k)\notin\mathcal{I}\cup\;\mathcal{U}} M_{ik}^{\mathrm{H}} W_{ik}\\ \text{s.t.}\ \begin{cases}\underline{V_i}^2\leqslant W_{ii}\leqslant \bar{V}_i^2,\forall i\in C_l,\forall C_l\in\mathcal{C}\\ \boldsymbol{W}_{C_lC_l}\succeq 0,\forall C_l\in\mathcal{C}\end{cases}\end{gathered} \tag{6.39}$$

若修正所有的耦合项 W_{ik}，即目标函数中第二项总和，则式（6.39）可以分解为 $|\mathcal{C}|$ 个子问题，每个子问题都对应于一个极大团。对于 $\mathcal{C}_l$，有子问题 l，如下

$$\min \sum_{i,k\in C_l|(i,k)\in\mathcal{U}-\mathcal{I}} M_{ik}^{\mathrm{H}} W_{ik}$$

$$\text{s.t.} \quad \begin{cases} \underline{V}_i^2 \leqslant W_{ii} \leqslant \overline{V}_i^2, \forall i \in C_l, i \notin C_r, \forall r \neq l \\ \boldsymbol{W}_{C_lC_l} \succeq 0 \end{cases} \tag{6.40}$$

式中，只有半定约束$\boldsymbol{W}_{C_lC_l} \geqslant 0$涉及$\mathcal{C}_l$不唯一的变量，即$W_{ik},(i,k)\in\mathcal{U}$。通过对子问题$l$中的每个耦合项$W_{ik}$引入松弛变量$X_{ik,l}=W_{ik}$，定义$\boldsymbol{W}_{C_lC_l}=(\tilde{W}_{ik},i,k\in C_l)$和$\boldsymbol{M}_{C_lC_l}=(\tilde{M}_{ik},i,k\in C_l)$，其中

$$\tilde{W}_{ik} = \begin{cases} W_{ik}, (i,k)\in\mathcal{U} \\ X_{ik,l}, \text{其他} \end{cases} \tag{6.41}$$

$$\tilde{M}_{ik} = \begin{cases} M_{ik}, (i,k)\in\mathcal{U} \\ 0, \text{其他} \end{cases} \tag{6.42}$$

式（6.40）变为

$$\begin{aligned} &\min \quad \mathrm{Tr}\,(\widetilde{\boldsymbol{M}}_{C_lC_l}\widetilde{\boldsymbol{W}}_{C_lC_l}) \\ &\text{s.t.} \quad \begin{cases} \underline{V}_i^2 \leqslant W_{ii} \leqslant \overline{V}_i^2, \forall i \in C_l, i \notin C_r, \forall r \neq l \\ \widetilde{\boldsymbol{W}}_{C_lC_l} \succeq 0 \\ X_{ik,l} = W_{ik}, \forall i,k | (i,k)\notin\mathcal{U} \end{cases} \end{aligned} \tag{6.43}$$

其中，最后一式中的W_{ik}是为子问题引入的。引入W_{ik}后，所有子问题都是独立的，可以并行求解。令式（6.43）的定义域为$\boldsymbol{\Phi}_l$。给定W_{ik}，其中$(i,k)\in\mathcal{U}$，令$\phi_l(W_{ik}|(i,k)\notin\mathcal{U})=\inf_{\widetilde{\boldsymbol{W}}_{C_lC_l}\in\boldsymbol{\Phi}_k}\{\mathrm{Tr}\,(\widetilde{\boldsymbol{M}}_{C_lC_l}\widetilde{\boldsymbol{W}}_{C_lC_l})\}$。式（6.39）变为

$$\begin{aligned} &\min \sum_{\forall C_l\in\mathcal{C}} \phi_l(W_{ik}|(i,k)\notin\mathcal{U}) + \sum_{i,k|(i,k)\notin\mathcal{U}} M_{ik}^{\mathrm{H}} W_{ik} \\ &\text{s.t.} \quad \underline{V}_i^2 \leqslant W_{ii} \leqslant \overline{V}_i^2, \forall i|(i,i)\notin\mathcal{U} \end{aligned} \tag{6.44}$$

式（6.44）将极大团的耦合项W_{ik}最小化。得到耦合项W_{ik}后，可将式（6.43）中每个子问题的W_{ik}最小化。

在式（6.44）中，耦合项W_{ik}可以根据节点和边进一步分类：

（1）节点。设λ_{ii}是式（6.43）最后一式在$i=k$情况下的拉格朗日乘子。W_{ii}对子问题l的次梯度是$-\lambda_{ii,l}$。因此，所有次梯度的和为$\sum_{j|i\in C_l}(-\lambda_{ii,l}+M_{ii}^{\mathrm{H}})$。第$t$次迭代时，根据下式更新$W_{ii}$

$$W_{ii}^{(t+1)} = Proj\left(W_{ii}^{(t)} - \alpha^{(t)}\left(\sum_{l|\ i\in C_l}(-\lambda_{ii,k}) + M_{ii}^{\mathrm{H}}\right)\right) \tag{6.45}$$

其中

$$Proj(x) = \begin{cases} \underline{V}_i^2, x < \underline{V}_i^2 \\ \overline{V}_i^2, x > \overline{V}_i^2 \\ x, \text{其他} \end{cases} \tag{6.46}$$

式中：$\alpha^{(t)}$是第t次迭代的步长；$W_{ii}^{(t)}$表示第t次迭代时的W_{ii}。

（2）E中的边。考虑式（6.43）的最后一式在$i\neq k$情况下。因为W_{ik}和$X_{ik,l}$是复数，分别处理它们的实部和虚部，即$\mathrm{Re}\{X_{ik,l}\}=\mathrm{Re}\{W_{ik}\}$和$\mathrm{Im}\{X_{ik,l}\}=\mathrm{Im}\{W_{ik}\}$。令$\lambda_{ik,l}^{\mathrm{Re}}$和$\lambda_{ik,l}^{\mathrm{Im}}$为其子问

题 l 对应的拉格朗日乘子。在式（6.39）中，$\forall i \neq k$，ik 和 ki 总是成对的。有

$$M_{ik}^{\mathrm{H}}W_{ik} + M_{ki}^{\mathrm{H}}W_{ki} = 2\,\mathrm{Re}\{M_{ik}^{\mathrm{H}}\}\mathrm{Re}\{W_{ik}\} - 2\,\mathrm{Im}\{M_{ik}\}\mathrm{Im}\{W_{ik}\} \tag{6.47}$$

式中，W_{ik} 实部的次梯度是 $\sum_{l|i,k\in C_l}(-\lambda_{ik,l}^{\mathrm{Re}}) + 2\mathrm{Re}\{M_{ik}^{\mathrm{H}}\}$。在第 t 次迭代时，根据下式更新实部 $\mathrm{Re}\{W_{ik}^{(t)}\}$

$$\mathrm{Re}\{W_{ik}^{(t+1)}\} = \mathrm{Re}\{W_{ik}^{(t)}\} - \alpha^{(t)}\left(\sum_{l|\ i,k\in C_l}(-\lambda_{ik,l}^{\mathrm{Re}}) + 2\,\mathrm{Re}\{M_{ik}^{\mathrm{H}}\}\right) \tag{6.48}$$

根据下式更新虚部 $\mathrm{Im}\{W_{ik}^{(t)}\}$

$$\mathrm{Im}\{W_{ik}^{(t+1)}\} = \mathrm{Im}\{W_{ik}^{(t)}\} - \alpha^{(t)}\left(\sum_{l|\ i,k\in C_l}(-\lambda_{ik,l}^{\mathrm{Im}}) + 2\,\mathrm{Im}\{M_{ik}^{\mathrm{H}}\}\right) \tag{6.49}$$

（3）E_f 中的边。填充边是添加到 G 的“人工”边，形成 $\tilde{G}$。对于 $(i,k)\in E_f$，有 $M_{ik}=0, i\neq k$。同样，在第 t 次迭代时，更新它的实部和虚部：

$$\mathrm{Re}\{W_{ik}^{(t+1)}\} = \mathrm{Re}\{W_{ik}^{(t)}\} - \alpha^{(t)}\left(\sum_{l|\ i,k\in C_l}(-\lambda_{ik,l}^{\mathrm{Re}})\right) \tag{6.50}$$

$$\mathrm{Im}\{W_{ik}^{(t+1)}\} = \mathrm{Im}\{W_{ik}^{(t)}\} - \alpha^{(t)}\left(\sum_{l|\ i,k\in C_l}(-\lambda_{ik,l}^{\mathrm{Im}})\right) \tag{6.51}$$

式（6.45）～式（6.51）中，所有耦合项 W_{ik} 都可以独立更新。每个 W_{ik} 的更新只涉及 $\{C_l \mid C_l\in C, i,k\in C_l\}$。换句话说，式（6.44）可以根据每个 W_{ik} 耦合的极大团分别进一步计算。

原始算法的伪代码如表 6－3。

表 6－3　　算法 1：原始算法

算法 1（给定 $Q,\bar{V},\underline{V},\mathcal{C}$）	
步骤	内容
1	为每个极大团构造式（6.43）
2	while 不符合停止迭代条件 do
3	通过 DFS(0)初始化 $S^{(x)}$
4	for 每个子问题 l（并行） do
5	给定 $W_{ik}((i,k)\notin\mathcal{U})$，求解式（6.43）
6	return $\lambda_{ik,l}(\forall i,k\|(i,k)\notin\mathcal{U})$
7	end for
8	给定 $\lambda_{ik,l}(\forall l\|\ i,k\in C_l)$，根据式（6.45）～式（6.51）更新耦合项 W_{ik}（并行）
9	end while

6.3.2.3　对偶算法

令 $\Omega_{ik}=\{C_l|\ i,k\in C_l,\forall l\}$。式（6.34）可被重写为

$$\begin{aligned}\mathrm{Tr}\,(\boldsymbol{MW}) &= \sum_{i,k|(i,k)\in\mathcal{U}} M_{ik}^{\mathrm{H}}W_{ik} + \sum_{i,k|(i,k)\notin\mathcal{U}} |\Omega_{ik}|\frac{M_{ik}^{\mathrm{H}}W_{ik}}{|\Omega_{ik}|} \\ &= \sum_{C_l\in\mathcal{C}}\left(\sum_{i,k\in C_l|(i,k)\in\mathcal{U}} M_{ik}^{\mathrm{H}}W_{ik} + \sum_{i,k\in C_l|(i,k)\notin\mathcal{U}}\frac{M_{ik}^{\mathrm{H}}W_{ik}}{|\Omega_{ik}|}\right)\end{aligned} \tag{6.52}$$

式（6.32）写为

$$\min \sum_{C_l \in \mathcal{C}} \left(\sum_{\substack{i,k\in C_l \\ |(i,k)\in \mathcal{U}}} M_{ik}^{\mathrm{H}} W_{ik} + \sum_{\substack{i,k\in C_l \\ |(i,k)\notin \mathcal{U}}} \frac{M_{ik}^{\mathrm{H}} W_{ik}}{|\Omega_{ik}|} \right)$$

$$\text{s.t.} \begin{cases} \underline{V}_i^2 \leqslant W_{ii} \leqslant \bar{V}_i^2, \forall i \in C_l, \forall C_l \in \mathcal{C} \\ \boldsymbol{W}_{C_l C_l} \succeq 0, \forall C_l \in \mathcal{C} \end{cases} \tag{6.53}$$

式（6.53）可以根据极大团划分为子问题。然而，子问题并不完全相互独立，因为最后一式涉及子问题之间相互耦合的一些公共变量。与原始算法类似，我们可以用 $\widetilde{\boldsymbol{W}}_{C_l C_l}$ 代替 $\boldsymbol{W}_{C_l C_l}$。对于每个 $W_{ik} \mid (i,k) \in \mathcal{U}$，令 $X_{ik,l}$ 成为 $C_l \in \Omega_{ik}$ 中 W_{ik} 的副本。为使所有 $\widetilde{\boldsymbol{W}}_{C_l C_l}$ 一致，应该有

$$\begin{gathered} W_{ik} = X_{ik,l_1} = X_{ik,l_2} = \cdots = X_{ik,l_{|\Omega_{ik}|}} \\ \forall l_r |\ C_{l_r} \in \Omega_{ik}, \forall W_{ik} |(i,k) \notin \mathcal{U} \end{gathered} \tag{6.54}$$

更简单的

$$\begin{gathered} X_{ik} = X_{ik,l_1} = X_{ik,l_2} = \cdots = X_{ik,l_{|\Omega_{ik}|}} \\ \forall l_r |\ C_{l_r} \in \Omega_{ik}, \forall i,k |(i,k) \notin \mathcal{U} \end{gathered} \tag{6.55}$$

对于每个 $(i,k) \notin \mathcal{U}$，上式可以写成 $|\Omega_{ik}|-1$ 个等式

$$\begin{gathered} X_{ik,l_1} = X_{ik,l_2} \\ X_{ik,l_2} = X_{ik,l_3} \\ \vdots \\ X_{ik,l_{|\Omega_{ik}|-1}} = X_{ik,l_{|\Omega_{ik}|}} \end{gathered} \tag{6.56}$$

对偶算法的更新机制只取决于如何将式（6.55）排列成等式。有许多方法列写 $|\Omega_{ik}|-1$ 个等式，使得每个 $x_{ik,l}$ 出现在至少一个等式中。假设第 r 个等式是 $\tilde{X}_{ik,r}(1) = \tilde{X}_{ik,r}(2)$，给它分配一个拉格朗日乘子 $v_{ik,r}$，则有

$$\begin{gathered} v_{ik,1}\left(\tilde{X}_{ik,1}(1) - \tilde{X}_{ik,1}(2)\right) = 0 \\ v_{ik,2}\left(\tilde{X}_{ik,2}(1) - \tilde{X}_{ik,2}(2)\right) = 0 \\ \vdots \\ v_{ik,|\Omega_{ik}|-1}\left(\tilde{X}_{ik,|\Omega_{ik}|-1}(1) - \tilde{X}_{ik,|\Omega_{ik}|-1}(2)\right) = 0 \end{gathered} \tag{6.57}$$

将所有这些等式相加，每个 $X_{ik,l}$ 将与一个拉格朗日乘子集合 $\tilde{v}_{ik,l}$ 相关联，它由与 $X_{ik,l}$ 相关联的所有 v_{ik} 组成。例如，式（6.56）中，有 $\tilde{X}_{ik,1}(1) = X_{ik,l_1}$，$\tilde{X}_{ik,1}(2) = X_{ik,l_2}$，$X_{ik}(2,1) = X_{ik,l_2}$。因此，$\tilde{v}_{ik,l_1} = v_{ik,1}$ 和 $\tilde{v}_{ik,l_2} = v_{ik,2} - v_{ik,1}$。

式（6.57）中，$\forall i,k, 1 \leqslant i,k \leqslant n$，与$(i,k)$对应的第 r 个等式决定了与(k,i)对应的等式，即

$$\tilde{X}_{ik,r}(1) = \tilde{X}_{ik,r}(2) \Rightarrow \tilde{X}_{ki,r}(1) = \tilde{X}_{ki,r}(2) \tag{6.58}$$

式（6.32）中给出 $\boldsymbol{W}$ 的半正定性质，有

$$
\begin{aligned}
& v_{ik,r}\tilde{X}_{ik,r}(1)=v_{ik,r}\tilde{X}_{ik,r}(2) \\
& \Rightarrow (v_{ik,r}\tilde{X}_{ik,r}(1))^{\mathrm{H}}=(v_{ik,r}\tilde{X}_{ik,r}(2))^{\mathrm{H}} \\
& \Rightarrow v_{ik,r}^{\mathrm{H}}\tilde{X}_{ik,r}^{\mathrm{H}}(1)=v_{ik,r}^{\mathrm{H}}\tilde{X}_{ik,r}^{\mathrm{H}}(2) \\
& \Rightarrow v_{ik,r}^{\mathrm{H}}\tilde{X}_{ki,r}(1)=v_{ik,r}^{\mathrm{H}}\tilde{X}_{ki,r}(2)
\end{aligned}
\tag{5.59}
$$

因此，$X_{ik,l}$ 的总拉格朗日乘子可以直接从 $X_{ik,l}$ 中计算得到，即 $\tilde{X}_{ki,l}=\tilde{X}_{ik,l}^{\mathrm{H}}$。

令 $\tilde{v}=(\tilde{v}_{ik,l_r},i,k\in C_l\,|\,(i,k)\notin\mathcal{U},\forall C_l\in\mathcal{C};l_r\,|\,C_{l_r}\in\Omega_{ik})$。通过联立式（6.52）和式（6.55）得到对偶方程 $d(\tilde{v},\boldsymbol{W})$，即

$$
\begin{aligned}
d(\tilde{v},\boldsymbol{W}) &= \sum_{C_l\in\mathcal{C}}\left(\sum_{i,k\in C_l|(i,k)\in\mathcal{U}} M_{ik}^{\mathrm{H}}W_{ik}+\sum_{i,k\in C_l|(i,k)\notin\mathcal{U}}\frac{M_{ik}^{\mathrm{H}}W_{ik}}{|\Omega_{ik}|}\right)+ \\
&\quad \sum_{i,k|(i,k)\notin\mathcal{U}}\ \sum_{r=1|\ C_{l_r}\in\Omega_{ik}}^{|\Omega_{ik}|}\tilde{v}_{ik,l_r}X_{ik,l_r} \\
&= \sum_{C_l\in\mathcal{C}}\left(\sum_{i,k\in C_l|(i,k)\in\mathcal{U}} M_{ik}^{\mathrm{H}}W_{ik}+\sum_{i,k\in C_l|(i,k)\notin\mathcal{U}}\left(\frac{M_{ik}^{\mathrm{H}}W_{ik}}{|\Omega_{ik}|}+\tilde{v}_{ik,l}X_{ik,l}\right)\right) \\
&\triangleq \sum_{C_l\in\mathcal{C}} d(\tilde{v},\widetilde{\boldsymbol{W}}_{C_lC_l})
\end{aligned}
\tag{6.60}
$$

给定 $\tilde{v}$，式（6.53）变为

$$
\begin{aligned}
& \min\ \sum_{C_l\in\mathcal{C}} d(\tilde{v},\widetilde{\boldsymbol{W}}_{C_lC_l}) \\
& \text{s.t.}\ \begin{cases} \underline{V}_i^2\leqslant W_{ii}\leqslant\bar{V}_i^2,\ \forall i\in C_l,\forall C_l\in\mathcal{C} \\ \widetilde{\boldsymbol{W}}_{C_lC_l}\succeq 0,\ \forall C_l\in\mathcal{C} \end{cases}
\end{aligned}
\tag{6.61}
$$

式（6.61）可以根据极大团划分为子问题，并且它们彼此独立。子问题 l 为

$$
\begin{aligned}
& \min\ \sum_{\substack{i,k\in C_l\\|(i,k)\in\mathcal{U}}} M_{ik}^{\mathrm{H}}W_{ik}+\sum_{\substack{i,k\in C_l\\|(i,k)\notin\mathcal{U}}}\left(\frac{M_{ik}^{\mathrm{H}}}{|\Omega_{ik}|}+\tilde{v}_{ik,l}\right)X_{ik,l} \\
& \text{s.t.}\ \begin{cases} \underline{V}_i^2\leqslant W_{ii}\leqslant\bar{V}_i^2,\ \forall i\in C_l|(i,i)\in\mathcal{U} \\ \underline{V}_i^2\leqslant X_{ii,l}\leqslant\bar{V}_i^2,\ \forall i\in C_l|(i,i)\notin\mathcal{U} \\ \widetilde{\boldsymbol{W}}_{C_lC_l}\succeq 0 \end{cases}
\end{aligned}
\tag{6.62}
$$

通过求解上式，我们用 $\tilde{X}_{ik,r}^{opt}(z)$ 表示式（6.57）中第 r 个等式的最优 $\tilde{X}_{ik,r}(z)$。关于 $v_{ik,r}$ 的梯度 $d(\tilde{v},\widetilde{\boldsymbol{W}}_{C_lC_l})$ 为

$$
-\frac{\partial d}{\partial v_{ik,r}}=\tilde{X}_{ik,r}^{opt}(2)-\tilde{X}_{ik,r}^{opt}(1) \tag{6.63}
$$

令 $v_{ik,r}^{(t)},\alpha^{(t)}>0$，$\tilde{X}_{ik,r}^{(t)}(z)$ 是与 W_{ik} 相关的第 r 个等式的拉格朗日乘子，t 时刻对应的步长为 $\tilde{X}_{ik,r}^{opt}(z)$。根据下式更新 $v_{ik,r}$

$$
v_{ik,r}^{(t+1)}=v_{ik,r}^{(t)}-\alpha^{(t)}(\tilde{X}_{ik,r}^{(t)}(2)-\tilde{X}_{ik,r}^{(t)}(1)) \tag{6.64}
$$

如果 $\tilde{X}_{ik,r}^{(t)}(2)<\tilde{X}_{ik,r}^{(t)}(1)$，则 $v_{ik,r}^{(t+1)}>v_{ik,r}^{(t)}$。这将使对应于 $\tilde{X}_{ik,r}^{(t)}(1)$ 的系数更大，使对应于 $\tilde{X}_{ik,r}^{(t)}(2)$

的系数更小。$t+1$ 时刻，子问题得到 $\tilde{X}_{ik,r}^{(t+1)}(1) < \tilde{X}_{ik,r}^{(t)}(1)$ 和 $\tilde{X}_{ik,r}^{(t+1)}(2) > \tilde{X}_{ik,r}^{(t)}(2)$。因此，$|\tilde{X}_{ik,r}^{(t+1)}(2) - \tilde{X}_{ik,r}^{(t+1)}(1)| < |\tilde{X}_{ik,r}^{(t)}(2) - \tilde{X}_{ik,r}^{(t)}(1)|$。

反之，如果 $\tilde{X}_{ik,r}^{(t)}(2) > \tilde{X}_{ik,r}^{(t)}(1)$，则 $v_{ik,r}^{(t+1)} < v_{ik,r}^{(t)}$。这将使对应于 $\tilde{X}_{ik,r}^{(t)}(1)$ 的系数更小，使对应于 $\tilde{X}_{ik,r}^{(t)}(2)$ 的系数更大。然后得到 $\tilde{X}_{ik,r}^{(t+1)}(1) > \tilde{X}_{ik,r}^{(t)}(1)$ 和 $\tilde{X}_{ik,r}^{(t+1)}(2) < \tilde{X}_{ik,r}^{(t)}(2)$。得到 $|\tilde{X}_{ik,r}^{(t+1)}(2) - \tilde{X}_{ik,r}^{(t+1)}(1)| < |\tilde{X}_{ik,r}^{(t)}(2) - \tilde{X}_{ik,r}^{(t)}(1)|$。

因此，式（6.64）驱动式（6.55）中的 $X_{ik,l}$ 在算法迭代过程中变得更接近。

在算法收敛前，即式（6.55）不成立时，包含 $X_{ik,l}, \forall i,k \mid (i,k) \notin \mathcal{U}, \forall l \mid C_l \in \Omega_{ik}$ 的解 $\boldsymbol{W}$ 是一个不可行的解。可以构造一个可行的 $\tilde{\boldsymbol{W}}$，其中 W_{ik} 是式（6.55）中所有 W_{ik} 的平均值。

式（6.64）的目的是使 $\tilde{X}_{ik,r}^{(t)}(1)$ 和 $\tilde{X}_{ik,r}^{(t)}(2)$ 彼此更接近。只要 $\tilde{X}_{ik,r}^{(t)}(1)$ 和 $\tilde{X}_{ik,r}^{(t)}(2)$ 已经通过两个子问题计算出来，就可以用式（6.64）更新 $v_{ik,r}$。因此，不同的 v_{ik} 可以异步更新。因为子问题仅通过式（6.64）进行耦合，对偶算法中不需要同步。

对偶算法的伪代码见表 6－4。

表 6－4　　算法 2：对偶算法

算法 2（给定 $Q,\bar{V},\underline{V},\mathcal{C}$）	
步骤	内容
1	将耦合变量的松弛变量组合成等式
2	为每个极大团构造式（6.62）
3	while 不符合停止迭代条件 do
4	for 每个子问题 l（并行） do
5	给定 $\bar{v}$，求解式（6.62）
6	return $X_{ik,l}(\tilde{\forall}_{i,k} \mid (i,k) \notin \mathcal{U})$
7	end for
8	给定 X_{ik,l_r}，根据式（6.64）更新 v_{ik,l_r}（并行或异步）
9	end while

6.3.3 基于交替方向乘子法求解二阶锥规划

首先定义：

$\mathbb{C}$：复数集合；$\mathbb{C}^n$：n 维复数集合；$(\bullet)^{\mathrm{H}}$：向量的共轭转置；$\langle \boldsymbol{x}, \boldsymbol{y} \rangle = \mathrm{Re}(\boldsymbol{x}^{\mathrm{H}} \boldsymbol{y})$：向量 $\boldsymbol{x}$，$\boldsymbol{y}$ 内积；$\|\boldsymbol{x}\|_2 = \sqrt{\langle \boldsymbol{x}, \boldsymbol{x} \rangle}$：向量 $\boldsymbol{x}$ 的欧几里得范数。

1. 支路潮流模型（branch flow model，BFM）

用有向辐射状图（树）$\mathcal{T} = (\mathcal{N}, \mathcal{E})$ 对配电网进行建模，其中 $\mathcal{N} = \{0, \cdots, n\}$ 表示节点集，$\mathcal{E}$ 表示连接 $\mathcal{N}$ 中节点的线路集合。为不失一般性，树根索引为 0。每个节点 $i \in N, i \neq 0$ 都有一个唯一的前节点 A_i 和一组子节点 C_i。令节点 i 的相邻节点集合 N_i，包括它的前节点，子节点和它本身，即 $N_i = A_i \cup i \cup C_i$。假设每条有向线指向根，即每条线从节点 i 指向其唯一的前节点 A_i。因此，可使用一个索引 i 来标记从 i 到 A_i，则 $\mathcal{E} = 0, \cdots, n$。

对于每个节点$i\in N$，令其复电压为$V_i=|V_i|\mathrm{e}^{\mathrm{j}\theta_i}$，电压平方为$v_i=|V_i|^2$。令节点复注入功率即发电负荷$s_i=p_i+\mathrm{j}q_i$。对每条线$i\in\mathcal{E}$，复阻抗为$z_i=r_i+\mathrm{j}x_i$。令节点 i 到 A_i 的复支路电流为 I_i，电流平方为$\ell_i=|I_i|^2$。令节点 i 到 A_i 的支路潮流为$S_i=P_i+\mathrm{j}Q_i$，$\boldsymbol{v}=(v_i,i\in\mathcal{N})$，$\boldsymbol{s}=(s_i,i\in\mathcal{N})$，$\boldsymbol{\ell}=(\ell_i,i\in\mathcal{E})$，$\boldsymbol{S}=(S_i,i\in\mathcal{E})$，无下标变量表示列向量。

针对辐射网络的 BFM 比节点注入模型（bus injection model，BIM）具有更好的数值稳定性，更适合于辐射状的配电网的设计和运行。BFM 消除了电压和电流的相位角，只使用一组变量$(\boldsymbol{v},\boldsymbol{s},\boldsymbol{\ell},\boldsymbol{S})$。给定一个辐射网络$\mathcal{T}$，BFM 定义为

$$v_{A_i}-v_i+(z_iS_i^*+S_iz_i^*)-\ell_i|z_i|^2=0\,,i\in\mathcal{E}\tag{6.65}$$

$$\sum_{j\in C_i}(S_j-\ell_jz_j)+s_i-S_i=0\,,i\in\mathcal{N}\tag{6.66}$$

$$|S_i|^2=v_i\ell_i\,,i\in\mathcal{N}\tag{6.67}$$

式中：$S_0=0$，$\ell_0=0$（树的根没有前节点）。

给定满足式（6.65）～式（6.67）的矢量$(\boldsymbol{v},\boldsymbol{s},\boldsymbol{\ell},\boldsymbol{S})$，如果网络是辐射状，则可以唯一地确定电压和电流的相位角。则 BFM 式（6.65）～式（6.67）等价于完整的交流潮流模型。

2. OPF 与 SOCP 松弛

OPF 问题的目的是优化某些目标，例如在式（6.65）～式（6.67）和别的运行约束条件下总的线路损耗或总发电成本最低。本节采用以下形式的目标函数

$$F(s)=\sum_{i\in\mathcal{N}}f_i(s_i)\tag{6.68}$$

举例：求最小线损，设$f_i(s_i)=p_i,\forall i\in\mathcal{N}$；求最小发电成本，设$f_i(s_i)=\dfrac{\alpha_i}{2}p_i^2+\beta_ip_i$，其中$\alpha,\beta>0$。$\alpha$，$\beta$的值表示发电机的特性（若负荷节点$i$不含发电机，则$\alpha,\beta=0$）。

考虑两项运行约束：（1）节点i的注入功率s_i在规定范围$\mathcal{I}_i$内，即

$$s_i\in\mathcal{I}_i\,,i\in\mathcal{N}\tag{6.69}$$

可行的注入功率区域$\mathcal{I}_i$由连接到节点i的控制器件决定。

一般的控制负荷：有功功率和无功功率在区间$\left[\underline{p_i},\overline{p}_i\right]$，$\left[\underline{q_i},\overline{q}_i\right]$间变化，注入功率范围

$$\mathcal{I}_i=\left\{p+jq|\ p\in\left[\underline{p_i},\overline{p}_i\right],q\in\left[\underline{q_i},\overline{q}_i\right]\right\}\subseteq\mathbb{C}\tag{6.70}$$

太阳能电池板：通过额定视在功率$\overline{s_i}$的逆变器连接，注入功率范围

$$\mathcal{I}_i=\{p+jq|\ p\geqslant0,p^2+q^2\leqslant\overline{s}_i^2\}\subseteq\mathbb{C}\tag{6.71}$$

（2）每个节点$\boldsymbol{i}\in\mathcal{N}$的电压幅值在规定范围内。

$$\underline{v_i}\leqslant v_i\leqslant\overline{v}_i\,,i\in\mathcal{N}\tag{6.72}$$

通常，变电站节点 0 处的电压大小为固定的值，即$\underline{v_0}=\overline{v}_0$。

辐射状网络的 OPF 问题可总结为

$$\text{OPF: }\min\ \sum_{i\in\mathcal{N}}f_i(s_i)$$

$$
\text{over} \quad (\boldsymbol{v},\boldsymbol{s},\boldsymbol{S},\boldsymbol{\ell})
$$

$$
\text{s.t.} \quad \begin{cases} v_{A_i} - v_i + \left(z_i S_i^* + S_i z_i^*\right) - \ell_i |z_i|^2 = 0 \,, i \in \mathcal{E} \\ \sum_{j\in C_i} (S_j - \ell_j z_j) + s_i - S_i = 0 \,, i \in \mathcal{N} \\ |S_i|^2 = v_i \ell_i \,, i \in \mathcal{N} \\ s_i \in \mathcal{I}_i \,, i \in \mathcal{N} \\ \underline{v_i} \leqslant v_i \leqslant \overline{v}_i \,, i \in \mathcal{N} \end{cases} \tag{6.73}
$$

即考虑约束式（6.65）～式（6.67）和式（6.69）、式（6.72）。

由于二次等式约束式（6.67），OPF 问题式（6.73）是非凸的。将式（6.67）进行 SOCP 松弛

$$
|S_i|^2 \leqslant v_i \ell_i \,, i \in \mathcal{N} \tag{6.74}
$$

得到式（6.73）的 SOCP 松弛，称为 ROPF 问题

$$
\text{ROPF: min} \quad \sum_{i\in\mathcal{N}} f_i(s_i)
$$

$$
\text{over} \quad (\boldsymbol{v},\boldsymbol{s},\boldsymbol{S},\boldsymbol{\ell})
$$

$$
\text{s.t.} \quad \begin{cases} v_{A_i} - v_i + (z_i S_i^* + S_i z_i^*) - \ell_i |z_i|^2 = 0 \,, i \in \mathcal{E} \\ \sum_{j\in C_i} (S_j - \ell_j z_j) + s_i - S_i = 0 \,, i \in \mathcal{N} \\ |S_i|^2 \leqslant v_i \ell_i \,, i \in \mathcal{N} \\ s_i \in \mathcal{I}_i \,, i \in \mathcal{N} \\ \underline{v_i} \leqslant v_i \leqslant \overline{v}_i \,, i \in \mathcal{N} \end{cases} \tag{6.75}
$$

因此原始可行集的扩大，松弛 ROPF 式（6.75）为原始 OPF 问题式（6.73）提供了一个下界。如果 ROPF 的每一个不等式两边都相等，则其最优解也是原始 OPF 问题的最优解，那么松弛就称为精确的。对于辐射状网络，SOCP 松弛在一些温和条件下是精确的。

3. OPF 的分布式算法

假设 SOCP 松弛是精确的。下面首先介绍一种求解普遍优化问题的基于 ADMM 的分布式算法，然后介绍用该分布式方法求解 ROPF 问题（即一种特例），导出 ROPF 优化子问题的封闭形式解存在的充分条件，该充分条件适用于大多数实际应用，在实际应用中，该算法可以大大减少计算时间。

（1）基于 ADMM 的分布式算法。

考虑下述优化问题：

$$
\min \quad \sum_{i\in\mathcal{N}} f_i(\boldsymbol{x}_i)
$$

$$
\text{over} \quad \boldsymbol{x} = \{\boldsymbol{x}_i |\ i \in \mathcal{N}\}
$$

$$
\text{s.t.} \quad \begin{cases} \sum_{j\in N_i} \boldsymbol{A}_{ij} \boldsymbol{x}_j = \boldsymbol{0} \,, i \in \mathcal{N} \\ \boldsymbol{x}_i \in \mathcal{K}_1 \,, i \in \mathcal{N} \end{cases} \tag{6.76}
$$

式中，对于每个$i \in \mathcal{N}$，$\boldsymbol{x}_i$是一个复向量，$f_i(\boldsymbol{x}_i)$是一个凸函数，$\mathcal{K}_i$是一个凸集，$\boldsymbol{A}_{ij}(j \in N_i)$是具有相应维数的矩阵。一类广义的图优化问题（包括 ROPF）可以表述为式（6.76）。每个节点$i \in \mathcal{N}$都与一些局部变量相关联，这些变量叠加为$\boldsymbol{x}_i$，属于局部可行集$\mathcal{K}_i$，目标函数为$f_i(\boldsymbol{x}_i)$。节点 i 中的变量通过式（6.76）的第一条线性约束与其相邻节点的变量耦合。

ADMM 是一种求解上述优化问题的分布式算法，使每个节点 i 解决自身的子问题，只需要与相邻节点 N_i 交换信息。ADMM 将对偶分解的可分解性与乘子方法的优越收敛特性相融合。为了使用 ADMM 求解式（6.76），引入了一组松弛变量$\boldsymbol{y}_{ji}$，它表示节点 i 处观察到的节点 j 的变量，$j \in N_i$。上述优化问题可以重新表述为

$$\begin{aligned} \min \quad & \sum_{i \in \mathcal{N}} f_i(\boldsymbol{x}_i) \\ \text{over} \quad & \boldsymbol{x} = \left\{ \boldsymbol{x}_i \mid i \in \mathcal{N} \right\} \\ & \boldsymbol{y} = \left\{ \boldsymbol{y}_{ji} \mid j \in N_i, i \in \mathcal{N} \right\} \\ \text{s.t.} \quad & \begin{cases} \sum_{j \in N_i} \boldsymbol{A}_{ij} \boldsymbol{y}_{ij} = \boldsymbol{0}, i \in \mathcal{N} \\ \boldsymbol{x}_i \in \mathcal{K}_i, i \in \mathcal{N} \\ \boldsymbol{x}_i = \boldsymbol{y}_{ij}, j \in N_i \quad i \in \mathcal{N} \end{cases} \end{aligned} \tag{6.77}$$

式中，$\boldsymbol{x}$ 和 $\boldsymbol{y}$ 表示标准 ADMM 中的两组变量。所有的“观测量”$\boldsymbol{y}_{ij}$都被迫等于原始变量$\boldsymbol{x}_i$，因此解$\boldsymbol{x}^*$也是原始问题的最优解。

注意，在式（6.77）约束的前两式中，分别涉及 $\boldsymbol{x}$ 和 $\boldsymbol{y}$，最后一式同时涉及 $\boldsymbol{x}$ 和 $\boldsymbol{y}$。因此，将根据 ADMM 放松约束的最后一式。令$\boldsymbol{\mu}_{ij}$表示此式的拉格朗日乘子，增广拉格朗日定义为

$$L_\rho(\boldsymbol{x}, \boldsymbol{y}, \boldsymbol{\mu}) = \sum_{i \in \mathcal{N}} \left(f_i(\boldsymbol{x}_i) + \sum_{j \in N_i} \left(\left\langle \boldsymbol{\mu}_{ij}, \boldsymbol{x}_i - \boldsymbol{y}_{ij} \right\rangle + \frac{\rho}{2} \left\| \boldsymbol{x}_i - \boldsymbol{y}_{ij} \right\|_2^2 \right) \right) \tag{6.78}$$

式中，$\rho \geqslant 0$是常数。当$\rho = 0$时，增广拉格朗日退化为标准拉格朗日。在第 k 次迭代时，ADMM 由下述迭代组成

$$\boldsymbol{x}^{k+1} \in \arg\min_{x \in \mathcal{K}_x} L_\rho(\boldsymbol{x}, \boldsymbol{y}^k, \boldsymbol{\mu}^k) \tag{6.79}$$

$$\boldsymbol{y}^{k+1} \in \arg\min_{y \in \mathcal{K}_y} L_\rho(\boldsymbol{x}^{k+1}, \boldsymbol{y}, \boldsymbol{\mu}^k) \tag{6.80}$$

$$\boldsymbol{\mu}^{k+1} = \boldsymbol{\mu}^k + \rho(\boldsymbol{x}^{k+1} - \boldsymbol{y}^{k+1}) \tag{6.81}$$

式中，$\mathcal{K}_{\boldsymbol{x}} = \{\boldsymbol{x} \mid \boldsymbol{x}_i \in \mathcal{K}_i, i \in \mathcal{N}\}$，$\mathcal{K}_y = \left\{ y \middle| \sum_{j \in N_i} \boldsymbol{A}_{ij} \boldsymbol{y}_{ji} = 0, i \in \mathcal{N} \right\}$。

在每次迭代中，ADMM 首先基于式（6.79）更新 $\boldsymbol{x}$，然后基于式（6.80）更新 $\boldsymbol{y}$，最后根据式（6.81）更新拉格朗日乘子。与对偶分解相比，ADMM 保证在较少约束条件下收敛到最优解。定义

$$r^k = \left\| \boldsymbol{x}^k - \boldsymbol{y}^k \right\|_2 \tag{6.82}$$

$$s^k = \rho \left\| \boldsymbol{y}^k - \boldsymbol{y}^{k-1} \right\|_2 \tag{6.83}$$

它可以看作是原始可行解和对偶可行解的残差，并在最优条件下收敛到 0。它们在这里被用作收敛判据。

接下来，证明 $\boldsymbol{x}$—更新式（6.79）和 $\boldsymbol{y}$—更新式（6.80）都可以分解成小的子问题，每个节点 i 都可以只通过与相邻节点通信进行并行求解，即问题（6.77）可以使用 ADMM 以分布式方式求解。为了便于表示，在接下来各式中，删除了式（6.79）～式（6.81）中所有变量的迭代次数 k，在每个子问题解决后，这些变量将相应地更新。

对于每个节点 $i\in\mathcal{N}$，不仅要更新原始变量 $\boldsymbol{x}_i$，还要更新对其相邻节点 N_i 的“观测量” $\boldsymbol{y}_{ji}$ 和相关乘子 $\boldsymbol{\mu}_{ji}$。令 $\mathcal{A}_i$ 表示局部变量的集合

$$\mathcal{A}_i=\{\boldsymbol{x}_i\}\cup\{\boldsymbol{y}_{ji}|\, j\in N_i\}\cup\{\boldsymbol{\mu}_{ji}|\, j\in N_i\} \tag{6.84}$$

在 $\boldsymbol{x}$—更新式（6.79）中，求解下述问题来更新 $\boldsymbol{x}_i\in\mathcal{A}_i$：

$$\min_{\boldsymbol{x}\in\mathcal{K}_x} L_\rho(\boldsymbol{x},\boldsymbol{y},\boldsymbol{\mu}) \tag{6.85}$$

目标可以写成局部目标的总和，如下所示

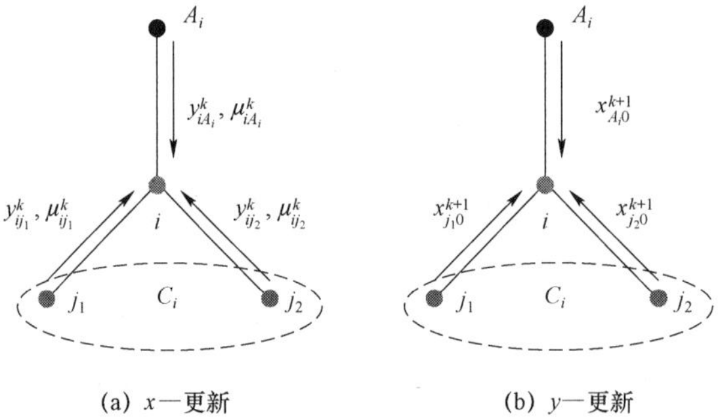

图 6－4　节点 i 的 x 和 y 更新步骤中的信息交换

$$\begin{aligned}L_\rho(\boldsymbol{x},\boldsymbol{y},\boldsymbol{\mu})&=\sum_{i\in\mathcal{N}}\left(f_i(\boldsymbol{x}_i)+\sum_{j\in N_i}\left(\langle\boldsymbol{\mu}_{ij},\boldsymbol{x}_i-\boldsymbol{y}_{ij}\rangle+\frac{\rho}{2}\left\|\boldsymbol{x}_i-\boldsymbol{y}_{ij}\right\|_2^2\right)\right)\\&=\sum_{i\in\mathcal{N}}H_i(\boldsymbol{x}_i)-\sum_{i\in\mathcal{N}}\sum_{j\in N_i}\left\langle\boldsymbol{\mu}_{ij},\boldsymbol{y}_{ij}\right\rangle\end{aligned} \tag{6.86}$$

其中最后一项与决策变量 $\boldsymbol{x}$ 无关且

$$H_i(\boldsymbol{x}_i)=f_i(\boldsymbol{x}_i)+\sum_{j\in N_i}\left(\left\langle\boldsymbol{\mu}_{ij},\boldsymbol{x}_i\right\rangle+\frac{\rho}{2}\left\|\boldsymbol{x}_i-\boldsymbol{y}_{ij}\right\|_2^2\right) \tag{6.87}$$

对于约束集 $\mathcal{K}_{\boldsymbol{x}}$，它可以表示为 $|\mathcal{N}|$ 个不相交集的笛卡儿乘积，即

$$\mathcal{K}_{\boldsymbol{x}}=\otimes_{i\in\mathcal{N}}\mathcal{K}_i \tag{6.88}$$

因此，$\boldsymbol{x}$—更新式（6.79）可以分解为 $|\mathcal{N}|$ 个子问题和节点 i 的子问题

$$\min_{\boldsymbol{x}_i\in\mathcal{K}_i} H_i(\boldsymbol{x}_i) \tag{6.89}$$

其解是 $\boldsymbol{x}_i\in\mathcal{A}_i$ 的更新。

在式（6.87）中，变量 $\boldsymbol{y}_{ij},\boldsymbol{\mu}_{ij}\in\mathcal{A}_j$ 存储在节点 i 的相邻节点 N_i 中。因此，为求解优化问

题（6.89），需要从节点 i 的所有相邻节点收集$(\boldsymbol{y}_{ij},\boldsymbol{\mu}_{ij})$。在 $\boldsymbol{x}$—更新中的消息交换如图 6-4（a）所示。

在 $\boldsymbol{y}$—更新式（6.80）中，求解下述问题来更新$\{\boldsymbol{y}_{ji} \mid j\in N_i\}\in \mathcal{A}_i$

$$\min_{y\in\mathcal{K}_y} L_\rho(\boldsymbol{x},\boldsymbol{y},\boldsymbol{\mu}) \tag{6.90}$$

目标也可以写成局部目标的总和，如下所示

$$\begin{aligned}
L_\rho(\boldsymbol{x},\boldsymbol{y},\boldsymbol{\mu}) &= \sum_{i\in\mathcal{N}}\left(f_i(\boldsymbol{x}_i)+\sum_{j\in N_i}\left(\left\langle \boldsymbol{\mu}_{ij},\boldsymbol{x}_i-\boldsymbol{y}_{ij}\right\rangle+\frac{\rho}{2}\left\|\boldsymbol{x}_i-\boldsymbol{y}_{ij}\right\|_2^2\right)\right)\\
&= \sum_{i\in\mathcal{N}}\left(f_i(\boldsymbol{x}_i)+\sum_{j\in N_i}\left(\left\langle \boldsymbol{\mu}_{ji},\boldsymbol{x}_j-\boldsymbol{y}_{ji}\right\rangle+\frac{\rho}{2}\left\|\boldsymbol{x}_j-\boldsymbol{y}_{ji}\right\|_2^2\right)\right)\\
&= \sum_{i\in\mathcal{N}} G_i\left(\left\{\boldsymbol{y}_{ji}\middle| j\in N_i\right\}\right)+\sum_{i\in\mathcal{N}}\left(f_i(\boldsymbol{x}_i)+\sum_{j\in N_i}\left\langle \boldsymbol{\mu}_{ji},\boldsymbol{x}_j\right\rangle\right)
\end{aligned} \tag{6.91}$$

其中

$$G_i\left(\left\{\boldsymbol{y}_{ji}\middle| j\in N_i\right\}\right)=\sum_{j\in N_i}\left(-\left\langle \boldsymbol{\mu}_{ji},\boldsymbol{y}_{ji}\right\rangle+\frac{\rho}{2}\left\|\boldsymbol{x}_j-\boldsymbol{y}_{ji}\right\|_2^2\right) \tag{6.92}$$

对于约束集$\mathcal{K}_{\boldsymbol{y}}$，还可以表示为$|N|$个不相交集的笛卡儿乘积，即

$$\mathcal{K}_{\boldsymbol{y}}=\otimes_{i\in N_i}\left\{\boldsymbol{y}_{ji},j\in N_i \middle| \sum_{j\in N_i}\boldsymbol{A}_{ij}\boldsymbol{y}_{ji}=\boldsymbol{0}\right\} \tag{6.93}$$

因此，$\boldsymbol{y}$—更新式（6.80）可以分解为$|\mathcal{N}|$个子问题和节点 i 的子问题

$$\begin{aligned}
\min\quad & G_i\left(\left\{\boldsymbol{y}_{ji}\middle| j\in N_i\right\}\right)\\
\text{over}\quad & \left\{\boldsymbol{y}_{ji}\middle| j\in N_i\right\}\\
\text{s.t.}\quad & \sum_{j\in N_i}\boldsymbol{A}_{ij}\boldsymbol{y}_{ji}=\boldsymbol{0}
\end{aligned} \tag{6.94}$$

其解是$\left\{\boldsymbol{y}_{ji} \mid j\in N_i\in\mathcal{A}_i\right\}$的更新。在式（6.92）中，变量$\boldsymbol{x}_j\in\mathcal{A}_i$存储在节点 i 的相邻节点 N_i 中。因此，求解优化问题（6.94），需要从节点 i 的所有相邻节点收集$\boldsymbol{x}_j$。$\boldsymbol{y}$—更新中的消息交换如图 6-4（b）所示。

接下来介绍如何以封闭形式求解优化问题（6.94）。对于每个 i，我们可以将变量$(\boldsymbol{y}_{ji} \mid j\in N_i)$的实部和虚部在具有适当维数的向量中叠加，并将其表示为$\tilde{\boldsymbol{y}}$。然后通过 i 在 $\boldsymbol{y}$—更新式（6.94）中求解的子问题，采取以下形式

$$\begin{aligned}
\min_{\tilde{y}}\quad & \frac{1}{2}\tilde{\boldsymbol{y}}^H\boldsymbol{M}\tilde{\boldsymbol{y}}+\boldsymbol{c}^H\tilde{\boldsymbol{y}}\\
\text{s.t.}\quad & \boldsymbol{B}\tilde{\boldsymbol{y}}=\boldsymbol{0}
\end{aligned} \tag{6.95}$$

式中：$\boldsymbol{M}$ 是正对角矩阵；$\boldsymbol{B}$ 是行满秩实矩阵；$\boldsymbol{c}$ 是实向量。

由式（6.94）导出 $\boldsymbol{M}$、$\boldsymbol{c}$、$\boldsymbol{B}$。对于式（6.95），存在一个封闭形式的表达式

$$\tilde{\boldsymbol{y}}=(\boldsymbol{M}^{-1}\boldsymbol{B}^H(\boldsymbol{B}\boldsymbol{M}^{-1}\boldsymbol{B}^H)^{-1}\boldsymbol{B}\boldsymbol{M}^{-1}-\boldsymbol{M}^{-1})\boldsymbol{c} \tag{6.96}$$

总之，将原始问题式（6.76）分解为局部子问题，可以使用 ADMM 进行分布式求解。在每次迭代中，每个节点 i 都在式（6.89）中求解了 $\boldsymbol{x}$—更新，在式（6.94）中求解了 $\boldsymbol{y}$—更新。子问题式（6.94）的 $\boldsymbol{y}$—更新存在封闭形式解，如式（6.96）所示，因此式（6.76）是否能以有效分布式方法求解取决于式（6.89）的封闭形式解是否存在，进一步取决于 $f_i(\boldsymbol{x}_i)$ 和约束集 $\mathcal{K}_i$。

（2）ADMM 应用于 OPF 问题。

ROPF 问题是式（6.76）的一种特殊形式，因此可以使用上述方法以分布式的方式求解。假设 SOCP 松弛是精确的，下面推导求解 ROPF 式（6.75）的分布式算法。具体来说，使用第 1 小节中的 ADMM 算法，将全局 ROPF 问题分解为局部子问题，这些子问题仅通过邻域通信就可由分布式方法求解。此外，为所有优化子问题封闭形式解的存在提供了一个充分条件。与现有的使用一般迭代优化求解器求解每一个子问题的方法相比，该方法计算效率显著提升。

下面描述封闭形式解存在的充分条件。

定理：假设对优化问题的所有 $i\in\mathcal{N}$ 都存在以下封闭形式解

$$\begin{aligned} \min \quad & f_i(\boldsymbol{s})+\frac{\rho}{2}\|\boldsymbol{s}-\hat{\boldsymbol{s}}\|_2^2 \\ \text{over} \quad & \boldsymbol{s}\in\mathcal{I}_i \end{aligned} \tag{6.97}$$

给定任何常数 $\hat{\boldsymbol{s}}$ 和 ρ，则 ROPF 的 $\boldsymbol{x}$—更新式（6.89）中的子问题存在一个封闭形式的解。

证明：下面通过详细阐述求解优化问题（6.89）的过程来证明上述定理。

在 $\boldsymbol{y}$—更新中，对于优化子问题（6.94）总有一个封闭形式的解。如果目标函数 $f_i(s)$ 和注入功率范围 $\mathcal{I}_i$ 满足上述定理中的充分条件，则所有的子问题都可由第 1 小节提出的基于 ADMM 的算法求解。

在实践中，目标函数 $f_i(\boldsymbol{s})$ 通常采用 $f_i(\boldsymbol{s})=\dfrac{\alpha_i}{2}p^2+\beta_i p$ 的形式，如“OPF 与 SOCP 松弛”小节中所述，它可以是线路损耗或发电成本等。对于注入功率范围 $\mathcal{I}_i$，通常需要由式（6.70）或式（6.71）定义。

在式（6.75）中定义的 ROPF 问题可写成

$$\begin{aligned} \min \quad & \sum_{i\in\mathcal{N}} f_i(\boldsymbol{s}_i) \\ \text{over} \quad & (\boldsymbol{v},\boldsymbol{s},\boldsymbol{S},\ell) \\ \text{s.t.} \quad & \begin{cases} v_{A_i}-v_i+z_iS_i^*+S_iz_i^*-\ell_i|z_i|^2=0\,,i\in\mathcal{E} \\ \sum\limits_{j\in C_i}(S_j-z_j\ell_j)-S_i+s_i=0\,,i\in\mathcal{N} \\ |S_i|^2\leqslant v_i\ell_i \\ s_i\in\mathcal{I}_i\,,i\in\mathcal{N} \\ \underline{v}_i\leqslant v_i\leqslant\overline{v}_i\,,i\in\mathcal{N} \end{cases} \end{aligned} \tag{6.98}$$

其中

$$\boldsymbol{x}_i = \{v_i, s_i, S_i, \ell_i\} \tag{6.99}$$

$$\mathcal{K}_i = \{\boldsymbol{x}_i \mid |S_i|^2 \leqslant v_i \ell_i, s_i \in \mathcal{I}_i, \underline{v}_i \leqslant v_i \leqslant \overline{v}_i\} \tag{6.100}$$

然后式（6.65）～式（6.67）可以写成式（6.76）的形式，其中式（6.98）约束的一、二项对应式（6.76）约束式第一项，约束的三、四项对应式（6.76）约束式第二项。

按照第 1 小节中的过程，引入一个观察量 $\boldsymbol{y}_{ji}$，表示节点 i 所观察到的节点 j 的变量。则式（6.77）的对应式是

$$\begin{aligned}
&\min \quad \sum_{i\in\mathcal{N}} f_i(s_i^{(x)}) \\
&\text{over} \quad \boldsymbol{x} = \{\boldsymbol{x}_i, i\in\mathcal{N}\} \\
&\boldsymbol{y} = \{\boldsymbol{y}_{ji}, j\in N_i, i\in\mathcal{N}\} \\
&\text{s.t.} \begin{cases}
v_{A_i i}^{(y)} - v_{ii}^{(y)} + z_i(S_{ii}^{(y)})^* + S_{ii}^{(y)} z_i^* - \ell_{ii}^{(y)}|z_i|^2 = 0, i\in\mathcal{E} \\
\sum_{i\in C_i}(S_{ji}^{(y)} - z_j \ell_{ji}^{(y)}) - S_{ii}^{(y)} + s_{ii}^{(y)} = 0, i\in\mathcal{N} \\
|S_i^{(x)}|^2 \leqslant v_i^{(x)}\ell_i^{(x)}, i\in\mathcal{E} \\
s_i^{(x)} \in \mathcal{I}_i, i\in\mathcal{N} \\
\underline{v}_i \leqslant v_i^{(x)} \leqslant \overline{v}_i, i\in\mathcal{N} \\
\boldsymbol{x}_i - \boldsymbol{y}_{ij} = \boldsymbol{0}, j\in N_i \quad i\in\mathcal{N}
\end{cases}
\end{aligned} \tag{6.101}$$

式中，将上标 $(\bullet)^{(x)}$ 和 $(\bullet)^{(y)}$ 放在每个变量上来表示变量在 $\boldsymbol{x}$—更新或 $\boldsymbol{y}$—更新步骤中更新。

实际使用时中，每个节点 i 不需要相邻节点完整的信息，只需要来自其相邻节点 A_i 的电压信息 $v_{A_i i}^{(y)}$，和基于式（6.101）的子节点 $j\in C_i$ 的支路功率 $S_{ji}^{(y)}$ 和电流 $\ell_{ji}^{(y)}$。因此，$\boldsymbol{y}_{ij}$ 只包含关于 $\boldsymbol{x}_i$ 的部分信息，即

$$\boldsymbol{y}_{ij} = \begin{cases}
(S_{ii}^{(y)}, \ell_{ii}^{(y)}, v_{ii}^{(y)}, s_{ii}^{(y)}), j = i \\
(S_{iA_i}^{(y)}, \ell_{iA_i}^{(y)}), j = A_i \\
(v_{ij}^{(y)}), j\in C_i
\end{cases} \tag{6.102}$$

在这里，$\boldsymbol{x}_i - \boldsymbol{y}_{ij}$ 是由 $\boldsymbol{x}_i$ 和 $\boldsymbol{y}_{ij}$ 中出现的元素组成的，即

$$\boldsymbol{x}_i - \boldsymbol{y}_{ij} = \begin{cases}
(S_i^{(x)} - S_{ii}^{(y)}, \ell_i^{(x)} - \ell_{ii}^{(y)}, v_i^{(x)} - v_{ii}^{(y)}, s_i^{(x)} - s_{ii}^{(y)}), j = i \\
(S_i^{(x)} - S_{iA_i}^{(y)}, \ell_i^{(x)} - \ell_{iA_i}^{(y)}), j = A_i \\
(v_i^{(x)} - v_{ij}^{(y)}), j\in C_i
\end{cases} \tag{6.103}$$

表 6－5 中定义了每个分量的相关拉格朗日乘子。

表 6－5　　　拉格朗日乘子

$\mu_{ii}^{(1)}$	$S_i^{(x)} = S_{ii}^{(y)}$
$\mu_{ii}^{(2)}$	$\ell_i^{(x)} = \ell_{ii}^{(y)}$
$\mu_{ii}^{(3)}$	$v_i^{(x)} = v_{ii}^{(y)}$

续表

$\mu_{ii}^{(4)}$	$s_i^{(x)} = s_{ii}^{(y)}$
$\mu_{iA_i}^{(1)}$	$S_i^{(x)} = S_{iA_i}^{(y)}$
$\mu_{iA_i}^{(2)}$	$\ell_i^{(x)} = \ell_{iA_i}^{(y)}$
$\mu_{ij}(j \in C_i)$	$v_i^{(x)} = v_{ij}^{(y)}$

在 $\boldsymbol{x}$—更新中，由每个节点 i 求解的子问题式（6.89）可以写为

$$\begin{aligned} &\min \quad H_i(\boldsymbol{x}_i) \\ &\text{over} \quad \boldsymbol{x}_i \\ &\text{s.t.} \begin{cases} \left|S_i^{(x)}\right|^2 \leqslant v_i^{(x)} \ell_i^{(x)} \\ s_i^{(x)} \in \mathcal{I}_i \\ \underline{v_i} \leqslant v_i^{(x)} \leqslant \overline{v}_i \end{cases} \end{aligned} \tag{6.104}$$

其中 $H_i(\boldsymbol{x}_i)$ 在式（6.87）中定义，可以重写为

$$\begin{aligned} H_i(\boldsymbol{x}_i) &= f_i(s_i^{(x)}) - \sum_{j \in N_i} \left\langle \mu_{ij}, \boldsymbol{x}_i \right\rangle + \frac{\rho}{2} \sum_{j \in N_i} \left\| \boldsymbol{x}_i - \boldsymbol{y}_{ij} \right\|_2^2 \\ &= \rho H_i^{(1)}(S_i^{(x)}, \ell_i^{(x)}, v_i^{(x)}) + H_i^{(2)}(s_i^{(x)}) + \text{ constant} \end{aligned} \tag{6.105}$$

其中

$$\begin{aligned} H_i^{(1)}(S_i^{(x)}, \ell_i^{(x)}, v_i^{(x)}) &= \left|S_i^{(x)} - \hat{S}_i\right|^2 + \left|\ell_i^{(x)} - \hat{\ell}_i\right|^2 + \frac{|C_i| + 1}{2} \left|v_i^{(x)} - \hat{v}_i\right|^2 \\ H_i^{(2)}(s_i^{(x)}) &= f_i(s_i^{(x)}) + \frac{\rho}{2} \left\|s_i^{(x)} - \hat{s}_i\right\|_2^2 \end{aligned} \tag{6.106}$$

式（6.106）的最后一步是通过完成平方得到的，且带标记“^”的变量是一些常数，其中

$$\begin{aligned} \hat{S}_i &= \frac{S_{ii}^{(y)} + S_{iA_i}^{(y)}}{2} + \frac{\mu_{ii}^{(1)} + \mu_{iA_i}^{(1)}}{2\rho} \\ \hat{\ell}_i &= \frac{\ell_{ii}^{(y)} + \ell_{iA_i}^{(y)}}{2} + \frac{\mu_{ii}^{(2)} + \mu_{iA_i}^{(2)}}{2\rho} \\ \hat{v}_i &= \frac{v_{ii}^{(y)} + \sum_{j \in C_i} v_{ij}^{(y)}}{|C_i| + 1} + \frac{\mu_{ii}^{(3)} + \sum_{j \in C_i} \mu_{ij}}{\rho(|C_i| + 1)} \\ \hat{s}_i &= s_{ii}^{(y)} + \frac{\mu_{ii}^{(4)}}{\rho} \end{aligned} \tag{6.107}$$

因此，式（6.104）中的目标可以分解为两部分，其中第一部分 $H^{(1)}(S_i^{(x)}, \ell_i^{(x)}, v_i^{(x)})$ 涉及变量 $(S_i^{(x)}, \ell_i^{(x)}, v_i^{(x)})$，第二部分 $H^{(2)}(s_i^{(x)})$ 涉及 $(s_i^{(x)})$。请注意，式（6.104）中的约束也可以分为两个独立的约束。变量 $(S_i^{(x)}, \ell_i^{(x)}, v_i^{(x)})$ 仅取决于约束第一、三式，$s_i^{(x)}$ 仅取决于约束第二式。因此，式（6.104）可以分解为两个子问题，其中第一个问题解决最优的 $(S_i^{(x)}, \ell_i^{(x)}, v_i^{(x)})$，第二个问题解决最优的 $s_i^{(x)}$。第一个子问题可以写为

$$\begin{aligned}\min \quad & \left|S_i^{(x)} - \hat{S}_i\right|^2 + \left|\ell_i^{(x)} - \hat{\ell}_i\right|^2 + \frac{\left|C_i\right|+1}{2}\left|v_i^{(x)} - \hat{v}_i\right|^2 \\ \text{over} \quad & v_i^{(x)}, \ell_i^{(x)}, S_i^{(x)} \\ \text{s.t.} \quad & \begin{cases} \left|S_i^{(x)}\right|^2 \leqslant v_i^{(x)} \ell_i^{(x)} \\ \underline{v_i} \leqslant v_i^{(x)} \leqslant \overline{v}_i \end{cases}\end{aligned} \tag{6.108}$$

其具有二次目标、二阶锥约束和边界约束。式（6.108）有一个封闭的形式解。与使用迭代求解器相比，该过程在计算上效率更高，因为它只需要求解三个多项式的根。

第二个子问题是

$$\begin{aligned}\min \quad & f_i(s_i^{(x)}) + \frac{\rho}{2}\left\|s_i^{(x)} - \hat{s}_i\right\|_2^2 \\ \text{over} \quad & s_i^{(x)} \in \mathcal{I}_i\end{aligned} \tag{6.109}$$

它的形式与式（6.97）相同，因此可以用封闭形式求解。

在 $\boldsymbol{y}$—更新中，每个节点 i 求解的子问题以式（6.94）的形式存在，并且在式（6.96）中有一个封闭形式的解，在此不再重复。

最后，指定算法的初始化和停止条件。良好的初始化通常会减少迭代次数。

下面给出一种初始化方法：首先初始化 $\boldsymbol{x}$ 变量，电压幅值平方 $v_i^{(x)}=1$。功率注入 $s_i^{(x)}$ 是从可行域 $\mathcal{I}_i$ 上提取的一个点。支路潮流 $S_i^{(x)}$ 是由与节点 i 相连的的节点的聚合注入功率 $s_i^{(x)}$ 组成（注意：网络是辐射状的）。支路电流 $\ell_i^{(x)} = \dfrac{\left|S_i^{(x)}\right|^2}{v_i^{(x)}}$ 由式（6.67）得到。根据式（6.101）约束的最后一式由相应的 $\boldsymbol{x}$ 变量初始化 y 变量。直观地说，上述初始化的值可以解释为假设所有线路阻抗为零的 BFM 的解。概括可见表 6－6，DFS 函数见表 6－7。

表 6－6　　算法 1：初始化算法

步骤	内容
1	$v_i^{(x)}=1, i\in\mathcal{N}$
2	$s_i^{(x)}$ 为注入功率区域 $\mathcal{I}_i$ 中的任意点，$i\in\mathcal{N}$
3	通过 DFS(0) 初始化 $S^{(x)}$
4	$\ell_i^{(x)}=\lvert S_i^{(x)}\rvert^2/v_i^{(x)}, i\in\mathcal{N}$
5	$\boldsymbol{y}_{ij}=\boldsymbol{x}_i, j\in N_i, i\in\mathcal{N}$
6	function　DFS (i)

表 6－7　　DFS　函　数

步骤	内容
1	$S_i^{(x)}=s_i^{(x)}$
2	while $j\in C_i$　do

续表

步骤	内容
3	$S_i^{(x)} += \mathrm{DFS}(j)$
4	end
5	return $S_i^{(x)}$
6	end function

算法的停止条件是，式（6.82）中定义的原始残差 r^k 和式（6.83）中定义的对偶残差 s^k 都在 $10^{-4}\sqrt{|\mathcal{N}|}$ 范围内。概括可见表 6－8。

表 6－8　　算法 2：平衡辐射网络的分布式 OPF 算法

步骤	内容
1	输入：网络 $\mathcal{G}(\mathcal{N},\mathcal{E})$，注入功率区域 $\mathcal{I}_i$，电压区域 $(\underline{v}_i,\overline{v}_i)$，线路阻抗 $z_i, i\in\mathcal{N}$
2	输出：电压 $\boldsymbol{v}$，注入功率 $\boldsymbol{s}$
3	初始化算法 1 中使用的变量 $\boldsymbol{x}$ 和 $\boldsymbol{y}$
4	while $r^k > 10^{-10}\sqrt{|\mathcal{N}|}$ and $s^k > 10^{-10}\sqrt{|\mathcal{N}|}$ do
5	$\boldsymbol{x}-update$：每个智能体求解式（6.89）
6	$\boldsymbol{y}-update$：每个智能体求解式（6.94）
7	$\mu-update$：式（6.81）
8	end while

6.4　非凸模型的分布式优化

6.4.1　非凸问题介绍

非凸优化问题可以表示为如下的一般形式

$$\begin{aligned}&\min_{\boldsymbol{x}\in\mathbb{R}^p} f(\boldsymbol{x})\\&\text{s.t. } \boldsymbol{x}\in C\end{aligned}\tag{6.110}$$

式中：$\boldsymbol{x}$ 为该优化问题的变量；$f:\mathbb{R}^p\to R$ 为该问题的目标函数；$C\subseteq\mathbb{R}^p$ 为优化问题的约束集。

凸优化问题研究的目标函数是凸函数，对应的约束集为凸集，而一个非凸的最优化问题通常会违反一个或多个凸优化条件，即它们通常会有非凸目标函数和非凸约束集等限制。

建模中判断一个最优化问题是不是凸优化问题一般看以下几点：

1）目标函数 f 如果不是凸函数，则不是凸优化问题。

2）决策变量 $\boldsymbol{x}$ 中包含离散变量（0－1 变量或整数变量），则不是凸优化问题。

3）约束条件写成 $g(\boldsymbol{x})\leqslant 0$ 的形式时，如果 g 不是凸函数，则不是凸优化问题。

求解凸优化问题的思路是寻找一个局部最优解。当求解线性规划时，线性规划的函数和约束都是凸函数，找到的局部最优解就是全局最优解，这个特性使凸优化问题在一定意义上更易于解决，而一般的非凸最优化问题相比之下更难解决。

研究非凸优化的主要原因是很多应用都频繁地要求算法在极高维度的空间中进行运算。

即使可以对非凸目标函数和约束进行准确建模，它们同样对求解算法的设计者提出了严峻的挑战，即如何令高度非凸的目标函数收敛到一个十分理想的近似最优解。非凸优化并不像凸优化，没有一套便利的工具来解决非凸问题。由于一系列非凸问题使得最优化变得更加困难，有时候不仅求最优解是 NP-hard 问题，连近似求最优解都是 NP-hard 问题。

面对非凸问题及其与 NP-hard 之间的关系，传统的解决方案是修改问题的形式或定义以使用现有工具解决问题。通常通过凸松弛来进行，以使非凸问题转化为凸问题。凸松弛其实就是放开一些限制条件，但是不改变问题的本质。

凸松弛具有重要价值，但是也有局限性，最显著的缺点就是可扩展性。尽管凸松弛优化问题在多项式问题中是可求解的，但在大规模问题中高效地应用这种方法通常比较困难。

另一种解决方法是非凸优化方法，不对非凸问题进行松弛处理，而是直接进行求解。

非凸优化方法常用的技术包括梯度下降算法、交替最小化算法、期望最大化算法、随机优化及其变体算法，这些方法在实践中速度很快。

一系列深入、具备启发性的结果证明了，如果一个非凸优化问题具备较好的结构，那么不仅可以使用凸松弛方法，还可以使用非凸优化算法。在这类案例中，非凸方法不仅能避免 NP-hard 问题，还可以提供可证明的最优解。事实上，在实践中它们往往显著优于基于松弛的方法，不管是速度还是可扩展性。

下面介绍两个例子，基于 ADMM 的分布式最优潮流和基于智能分区的最优条件分解（OCD）分布式最优潮流，从而进一步阐述非凸模型的分布式优化。

6.4.2　基于 ADMM 的分布式最优潮流

本节介绍一种解决 OPF 问题的新方案，它是完全分散的，既不需要任何形式的中央协调，同时适用于任何网络。这种解决方案是基于区域的局部优化过程实现的，其中有限数量的信息仅在相邻区域之间以局部广播方式交换。该解决方案基于 ADMM，是一种可扩展的分布式算法。

1. 问题描述

（1）标准 OPF 形式。

首先回顾交流最优潮流公式。

考虑一个 n 节点的电气网络 $\boldsymbol{N}=\{1,\cdots,n\}$。设网络导纳矩阵为 $\boldsymbol{Y}$，V_i 和 I_i 分别代表在节点 i 处的电压和注入电流。

假设一个场景，每个节点都具有发电和负载能力，并且可以对无功进行局部控制，在这种情况下，将发电和负载范围表示为[1]

$$
\begin{aligned}
[\underline{P}_i,\overline{P}_i]&=P_{\mathrm{L},i}+[\underline{P}_{\mathrm{G},i},\overline{P}_{\mathrm{G},i}]\\
[\underline{Q}_i,\overline{Q}_i]&=Q_{\mathrm{L},i}+[\underline{Q}_{\mathrm{G},i},\overline{Q}_{\mathrm{G},i}]
\end{aligned}
\tag{6.111}
$$

式中：$\underline{P_i}$，$\overline{P}_i$ 分别是有功功率的下限和上限；$\underline{Q}_i$，$\overline{Q}_i$ 分别是无功功率的下限和上限；$P_{L,i}$ 表示节点 i 处的负荷有功；$P_{G,i}$ 表示节点 i 处的发电机有功；$Q_{L,i}$ 表示节点 i 处的负荷无功；$Q_{G,i}$ 表示节点 i 处的发电机无功。

OPF 问题可以被描述为成本函数的最小化问题，它通常依赖于有功功率，受一些约束，包括潮流方程、有功功率和无功功率限制、电压限制。以上目标函数和约束条件可用下面的公式进行描述

$$\begin{aligned}&\min\sum_{i\in\mathbf{N}} f_i(P_i)\\&\text{w.r.t.}\, V_i,P_i,Q_i\in\mathbb{C},i\in N\\&\text{s.t.}\, \underline{P_i}\leqslant P_i\leqslant\overline{P}_i\\&\underline{Q}_i\leqslant Q_i\leqslant\overline{Q}_i\\&\underline{V_i}\leqslant|V_i|\leqslant\overline{V}_i\\&P_i+\mathrm{j}Q_i=V_i\sum_{j\in N_i}Y_{i,j}^*V_j^*\end{aligned}\tag{6.112}$$

式中：P_i，Q_i，V_i 分别表示节点 i 处的有功无功和电压；$\underline{V_i}$，$\overline{V}_i$ 表示节点 i 电压的下限和上限；N_i 表示由与节点 i 相连接的节点组成的向量。

此外，还可以添加一些其他约束，例如时间稳定性约束、电能质量约束、最大电流约束等，所有这些都是二次约束公式，因此 OPF 是具有非凸二次约束的非凸非线性问题。

（2）局部正规化。

注意，式（6.112）是具有基于局部成本和局部约束的特殊结构，因此可以利用这种结构来获得显式分布的公式。令与节点 i 关联的状态值成为实数

$$\boldsymbol{s}_i=\begin{bmatrix}\mathrm{Re}(V_i)\\\mathrm{Im}(V_i)\end{bmatrix}\tag{6.113}$$

并通过 $\boldsymbol{s}_{N_i}$ 表示节点 i 的邻近节点的状态集，即

$$\boldsymbol{s}_{N_i}=\{\boldsymbol{s}_j,j\in\boldsymbol{N}_i\}\tag{6.114}$$

通过这种方法，可以把式（6.112）写成如下形式

$$\begin{gathered}\min\sum_{i\in\boldsymbol{N}} f_i\left(P_i(\boldsymbol{s}_{N_i})\right)\\\text{w.r.t.}\ \boldsymbol{s}_{\boldsymbol{N}}\in\mathbb{R}^{2n},\ \text{s.t.}\ \boldsymbol{s}_{N_i}\in\boldsymbol{S}_i\end{gathered}\tag{6.115}$$

其中节点 i 处的局部约束是在式（6.116）的非凸二次集合中收集的。

$$\begin{aligned}\boldsymbol{S}_i=\Big\{\boldsymbol{s}_{N_i}\,|\,&\underline{P_i}\leqslant P_i\leqslant\overline{P}_i,\underline{Q}_i\leqslant Q_i\leqslant\overline{Q}_i\\&\underline{V_i}\leqslant|V_i|\leqslant\overline{V}_i,P_i+\mathrm{j}Q_i=V_i\sum_{j\in\boldsymbol{N}_i}Y_{i,j}^*V_j^*\Big\}\end{aligned}\tag{6.116}$$

（3）区域正规化。

为了获得更一般和灵活的结果，将（6.116）应用于区域形式。定义 $\boldsymbol{R}$ 区域，$\boldsymbol{R}=\{1,\cdots,r\}$。对于每一个属于 $\boldsymbol{R}$ 的区域节点 $\boldsymbol{R}_k$，有

$$\bigcup_{k\in \boldsymbol{R}} \boldsymbol{R}_k = \boldsymbol{N} \tag{6.117}$$

在区域 $\boldsymbol{R}_k$，定义：

1）局部参与优化过程的状态索引

$$\boldsymbol{V}_k = \bigcup_{j\in \boldsymbol{R}_k} \boldsymbol{N}_j \tag{6.118}$$

2）局部约束

$$\boldsymbol{Q}_k = \bigcap_{j\in \boldsymbol{R}_k} \boldsymbol{S}_j \tag{6.119}$$

3）局部的总成本

$$F_k(\boldsymbol{s}_{\boldsymbol{V}_k}) = \sum_{j\in \boldsymbol{R}_k} \xi_{k,j} f_j(P_j(\boldsymbol{s}_{\boldsymbol{N}_j})) \tag{6.120}$$

式中：正常数 $\xi_{k,j}$ 表示在区域 k 中考虑成本函数 f_j 的系数。对于不重叠的区域，$\xi_{k,j}=1$，因为每个节点 j 都属于一个唯一的区域。当区域重叠时，一个节点可以属于多个区域，因此必须满足 $\xi_{k,j}\geqslant 0$ 并且 $\sum_{k\in\{k|\ j\in \mathcal{R}_k\}} \xi_{k,j}=1$，从而总成本不变，满足 $\sum_{k\in \mathcal{R}} F_k = \sum_{i\in \mathcal{N}} f_i$，则式(6.115)可以等价地表示为如下形式

$$\begin{aligned} &\min \textstyle\sum_{k\in \boldsymbol{R}} F_k(\boldsymbol{s}_{\boldsymbol{V}_k}) \\ &\text{w.r.t. } \boldsymbol{s}_{\boldsymbol{N}} \in \mathbb{R}^{2n},\ \text{s.t. } \boldsymbol{s}_{\boldsymbol{V}_k} \in \boldsymbol{Q}_k \end{aligned} \tag{6.121}$$

（4）冗余区域形式化。

将每个区域 k 关联一个状态，$\boldsymbol{x}_k = \mathbf{s}_{\mathcal{V}_j}$ 并且收集所有局部变量，与每个区域的状态进行关联，并将全局状态定义为 $\boldsymbol{x}=\boldsymbol{x}_{\boldsymbol{R}}=\{\boldsymbol{x}_k, k\in \boldsymbol{R}\}$。因此可以用二维向量 $\boldsymbol{x}_{k,j}$ 表示 s_j 在 k 区域 j 节点的电压实部和虚部。

$$\boldsymbol{x}=\begin{bmatrix} \boldsymbol{x}_1 \\ \vdots \\ \boldsymbol{x}_R \end{bmatrix},\quad \boldsymbol{x}_k = [\boldsymbol{x}_{k,j}]_{j\in \boldsymbol{V}_k} \tag{6.122}$$

注意到状态 $\boldsymbol{s}_j$ 会在 $j\in \boldsymbol{V}_k$ 的区域被所有局部状态 $\boldsymbol{x}_k$ 所复制，从而有了 $\boldsymbol{M}_j$ 的集合

$$\boldsymbol{M}_j = \{k\in \boldsymbol{R} |\ j\in \boldsymbol{V}_k\} \tag{6.123}$$

因此，式（6.121）可以用下面的形式进行表示，这将是我们的参考设置。

$$\begin{aligned} &\min \textstyle\sum_{k\in \boldsymbol{R}} F_k(\boldsymbol{x}_k) \\ &\text{w.r.t. } \boldsymbol{x}\in \boldsymbol{Q}=\boldsymbol{Q}_1\times \boldsymbol{Q}_2\times\cdots\times \boldsymbol{Q}_R \\ &\text{s.t. } \boldsymbol{x}_{k,j}=\boldsymbol{x}_{h,j}, j\in \boldsymbol{N}, h,k\in \boldsymbol{M}_j, h\neq k \end{aligned} \tag{6.124}$$

2. ADMM 概述

拟解决以下问题:

$$\begin{aligned} &\min\ G_1(\boldsymbol{x})+G_2(\boldsymbol{z}) \\ &\text{w.r.t. } \boldsymbol{x}\in C_1, \boldsymbol{z}\in C_2 \\ &\text{s.t. } \boldsymbol{A}\boldsymbol{x}=\boldsymbol{z} \end{aligned} \tag{6.125}$$

式中：G_1 和 G_2 是目标函数；z 是 ADMM 辅助变量；C_1 和 C_2 是变量的可行域；$Ax=z$ 是约束条件。引入对偶变量 p 和正惩罚参数 c，形成增广拉格朗日函数

$$L(x,z,p)=G_1(x)+G_2(z)+p^{\mathrm{T}}(Ax-z)+\frac{c}{2}\|Ax-z\|^2 \tag{6.126}$$

ADMM 包括以下迭代：

$$\begin{aligned} x_{t+1}&=\arg\min_{x\in C_1} L(x,z_t,p_t)\\ z_{t+1}&=\arg\min_{z\in C_2} L(x_{t+1},z,p_t)\\ p_{t+1}&=p_{t+c}(Ax_{t+1}-z_{t+1}) \end{aligned} \tag{6.127}$$

对于可分离的目标函数和稀疏矩阵，ADMM 迭代过程式（6.127）提供了分布式解决方案。在凸场景中，收敛可以通过检查 Γ_t 来控制，Γ_t 被保证是递减的，并且收敛到零。

$$\Gamma_t=\left\|\begin{matrix} z_{t+1}-z_t\\ \frac{1}{c}(p_{t+1}-p_t)\end{matrix}\right\|=\left\|\begin{matrix} z_{t+1}-z_t\\ Ax_{t+1}-z_{t+1}\end{matrix}\right\| \tag{6.128}$$

3. 分布式算法的设计

为了获得一种完全分布式的算法，考虑将 ADMM 与 OPF 问题式（6.124）适当匹配。

（1）紧凑的 ADMM 公式。

该公式是在假设 $G_2(z)=0$ 的条件下得到的。C_2 是一个线性空间，具有相关的正交投影矩阵 L，以及对于任意向量 x_0 初始值为 $p_0=\mathbf{0}$，并且 $z_0=LAX_0$。在这个基础上，z_t 是 x_t 的一个线性映射，并且状态 p_t 可以在降维状态下变成 m_t，从而有

$$\begin{aligned} m_t&=\frac{1}{c}D^{\dagger}A^{\mathrm{T}}p_t\\ z_t&=LAx_t \end{aligned} \tag{6.129}$$

这些关系使得 ADMM 可以用下面的公式进行迭代

$$\begin{aligned} x_{t+1}&=g(x_t-Ux_t-m_t)\\ m_{t+1}&=m_t+Ux_{t+1} \end{aligned} \tag{6.130}$$

$$\begin{aligned} &g(y)=\arg\min_{x\in C_1} G_1(x)+\frac{c}{2}(x-y)^{\mathrm{T}}D(x-y)\\ &D=A^{\mathrm{T}}A\geqslant \mathbf{0}\\ &U=A^{\dagger}(I-L)A,\quad A^{\dagger}=D^{\dagger}A^{\mathrm{T}} \end{aligned} \tag{6.131}$$

式中：“†”表示伪逆矩阵运算，起点是任意的 x_0，并且 $m_0=\mathbf{0}$；D 是 ADMM 的内存矩阵；U 是 ADMM 混合矩阵；A 是 ADMM 等价矩阵。

在这种情况下，Γ_t 式（6.127）可以通过使用式（6.128）来重新解释，并且得到

$$\begin{aligned} \Gamma_t^2&=\|x_{t+1}-x_t\|_{D(I-U)}^2+\|x_{t+1}\|_{DU}^2\\ &=\|x_{t+1}-x_t\|_{D(I-U)}^2+\|m_{t+1}-m_t\|_{DU^{\dagger}}^2 \end{aligned} \tag{6.132}$$

式中：$\| \boldsymbol{x} \|_{\boldsymbol{M}} = \boldsymbol{x}^{\mathrm{T}} \boldsymbol{M} \boldsymbol{x}$ 表示由矩阵加权的 M 范数。对于一个对角矩阵 $\boldsymbol{D}$，测量 Γ_t 可以使用 $\boldsymbol{x}_t$ 和 $\boldsymbol{u}_t = \boldsymbol{U}\boldsymbol{x}_t$ 进行计算，并且其计算时间可以忽略不计。

（2）关于参数 c 的说明。

通过在 $g(\boldsymbol{y})$的定义中进行如下设置

$$c = 2 \tag{6.133}$$

并且调整 $A \to A\sqrt{c/2}$，可以得到式（6.130）、式（6.131）的等效公式。

（3）基于区域的分布式算法的选择。

现在给出一个明确的函数形式 $\boldsymbol{G}_1$，集合 $\boldsymbol{C}_1$ 和 $\boldsymbol{C}_2$ 以及矩阵 $\boldsymbol{A}$，$\boldsymbol{D}$ 和 $\boldsymbol{U}$。

函数 $\boldsymbol{G}_1$ 选择可分离函数

$$G_1(\boldsymbol{x}) = F_1(\boldsymbol{x}_1) + F_2(\boldsymbol{x}_2) + \cdots + F_R(\boldsymbol{x}_R) \tag{6.134}$$

集合 $\boldsymbol{C}_1$ 设定为笛卡尔积

$$\boldsymbol{C}_1 = \mathcal{Q}_1 \times \mathcal{Q}_2 \times \cdots \times \mathcal{Q}_R \tag{6.135}$$

并且设定 $\boldsymbol{G}_2(\boldsymbol{z}) = 0$ 符合 ADMM 的紧凑原则。

选择矩阵 $\boldsymbol{A}$ 和集合 $\boldsymbol{C}_2$ 使得式（6.124）相等。为每个节点定义一个对称权重矩阵，从而令每个节点 j 中的$[\boldsymbol{x}_{k,j}]_{k\in \boldsymbol{M}_j}$ 相等。对称权重矩阵如下

$$\boldsymbol{a}_j = [a_{j,h,k}]_{h,k\in \boldsymbol{M}_j}, \quad a_{j,h,k} = a_{j,k,h} \tag{6.136}$$

其中，$a_{j,h,k} \neq 0$ 表示区域 k 和区域 h 之间存在可用的通信信道，从而能够交换 $x_{h,j}$ 和 $x_{k,j}$。假设

$$a_{j,k,h} \geqslant 0 \tag{6.137}$$

并且假设 a_j 所表示的图是连通的，从而保证节点 j 每个值的一致性，并且可以自由设置 $a_{j,h,h} = 0$，即不存在自环。注意到要求 a_j 所表示的图是连通的，且是一个非常弱的条件，因为它相当于在节点 j 与相邻区域 $k \in \boldsymbol{M}_j$ 交换节点信息。

然后通过下式来获得（6.124）中的等式

$$\sqrt{a_{j,h,k}}\,\boldsymbol{x}_{k,j} = \boldsymbol{z}_{j,h,k}, \quad \boldsymbol{z}_{j,h,k} = \boldsymbol{z}_{j,k,h} \tag{6.138}$$

这使得所有 $\boldsymbol{x}_{k,j}$ 之间是等价的，因为基础图是连通的，并且 a_j 是对称的。

为了从式（6.138）得到明确的矩阵 $\boldsymbol{A}$ 和投影矩阵 $\boldsymbol{L}$ 的表达式，我们引入了置换矩阵，它重新排序向量 $\boldsymbol{x}$，将相同数量的复制组合在一起，即

$$\Pi = \begin{bmatrix} [\boldsymbol{x}_{k,1}]_{k\in \boldsymbol{M}_1} \\ \vdots \\ [\boldsymbol{x}_{k,N}]_{k\in \boldsymbol{M}_n} \end{bmatrix} \tag{6.139}$$

并定义矩阵

$$\boldsymbol{A}_j = \mathrm{diag}\,(\boldsymbol{A}_{j,k}, k\in \boldsymbol{M}_j), \quad \boldsymbol{A}_{j,k} = \left[\sqrt{a_{j,h,k}}\right]_{h\in \boldsymbol{M}_j} \tag{6.140}$$

其中 $\boldsymbol{A}_{j,k}$ 是列向量，矩阵 $\boldsymbol{A}$ 以对角矩阵形式给出

$$\boldsymbol{A} = \left(\mathrm{diag}\left(\boldsymbol{A}_1, \cdots, \boldsymbol{A}_N\right) \otimes \boldsymbol{I}_2\right)\Pi \tag{6.141}$$

⊗是克罗内克乘积。选择集合 $\boldsymbol{C}_2$ 作为线性空间（凸集），并且假定 $z_{j,h,k}$ 是对称形式。通过式（6.142）置换矩阵来交换 $z_{j,h,k}$ 和 $z_{j,k,h}$。

$$\Pi_j[z_{j,h,k}]_{h,k\in\boldsymbol{M}_j}=[z_{j,k,h}]_{h,k\in\boldsymbol{M}_j} \tag{6.142}$$

与 $\boldsymbol{C}_2$ 相关的投影矩阵 $\boldsymbol{L}$ 为

$$\boldsymbol{L}=\mathrm{diag}(\boldsymbol{L}_1,\cdots,\boldsymbol{L}_N)\otimes\boldsymbol{I}_2,\quad \boldsymbol{L}_j=\frac{1}{2}(\boldsymbol{I}+\Pi_j) \tag{6.143}$$

注意，a_j 的一些零值项使得一些 $z_{j,h,k}$ 变成零，在 ADMM 算法中没有得到有效的使用，它们可能被舍弃。

上述选择的直接结果是矩阵 $\boldsymbol{D}$ 和混合矩阵 $\boldsymbol{U}$ 的紧凑表达式。

$$\begin{aligned}&\boldsymbol{D}=\Pi^{\mathrm{T}}\left(\mathrm{diag}(\boldsymbol{D}_1,\cdots,\boldsymbol{D}_N)\otimes\boldsymbol{I}_2\right)\Pi\\&\boldsymbol{D}_j=\mathrm{diag}(\boldsymbol{a}_j\boldsymbol{1})\end{aligned} \tag{6.144}$$

$$\begin{aligned}&\boldsymbol{U}=\Pi^{\mathrm{T}}(\mathrm{diag}(\boldsymbol{U}_1,\cdots,\boldsymbol{U}_N)\otimes\boldsymbol{I}_2)\Pi\\&\boldsymbol{U}_j=\frac{1}{2}\mathrm{diag}(\boldsymbol{a}_j\boldsymbol{1})^{\dagger}(\mathrm{diag}(\boldsymbol{a}_j\boldsymbol{1})-\boldsymbol{a}_j)\end{aligned} \tag{6.145}$$

注意，如果 $\boldsymbol{M}_j>1$，网络连接确保了 $\boldsymbol{D}_j$ 是正定的，因此也是可逆的，但这在 $\boldsymbol{M}_j=1$ 的情况下是不能保证的，因为选择 $a_j=[0]$可以使 $\boldsymbol{D}_j=0$。

4. 分布式 OPF 求解办法

（1）分布式算法。

下面介绍分布式 OPF 求解办法。

初始化：

1）初始化局部电压 $\boldsymbol{v}_k=[v_{k,j}]_{j\in\boldsymbol{V}_k}$；

2）重置寄存器 $m_{k,j}=m_{k,j}+u_{k,j},j\in\boldsymbol{V}_k$。

迭代开始之后：

1）通过式（6.146）更新局部电压

$$\boldsymbol{v}_k=\underset{\boldsymbol{v}\in\boldsymbol{Q}_k}{\mathrm{argmin}}\,F_k(\boldsymbol{v})+\sum_{j\in\boldsymbol{V}_k}d_{j,k}\left|v_j-\beta_{k,j}\right|^2 \tag{6.146}$$

2）将边界值 $v_{k,j},j\in\boldsymbol{O}_k$ 传送到相邻区域；

3）从邻域 h 接收边界值 $v_{h,j},j\in\boldsymbol{O}_h$；

4）用式（6.147）评估混合值

$$u_{k,j}=\begin{cases}0 & ,\boldsymbol{M}_j=1\\ \sum_{h\in\boldsymbol{M}_j}\dfrac{1}{2}\tilde{a}_{j,k,h}(v_{k,j}-v_{h,j}) & ,\boldsymbol{M}_j>1\end{cases} \tag{6.147}$$

5）定义 $\beta_{k,j}=v_{k,j}-u_{k,j}-m_{k,j},j\in\boldsymbol{V}_k$。

在并行处理算法中，电压使用复值表示法，即在复值标量 $v_{k,j}=x_{k,j,1}+\mathrm{j}x_{k,j,2}$ 表示法中,压缩了实值状态向量 $\boldsymbol{x}_{k,j}=[x_{k,j,1};x_{k,j,2}]$。用常数 $a_{j,k,h}$ 表示 $\tilde{a}_{j,k,h}$，同时在算法中使用的 $\tilde{a}_{j,k,h}$ 和 $d_{j,k}$ 由下式得到

$$\tilde{a}_{j,k,h} = \frac{a_{j,k,h}}{d_{j,k}}, \quad d_{j,k} = \sum\nolimits_{h \in \boldsymbol{M}_j} a_{j,k,h} \tag{6.148}$$

用集合 $\boldsymbol{O}_k$ 表示在其他区域中具有重复的节点 $\boldsymbol{V}_k$

$$\boldsymbol{O}_k = \bigcup_{j \in \boldsymbol{V}_k | \boldsymbol{M}_j \neq \{k\}} \{j\} \tag{6.149}$$

总的来说，该算法需要相邻区域矩阵 $\boldsymbol{a}_j$ 的局部信息。

在稳态下，OPF 问题式（6.112）的解决方案是 $\boldsymbol{V}_j = \{v_{k,j},\ k \in \boldsymbol{M}_j\}$，并且还可以通过式（6.128）确定收敛指标，该收敛指标可以表示为

$$\Gamma_t^2 = \sum\nolimits_{k \in \boldsymbol{R}, j \in \boldsymbol{V}_k} d_{j,k} \operatorname{Re}[|v_{k,j,t+1} - v_{k,j,t}|^2 + v_{k,j,t+1}^* u_{k,j,t} + v_{k,j,t}^* (u_{k,j,t+1} - u_{k,j,t})] \tag{6.150}$$

当 Γ_t 低于给定的阈值时，可以认为算法收敛，在每个子系统中，可以根据所需的精度设置收敛阈值。

观察到局部问题维数等价于 $\boldsymbol{V}_k$ 的维数。为了获得有效的算法，必须保持较低的维数。每当区域 $\boldsymbol{R}_k$ 全连通并与相邻区域有几个连接时，就会控制这种维度。这种分区在实际网络中总是可能的（因为它们是稀疏的），并且进一步保证了与相邻节点的消息交换数量是有限的。还可以通过灵敏度分析方法优化区域选择，以加快收敛速度。

关于并行处理算法中的消息交换，图 6－5 显示了一个 3 区域的案例研究，区域内消息交换用箭头表示。信息交换大多是从一个区域到相邻区域的直接交换，除了 $v_{3,5}^*$ 和 $v_{2,5}^*$ 之外，它们表示两个非邻区之间的交换。在后一种情况下，需要简单的两跳通信（或相当于本地广播消息），一般这是最坏的情况。同时矩阵 $\boldsymbol{a}_j$ 的局部信息对应与图 6－5 等效的消息交换。

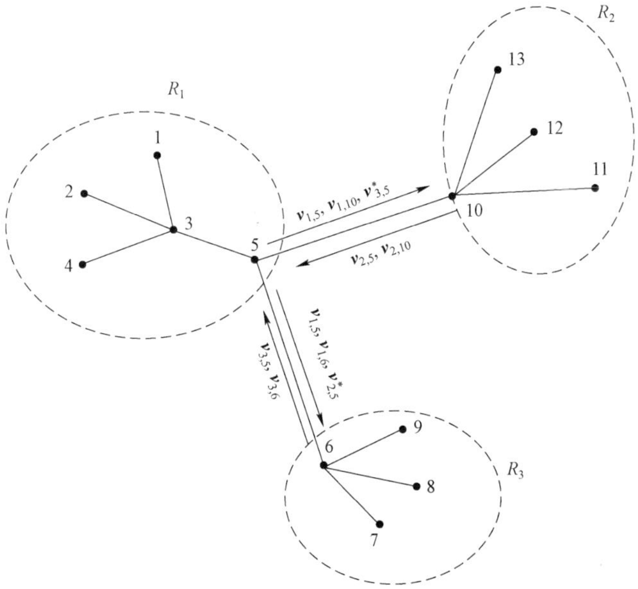

图 6－5　区域之间的消息交换示例

（2）算法收敛。

由于 ADMM 只保证在凸优化中收敛，而 OPF 是一个非凸问题，所以分布式求解一般不

保证收敛。然而，在一些弱假设下，可以给出收敛保证。具体而言，有以下定理。

定理：假设子问题（6.146）写为式（6.151）时，原始间隙为零，则

$$\boldsymbol{v}_k = \underset{\boldsymbol{v}\in\mathcal{Q}_k, \boldsymbol{u}=\boldsymbol{v}}{\arg\min} F_k(\boldsymbol{v}) + \sum_{j\in\boldsymbol{V}_k} d_{j,k}\left|u_j - \beta_{k,j}\right|^2 \tag{6.151}$$

可以有以下结论：

1）如果原问题（6.124）原对偶间隙为零，则并行处理算法保证收敛到原对偶解，并且Γ_t为收敛到0的递减函数；

2）如果原始问题（6.124）原对偶间隙非零，则并行处理算法对于v_k和m_k至少一个发散，并且Γ_t也发散。

6.4.3 基于智能分区的OCD分布式最优潮流

本节介绍了一种分区方法，在保证求解质量的条件下尽可能最小化收敛时间。最优分区是分布式方法相对于集中式方法节省最多时间的分区。哪种分区是最优分区取决于分布式求解所考虑的优化问题。接下来给出了交流OPF问题的公式和本节使用的分布式求解方法，即最优条件分解（OCD）。然后引入了一个度量区域之间耦合的参数，在此基础上，提出了一种智能分区方法，并描述了确定最优分区所需的步骤。

1. 问题描述

（1）AC－OPF。

本文考虑的AC－OPF问题[1]描述如下

$$\min_{\boldsymbol{p}_G,\boldsymbol{q}_G,\boldsymbol{v},\boldsymbol{\theta}} f(\boldsymbol{p}_G) = \sum_{i=1}^{G}(a_i p_{G_i}^2 + b_i p_{G_i} + c_i) \tag{6.152}$$

约束如下

$$\sum\nolimits_{i\in\Lambda_j} p_{G_i} - P_{D_j} = v_j \sum\nolimits_{k\in\Omega_j} v_k(g_{jk}\cos(\theta_j-\theta_k) + b_{jk}\sin(\theta_j-\theta_k)) \quad j\in\{\varPsi_{PQ},\varPsi_{PV}\} \tag{6.153}$$

$$\sum\nolimits_{i\in\Lambda_j} q_{G_i} - Q_{D_j} = v_j \sum\nolimits_{k\in\Omega_j} v_k(g_{jk}\sin(\theta_j-\theta_k) - b_{jk}\cos(\theta_j-\theta_k)) \quad j\in\varPsi_{PQ} \tag{6.154}$$

$$\begin{gathered} v_j - V_{j,PV} = 0, j\in\varPsi_{PV},\varPsi_{\text{slack}} \\ \theta_j = 0, j\in\varPsi_{\text{slack}} \\ V_j^{\min} \leqslant v_j \leqslant V_j^{\max};\quad j=1,\cdots,B \\ P_{Gi}^{\min} \leqslant p_{Gi} \leqslant P_{Gi}^{\max};\quad i=1,\cdots,G \end{gathered} \tag{6.155}$$

式中：a_i、b_i和c_i是发电机i的成本曲线系数；B和G表示母线和发电机的总数，P_{Dj}和Q_{Dj}表示节点j处的有功功率和无功功率；Λ_j和Ω_j分别表示与母线j相连的发电机和母线的集合；变量v_j和θ_j是母线j的电压幅值和相角，p_{Gi}和q_{Gi}表示发电机i产生的有功和无功；固定值$V_{j,PV}$表示PV节点的指定电压幅值；$V_j^{\min},V_j^{\max},P_{Gi}^{\min},P_{Gi}^{\max}$表示电压幅值和有功出力的限制；$\varPsi_{PQ},\varPsi_{PV}$和$\varPsi_{\text{slack}}$对应于PQ节点、PV节点和平衡节点的集合。对于分区方法的推导，首先忽略了线路容量的限制。

为了实现分布式优化，将集中的 OPF 分解为子问题。首先，每个变量被分配给一个特定的子问题。其中，与一个节点相关的变量，如电压幅值、电压相角等，分配给同一子问题。这些变量集形成的集中式问题由下式给出

$$\min_{\boldsymbol{x}_a}\sum_{a=1}^{N} f_a(\boldsymbol{x}_a) \tag{6.156}$$

$$\begin{aligned}\text{s.t. } & \boldsymbol{c}_a(\boldsymbol{x}_1,\cdots,\boldsymbol{x}_N)\leqslant 0,\quad a=1,\cdots,N\\ & \boldsymbol{s}_a(\boldsymbol{x}_a)\leqslant 0,\quad a=1,\cdots,N\end{aligned} \tag{6.157}$$

式中：N 是子问题或区域的总数；$\boldsymbol{x}_a$ 包括分配给区域 a 的变量。第一个约束被定义为复杂约束，因为它包含来自多个区域的变量。第二个约束被定义为非复杂约束，因为它只包含来自一个区域的变量。请注意，两个约束中既包括等式约束，也包括不等式约束，其中不等式约束采用内点方法处理。在本节的 OPF 问题中，复杂约束包括位于在区域边界节点上的潮流平衡方程，而其他约束被认为是非复杂约束。

（2）最优条件分解法（OCD）。

在本节中，我们使用最优条件分解（OCD）以分布式的方式求解 ACOPF 问题。OCD 是拉格朗日松弛方法的一种扩展，它在拉格朗日和增广拉格朗日方法中表现出更好的收敛性。此外，还引入了 OCD 的扩展方法，通过添加一个修正项，进一步减少了分布式优化过程中的迭代次数。

在集中式优化方法中，要求解式（6.156）、式（6.157），首先可以通过在不等式约束的左侧添加一个非负松弛变量来将所有不等式约束转化为等式约束，然后导出拉格朗日函数

$$\boldsymbol{L}=\sum_{a=1}^{N} f(\boldsymbol{x}_a)+\boldsymbol{\lambda}_a^{\mathrm{T}}\boldsymbol{c}_a(\boldsymbol{x}_1,\cdots,\boldsymbol{x}_N)+\boldsymbol{\gamma}_a^{\mathrm{T}}\boldsymbol{s}_a(\boldsymbol{x}_a) \tag{6.158}$$

其中，$\boldsymbol{\lambda}_a$ 和 $\boldsymbol{\gamma}_a$ 是拉格朗日乘子，并使用牛顿拉夫逊法找到相关 KKT 条件的解。注意式（6.158）中的 $\boldsymbol{c}_a(\boldsymbol{x}_1,\cdots,\boldsymbol{x}_N)$ 和 $\boldsymbol{s}_a(\boldsymbol{x}_a)$ 都是等式约束，目标函数包括与内点法关联的障碍项。用 $\boldsymbol{z}$ 表示需要确定的所有变量，包括拉格朗日乘子，上述过程等价于求解以下线性方程组以获得变量 $\Delta\boldsymbol{z}$ 的更新

$$\boldsymbol{H}_{sys}\Delta\boldsymbol{z}=-\boldsymbol{r} \tag{6.159}$$

其中

$$\boldsymbol{H}_{sys}=\nabla_z^2\boldsymbol{L};\quad \boldsymbol{r}=\nabla_z\boldsymbol{L} \tag{6.160}$$

在这里，$\boldsymbol{r}$ 表示 KKT 条件，它们都必须在最优解上为零才能停止算法。$\boldsymbol{H}_{sys}$ 表示 KKT 条件的雅可比矩阵。请注意，$\boldsymbol{H}_{sys}$ 是一个对称矩阵，根据分配给各变量的区域重新排列这些变量，式（6.159）被转换为

$$\boldsymbol{H}\begin{pmatrix}\Delta\boldsymbol{z}_1\\ \vdots\\ \Delta\boldsymbol{z}_N\end{pmatrix}=-\begin{pmatrix}\boldsymbol{r}_1\\ \vdots\\ \boldsymbol{r}_N\end{pmatrix} \tag{6.161}$$

其中

$$\boldsymbol{r}_a=\nabla_{z_a}\boldsymbol{L},\ a=1,\cdots,N \tag{6.162}$$

$$\boldsymbol{H}=\begin{pmatrix}\boldsymbol{H}_{11} & \cdots & \boldsymbol{H}_{1N}\\ \vdots & \ddots & \vdots\\ \boldsymbol{H}_{N1} & \cdots & \boldsymbol{H}_{NN}\end{pmatrix} \tag{6.163}$$

$$\boldsymbol{H}_{ab}=\nabla^2\boldsymbol{L}_{z_a,z_b},\quad a,b=1,\cdots,N \tag{6.164}$$

在 OCD 中，通过将非对角块元素，即 H_{ab} 中 $a\neq b$ 的元素，设置为零来解耦子问题。因此，在式（6.161）中，$\boldsymbol{H}$ 被 $\overline{\boldsymbol{H}}$ 所取代

$$\overline{\boldsymbol{H}}=\begin{pmatrix}\boldsymbol{H}_{11} & \cdots & \boldsymbol{0}\\ \vdots & \ddots & \vdots\\ \boldsymbol{0} & \cdots & \boldsymbol{H}_{NN}\end{pmatrix} \tag{6.165}$$

因此，子问题解耦后，每个区域都可以执行以下牛顿—拉夫逊步骤：

$$\Delta\boldsymbol{z}_a=-\boldsymbol{H}_{aa}^{-1}\cdot\boldsymbol{r}_a \tag{6.166}$$

并更新其变量 $\boldsymbol{z}_a\leftarrow\boldsymbol{z}_a+\Delta\boldsymbol{z}$。更新之后，在子问题之间交换与边界节点相关联的变量的更新值，以便能够计算 $\boldsymbol{H}_{aa}$ 和 $\boldsymbol{r}_a$。

（3）在 OCD 更新中添加修正项。

在 OCD 方法中，计算每个区域中变量的更新忽略了每次迭代区域间的耦合，这导致迭代次数增加。为了进一步提高 OCD 的收敛性能，根据式（6.165）中的更新增加一个修正项

$$\Delta\boldsymbol{z}_a=\boldsymbol{H}_{aa}^{-1}\cdot(-\boldsymbol{r}_a+\hat{\boldsymbol{r}}_a) \tag{6.167}$$

这里的想法是通过选择 $\hat{\boldsymbol{r}}_a$，以补偿将 Hessian 矩阵中的非对角元素设置为零而造成的部分误差。下面给出了一个简单情况的修正项的推导，其中原问题被划分为两个子问题

$$\begin{bmatrix}\boldsymbol{H}_{11} & \boldsymbol{H}_{12}\\ \boldsymbol{H}_{21} & \boldsymbol{H}_{22}\end{bmatrix}\cdot\begin{bmatrix}\Delta\boldsymbol{z}_1\\ \Delta\boldsymbol{z}_2\end{bmatrix}=-\begin{bmatrix}\boldsymbol{r}_1\\ \boldsymbol{r}_2\end{bmatrix} \tag{6.168}$$

其中，

$$\begin{aligned}\Delta\boldsymbol{z}_1&=(\boldsymbol{H}_{11}-\boldsymbol{H}_{12}\boldsymbol{H}_{22}^{-1}\boldsymbol{H}_{21})^{-1}\cdot(-\boldsymbol{r}_1+\boldsymbol{H}_{12}\boldsymbol{H}_{22}^{-1}\cdot\boldsymbol{r}_2)\\ &\approx\boldsymbol{H}_{11}^{-1}\cdot(-\boldsymbol{r}_1+\boldsymbol{H}_{12}\boldsymbol{H}_{22}^{-1}\cdot\boldsymbol{r}_2)\end{aligned} \tag{6.169}$$

$$\begin{aligned}\Delta\boldsymbol{z}_2&=(\boldsymbol{H}_{22}-\boldsymbol{H}_{21}\boldsymbol{H}_{11}^{-1}\boldsymbol{H}_{12})^{-1}\cdot(-\boldsymbol{r}_2+\boldsymbol{H}_{21}\boldsymbol{H}_{11}^{-1}\cdot\boldsymbol{r}_1)\\ &\approx\boldsymbol{H}_{22}^{-1}\cdot(-\boldsymbol{r}_2+\boldsymbol{H}_{21}\boldsymbol{H}_{11}^{-1}\cdot\boldsymbol{r}_1)\end{aligned} \tag{6.170}$$

式（6.169）和式（6.170）中的近似是合理的，因为 $\boldsymbol{H}_{12}\boldsymbol{H}_{22}^{-1}\boldsymbol{H}_{21}$ 和 $\boldsymbol{H}_{21}\boldsymbol{H}_{11}^{-1}\boldsymbol{H}_{12}$ 是稀疏的。因此，将上述推导推广到 N 个子问题中，修正项近似为

$$\hat{\boldsymbol{r}}_a=\sum_{b=1,b\neq a}^{N}\boldsymbol{H}_{ab}\boldsymbol{H}_{bb}^{-1}\cdot\boldsymbol{r}_b \tag{6.171}$$

由于 $\boldsymbol{H}_{ab}$ 和 $\boldsymbol{r}_b$ 的稀疏性，所得到的 $\boldsymbol{H}_{ab}\boldsymbol{H}_{bb}^{-1}\cdot\boldsymbol{r}_b$ 也是稀疏的，因此只需要与相邻区域交换非零元素。

2. 耦合参数

在介绍分区方法之前，首先介绍耦合参数，这是评估分区性能的关键指标。下面是 OCD 的收敛准则

$$c=\rho(\boldsymbol{I}-\overline{\boldsymbol{H}}^{*-1}\boldsymbol{H}^{*})<1 \tag{6.172}$$

其中，$\boldsymbol{I}$ 是恒等矩阵，ρ 表示谱半径，上标“*”表示这些矩阵是在最优点计算的。注意，如果 $\boldsymbol{H}^{*}$ 非常接近 $\overline{\boldsymbol{H}}^{*}$，则牛顿—拉夫逊方法的局部收敛性质可以得到保证，即 $\boldsymbol{H}^{*}$ 中的非对角块是相对稀疏的。在应用这种分解技术来实现电力系统中的分布式优化时，通常是满足这个条件的。较小的 c 表示子问题之间的耦合较小，因此迭代次数一般较少。因此，为了减少收敛时间，一种合理的方法是通过智能分区来最小化这个耦合参数 c。请注意，在这里，耦合是指区域之间的计算耦合，而不是纯粹的物理耦合。

现有的最小化矩阵谱半径的方法不适合应用于分布式优化问题，因为在这些方法中，需要事先显式地给出矩阵的结构，而在这一问题中，矩阵的结构取决于所选择的分区。因此，需要定义耦合参数与 $\boldsymbol{H}^{*}$ 结构之间的关系，然后构造 $\boldsymbol{H}^{*}$，使相应的 c 最小化。

为此，考虑了 $\boldsymbol{H}^{*}$ 和 $\overline{\boldsymbol{H}}^{*}$ 的结构以及相应耦合参数的值。图 6－6 显示了 IEEE 14 总线系统的三个不同的两个区域分区的 $\boldsymbol{H}^{*}$（第一行）和 $\overline{\boldsymbol{H}}^{*}$（第二行）的等高线，其中等高线图显示了矩阵的等值线。

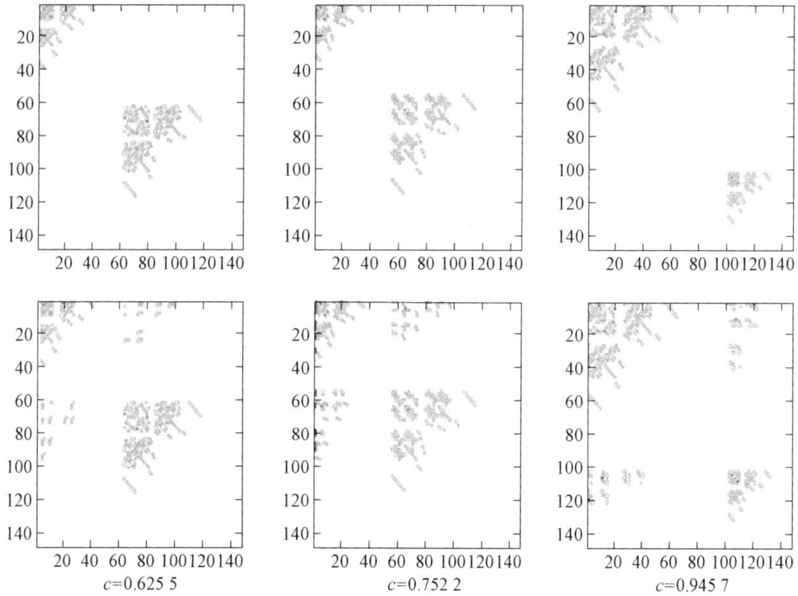

图 6－6　IEEE 14 总线系统两区域划分的 Hessian 矩阵的轮廓

与分区相关联的耦合参数的值 c 在矩阵 $\boldsymbol{H}^{*}$ 的等高线图中给出。如图 6－6 所示，如果与 $\overline{\boldsymbol{H}}^{*}$ 相比，$\boldsymbol{H}^{*}$ 的轮廓包含较少的非对角“噪声”，则耦合参数较小。因此，$\overline{\boldsymbol{H}}^{*}$ 中的非对角块应该包含尽可能多的绝对值较小的项。这个假设可以用以下简单的例子来证明。

假设一个系统被划分为两个子问题，具有以下 $\boldsymbol{H}^{*}$ 和 $\overline{\boldsymbol{H}}^{*}$ 矩阵：

$$\boldsymbol{H}^{*}=\begin{pmatrix}\boldsymbol{H}_{11} & \boldsymbol{H}_{12}\\ \boldsymbol{H}_{21} & \boldsymbol{H}_{22}\end{pmatrix},\quad \overline{\boldsymbol{H}}^{*}=\begin{pmatrix}\boldsymbol{H}_{11} & \boldsymbol{0}\\ \boldsymbol{0} & \boldsymbol{H}_{22}\end{pmatrix} \tag{6.173}$$

$\boldsymbol{H}_{12}=\boldsymbol{H}_{21}^{\mathrm{T}}$。令 $\boldsymbol{M}=\boldsymbol{I}-\overline{\boldsymbol{H}}^{*-1}\overline{\boldsymbol{H}}^{*}$，于是有

$$\boldsymbol{M}=\boldsymbol{I}-\begin{pmatrix}\boldsymbol{H}_{11}^{-1} & \boldsymbol{0}\\ \boldsymbol{0} & \boldsymbol{H}_{22}^{-1}\end{pmatrix}\begin{pmatrix}\boldsymbol{H}_{11} & \boldsymbol{H}_{12}\\ \boldsymbol{H}_{21} & \boldsymbol{H}_{22}\end{pmatrix}=\begin{pmatrix}\boldsymbol{0} & -\boldsymbol{H}_{11}^{-1}\boldsymbol{H}_{12}\\ -\boldsymbol{H}_{22}^{-1}\boldsymbol{H}_{21} & \boldsymbol{0}\end{pmatrix} \tag{6.174}$$

3. 智能分区

下面介绍一种智能分区方法，用于提供系统的最优分区，目的是优化分解方法的收敛性能。在该方法中，固定子系统的数量，寻找将系统划分为固定数量区域的最优方法。

（1）聚类方法。

该方法基于谱聚类。谱聚类是一种考虑目标数据集中任意两个元素之间的关联程度的图分区方法。在电力系统问题中，它对应于任意两个节点之间的计算耦合。与传统的图划分方法相比，谱聚类在聚类前更容易实现和形成更紧密的聚类。然而，与大多数启发式方法一样，谱聚类可能提供多个解。因此，可以通过选择具有最小耦合参数的分区，从这些解中选择最优分区方案。

由于聚类是在关联矩阵上进行的，并将具有较大关联程度的节点分组在一起，因此设计一种好的划分方法的关键是定义一个关联矩阵 A，它尽可能准确地量化节点之间的计算耦合。首先，定义任意两个变量之间的关联程度，基于与所考虑的 AC－OPF 问题相关的 Hessian 矩阵 $\boldsymbol{H}_{sys}^{*}$，如果 $\boldsymbol{H}_{sys}^{*}$ 中的 $H_{i,j}$ 表示拉格朗日函数相对于 i 和 j 的两个变量的二阶导数是非零的，那么这两个变量是耦合的，$H_{i,j}$ 的绝对值越大，通常耦合越强。请注意，系统中通常有多个变量与任何单个节点相关联。因此，在定义了变量之间的关联程度之后，任何两个节点之间的关联程度都可以对应于这两个节点相关变量的 $\boldsymbol{H}_{sys}^{*}$ 中元素的绝对值之和来评估。

请注意，对于特定的运行点，计算 $\boldsymbol{H}_{sys}^{*}$ 需要求解 AC－OPF 问题。这也意味着分区依赖于运行点。然而，$\boldsymbol{H}_{sys}^{*}$ 中的元素主要是线路导纳、每个母线的电压幅值、两个母线相角之间差异的正弦和余弦以及功率平衡的拉格朗日乘子的函数。由于电压幅值约为 1，电压相角约为 0，随着运行点变化最大的是作为拉格朗日乘子函数的元素。因此，虽然 $\boldsymbol{H}_{sys}^{*}$ 系统中的元素随运行点的变化而变化，但这一变化不应很大，特别是在没有线路拥挤的情况下。但是，如果存在线路拥塞，则拥塞线路约束的关联拉格朗日乘子将变为非零，因此可能导致最初分离的区域之间的耦合增加。为了合并线路约束，可以将所提出的分区方法应用于不同的负载级别，并为每个有不同线路拥塞的场景找到一个最优分区。

如果使用 $k=1,\cdots,m$ 和 $l=1,\cdots,n$ 来表示与两个节点 i 和 j 相关联的 $\boldsymbol{H}_{sys}^{*}$ 中元素 $H_{k,l}$ 的索引，那么关联矩阵中的任何元素 $A_{i,j}$ 可以用式（6.175）来计算

$$A_{i,j}=(1-w)\cdot\sum_{k=1}^{m}\sum_{l=1}^{n}\left|H_{k,l}\right|+w\cdot Y_{i,j} \tag{6.175}$$

其中，$Y_{i,j}$ 是导纳矩阵中的元素，$0\leqslant w\leqslant 1$ 表示关联矩阵中称重的权重。右侧的第一项通过汇总与节点 i 和 j 相关的 $\boldsymbol{H}_{sys}^{*}$ 中的所有元素来解释节点之间的耦合，而第二项通过添加具有一定权重的导纳矩阵来减少关联矩阵对运行点的依赖。事实上，如何最优地确定关联矩阵，仍然是谱聚类领域的一个悬而未决的问题。使用 $w=1$ 并不总是提供最优分区，因为需要计算耦合和物理耦合之间的良好平衡才能找到这种最优分区。通过将关联矩阵推导为式

(6.175)，在关联矩阵中较大的元素反映了任何两个节点之间较大的计算耦合。然后利用谱聚类，将耦合较显著的节点分组为一个区域，使 $\boldsymbol{H}^*$ 更接近块对角线，从而减小了耦合参数 c。

在导出关联矩阵后，应用谱聚类，可将给定的一组节点按以下步骤聚类到 N 个区域：

1）根据式（6.175）导出关联矩阵中的元素，若 $i \neq j$，设置 $A_{i,i}=0$；

2）定义对角矩阵 $\boldsymbol{D}$，其中 $D_{i,i}=\sum_{n=1}^{B} A_{i,n}$，并构造矩阵 $\boldsymbol{P}=\boldsymbol{D}^{-1/2}\boldsymbol{A}\boldsymbol{D}^{-1/2}$；

3）找出 $\boldsymbol{P}$ 的 N 个最大特征值，并将相应的特征向量叠加为列，形成矩阵 $\boldsymbol{V}$，然后将 $\boldsymbol{V}$ 的每一行重新规范化；

4）将 $\boldsymbol{V}$ 中的每一行作为数据点，并使用 K 均值算法将这些数据点聚类成 N 类；

5）如果 $\boldsymbol{V}$ 的第 i 行被分配给第 a 类，将节点 i 分配给第 a 类。

（2）实现步骤。智能分区方法的实现包括四个步骤：

第一步：初始化。此步骤的目的是计算 $\boldsymbol{H}_{sys}^*$ 并定义区域数 N。首先通过解决 AC－OPF 问题获得特定运行点的最优解，然后采用拉格朗日方程的二阶导数来计算 $\boldsymbol{H}_{sys}^*$。

第二步：关联矩阵 $\boldsymbol{A}$ 的定义。按式（6.175）计算关联矩阵 $\boldsymbol{A}$。$\boldsymbol{A}$ 是 $B \times B$ 矩阵，其中元素的索引对应于节点的索引。

第三步：聚类。利用基于关联矩阵 $\boldsymbol{A}$ 的谱聚类将节点聚类到 N 个区域。多次试验随机选择作为类的初始中心的质心。由于随机质心，可以找到多个可能的聚类解，这构成了最优解的搜索空间。

第四步：选择。计算步骤三中找到的聚类方案的耦合参数，选择最小耦合参数对应的解作为系统的最优分区。

如果上述分区方法作为函数，则输入是系统配置和指定的区域数，输出包括每个区域包含的节点。

6.5　互联大电网分布式优化分析算法比较

互联大电网的规模很大，这一大系统通常由许多调度中心进行调度，分布式/分散方法是这些调度部门之间进行协调的手段。表 6－9 给出了几种常见的互联大电网优化分析算法的比较。

表 6－9　　常见互联大电网优化分析算法比较

方法	ATC	ADMM	APP	OCD	C+I
类别	分布式	分布式	分散式	分散式	分散式
是否需要中央协调器	是	是	否	否	否
基础	增广拉格朗日松弛	增广拉格朗日松弛	增广拉格朗日松弛	KKT 条件	KKT 条件
共享信息	边界节点的电压相角	边界节点的电压相角	边界节点的电压相角	边界节点的电压相角以及功率平衡约束的拉格朗日乘子	边界节点的电压相角以及功率平衡约束的拉格朗日乘子

续表

方法	ATC	ADMM	APP	OCD	C+I
每次迭代计算量	大	大	大	大	小
每次迭代数据交换量	少	少	少	中等	多
停止准则	边界节点相角不匹配度	边界节点相角不匹配度	边界节点相角不匹配度	KKT 条件不匹配度	KKT 条件不匹配度

ATC 和 ADMM 两种方法的实现方法及性能都十分相似，它们都是分布式算法，需要一个中央协调器。可以把每个区域对应的 OPF 问题作为子问题，中央协调器解决的问题作为主问题。每个区域求解自己的子问题（子问题之间可以并行求解），然后发送一些从优化中获得的特定信息到主问题。在 ATC 和 ADMM 的每次迭代中，只需要中央协调器和各区域之间共享边界节点的电压相角信息，且每个区域只与协调器通信。因此，每次迭代的数据交换量较低，通信结构简单。而增加子问题和共享变量的数量会增加 ATC 和 ADMM 算法的计算量。所以，ATC 和 ADMM 非常适合于基于区域的 OPF 问题而不是节点 OPF 问题。

ATC 和 ADMM 算法的不同之处在于，经典的 ADMM 只有两个层次，即上层协调问题和下层子问题，而 ATC 的一般形式不限于两个层次，可以有多个层次，每个层次的 ATC 可能包括几个子问题，可以并行解决。因此，ATC 非常适合分层设计优化问题，可用于多电压等级的电力系统的多级管理。然而，由于 ATC 的分层决策，ATC 的实现可能比 ADMM 的实现要复杂一些。此外，ADMM 使用二阶惩罚项来松弛耦合变量之间的不一致，而 ATC 不局限于二阶惩罚函数进行松弛，可以采用线性、二次或指数函数实现松弛，这大大增强了 ATC 的灵活性，这是它的另一个优点。在 ADMM 中，每次迭代更新与惩罚函数线性项相关的拉格朗日乘子时，二次项的调谐参数是常数，而在 ATC 中，与线性项和二次项相关的拉格朗日乘子都需要根据耦合变量之间的差异进行迭代更新。综上所述，尽管 ATC 和 ADMM 之间有相似之处和不同之处，但中心协调器的存在可能会增加这两种方法的脆弱性，例如在协调级别（即中央协调器）上存在网络攻击或数据操纵的危险。

APP 方法的实现和收敛性能类似于 ATC 和 ADMM，且耦合变量也是边界节点上的电压相角，故在 APP 的每次迭代中，子问题之间的计算工作量和交换数据量也类似于 ATC 和 ADMM。然而，与 ATC 和 ADMM 不同的是，在 APP 中，增广拉格朗日的交叉迭代被线性化，并且通过解决一系列辅助问题来找到 OPF 问题的解。在 APP 中，所有子问题都可以并行求解，从而减少了整体计算时间。APP 是一种分散的算法，它只有一个管理级别，由区域的 OPF 子问题组成。与 ATC 和 ADMM 相比，这会降低 APP 对网络攻击或数据操作的敏感性，提高其安全性。但是，由于需要子问题之间的对等通信，通信结构不像 ATC 和 ADMM 那样简单。此外，越来越多的耦合变量增加了 APP 的计算量。因此，类似于 ATC 和 ADMM，APP 也更适用于解决基于区域的 OPF 问题，而不是节点 OPF 问题。

OCD 方法的优点在于它可以用来分解一般形式的优化问题，这些问题不一定需要凸，只需要满足相应收敛条件，它的收敛性就能成立。此外，在每次迭代时，只进行一个牛顿—拉夫逊步骤，而不是求解整个子问题，计算成本较低。然而，在求解优化问题之前，收敛条件通常很难检验。虽然经验结果表明，一般收敛条件适用于具有较少分区的测试系统，却不适用于更复杂的大规模电力系统，特别是用于解决非凸问题。在收敛条件不成立的情况下，需要部署额外的方法，如 GMRES 或预处理，这需要更多的计算量。

C+I 方法在每次迭代时在子问题间交换有限信息。值得注意的是 C+I 需要所有子问题都就公共变量达成共识。因此，与基于增广拉格朗日的方法相比，它需要更多次的迭代。然而，C+I 方法每次迭代的求解过程都比基于增广拉格朗日松弛的方法快。

OCD 算法和 C+I 算法都以分布式方式直接求解 KKT 条件，每次迭代的计算工作量都很低。然而，这两种方法处理 KKT 条件的方式不同，其中 OCD 执行一个牛顿—拉夫逊步骤来计算变量的更新，而不是找到 KKT 条件的精确解，而 C+I 使用显式连续更新原始变量和对偶变量。C+I 和 OCD 的另一个主要区别是它们所提供的分布式水平。C+I 可以在节点或区域级别使用，OCD 仅适用于区域级的优化问题。此外，OCD 可以推广到非凸问题，而 C+I 对于非凸问题的适用性还待进一步研究。最后，与增广拉格朗日松弛的方法相比，即 ADMM、ATC 和 APP 进行比较，C+I 直接求解了 KKT 条件，并且在迭代过程中不需要解决优化问题。

参考文献

[1] X. Bai, H. Wei, K. Fujisawa, Y. Wang. “Semidefinite programming for optimal power flow problems.” Int. J. Elect. Power Energy Syst., vol 30. nos 6－7. pp 383－392. 2008.

[2] J. Lavaei, S. H. Low. Zero duality gap in optimal power flow problem. IEEE Trans. Power Syst., vol. 27. no. 1. pp. 92－107. Feb. 2012.

[3] M. Farivar, S. H. Low. Branch flow model: Relaxations and convexification—Part I. IEEE Trans. Power Syst., vol 28, no. 3. pp. 2554－2564, Aug. 2013.

[4] M. Farivar, S. H. Low. Branch flow model: Relaxations and convexification—Part II. IEEE Trans. Power Syst., vol 28. no. 3. pp. 2565－2572, Aug 2013.

[5] M. Farivar, C. R. Clarke, S. H. Low, K. M. chandv. Inverter var control for distribution systems with renewables. in Proc. IEEE SmartGridComm Conf, Oct. 2011. pp. 457－462.

[6] S. Bose, S. H. Low, T. Teeraratkul, B Hassibi. Equivalent relaxations of optimal power flow. IEEE Trans. Autom. Control, vol. 60. no. 3. pp. 729－742. Mar. 2015.

[7] S. H. Low. Convex relaxation of optimal power flow—Part I: formulations and equivalence, IEEE Trans. Control Netw. Syst., vol. 1, no. 1. pp 15－27. Mar. 2014.

[8] D Bienstock, A. verma. Strong NP-hardness of AC power flows feasibility. arXiv:1512.07315, Dec. 215.

[9] K. Lehmann, A. Grastien, P. Van Hentenryck. AC-feasibility on tree networks is NP-hard. IEEE Trans. Power Syst., vol. 31. no. 1. pp. 798－801, Jan. 2016.

[10] Todd MJ. Semidefinite optimization. Acta Numer 2001:10: 515－60.

[11] E. Dall’Anese, H. Zhu, G. B Giannakis. Distributed optimal power flow for smart microgrids. IEEE Trans. Smart Grid. vol. 4 no. 3. pp. 1464－1475 Sep. 2013.

[12] L. Gan, S. H. Low. Convex relaxations and linear approximation for optimal power flow in multiphase radial networks. in Proc. 18th Power Syst. Comput. Conf (PSCC), Wroclaw,

Poland. Aug. 2014. pp 1 – 9.

[13] B. Zhang, D. Tse. Geometry of feasible injection region of power networks. To appear in proc. Allerton, 2011.

[14] R. E. Tarjan, M. Yannakakis. Simple linear-time algorithms to test chordality of graphs, test acyclicity of hypergraphs, and selectively reduce acyclic hypergraphs. Philadelphia PA. USA:Society for Industrial and Applied Mathematics, July 1984, vol 13.

[15] D. R Fulkerson, O. A Gross. Incidence matrices and interval graph. Pacific J. Math., vol.15.no.3, pp. 835 – 855, 1965.

[16] R. E. Neapolitan. Probabilistic reasoning in expert systems:theory and algorithms. New York, NY, USA: John Wiley & Sons Inc., 1990.

[17] E. A. Akkoyunlu. The enumeration of maximal cliques of large graphs, SIAM Journal on Computing. vol 2, pp. 1 – 6, 1973.

[18] A. Kargarian et al. Toward distributed/decentralized DC optimal power flow implementation in future electric power systems, IEEE Transactions on Smart Grid, vol.9, no. 4, pp. 2574-2594, July 2018, doi: 10.1109/TSG.2016.2614904.

第 7 章

高性能计算技术在互联大电网优化计算中的应用

随着互联大电网规模的不断扩大和模型的复杂化，其运行分析、优化和控制等环节都对计算的实时性和精确性提出了更高的要求[1-5]。传统的基于串行执行的计算方法不足以提供强大的计算能力来满足安全分析、暂态仿真等方面的需求，这促使研究人员重视高性能计算的研究，通过更高效的计算方法为能源互联网的安全稳定运行提供重要保障。

目前，高性能技术在电力系统领域已得到较为广泛的应用。电力系统高性能计算兴起于 20 世纪 80 年代，主要在实验并行机上进行计算，成本昂贵且研究成果有限。2000 年后，随着硬件水平的提高和相关数学理论、计算机算法的发展，电力系统高性能计算重新成为研究热点，并运用到更加多样化、复杂化的电力系统问题中[6]。

7.1 并行计算与分布式计算

7.1.1 并行计算

随着科学技术的不断发展，各个学科领域都有了新的突破，也迎来了很多新的问题。在诸多学科的研究中，利用超大规模的数据进行分析和计算已经成为科研前沿中不可或缺的环节。尽管近年来计算机的计算能力飞速提升，但仍不足以满足这些学科的计算需求，并行计算的概念就在这样的形势下诞生，走进科学研究的视野中。

并行计算是相对串行计算而言的。在串行计算中，唯一的处理器按照顺序依次执行计算任务，每个时刻只会进行一个计算任务的一个步骤，只有在当前计算任务的所有步骤依次完成后才会执行下一个计算任务。因此，串行计算在处理计算规模大的问题时往往效率比较低。并行计算是将一个大问题分解成为多个子问题，并由多个处理单元配合完成。并行计算的“并行”一般有两个维度的理解方式，即时间维度上的并行和空间维度上的并行：时间维度上的并行是将计算任务放在类似工业生产上的“流水线”上，使得同一时刻可以进行多个计算任务的不同步骤；空间维度上的并行指通过多个处理器并行执行不同的计算任务。并行计算能够加快问题的求解速度，提高计算资源的利用率，能够快速、高效求解复杂度高的计算问题。

半导体工艺和网络通信技术的发展为并行计算理论提供了物理实现方法。并行计算理论也成为电力系统高性能计算加速运算的根本依据。

7.1.2 分布式计算

随着计算技术的发展，有些应用需要非常巨大的计算能力才能完成，如果采用集中式计算，是不可能或者很难完成的。分布式计算是相对于集中式计算而言的。

分布式计算是一种把需要进行大量计算的工程数据分割成小块，由多台计算机分别计算，在上传运算结果后，将结果统一合并得出数据结论的科学。目前常见的分布式计算项目通常使用世界各地上千万志愿者计算机的闲置计算能力，通过互联网进行数据传输。

分布式算法比起其他算法具有以下几个优点：① 稀有资源可以共享；② 通过分布式计算可以在多台计算机上平衡负载；③ 可以把程序放在最适合运行它的计算机上。其中，共享稀有资源和平衡负载是计算机分布式计算的核心思想之一。

7.1.3 并行计算与分布式计算的区别与联系

并行计算和分布式计算既有区别也有联系。从解决对象上看，两者都是大任务化为小任务，这是它们的共同之处。具体区别和联系如表 7－1 所示。

表 7－1　　并行计算与分布式计算的区别与联系

		并行计算	分布式计算
相同点		1. 都属于高性能计算的范畴 2. 都是运用并行来获得更高性能计算，把大任务分为 N 个小任务 3. 主要目的都是对大数据的处理与分析	
不同点	时效性	强调	不强调
	独立性	弱，小任务计算结果决定最终计算结果	强，小任务计算结果一般不影响最终结果
	任务包之间关系	关系密切	相互独立
	每个节点任务	必要，并且时间同步	不必要，时间没有限制
	节点通信	必须	不必须，甚至无网络
	应用的场合	海量数据处理	模式类穷举法

7.2 高性能计算处理器及其应用

高性能计算处理器包括中央处理器（CPU）、图形处理器（GPU）、现场可编程门阵列（FPGA）等。这三类处理器能够提供硬件资源的支持，利用系统级的技术实现计算的并行。

7.2.1　CPU、GPU 和 FPGA 的特点对比

CPU、GPU 和 FPGA 虽然都可以通过计算的并行实现高性能计算，但是三者在工作原理和特点上存在着较大差异，这也决定了三类处理器往往用来解决不同类型的电力系统问题。

CPU 是典型的针对串行计算而设计的，适合解决具有逻辑性、顺序性的计算问题。传统的单核 CPU 无法进行并行计算，但随着多核 CPU 的发展，CPU 的计算性能显著提升，运用于并行计算成为可能。

GPU 的结构如图 7－1 所示，它的控制单元和存储器所占比例很少，运算单元所占比例很大。同时，GPU 中每个核都有共享的存储器资源，减少了数据的复制操作，且 GPU 中的存储器访问延时小。这些特点使得 GPU 能够处理大规模密集数据。GPU 的微观模型包含多个线程网格，如图 7－2 所示，一个网格（Grid）由多个线程块（Block）构成，一个线程块又包含多个线程（Thread），因此线程总数等于每个块的线程数乘以块的数量[7,8]。大量的线程总数使得统一计算设备架构（CUDA）线程结构能实现高效的并行计算。

图 7－1　GPU 结构示意图

FPGA 的内部结构如图 7－3 所示，提供高密度的未定义的逻辑阵列，可以根据应用程序的需要进行定制，可以同时对大量变量进行逻辑运算和赋值，实现并行运算，同时具有高度的灵活性[9]。

在这三类器件中，CPU 的使用最为普遍，可以广泛适应不同类型的应用需求。随着 CPU 多核技术的发展，CPU 的计算性能得到显著提升。但是，考虑到技术的局限性，CPU 核的数量不能大量增加。因此，对于高密集型的计算，CPU 的性能显著弱于 GPU 和 FPGA。

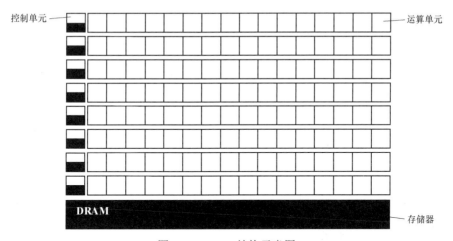

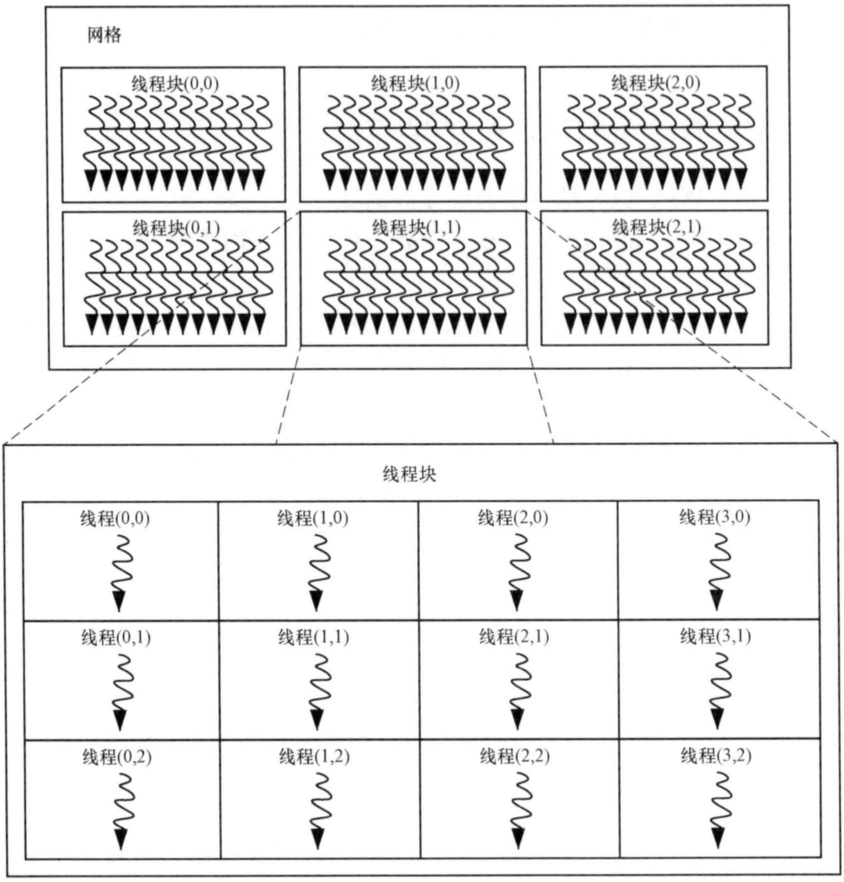

图 7－2　GPU 线程结构示意图

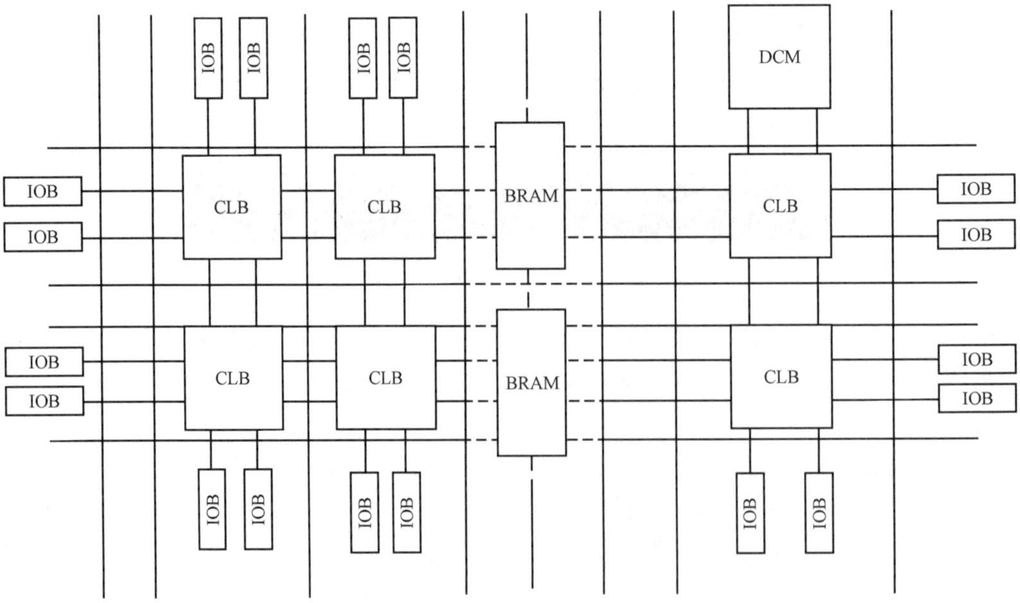

图 7－3　FPGA 内部结构示意图

IOB—输入/输出模块；CLB—可配置逻辑单元；DCM—数字时钟管理模块；BRAM—嵌入式块 RAM

不同的处理器适用于不同的应用类型，总的来说，FPGA 在性能期望、能耗以及开销等方面相比 GPU 更具有优势，GPU 又相对优于 CPU[10]。但是 FPGA 的使用通常需要丰富的硬件设计经验，编程难度比较大，这增加了 FPGA 实现所需的时间和成本。相比而言，基于 GPU 和 CPU 的高性能计算主要使用高级程序语言和应用程序接口（application programming interface，API），开发效率高。GPU 的局限性主要体现在其有限的内存，一些超大规模的问题需要通过合理的方法划分成若干个小规模的问题以适应 GPU 存储空间的需求。

此外，由于 CPU 与 GPU 在工作原理及特点上有很大的不同，CPU－GPU 异构协同的计算体系被广泛应用，可以各取所长，使得整个架构具有强大的并行计算能力，性价比和性能能耗比高。在 CPU－GPU 异构运算体系中（见图 7－4），可以存在多个 GPU。CPU 与每个 GPU 分别有各自的内存体系，CPU 无法与显存直接通信，GPU 也无法与主机内存和其他显卡的显存直接通信，CPU 和 GPU 之间的数据传输通过 PCI-Express 总线进行通信。

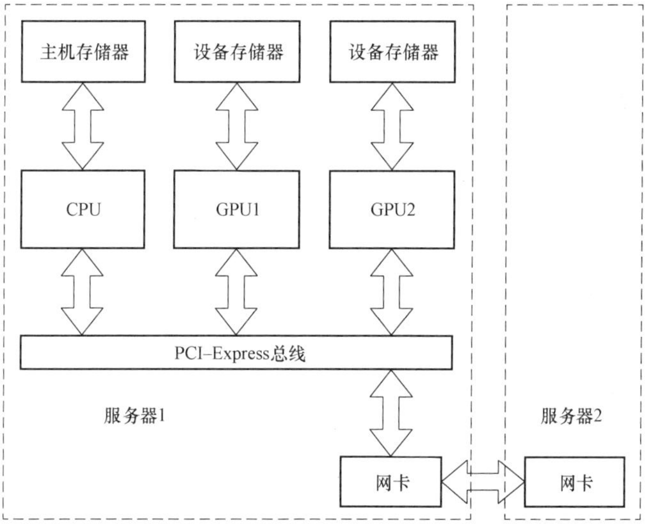

图 7－4　CPU－GPU 异构运算体系数据流

7.2.2　GPU 在电力系统高性能计算中的应用

潮流计算是电力系统计算的基础。武汉大学电气工程学院夏俊峰等人提出了并行化的简化牛顿法，利用 GPU 并行化计算的特点，提供了一种基于 GPU 的电力系统并行潮流计算的实现方法[11]。中国电力科学研究院陈德扬等人提出了一种适用于 GPU 的基于道路树分层的稀疏矩阵直接分解算法，并结合这一算法在 GPU 上实现了基于牛顿—拉夫逊法的潮流计算[12]。印度理工学院 J.Singh 等人实现了基于 GPU 的极坐标形式牛顿—拉夫逊法和雅可比高斯赛德尔法的潮流计算[13]。墨西哥研究人员 N.Garcia 在 GPU 上实现了双正交化共轭梯度法在并行潮流计算中的应用[14]。西班牙维哥大学 C.Vilacha 等人实现了基于 GPU 的雅可比并行潮流算法。这些算法经算例测试均取得良好的加速效果[15]。

Jalili-Marandi 等人利用 GPU 作为暂态稳定仿真平台，提出 CPU－GPU 异构运算架构，GPU 用于处理计算量密集的步骤，CPU 用于处理仿真的其余部分[16]。Qin 等人提出一种基于四阶显式龙格—库塔法的 CPU–GPU 混合的暂态仿真方法，为了获得尽可能大的加速比，利用 GPU 对动态元件的微分方程进行求解，利用直接求解器在 CPU 中求解稀疏线性方程组，龙格库塔算法利用显式积分算法的并行性，提高了数值稳定性。他们还指出，由于 GPU 对稀疏技术的支持不足，隐式积分器不适合 GPU 加速[17]。对于大规模电力系统的电磁暂态仿真，Debnath 等人利用 GPU 处理计算量密集的部分，即对导纳矩阵求逆，CPU 用于流程控制[18]。

故障分析方面，Gopal 等人在 GPU 上实现了基于高斯—雅可比算法和直流潮流的故障分析，利用 GPU 存储向量和矩阵来解决直流潮流问题[19]。Gan Zhou 等人利用并行批量 QR 分解、并行批量雅可比阵生成等技术，提出了一种基于 GPU 和批量交流潮流方法的 $N-1$ 安全校验分析方法，能大幅提高计算效率[20]。

Karimipour 等人利用 GPU 实现了大规模电力系统状态估计的加权最小二乘法。加权最小二乘法的每个迭代过程包括了大量的矩阵—矩阵乘法、矩阵—向量乘法运算，利用 GPU 并行处理可以显著提速[21]。

7.2.3 FPGA 在电力系统高性能计算中的应用

Johnson 等人在 FPGA 上实现稀疏线性方程组的求解器，并比较了在 FPGA 上实现的这一求解器与 UMFPACK 库在 CPU 上运行的性能，指出使用 FPGA 这样的专用硬件提供细粒度并行性，能够更好地利用浮点单元，并减少计算开销[22]。

Kapre 等人基于 FPGA 并行化实现 KLU 稀疏矩阵求解器用于 SPICE 仿真。他们利用数据流并行性和并行列评估来加速 FPGA 的代码。算例表明，FPGA 实现比 CPU 实现高出了几乎一个数量级的性能[23]。

Wang 等人针对牛顿法中出现的非对称雅可比矩阵提出了一个分区方案，这使得 LU 分解和后续潮流方程的求解的并行化变成可能，并在 FPGA 上完成具体实现[24]。

7.3 基于 GPU 的互联大电网状态估计

本节详细探讨伪高斯牛顿法，并在单个图形处理单元（GPU）平台上实现状态估计，以获得最快的估计量。GPU 可以很容易地在控制中心进行操作，它以线程块的形式来运行程序，这些线程可以有效地执行到微小操作中。因此，需要将状态估计过程划分为适合 GPU 的微小操作。

7.3.1 状态估计概述

7.3.1.1 非线性潮流方程

在电力系统中，错误的量测常常发生在传输线的有功功率、母线注入、电压幅值和电流幅值这些值上面。

量测可以被认为是真正的值加上错误值。$\boldsymbol{x}$ 表示状态向量，真值与状态之间的关系用 $\boldsymbol{h}$（）来表示，$\boldsymbol{e}$ 表示偏差，结合所有量测，形成量测集 $\boldsymbol{z}$。从数学上讲，可以用下式描述

$$\boldsymbol{z}=\boldsymbol{h}(\boldsymbol{x})+\boldsymbol{e} \tag{7.1}$$

状态估计的目的是尽可能地消除量测中的误差。

7.3.1.2　加权最小二乘估计法

加权最小二乘（weighted least squares，WLS）估计是一个具有良好收敛速度的迭代方法。在这种方法中，量测根据量测装置的精度得到不同的权重。迭代最复杂的部分是 Jacobian 矩阵 $\boldsymbol{H}$ 的计算。它表示每个量测相对于每个状态变量的偏导数。

迭代从固定起始值开始，其中所有角度均为零，所有大小均为 1。然后，根据以下步骤计算和更新当前估计值与量测值之间的差异[1]：

1）$\Delta\boldsymbol{x}=(\boldsymbol{H}^{\mathrm{T}}(\boldsymbol{x})\boldsymbol{W}\boldsymbol{H}(\boldsymbol{x}))^{-1}\,\boldsymbol{H}^{\mathrm{T}}(\boldsymbol{x})\boldsymbol{W}(\boldsymbol{z}-\boldsymbol{h}(\boldsymbol{x}))$；

2）$\boldsymbol{x}_{k+1}=\boldsymbol{x}_k+\Delta\boldsymbol{x}$；

3）更新 $\boldsymbol{h}(\boldsymbol{x})$；

4）更新 $\boldsymbol{H}(\boldsymbol{x})$。

其中，$\boldsymbol{W}$ 是权重矩阵。这是基本的 WLS 估计，也称高斯牛顿法。在伪高斯牛顿法中，步骤 4）被消除。

为了量测估计的精度，以残差 $\boldsymbol{L}_2$ 的范数作为量测指标。如果最后的估计是 $\hat{\boldsymbol{x}}$，那么

$$\|\boldsymbol{r}\| = \|\boldsymbol{z}-\boldsymbol{h}(\hat{\boldsymbol{x}})\| \tag{7.2}$$

在伪高斯牛顿方法中，与雅可比矩阵相关的计算被删除。这节省了大量的计算时间，使估计器速度变快。

7.3.2　选择合适的 GPU

为了给 GPU 选择一个合适的平台，状态估计的过程需要分成小部分，以便在不同的线程中运行。此外，在运行这些估计值之前，还需要计算出这些常数值。

如前所述，雅可比矩阵 $\boldsymbol{H}$ 的计算是这四个步骤中最耗时的部分。在伪高斯牛顿方法中，步骤 4）不被执行。它在步骤 1）中提供了另一个优势。由于 $\boldsymbol{H}$ 不变，而 $\boldsymbol{W}$ 是一个常数矩阵，所以 $\boldsymbol{H}$ 为逆矩阵的完全运算，即$(\boldsymbol{H}^{\mathrm{T}}\boldsymbol{W}\boldsymbol{H})^{-1}\,\boldsymbol{H}^{\mathrm{T}}\boldsymbol{W}$ 成为一个常数矩阵，可以在运算之前计算。这使得操作非常快速，适合并行实现。

虽然利用电压幅值和相角的解耦具有一定的帮助，但由于其收敛速度较慢，这并不是一个有效的办法。实验表明，解耦需要大量的迭代才能达到预期的精度水平。然而，由于 $\boldsymbol{H}$ 保持不变，如果有足够的处理单元，就不需要分解它。

另一个巨大的优势来自初始值。它减少了到达最终值的迭代次数。而不是从固定的起始值开始，迭代可以从最后的估计结果开始。

使用这些想法，并行操作的步骤可以被划分为估算前和在估算期间。

估算前：计算 $\boldsymbol{M}=(\boldsymbol{H}^{\mathrm{T}}\,\boldsymbol{W}\boldsymbol{H})^{-1}\,\boldsymbol{H}^{\mathrm{T}}\boldsymbol{W}$。

在估算期间：采取先前的估计 $\boldsymbol{x}$，对于每个量测集，重复以下三个步骤几次：步骤 1：计算剩余值，$\boldsymbol{r}=\boldsymbol{z}-\boldsymbol{h}(\boldsymbol{x})$；步骤 2：计算 $\Delta\boldsymbol{x}=\boldsymbol{M}\boldsymbol{r}$；步骤 3：计算 $\boldsymbol{x}_{k+1}=\boldsymbol{x}_k+\Delta\boldsymbol{x}$。

这种重新排序背后的原因是处理器的需求。在 GPU 计算中，调用一组线程来执行内核。线程属于一个或多个块。因此，线程的数量需要与微小操作的数量相匹配。在第一步中，将有相等数量的量测和潮流方程。因此，它们可以组合在一个方程中，并且可以在一个线程中运行。如果有 m 个量测值，则所需的线程数变为 m。由于 GPU 可以处理每个块最多 1024

个线程，如果 $m<1024$，则只需要一个块。

第二步是矩阵向量乘法，可以分为行与列相乘和列相加两部分。虽然它可以用不同的方式实现，但最好的方法是为每个乘法分配一个处理器。由于 $\boldsymbol{M}$ 的大小是$(2N-1)\times m$，所以可以用区块和线程来分隔。每个分区将负责每一行，该区的线程将负责该行的列，如图 7－5 所示。但是，在完成乘法之后，需要对列求和。可以根据文献［8］中描述的方法使行向量的 m 个元素相加。这部分如图 7－6 所示。

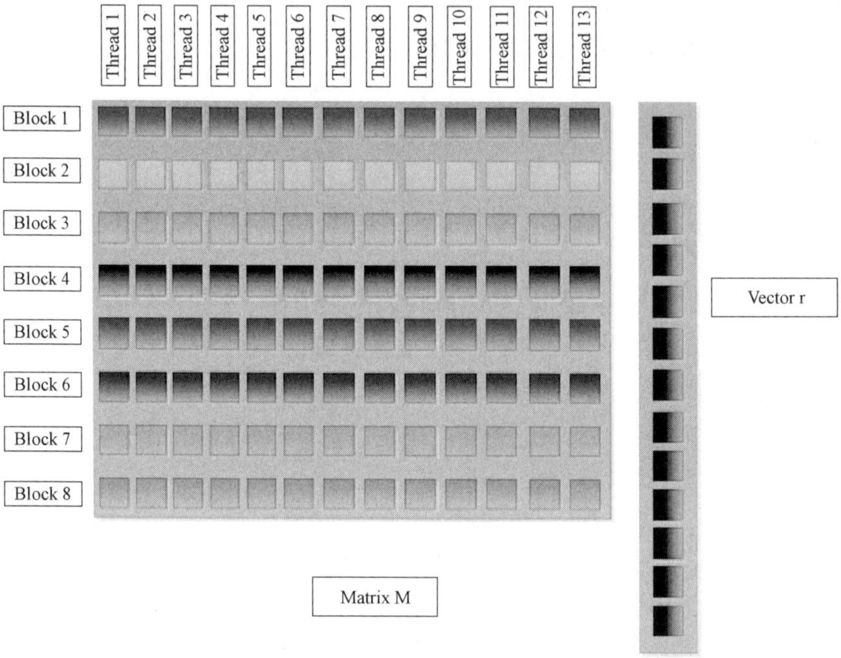

图 7－5　矩阵和向量的并行乘法

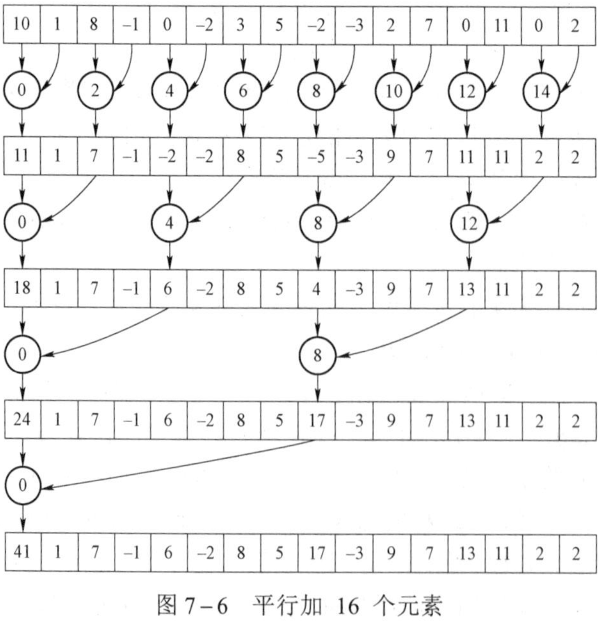

图 7－6　平行加 16 个元素

此外，每个线程仅添加两个元素。该过程一直持续到所有元素都添加在一起为止。这种简单的方法可以在所需的 $n+1$ 次添加时间内添加多达 2^n 个元素。

第三步是一个简单的向量与向量加法。对于 511 总线系统，它需要 $2N\text{–}1$ 个线程，这些线程可以容纳在一个块中。

7.4 基于 GPU 的互联大电网潮流计算

基于第 5 章的牛顿—拉夫逊潮流计算方法和第 2 章介绍的基于 Krylov 子空间理论的稳定的双正交共轭梯度法（BICGSTAB），本节介绍一种基于迭代法求解线性方程组的潮流算法，算法利用不完全 LU 分解作为预处理，采用 CPU－GPU 异构运算架构。根据 CPU 和 GPU 的不同特点，将潮流算法分为 CPU 处理部分和 GPU 处理部分，其中 GPU 用于并行处理计算量最为密集的线性方程组求解步骤，CPU 用于处理潮流算法的其他步骤，实现快速求解。

传统的基于 LU 分解的潮流算法建立在矩阵分解、求逆等计算上，难以达到高度并行化。本节算法基于迭代法，矩阵运算和向量运算是主要计算形式，适合并行化处理以提高计算效率。因此，本算法基于 CUDA 框架和 CPU－GPU 异构运算架构进行实现。

由于雅可比矩阵是非对称矩阵，且条件数远大于 1，故基于不完全 LU 分解预处理技术和 Krylov 子空间迭代法中的双正交化方法，设计一种新的电力系统潮流算法。这一算法基于 CUDA 框架，采用 CPU－GPU 异构运算架构，分为 CPU 处理部分和 GPU 处理部分，CPU 处理迭代初值的设定、节点导纳矩阵的形成、雅可比矩阵的形成、修正方程组的形成、迭代值的修正、收敛性判断等步骤；GPU 处理修正方程组的求解，以达到快速求解的目的。本节提出的潮流算法步骤具体如下：

（1）根据原始数据形成节点导纳矩阵，从而得到式（5.1）中的 G_{ij}，B_{ij} 的值。

（2）设置牛顿—拉夫逊法的迭代变量 $\boldsymbol{\delta}$ 和 $\boldsymbol{U}$ 的初值，设置迭代次数 $k=0$。

（3）根据式（5.1）、（5.2）、（5.4）、（5.5），由当前迭代变量的值可得到修正方程组（5.3）。令

$$\boldsymbol{b}=\begin{bmatrix}\Delta\boldsymbol{P}\\ \Delta\boldsymbol{Q}\end{bmatrix} \tag{7.3}$$

$$\boldsymbol{J}=\begin{bmatrix}\boldsymbol{H} & \boldsymbol{N}\\ \boldsymbol{F} & \boldsymbol{L}\end{bmatrix} \tag{7.4}$$

$$\boldsymbol{X}=\begin{bmatrix}\Delta\boldsymbol{\delta}\\ \Delta\boldsymbol{V}/\boldsymbol{V}\end{bmatrix} \tag{7.5}$$

（4）在 GPU 上解线性方程组

$$\boldsymbol{JX}=\boldsymbol{b} \tag{7.6}$$

考虑到 $\boldsymbol{J}$ 矩阵的非对称和高度稀疏性，可采用双正交化方法选择迭代法的约束空间。基于 BICGSTAB 方法的思想，线性方程组求解的具体步骤如下：

1）首先利用不完全 LU 分解中的 ILU(0)分解求取预处理子 $\boldsymbol{M}$。具体地，应用这一方法，将稀疏矩阵 $\boldsymbol{J}$ 分解成一个稀疏下三角矩阵 $\boldsymbol{L}$ 和一个稀疏上三角矩阵 $\boldsymbol{V}$ 的乘积，使得残差矩阵 $\boldsymbol{R}=\boldsymbol{LV}-\boldsymbol{J}$ 满足 ILU(0)分解条件。

2）取 $\boldsymbol{X}$ 的初始猜测 $\boldsymbol{x}_0$ 和允许误差 ε，计算 $\boldsymbol{r}_0=\boldsymbol{b}-\boldsymbol{J}\boldsymbol{x}_0$，令 $\boldsymbol{r}_0^*=\boldsymbol{r}_0$，$j=1$。

3）计算 $\rho_{j-1}=(\boldsymbol{r}_{j-1},\ \boldsymbol{r}_0^*)$，如果 $\rho_{j-1}=0$，方法失败，否则进入步骤 4）。

4）如果 $j=1$，令 $\boldsymbol{p}_j=\boldsymbol{r}_{j-1}$，否则令 $\beta_{j-1}=(\rho_{j-1}/\rho_{j-2})(\alpha_{j-1}/\omega_{j-1}),\ \boldsymbol{p}_j=\boldsymbol{r}_{j-1}+\beta_{j-1}(\boldsymbol{p}_j-\omega_{j-1}\boldsymbol{v}_{j-1})$。

5）由 $\boldsymbol{M}\hat{\boldsymbol{p}}=\boldsymbol{p}_j$ 求解 $\hat{\boldsymbol{p}}$，计算 $\boldsymbol{v}_j=\boldsymbol{J}\hat{\boldsymbol{p}}$，$\alpha_j=\rho_{j-1}/(\boldsymbol{v}_j,\boldsymbol{r}_0^*)$，$\boldsymbol{s}=\boldsymbol{r}_{j-1}-\alpha_j\boldsymbol{v}_j$。

6）如果 $||\boldsymbol{s}||\leqslant\varepsilon$，令 $\boldsymbol{x}_j=\boldsymbol{x}_{j-1}+\alpha_j\hat{\boldsymbol{p}}$，退出迭代过程。

7）由 $\boldsymbol{M}\hat{\boldsymbol{s}}=\boldsymbol{s}$ 求解 $\hat{\boldsymbol{s}}$，令 $\boldsymbol{t}=\boldsymbol{J}\hat{\boldsymbol{s}}$，$\omega_j=(\boldsymbol{s},\boldsymbol{t})/(\boldsymbol{t},\boldsymbol{t})$，$\boldsymbol{x}_j=\boldsymbol{x}_{j-1}+\alpha_j\hat{\boldsymbol{p}}+\omega_j\hat{\boldsymbol{s}}$。

8）如果 $\boldsymbol{x}_j$ 满足精度要求则退出迭代过程，否则令 $\boldsymbol{r}_j=\boldsymbol{s}-\omega_j\boldsymbol{t}$，将 j 值加 1，转至步骤 3）。

（5）在 CPU 上根据步骤（4）求得的 $\boldsymbol{X}$ 的值，即修正量 $\Delta\boldsymbol{\delta}$ 和 $\Delta\boldsymbol{U}$，进行牛顿—拉夫逊法的收敛性判断，如满足精度要求，则退出潮流算法，认为算法收敛；否则，修正迭代变量 $\boldsymbol{\delta}$ 和 $\boldsymbol{V}$。

（6）在 CPU 上令迭代次数 $k=k+1$，若已达到预设的最大迭代次数，则退出潮流算法，认为算法不收敛；否则，转至步骤（3）。

算法采用 CPU－GPU 异构运算架构，基于 CUDA 框架实现。利用 CPU－GPU 通信程序实现 CPU 和 GPU 相互间的数据移植，CPU 向 GPU 移植 $\boldsymbol{JX}=\boldsymbol{b}$ 中的 $\boldsymbol{J}$、$\boldsymbol{b}$ 矩阵数据，GPU 向 CPU 移植计算得到的 $\boldsymbol{X}$ 矩阵。GPU 计算程序并行处理计算量最密集的步骤，即修正方程组的求解，从而在迭代法的基础上进一步加速算法。

参考文献

［1］Tylavsky D J, Bose A, Alvarado F, et al. Parallel processing in power systems computation [J]. IEEE Transactions on Power Systems, 1992, 7 (2): 629－638.

［2］Khaitan S K, Gupta A. High performance computing in power and energy systems [M]. Springer Berlin Heidelberg, 2013.

［3］Huang Q, Zhou M, Zhang Y, et al. Exploiting cloud computing for power system analysis [C]//International Conference on Power System Technology.2010: 1－6.

［4］Milbradt R G, Canha L N, Zorrilla P B, et al. A fast power flow for real-time monitoring in smart grid environments [J]. 2013.

［5］Green R C, Wang L, Alam M. High performance computing for electric power systems: Applications and trends [C]//Power and Energy Society General Meeting.IEEE, 2011: 1－8.

［6］Falcao D M, Borges C L T, Taranto G N. High performance computing in electrical energy systems applications [M]//High Performance Computing in Power and Energy Systems. Springer Berlin Heidelberg, 2013: 1－42.

［7］Khaitan S K. A survey of high-performance computing approaches in power systems [C]//Power and Energy Society General Meeting.IEEE, 2016.

［8］NVIDIA. NVIDIA CUDA Compute Unified Device Architecture-Programming Guide [M]. Version 1.1, 2007.

［9］Dufour C, Jalili-Marandi V, Bélanger J. Real-time simulation using transient stability, electromagnetic transient and FPGA-based high-resolution solvers [C]//High Performance Computing, Networking, Storage & Analysis, Sc Companion.IEEE, 2012: 283 – 288.
［10］Mittal S, Vetter J S. A survey of methods for analyzing and improving GPU energy efficiency [J]. Acm Computing Surveys, 2014, 47 (2): 1 – 23.
［11］夏俊峰，杨帆，李静，等．基于 GPU 的电力系统并行潮流计算的实现［J］．电力系统保护与控制，2010，38（18）：100 – 103.
［12］陈德扬，李亚楼，江涵，等．基于道路树分层的大电网潮流并行算法及其 GPU 优化实现［J］．电力系统自动化，2014，38（22）：63 – 69.
［13］Singh J, Aruni I. Accelerating power flow studies on graphics processing unit [C]//India Conference.2011: 1 – 5.
［14］Garcia N. Parallel power flow solutions using a biconjugate gradient algorithm and a Newton method: A GPU-based approach [C]//IEEE Pes General Meeting.IEEE, 2010: 1 – 4.
［15］Vilacha C, Moreira J C, Miguez E, et al. Massive jacobi power flow based on SIMD-processor [C]//Environment and Electrical Engineering (EEEIC), 2011 10th International Conference on.IEEE, 2011: 1 – 4.
［16］Jalili-Marandi V, Dinavahi V. SIMD-based large-scale transient stability simulation on the graphics processing unit [J]. IEEE Transactions on Power Systems, 2010, 25 (3): 1589 – 1599.
［17］Qin Z, Hou Y. A GPU-based transient stability simulation using runge-kutta integration algorithm [J]. International Journal of Smart Grid & Clean Energy, 2013, 2 (1): 32 – 39.
［18］Debnath J K, Fung W K, Gole A M, et al. Simulation of large-scale electrical power networks on graphics processing units [C]//Electrical Power and Energy Conference.IEEE, 2011: 199 – 204.
［19］Gopal A, Niebur D, Venkatasubramanian S. DC power flow based contingency analysis using graphics processing units [M]. 2007.
［20］Zhou G, Feng Y, Bo R, et al. GPU-Accelerated batch-ACPF Solution for *N*–1 Static Security Analysis [J]. IEEE Transactions on Smart Grid, 2017, PP (99): 1.
［21］Karimipour H, Dinavahi V. Accelerated parallel WLS state estimation for large-scale power systems on GPU [C]//North American Power Symposium.IEEE, 2013: 1 – 6.
［22］Johnson J, Vachranukunkiet P, Tiwari S, et al. Performance analysis of load flow computation using fpga1 [J]. 2005.
［23］Kapre N, Dehon A. Parallelizing sparse Matrix Solve for SPICE circuit simulation using FPGAs [C]//International Conference on Field-Programmable Technology.IEEE, 2009: 190 – 198.
［24］Wang X, Ziavras S G, Nwankpa C, et al. Parallel solution of Newton's power flow equations on configurable chips [J]. International Journal of Electrical Power & Energy

Systems, 2007, 29 (5): 422 – 431.
[25] 韩祯祥．电力系统分析［M］．4版．杭州：浙江大学出版社，2009：114 – 124.
[26] Li X S, Demmel J, Gilbert J, et al. SuperLU [M]. Springer US, 2011.
[27] Zhang J. Preconditioned Krylov subspace methods for solving nonsymmetric matrices from CFD applications [J]. Computer Methods in Applied Mechanics and Engineering, 2000, 18 (3): 825 – 840.
[28] SAAD Y, Vorst H. Iterative solution of linear systems in the 20th century [J]. Journal of Computational and Applied Mathematics, 2001, 123 (1 – 2): 1 – 33.
[29] Van d V H A. BI-CGSTAB: a fast and smoothly converging variant of BI-CG for the solution of nonsymmetric linear systems [J]. Siam Journal on Scientific & Statistical Computing, 1992, 13 (2): 631 – 644.
[30] 柳建新，蒋鹏飞，童孝忠，等．不完全LU分解预处理的BICGSTAB算法在大地电磁二维正演模拟中的应用［J］．中南大学学报：自然科学版，2009，40（2）：484 – 491.
[31] 张朝晖，刘俊起，徐勤建．GPU并行计算技术分析与应用［J］．信息技术，2009（11）：86 – 89.
[32] NVIDIA. Nvidia cuda compute unified device architecture-programming guide. Version 1.1, 2007.
[33] Singh J, Aruni I. Accelerating power flow studies on graphics processing unit [C]//India Conference. IEEE, 2010: 1 – 5.

第 8 章

典型应用：输配一体化系统的优化计算

本章将着重介绍输配一体化系统的分布式优化计算，这是区域互联电网优化计算的一个典型应用。相比一般意义下的区域互联电网，输配一体化系统的分布式优化计算具有一定的特殊性和必要性，这也将在本章内容中进行重点分析。

8.1 输配一体化系统与输配协同能量管理

8.1.1 省地县一体化与输配协同能量管理

长期以来，我国的电网采取分层、分区的管理体制。网省级调度机构主要管辖 220kV 及以上的输电网，同时负责静态安全分析、无功优化等应用；地县级调度机构主要管辖 110kV 及以下的配电网，同时负责负荷转供、网络重构等应用。各级调度机构对其管辖范围以内的电网进行详细建模，而对于管辖范围以外的电网则进行简化建模，例如网省级调度将配电网等值为功率已知的负荷，地县级调度则将输电网等值为电压已知的电源。

这种分散式的管理方式使得各级调度系统相互独立，存在重复建设现象，系统建设和维护成本高。同时，分散式的管理产生信息孤岛现象，各级系统相互之间只能交换有限信息，整个电网无法实现统一调度、管理和监控[1]。各级调度系统建模和计算的独立性使相关高级应用的计算缺乏同步性，计算精度相对较低。

近年来，中国电力工业发展势头迅猛。电网规模和电厂数量的迅速增加、智能电网技术的发展，导致网、省、地、县调和电厂间的耦合程度越来越高，各级调度机构间信息传输和数据管理日益复杂[2]，如何有效避免信息孤岛，实现各级调度机构间模型和数据的统一管理，进而提高相关高级应用计算的同步性、精确度和计算速度，是目前电网调度面临的关键问题。

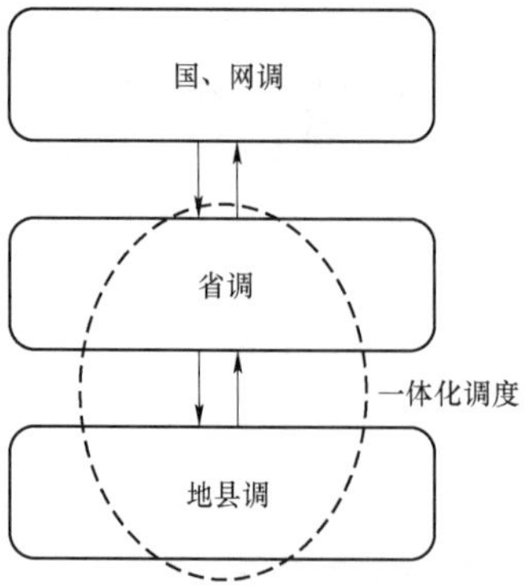

图 8-1 省地县一体化调控示意图

2011 年，由国网电科院承建的国内首套省地县一体化调控运行管理系统在镇江市供电公司及所辖县供电公司完成投运[3,4]。省地县一体化的概念应运而生，省地县一体化调控管理系统的研制和开发持续推进。图 8-1 为省地县一体化调控示意图。

省地县一体化调控的实质是实现输电网和配电网的一体化管理和调度[6]，近年来受到产业界和科研界的广泛关注。一方面，一些学者对输配一体化下调控管理系统的体系建设进行框架设计和完善[1,2,7-14]；另一方面，也有一些学者在输配一体化背景下对电网进行重新建模，为相关高级应用如潮流计算、运行风险评估、优化调度、稳定性分析等提出适应一体化环境的分析方法[15-57]。此外，也有部分学者对于输配一体化背景下的实时控制、规划问题等进行了研究[58-62]，具体见表 8-1。

8.1.2 输配协同能量管理的必要性

随着电网规模的不断扩大及运行方式的日趋复杂，传统的输配网独立进行管理调度、建模分析的方式已逐渐不能适应未来电网调度运行业务发展的需求，输配一体化分析的必要性日益凸显。

输配一体化研究内容分类见表 8-1。

表 8-1　　输配一体化研究内容分类

输配一体化调控管理系统的框架设计	内容	相关文献
	系统框架设计	[1]，[2]，[7—14]
输配一体化建模	主从分裂模型	[15—18]，[21—54]
	区域等值模型	[20]，[55—57]
	全局一体化模型	[11]，[13]
输配一体化分析	潮流计算	[15—16]，[18—23]，[26—37]，[55—56]
	运行风险评估	[17]，[38]
	优化调度	[29]，[39—46]，[57]
	稳定性分析	[20，21]，[24，25]，[47—53]
	拓扑分析	[13]
	状态估计	[54]
输配一体化实时控制	输配一体化实时控制策略	[58—60]
输配一体化规划	输配一体化下的储能规划	[61]
	输配一体化的综合规划	[62]

1. 精确处理输配电网间日益增长的耦合关系

近年来，配电网中光伏、风机、储能等分布式电源迅速发展，配电网的主动性增强。配电网中的一些分布式电源不但能够提供有功功率，也能提供无功功率，同时具备调节有功和无功的能力，这使得输配电网的有功功率和无功功率相互渗透，均可实现双向流动（见图 8－2），大大增强了输电网与配电网间的耦合关系[15]。传统的利用独立模型分别计算输电网和配电网的方法是假设输电网足够稳定，配电网的波动不会影响输电网。然而随着配电网的不断发展以及输配电网间耦合关系的增强，传统分析计算中输电网三相对称、配电网波动不影响输电网等假设不一定成立[16]。因此，传统的独立模型分析方法将产生不精确的计算结果。为了能够恰当处理输配网间日益增长的耦合关系，综合输配网模型进行一体化、精细化的建模与分析是必要的。

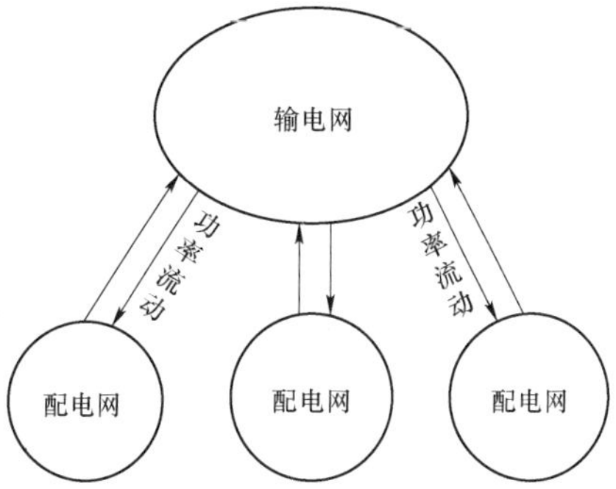

图 8－2　输配电网间的双向功率流动

2. 进一步提高电网运行的安全和稳定性

传统输电网的安全校核一般将配电网视作输电网节点的注入负荷进行处理。这种安全校核方式计算速度快，在大多数情形下基本能够满足电网安全稳定性的判断。但是，随着配电网的不断发展，环网运行方式增多，传统输电网安全校核的有效性受到削弱。例如，造成北美 2011 年大停电的主要原因之一就是在输电网安全校核中，忽略了配电网中环网潮流分析及其对输电网作用的效应分析[17]（见图 8－3）。因此，输配一体化建模和分析将结合电网运行中的新问题和新情况，完善传统的安全校核方法，进一步提高电网运行的安全和稳定性。

3. 满足输配一体化管理和调度的需求

近年来，输配一体化下调控管理的体系建设和系统研发一直受到广泛关注，而输配一体化建模与分析方法正是输配一体化管理和调度的基础和保障，支撑各项高级应用。具体地，在输配一体化管理和调度模式下，其高级应用涵盖实时运行风险评估、故障处置等功能[13]。其中，实时运行风险评估需要输配一体化的拓扑分析、状态估计、潮流计算、安全校验等手段进行支撑，以把握全网的实时运行状态；故障处置则需要输配一体化的拓扑分析、重构与负荷转供、潮流计算、安全校验等手段进行支撑（见图 8－4），以及时把握故障范围，并在故障恢复阶段尽快形成安全合理、优化程度高的供电恢复策略以供实施。

8.1.3　输配协同能量管理面临的困难

输配协同能量管理不是输电网建模分析和配电网建模分析的简单叠加，在建模方法、精度、速度等方面面临着诸多困难，需要采取针对性的方法进行应对[15,16,18]。

1. 输配网建模和分析方法差异大

输、配电网在网络结构方面存在巨大差异。输电网一般是三相对称环状电网，包含大量发电机节点；配电网则一般呈现辐射状，三相不对称，在某些特殊的运行方式下可能出现短时的弱环网运行，以负荷节点为主，新能源技术的发展也使得配电网中出现分布式电源。两

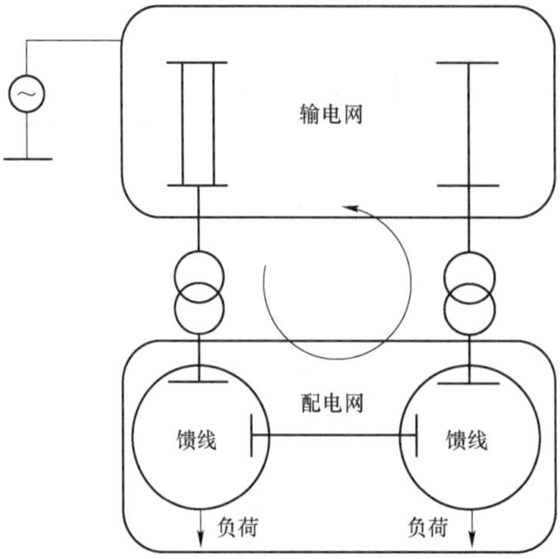

图 8－3　配电网中的环网潮流效应

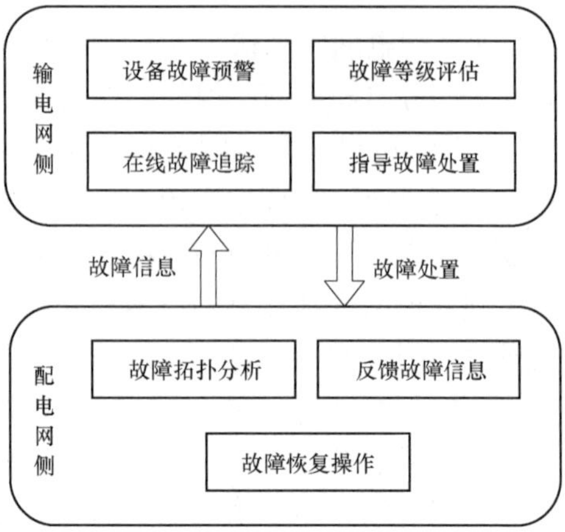

图 8－4　输配协同故障处置

种网络结构使得输、配电网的建模和分析方法相应地存在巨大差异。对于输电网，正常运行方式下可认为三相对称，故输电网的稳态计算如潮流计算等，一般采用单相模型，在进行暂态仿真和分析时方使用三相模型。对于配电网，三相不对称运行的特点使得建模时要求采用三相模型。网络结构和建模方式的差异使得输配网中的分析方法往往有所不同。以最基本的潮流计算为例，输电网中一般采用牛顿—拉夫逊法、PQ 分解法，而配电网中一般采用前推回代法。因此，输配一体化计算时，如何将不同的建模方式和分析方法进行有机结合和统一是一个重要课题。

2. 输配网数据性质存在显著差异

输、配电网的数据性质往往存在显著差异。例如，配电网中的电阻—电抗比显著大于输电网，输配网具体的网络参数数值、支路功率等也有数量级差异，这使得输配一体化分析计算过程中的一些矩阵如潮流计算过程中的雅可比矩阵、最优潮流求解过程中的海森矩阵等存在条件数差、病态程度严重以及计算过程中数值稳定性差的问题。因此，如何有效应对数据性质差异带来的数值稳定性问题是输配一体化分析方法的一个重要研究方向。

3. 输配一体化系统规模庞大

输配一体化使得整个系统的节点和支路数目大大增加，计算规模将非常庞大，常规的硬件设备和传统的串行计算方法，难以在计算效率方面提供有效支持。因此，通过并行、分布式技术大幅提高计算效率是输配一体化相关算法实时性的重要保障。

8.1.4　国内外输配协同能量管理的工程应用现状

文献［63］从六个维度总结了国内外输配协同发展的现状，包括输配边界阻塞管理、输电线路拥塞管理、网络平衡、电压支撑、同步与黑启动、协同保护等。其中输配边界阻塞管理、输电线路拥塞管理、网络平衡、电压支撑属于能量管理的范畴。

1. 输配边界阻塞管理

输配电网之间的变压器位于输电网和配电网区域的边界上，随着现有基础设施负荷的增加以及配电网中分布式电源的接入，这种变压器更可能发生过载。当该变压器由配电网调度部门管理和运行时，配电网调度部门可在变压器重载时采取措施（例如，通过需求侧管理、有功功率削减、使用储能或网络重构等）。也就是说，配电网调度部门可以通过本地措施避免可能的拥塞，输配协同的必要性较低。然而，当变压器由输电网调度部门管理和运行时，输电网调度部门和配电网调度部门必须合作，以便在出现过载时降低输配边界变压器的负载。

表 8-2 展示了一些国家输配边界变压器管理和调度权力的所属情况。

表 8-2　　各国输配边界变压器管理和调度权力的所属情况

国家	输电网调度部门	配电网调度部门
奥地利	×	×
比利时	×	
加拿大	×	
中国	×	
法国		×
爱尔兰		×
南非	×	
瑞典		×
美国		×

注　×表示不属于。

表 8-3 按国家列出了在输配边界变压器阻塞情况下输电网调度部门和配电网调度部门交互的概况、如何提高双方交互合作的远期计划，以及在智能电网环境下实现输配电网完全交互需要做出的必要改进。

表 8-3　　各国输配边界变压器阻塞情况下输配电网调度部门交互的概况

国家	交互现状	提高双方交互合作的远期计划	在智能电网环境下实现输、配电网完全交互需要做出的改进
奥地利	在国家电力法中，规定了需要根据 $N-1$ 标准来规划运行 110kV 及以上电压等级的电网。因此，在网络规划阶段避免了阻塞	无	无，因为已经通过考虑 $N-1$ 标准避免了变压器阻塞情况
比利时	在输配电网边界变压器阻塞时通过人工操作（电话）通信； 参考《电力分配技术守则》和关于输电网管理的技术守则	无	1）该设备在较大程度上不能自动或远程操作； 2）每个调度部门只能获得本侧电网测量数据； 3）配电网调度部门无法掌握接入的分布式电源的发电计划
加拿大	为避免输配边界变压器过载： 1）当存在临界负荷时，可以切断馈线上的可中断负荷。因此，当配电网调度部门收到输电网调度部门的请求时，向这些负荷发送信号。 2）当没有临界负荷时，整个馈线可以断开。因此，输电网角度部门直接向相应馈线发送信号。 法律法规提供了必要的监管框架	制定策略管理配电网电压。目前正在调研这种无功—电压控制策略对变压器阻塞的影响	更好地了解配电馈线电压分布可以优化无功—电压控制策略。 应制定有利于双方的盈利模式

续表

国家	交互现状	提高双方交互合作的远期计划	在智能电网环境下实现输、配电网完全交互需要做出的改进
中国	当发生边界变压器阻塞时，输配网调度部门通过电话交流。 如果容量允许，配电网调度部门将部分负荷转移到其他馈线；否则，切掉一些负荷	国家电网公司和南方电网公司将在未来 5 年内完成配电自动化系统的建设。 在许多城市，配电自动化系统将与输电网调度部门的调度自动化系统耦合，从而交换有关阻塞的信息	连接到配电网格的分布式电源的无功电压优化控制策略可能会与避免变压器阻塞的集成控制产生冲突
南非	变压器装置和过载警报被送至位于配电控制室的“传输代理”，配电控制室可以负责处理变压器的过载。 当必要时，输电控制室的“传输代理”和配电控制室的“传输代理”可以通过电话联系	无	计划部署先进的报警处理和计划处理变压器的变化率。可以将潜在的阻塞问题通知控制人员
美国	配电规划部门与输电规划部门协同工作，确保足够的容量和站点配置。当负荷增加时，额外的变压器组可以投入使用，并可以重新评估站点的配置。此外，可以适用容量更大的变压器。 这种互动是在输电规划部门和配电规划部门之间进行的。 此外，输电系统运营商的政策限制了单个变压器的负载	无	无

对于由输电网调度部门管理输配边界变压器的国家，输电网调度部门和配电网调度部门在变压器阻塞情况下的相互作用主要体现在规划阶段（例如考虑 $N-1$ 标准）。在出现阻塞的情况下，输电网调度部门有时能够直接断开配电网上的一些馈线，或者通过发送给配电网调度部门请求断开一些用户的连接。这个过程通常不是自动化的。南非采用了一种有趣的方法，通过让“输电代理”在配电控制室工作、监控输电网调度部门基础设施负荷并对临界负荷采取行动，使输配网络调度部门之间的合作正式化。

总体来看，大部分国家没有制订明确细致的计划来增加输配网调度部门之间的合作，避免输配边界变压器的拥塞。中国计划推出配电系统自动化，以取代人工操作，避免输配边界变压器的过载。

事实上，随着大量分布式电源和新型负荷接入配电网，通过利用配电网的灵活性可以有效降低输配边界变压器的负载。这个过程需要更全面的电网态势感知，同时增加输配网调度部门间必要的信息交换。

图 8-5 展示了一种可以利用配电网的灵活性来避免输配边界变压器拥塞的过程。输电网调度部门监控输配边界变压器的负载，当负载变重的情况下，输电网调度部门向配电网调度部门发送请求，以降低输配边界变压器负载。配电网调度部门必须将配电网拓扑结构及其当前负荷的信息与灵活用户的实际可用灵活性相结合。配电网调度部门可以决定某些灵活用户采取的行动，以在不违反配电网运行约束的情况下减少输配边界变压器的负载。对于更复杂的情况，可能需要使用网络模拟。最后，配电网调度部门可以向一些灵活用户发送“使用灵活性”请求。

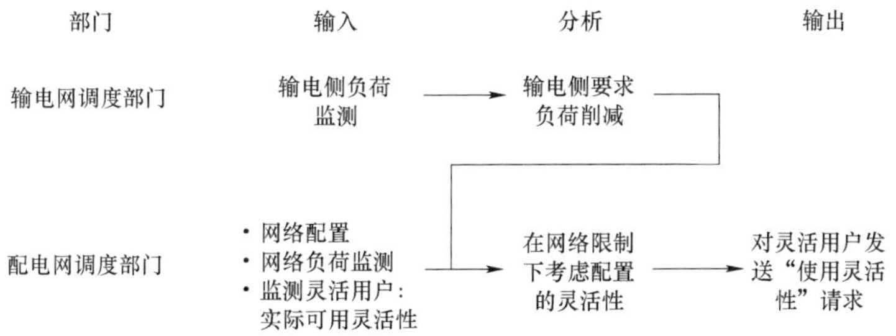

图 8-5　输配边界阻塞管理示意图

实现这一方案有一些技术要求：① 输电网调度部门实时监控输配边界变压器的负载；② 建立输配网调度部门之间发送拥塞信号的通信机制；③ 接入配电网的灵活负荷和分布式电源需要被有效监控；④ 建立配电网调度部门与灵活用户之间的通信机制，以发送“使用灵活性”的请求。

需要考虑的一个重要问题是，当变压器到达临界负载时，配电网调度部门将处理哪些用户。一个实用的解决方案是利用后进先出原则，如图 8-6 所示。只要变压器容量足够，就可以用常规连接方式连接用户，这意味着这些用户可以在电网正常运行条件下的所有时间点获得其全部合约电力。当变压器容量达到极限时，新的用户仍然可以进行连接，但是这些用户不再能够保证在任何时候都能获得其全部合约电力，因此他们可以选择成为灵活用户。根据后进先出原则，最后连接的灵活用户将首先收到使用灵活性的请求。

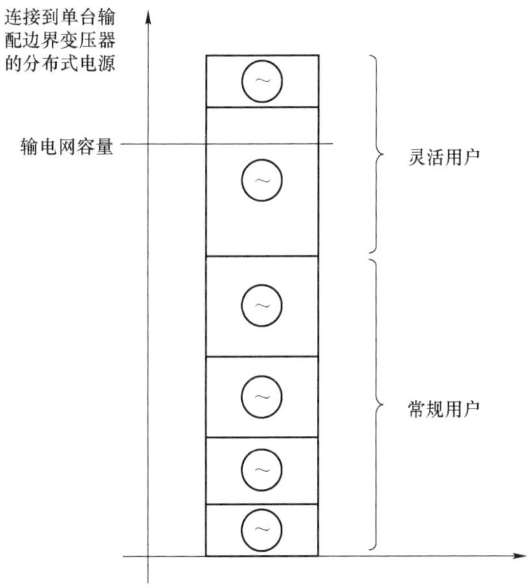

图 8-6　常规用户和灵活性用户

2. 输电线路拥塞管理

由于配电网和输电网中负荷与分布式电源的增加，输电网线路可能会出现重载或过载的情况。输电线路过载可能是由几个输配边界变压器和输电网用户的负载引起的。

表 8-4 列出了一些国家在输配协同解决输电线路拥塞方面的一些措施。

表 8-4　　各国输配协同解决输电线路拥塞的概况

国家	交互现状	提高双方交互合作的远期计划	在智能电网环境下实现输配电网完全交互需要做出的改进
奥地利	在国家电力法中，规定了需要根据 $N-1$ 标准来规划运行 110kV 及以上电压等级网络。在网络规划阶段避免了输电线路的拥塞。在故障和维护情况下，配电网调度部门可以部分支持输电线路负载（在配电层面的切换措施）	无	无，因为已经通过考虑 $N-1$ 标准避免了输电线路拥塞情况
比利时	在没有配电网调度部门支持的情况下输电网调度部门解决了输电线路拥塞的问题。这是通过重新分配机组出力来完成的。 已有配电技术规范和输电网管理的技术规范	在联合项目（ATRIAS）中提出通过输配协同解决输电线路拥塞。目前，正在研究将配电层面的灵活性纳入电力系统管理	提高输配系统间的互操作性。 提高配电网调度部门工作人员（计划人员和预测人员）操作的可见性
中国	在没有配电网调度部门支持的情况下由输电网调度部门独立解决输电线路拥塞。 在关键输电线路超载的情况下，输电网调度部门将根据其重要程度切断部分输电线路	在许多城市，配电网调度部门的配电自动化系统将与输电网调度部门的调度自动化系统相结合。 输配调度部门之间交换信息，以将负荷转移到其他馈线，避免部分输电线路的切断	需要考虑输配网调度部门在可再生能源、有功功率和无功功率控制方面的充分协同作用
法国	输电网调度部门向配电网调度部门发送请求，以改变输配边界变压器的功率流。根据可用的反应时间（20、5 或 1min），配电网调度部门可以采取适当的措施。 在紧急情况下，输电网调度部门会自动请求甩负荷。该信号按照预先设定的模式自动发送至配电网调度部门的控制中心。 但是，目前没有形成具体的规章制度规范输配调度部门的协同	可再生能源为管理输电线路负载提供辅助服务。 输配网调度部门之间可实现必要的数据交换： ——可再生能源的出力量测； ——可再生能源的出力预测； ——输电线路拥塞的程度。 正在讨论形成必要的规章制度规范输配调度部门的协同	需要考虑输配网调度部门在可再生能源、有功功率和无功功率控制方面的充分协同作用。 因此，必须给出可再生能源辅助服务的定义，以及由此产生的经济问题
爱尔兰	输电网调度部门负责有功功率控制，包括输配电系统的发电侧和需求侧		
南非	SCADA 系统用于监控输电线路拥塞问题，并将输电系统的问题通知配电控制室的输电控制人员。考虑了输电网的变化情况，同时给出了输电线路的临界负载和电压	无	无
美国	输电网调度部门在需要时可通过配电网调度执行限载。输电网调度部门决定限载量，配电网调度部门决定特定负载区块。 限载信息由输电网调度部门手动提供给配电网调度部门	无	未来应允许配电调度部门反馈信息到输电调度部门。 计量需要改进，包括采用更精确的负荷模型

目前，不同国家输配网调度部门的互动模式是非常不同的。例如，在爱尔兰，输电网调度部门负责控制输电和配电层面的需求和发电量。在线路重载、接近过载时，输电网调度部门可以向配电网调度部门发送请求以减少负载。有时，在紧急情况下，这个过程可以实现自动化。在比利时和法国，输配网调度部门互动联系更加密切，他们正在研究适用可再生分布式电源来管理输电线路负载。在中国，计划中的配电自动化系统将能够在临界线路负荷的情

况下将负荷转移到其他馈线。

在配电网侧使用灵活性时，为了避免线路过载，会带来一个额外的技术问题，即如何将多个输配边界变压器的灵活性与输电网用户的灵活性结合使用。为了实现这一点，输电网调度部门必须将来自自己管辖的用户的可用灵活性信息与相关配电网络上的可用灵活性信息相结合。

图 8－7 提出了一个可能的输配协同的输电线路拥塞管理过程。输配网调度部门掌握有关输电网的配置信息，并监测其负荷。输电网调度部门还需要有关接入输电网的灵活用户可用灵活性的信息。对于配电网内的灵活用户，则由配网调度部门进行管理。基于实际的电网负荷，配网调度部门可以计算总的可用灵活性资源，在考虑配电网负荷限制的情况下，与输电网调度部门的每个连接点进行聚合。这些信息对于输电网调度部门决定输电网和配电网各自的灵活性资源使用是非常必要的，有助于降低输电线路的负载。一旦输电网调度部门确定每个输配边界连接点将如何使用灵活性资源，后续解决方案与输配边界变压器拥塞案例中的灵活性资源请求相类似。

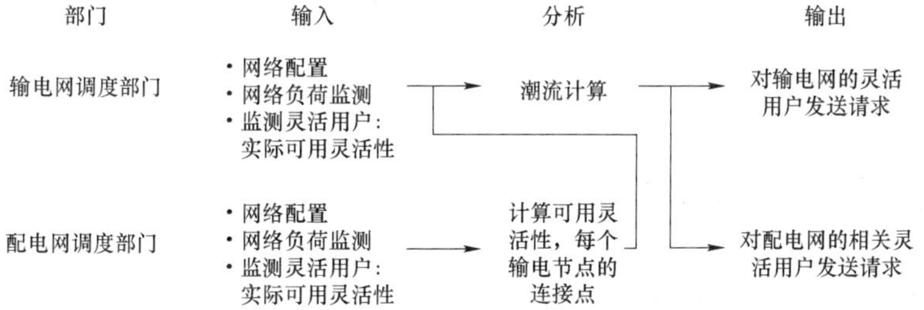

图 8－7　输电线路拥塞管理示意图

3. 电压支撑

输电网调度部门可以支撑配电网根节点电压，配电网调度部门同样可以支撑输电网运行的电压。更具体地说，配电网的电压等级可以通过调节输配边界变压器的分接头进行调节，而配电网调度部门可以通过利用配电网的灵活性为输电网提供电压支撑。

表 8－5 列出了一些国家在输配协同电压支撑方面的一些措施。

表 8－5　　各国支撑电网电压输配电网调度部门交互的概况

国家	交互现状	提高双方交互合作的远期计划	在智能电网环境下实现输配电网完全交互需要做出的改进
奥地利	变压器的设置（分接头位置）是在两个控制室（输电网调度部门和配电网调度部门）之间协商的，并手动执行以满足二者的需要。有时，也采用自动化控制的方式，但还没有广泛实施	变压器分接头控制更加自动化	无
加拿大	输电网调度部门依据法规支撑配电网电压； 配电网侧和工业用户侧的电容器组可用于配电网的电压控制	安装在配电网侧的电容器组在不需要进行配电网电压控制的情况下，可以用于输电网电压控制。这需要获得配电网电压和来自配电网调度部门的信号	无

续表

国家	交互现状	提高双方交互合作的远期计划	在智能电网环境下实现输配电网完全交互需要做出的改进
中国	输电网调度部门独立进行电压控制，不需要配电网调度部门的支撑。反之亦然	无	为了应对可再生能源的高度渗透，电压设定点的选择需要输配网调度部门的协同交互来进行
法国	除非紧急情况，输电网调度部门和配电网调度部门之间无信息交换。 有时，输电网调度部门通过电话咨询配电网调度部门（变电站补偿器）以寻求可能提供的电压支撑	正在进行研究，以优化的方式操作整个系统（包括对电压分布有影响的可再生能源），但尚未形成结论	通过适当的交互优化形成输电网—配电网—可再生能源的协同电压管理
爱尔兰	无。对于连接到配电网并由配电网调度部门管理的某些发电机组，配电技术规范设置了功率因数范围	利用配电网的无功电源来支撑输电网电压。 输电网调度部门可以基于输配边界节点的状态向配电网调度部门发出无功功率、功率因数或电压设置要求。配电网调度部门将控制配电网的无功发电/消纳达到该设定值，同时将配电网电压和线路负载保持在一定范围内。 必要的数据交换包括输配网调度部门之间进行输配网接口的无功功率容量以及电压设定点等	开发一种“节点控制器”来控制连接在特定输电网节点上的分布式电源的无功潮流。 输电网调度部门实时发送设定点指令来指示配电网调度部门/配电网发电机，并接收确认信息
南非	与临界线路负载的情况一样，将输电网的临界电压传达给配电控制室的输电人员，由他们来采取适当措施	无	无
瑞典	在输配网接口处保持零无功功率的流量。输电网调度部门操作安装在配电网上的电容器组（称为“反向功率控制”）。此操作流程有一个规范协议。 没有定期的数据交换，但是统计数据和特殊电网事件会在输配网调度部门间进行交换	无	应有效处理在发电和用电方面不断增加的不确定性。需要建立基于输配电调度部门之间积极合作的有效的预测系统。 需要更多的交互来掌握输配两个网络的现有问题和局限性。 为智能电网的功能提供明确的监管
美国	输电网调度部门控制配电网变电站电容器和变压器分接头的切换，并管理所有电压支撑需求。 配电网调度部门测量电压，通过能量管理系统（EMS）和配电管理系统（DMS）管理电容器控制器。变压器分接头和电压调节器自动控制运行	无	输配网调度部门应联合研究可再生技术，特别是可再生电源的电压信息

目前，保持电压在要求范围内的方法主要包括网络规划、传统发电机的无功补偿、变压器分接头调节、电容器组和线路电压调节器调节等。此外，输电网调度部门还可以重新调度发电机来管理节点电压。现阶段，输电网调度部门和配电网调度部门在电压支撑方面的协同作用相当有限。如果输电网调度部门负责管理输配边界变压器，则输电网调度部门通过输配边界变压器的有载分接头来支持配电网的电压。而配电网调度部门，一般可以使用电容器组来支持配电网电压。

在美国，输配网调度部门的相互作用较为密切，电容器组由输电网调度部门的能量管理系统和配电网调度部门的配电管理系统控制，使用配电网电站的电压量测。与其他被调查的国家不同，爱尔兰已经制定了分布式发电的功率因数。在南非，输电网调度部门安排工作人员在配电控制室内工作，这些人员对配电网采取适当的措施来支撑输电网的电压。

虽然目前输配双向电压支撑的协同水平有限，但总体来看，大部分国家采用的思路是在未来加强配电网在电压支撑中的作用，从而使得在所有电压水平上管理电网电压的方法更加完整。具体有这样一些改进思路：① 使用配电网调度部门现有的电容器组来主动支撑输电网电压；② 使用分布式电源的无功功率来支撑输电网电压。

爱尔兰给出了一个解决方案，如图 8－8 所示。在这种情况下，配电网调度部门通过管理配电网的无功功率流来支持输电网的电压。输电网调度部门可以在输配网接口处设定功率因数、无功功率或电压值。分布式电源的无功功率补偿可用于满足所需的无功功率流，同时考虑配电网级别电压和线路容量的限制。在输配网的接口上，输配网调度部门双方可以就应满足的无功功率流范围达成一致。这种方法可以与输配边界变压器分接头开关设置的管理相结合，以最佳的方式支持配电网电压。

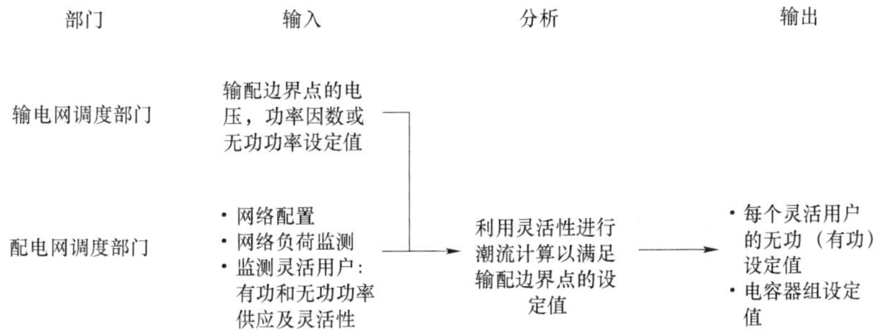

图 8－8　电压支撑示意图

实现此解决方案的技术要求与前面介绍的内容非常相似。必须实施全网的态势感知，建立输电网调度部门和配电网调度部门之间的通信，并且配电网调度部门和其灵活用户之间必须有通信手段。值得注意的是，输电网调度部门既可以从自己的用户那里获得灵活性，也可以要求配电网调度部门通过利用配电网的灵活性来支持输电网电压，输电网调度部门应平衡两种方式的运用。

4. 网络平衡

电网的瞬时发电量和瞬时消耗量必须始终保持平衡。随着分散、波动的新能源发电的渗透，出力预测误差增加，平衡电网更具挑战性。因此，预计在未来数年，需要采取有效的手段提高网络平衡水平。输电网调度部门可以利用配电网的灵活性来减少不平衡。表 8－6 总结了一些国家在输配网络协同应对网络平衡问题方面的一些措施。

表 8－6　　各国电网平衡输配电网调度部门交互的概况

国家	交互现状	提高双方交互合作的远期计划	在智能电网环境下实现输配电网完全交互需要做出的改进
奥地利	从政策和监管的角度来看，如果发电机和负荷符合资格预审标准，那么连接到配电网的发电机和负荷就有可能在平衡市场中发挥作用。配电网调度部门不参与资格预审过程，预审由奥地利的输电网调度部门负责。在这种情况下，输配电网调度部门间不存在交互	无	无

续表

国家	交互现状	提高双方交互合作的远期计划	在智能电网环境下实现输配电网完全交互需要做出的改进
比利时	一些配电网用户以可用容量的形式向输电网调度部门提供灵活性。 配电网调度部门参与了申请用户的资格预审过程。由配电网调度部门测量并传达给输电网调度部门的实际计量数据可来评估客户的可用灵活性。 各方之间由双边合同约束	实时平衡平台，允许输电网调度部门灵活签约。 计划提高配电网调度部门对电网用户行动（负荷随时间变化的趋势）的可见性。 讨论了由于启用灵活性而导致计划中的不平衡问题。 需要更改“动态配置文件提供商”提供辅助服务的合同	前面提到的灵活性平台必须与配置文件管理和聚合服务同步到位。 从法规的角度来看，应允许配电网调度部门通过市场机制参与辅助服务
加拿大	输电网调度部门负责平衡电网。当负荷波动时，发电机出力相应调整。水力发电集中在北方，而负荷集中在南方，那里有一些小规模的水力发电。当有可用的输电线路时，电能从北方输送到南方。 除了大型风电场外，几乎没有分布式发电，这些风电场必须参与平衡	配电网调度部门可以在南方市场非常好的时候减少需求，以实现出口。需要有一个信号，因为内部市场的价格是预先确定的	无
中国	只有输电网调度部门负责电网平衡，配电网调度部门没有参与其中	无	无
法国	平衡是在国家层面上进行的。 如果出现平衡问题，输电网调度部门会发送适当的信号（手动或自动）以恢复正常状态。这些信号是输电网调度部门向市场发出的，以征求适当的报价，但在紧急情况下，自动减负是解决方案。在这一过程中，信号从输电网调度部门发送到配电网调度部门	试点项目正在调研配电网调度部门可以在多大程度上采取“地方性”措施来取得某种平衡。结果是不确定的，与输电网调度部门的互动仍有待定义。 在涉及配电网层面资源的需求响应的情况下，正在讨论输配电网调度部门之间的互动。 未来的政策法规还没有明确	无
爱尔兰	输电网调度部门负责平衡电网，因此也同时负责输电和配电系统的有功功率控制，包括发电侧和需求侧		
瑞典	无	正在讨论，如何实施信息交换，使配电网用户参与电网平衡	无
美国	只有当配电网调度部门收到输电网调度部门的指令时才执行负荷削减。 输电网调度部门决定切除负荷的量，配电网调度部门决定具体的负荷。 负载削减信息由输电网调度部门人工提供给配电网调度部门。 行业政策由北美电力可靠性公司（NERC）制定。 此外，区域性的配电网调度部门政策也适用	目前的研究重点是制定保护标准、电能质量评估和电压支撑要求。 目前正在探索数据管理解决方案，主要集中在配电网上（不能与输电网进行双向通信）	输配电网调度部门之间实施双向数据交换。如果没有增强的数据交换，目前不可能在配电网级别管理无功设备以优化全局系统的总收益。 增强利率信号，以刺激配电网层面的投资

通常，输电网调度部门负责平衡电网。在正常电网运行条件下，配电网调度部门不参与电网平衡。尽管如此，在部分国家，配电网用户已经可以参与平衡过程。在比利时，配电网调度部门参与资格预审过程，并将计量数据传达给输电网调度部门。

与先前分析的互动案例类似，爱尔兰的情况比较独特。输电网调度部门还可以利用配电网的灵活性达到平衡的目的。加拿大的情况也很独特，由于水力发电量很大，分布式电源较少，在经济上可行的情况下，加拿大配电网的灵活性可用于最大限度地向其他市场转移。这种输入是由一家垂直一体化公司所提供的。对于没有垂直一体化的公司来说，以这种方式应用灵活性可能较难实现。

欧洲正在探索现有平衡机制的扩展方式。例如，一个实时平衡平台的实现方案被提出，这将允许输电网调度部门在需要时可以利用灵活性。法国正在调研配电网调度部门可以采取的本地措施，这可以使得配电网区域更加平衡。

假如输配网调度部门之间能够通过交互来应对平衡问题，则需要在配电网上聚合一些灵活用户。这一组柔性的发电机或负载将需要通过资格预审程序，以证明它们具备参与平衡市场所需的可用性、可靠性和灵活性。最有可能的是根据进入平衡市场的新参与者修订资格预审要求。输电网调度部门、配电网调度部门或其他独立公司等各方均可以扮演聚合者的角色。然而，只有在配电网负荷不太重要的情况下，将配电网用户纳入平衡过程的市场机制才能够运行。这是一个只能由配电网调度部门来完成的工作，因为只有配电网调度部门知道实际的网络配置及其当前的负载情况。必要时，电网向灵活用户发出的信号应始终优先于市场信号。

5. 输配协同的现在与未来

目前，世界各国电网的输配协同水平还比较低，但各国已经普遍意识到提高输配协同水平的必要性，部分国家也在采取必要的措施提高输电网和配电网调度部门的互动性。表 8－7 总结了各国目前与未来输配协同的发展情况。

表 8－7　　现有和未来输配协同的总结

	现在	未来
输配边界变压器阻塞	许多国家通过在网络规划阶段考虑 $N-1$ 标准来避免输配边界变压器阻塞。 输配网调度部门主要是在规划阶段进行合作。 紧急情况：输电网调度部门可向配电网调度部门请求断开配电馈线	更多的电网监控的数据交换提高配电网的灵活性，以在必要时减少变压器负载。 输电网调度部门可以向配电网调度部门发送请求降低变压器负载。配电网调度部门可以将此请求转换为对连接到配电网的灵活用户的灵活性使用请求
输电线路拥塞	大部分国家在网络规划阶段考虑 $N-1$ 标准来避免输电线路拥塞。 在某些情况下，输电网调度部门负责控制输电和配电层面的需求量和发电量。 一般情况下，在输电线路临界负载的情况下，对配电网上的负荷进行削减。有时手动执行，有时自动执行	利用配电网的灵活性来管理输电线路负载。 配电网调度部门可以提供关于配电网可用灵活性的信息，汇总每个输配边界节点的连接信息。输电网调度部门可以使用这些信息及其自身的网络监控来计算所需的灵活性使用。由此产生的灵活性请求可以发送给配电网调度部门和连接到输电网的灵活用户。 需要实施某种机制来决定输电网用户和配电网用户的灵活性使用
电压支撑	通常，输电网调度部门仅通过输配边界变压器上的分接头来支撑电网电压。 配电网电容器组可用于支撑输电网电压。 有分布式电源被用于支撑电压的例子，它们需要在固定的功率因数下运行	使用配电网调度部门现有的电容器组积极支撑输电网电压。 协调使用分布式电源的无功功率来支撑输电网电压。 当输电网调度部门在输配边界请求电压、功率因数或无功功率流设定时，两种解决方案可以结合使用。配电网调度部门可以利用配电网的灵活性，在不违反配电网运行约束的情况下达到要求的设定值
网络平衡	配电网调度部门一般不参与电网平衡。 有时，配电用户参与平衡过程，但不是必要的	聚合配电用户可能是平衡过程的一部分。哪一个实体应该扮演聚合者的角色还有待讨论。 承担地区平衡责任的配电网调度部门。 基于市场的信号不应干扰使用灵活性的电网运行信号

8.2 输配一体化系统优化计算的计算框架和通用模型

随着城市规模扩大、人口增多、经济快速增长以及工业化水平的提升，地区电网规模不断扩大，运行方式日趋复杂，输配电网之间的联系和耦合程度日趋紧密，现有输配电网自动化系统独立运行的模式已不能适应未来地区电网调度运行业务发展的要求。

本节基于以上背景，介绍输配协同的计算框架，以及全局一体化模型和分布式模型这两种常用计算模型。

8.2.1 输配协同的计算框架

20 世纪 70 年代以来，国内外学者投入了大量的精力研究面向发输电系统监控的能量管理系统（EMS）。到了 80 年代末期，又兴起了一股研究配电管理系统（DMS）的新热潮。EMS 和 DMS 虽然管理不同规模电压等级的电网，但具有相同的功能结构，主要包括建模、感知、调度计划、安全评估、协调控制、与其他系统交互等应用。

其中，建模是对所管辖电网的拓扑连接和元件特性参数的描述。感知是对所管辖电网的实时状态监测和估计。安全评估对所管辖电网的安全性进行评估和预警，针对各类预想事故给出安全裕度，并为调度计划和协调控制功能提供安全约束。调度计划给出所管辖电网源—储—荷的调度计划，时间尺度通常从日前到分钟级前，满足负荷和可再生能源消纳的需要，调度对象可以包括各类常规电源、可再生电源、储能和主动负荷等。协调控制对所管辖电网的各类控制手段实施协调控制，改善电网运行的安全性和效率，时间尺度比调度计划短。最后，不同的系统之间需要进行互联互动，保证整个系统的安全高效运行。

输配协同的计算框架建立在 EMS 和 DMS 独立性和交互性的基础上，如图 8-9 所示。在电力系统中，发输电系统和配电系统分别由 EMS 和 DMS 进行管理。两者的边界对应于配电变电站，配电变电站负责将发输电系统的电量分配到配电系统中，作为 EMS 和 DMS 能

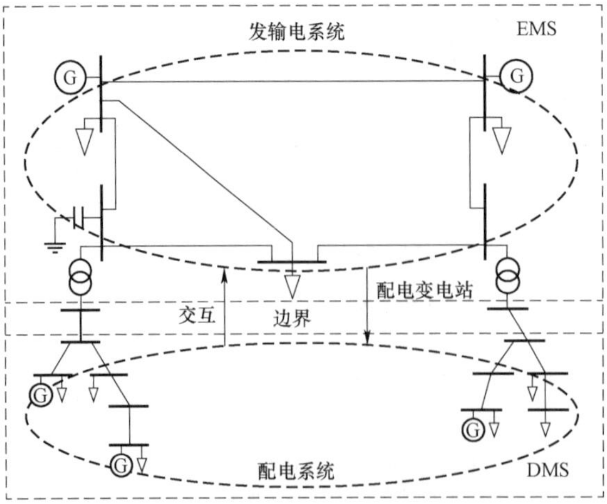

图 8-9 输配协同计算框架示意图

量和信息的交换中枢。在这一架构中，EMS 和 DMS 都能获取到边界处的电压和功率信息，用于两者间的协同计算和优化。

8.2.2　输配协同的全局一体化模型

输配电网高级应用协同分析的基础是输配电网的统一模型，然后在此基础上开展输配协同的拓扑分析和潮流计算，为上层应用提供拓扑搜索和潮流计算服务，进而实现输配协同的风险评估和故障处置。

全局一体化模型是开展输配协同应用的基础，输电网自动化系统通常只对输电网监控和建模，把配电网部分等值为负荷，配电网自动化系统只针对配电网监控和建模，将输电网等值为电源。为了实现调控中心不同应用、不同系统之间的信息共享和数据交换，IEC TC 57 在 IEC 61970/61968 标准中提出了电力系统公共信息模型（CIM），用于建立电力应用信息模型和数据交换的标准信息模型。

输配统一建模在接收各系统模型的基础上实现输电网、配电网模型拼接。其中，输电网图模采用分厂站的方式以 CIM、SVG 格式导入、更新，配电网图模采用分馈线的方式以 CIM、SVG 格式导入、更新。先导入输电网模型，再导入配电网模型，两者以 10kV 出线开关为模型匹配点。以某地区输电网能量管理系统（EMS）和配电网管理系统（DMS）为例，其输配电网的模型拼接过程如图 8-10 所示，EMS 负责输电网建模，DMS 首先导入输电网模型，然后导入 GIS 维护的配电网模型，接下来分别对输电网模型和配电网模型进行独立的拓扑分析。以变电站 10kV 出线开关为分界点，将变电站 10kV 出线间隔中馈线等效负荷用 GIS 维护的配电网站外模型进行替换，即变电站内以 EMS 模型为基准，站外模型以 GIS 为基准，最终形成输配协同的全局一体化模型，从而支撑输配电网高级应用分析。

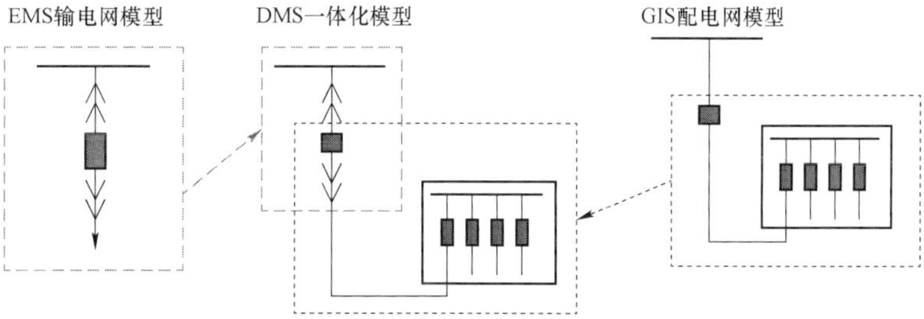

图 8-10　输配一体化模型拼接示意图

全局一体化模型能够精确地描述输电网、配电网和耦合情况，但也存在数值稳定性差、计算量大以及输配网之间信息安全的问题，在具体实现上存在瓶颈。

8.2.3　输配协同的分布式模型

目前，输电网和配电网由不同的电力公司或者运行部门分别调控，因此全局一体化模型在实际中的可用性尚不明朗。

主从分裂模型是一种常见的输配协同分布式模型。采用文献［73］中的方式将输配界面以下部分称为从系统，以上部分称为主系统，输配界面组成边界系统，从而将图 8-11 所示的全局电力系统划分为图 8-12 所示的主从结构。

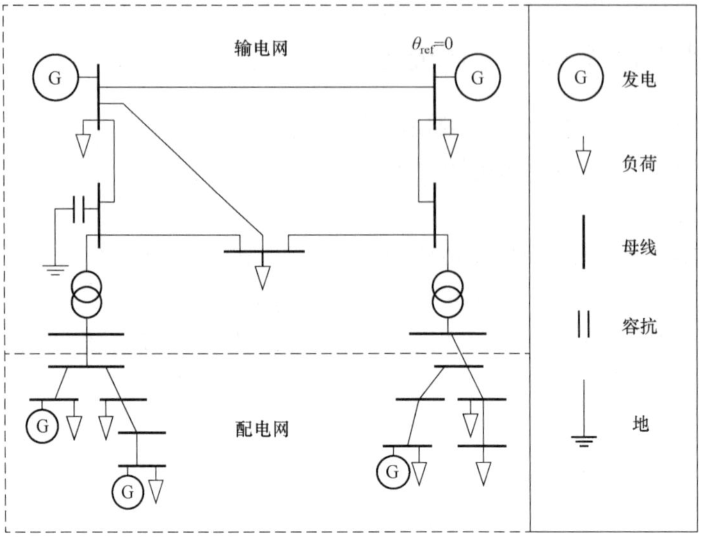

图 8-11　输配全局电力系统示意图

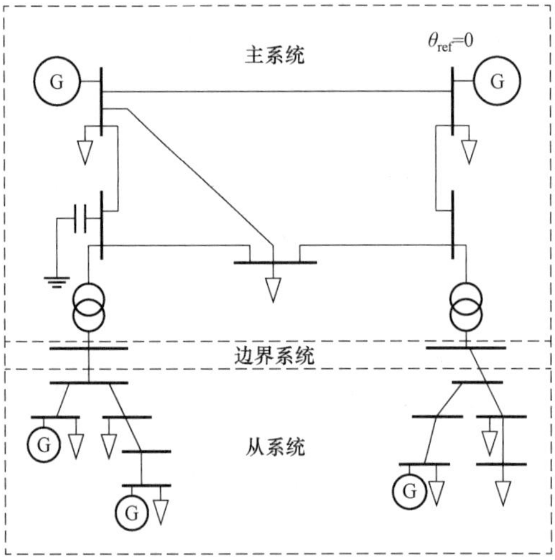

图 8-12　全局电力系统的主从结构划分

观察图 8-13 中的边界系统可知，边界系统内的功率流由四部分构成：由主系统注入的功率向量 $\boldsymbol{S}_{MB}$、由从系统注入的功率向量 $\boldsymbol{S}_{SB}$、边界系统内各节点之间的交互功率向量 $\boldsymbol{S}_{BB}$、从外界注入的功率向量 $\boldsymbol{S}_{B}$，并且四者之和为零（$\boldsymbol{S}_{MB}+\boldsymbol{S}_{SB}+\boldsymbol{S}_{BB}+\boldsymbol{S}_{B}=\boldsymbol{0}$）。以下标 M、B、S 分别表示主系统、边界系统和从系统变量，$\boldsymbol{S}_{XY}$ 表示从 X 系统流向 Y 系统的复功率，$\boldsymbol{V}_{X}$ 表示 X 系统的复电压，边界系统功率流的组成部分可在图 8-13 中示意性地标出。由图 8-13 可知，由主系统注入的复功率仅与主系统和边界系统的复电压相关，与从系统的复电压无关；由从系统注入的复功率仅与边界系统和从系统的复电压相关，与主系统的复电压无关；主系统和从系统之间无直接的功率流交互。这些特性正是输配协同通用模型具有主从可分性的物理基础。

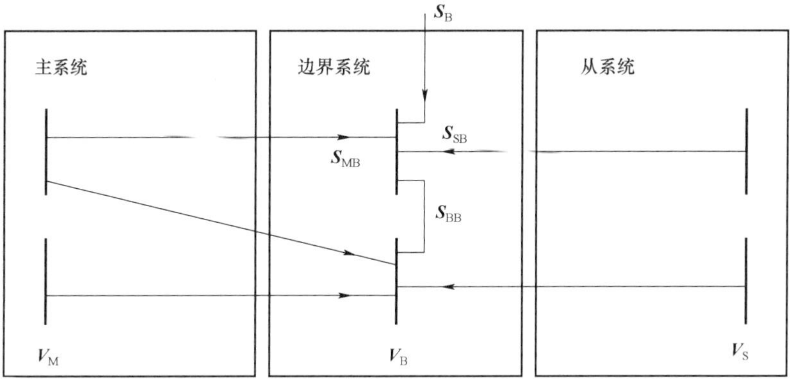

图 8－13　边界系统功率流的特点

为不失一般性，输配协同通用模型中仅考虑输电网和配电网之间的协同。它可由如下的优化模型进行描述。

（1）全局目标函数

$$\min_{\boldsymbol{u}_T,\boldsymbol{u}_B,\boldsymbol{u}_D,\boldsymbol{x}_T,\boldsymbol{x}_B,\boldsymbol{x}_D} c_T(\boldsymbol{u}_T,\boldsymbol{u}_B,\boldsymbol{x}_T,\boldsymbol{x}_B)+c_D(\boldsymbol{u}_D,\boldsymbol{x}_B,\boldsymbol{x}_D) \tag{8.1}$$

（2）主系统约束

$$\boldsymbol{f}_T(\boldsymbol{u}_T,\boldsymbol{x}_T,\boldsymbol{x}_B)=\boldsymbol{0} \tag{8.2}$$

$$\boldsymbol{g}_T(\boldsymbol{u}_T,\boldsymbol{x}_T,\boldsymbol{x}_B)\geqslant\boldsymbol{0} \tag{8.3}$$

（3）边界系统约束

$$\boldsymbol{f}_B(\boldsymbol{u}_B,\boldsymbol{x}_T,\boldsymbol{x}_B,\boldsymbol{x}_D)=\boldsymbol{0} \tag{8.4}$$

$$\boldsymbol{g}_B(\boldsymbol{u}_B,\boldsymbol{x}_B)\geqslant\boldsymbol{0} \tag{8.5}$$

（4）从系统约束

$$\boldsymbol{f}_D(\boldsymbol{u}_D,\boldsymbol{x}_B,\boldsymbol{x}_D)=\boldsymbol{0} \tag{8.6}$$

$$\boldsymbol{g}_D(\boldsymbol{u}_D,\boldsymbol{x}_B,\boldsymbol{x}_D)\geqslant\boldsymbol{0} \tag{8.7}$$

式中：$c_T(\cdot)$为主系统成本函数，如机组发电成本函数；$c_D(\cdot)$为从系统成本函数，如机组发电成本函数；$\boldsymbol{f}_T(\cdot)$为主系统等式约束，如潮流方程约束；$\boldsymbol{f}_B(\cdot)$为边界系统等式约束，如功率方程约束；$\boldsymbol{f}_D(\cdot)$是从系统等式约束，如潮流方程约束；$\boldsymbol{g}_T(\cdot)$为主系统不等式约束，如支路（包括线路和变压器）传输容量约束、发电机有功和无功出力约束、发电机爬坡速率约束、节点电压幅值约束；$\boldsymbol{g}_B(\cdot)$为边界系统不等式约束，如边界外部注入功率范围约束、边界节点电压幅值约束；$\boldsymbol{g}_D(\cdot)$为从系统不等式约束，如支路（包括线路和变压器）传输容量约束、分布式电源的有功和无功出力约束、分布式电源的爬坡速率约束、可控负荷的运行约束、储能设备运行约束、节点电压幅值约束；$\boldsymbol{u}_T$ 为主系统控制变量（列向量形式），如发电机有功功率和无功功率、发电机机端电压、连续化后的无功补偿设备的无功功率；$\boldsymbol{u}_B$ 为边界系统控制变量（列向量形式），如外部注入功率；$\boldsymbol{u}_D$ 为从系统控制变量（列向量形式），如分布式电源的有功功率和无功功率、分布式电源的机端电压、可控负荷功率、储能充、放电功率；$\boldsymbol{x}_T$ 为主系统状态变量（列向量形式），如节点电压幅值和相角；$\boldsymbol{x}_B$ 为边界系统状态变量（列向量形式），如节点电压幅值和相角；$\boldsymbol{x}_D$ 为从系统边界状态变量（列向量形式），如节点电压幅值和相角。

此外，假设式（8.1）～式（8.7）中的各个函数均为连续二次可微函数。

对式（8.1）～式（8.7）中建立的优化模型[7]，有如下论述：

（1）电力系统中的潮流方程约束（无论极坐标还是直角坐标形式）、线路传输容量约束和大部分常用设备的运行约束、成本函数都严格满足或者近似满足对目标函数和约束函数所要求的连续二次可微性质。

（2）在我国电力系统的实际运行中，输配界面上的可调无功补偿设备大多由输电网管理系统进行调控，而输配界面关联支路的传输容量约束则由另一关联节点所在的输电网或配电网进行监控，所以与 $\boldsymbol{u}_{\mathrm{B}}$ 相关的成本函数归入主系统成本函数 $c_{\mathrm{T}}(\cdot)$中，而主系统和边界系统的相连支路、从系统和边界系统的相连支路的传输容量约束则分别纳入主、从系统不等式约束 $\boldsymbol{g}_{\mathrm{T}}(\cdot)$和 $\boldsymbol{g}_{\mathrm{D}}(\cdot)$中进行考虑。输配边界通常没有接入可调无功补偿设备，则可认为模型中的 $\boldsymbol{u}_{\mathrm{B}}=0$ 或 $\boldsymbol{u}_{\mathrm{B}}=\varnothing$ 。

（3）隐含如下假设：全局目标函数中不含有耦合了主系统、边界系统和从系统优化变量的目标项。这一假设对潮流分析、预想事故分析、经济调度，最优潮流等问题几乎都是成立的。但是对于输配协同状态估计，它的目标函数中含有同时耦合了主系统、边界系统和从系统优化变量的项，此时需要转化为式（8.1）中的形式。

（4）由于采用了抽象的数学优化建模方式，这一模型中既可以采用单相元件模型，也可以采用三相元件模型。实际上，分解后的输电和配电优化子问题甚至可以分别采用单相模型和三相模型，并经文献[19]提出的单—三相转换策略完成输配边界处的单—三相数据匹配。

（5）由于采用了抽象的数学优化建模方式，该模型具有代表性，可适用于能量管理系统中的多个主要稳态功能，具体如下。

1）对于潮流分析：令目标函数中 $c_{\mathrm{T}}=0$，$c_{\mathrm{D}}=0$，并且仅考虑潮流等式约束，则可转化为输配协同潮流模型。

2）对于预想事故分析：对于每个预想事故，令目标函数中 $c_{\mathrm{T}}=0$，$c_{\mathrm{D}}=0$，并且考虑潮流等式约束，则可转化为该事故下输配协同潮流模型，检查潮流解是否满足运行约束，计算安全指标。

3）对于静态电压稳定：将参数化潮流方程中的连续化参数视为扩展边界状态量，则可转化为输配协同参数化潮流模型，并以此评估静态电压稳定性。

4）对于经济调度：令状态变量中的电压幅值为 1.0p.u.，优化变量仅考虑有功变量，约束条件中采用直流潮流模型，考虑和有功功率相关的不等式约束，令目标函数为机组的发电成本最小，则可转化为输配协同经济调度模型。

5）对于最优潮流：令约束条件中采用交流潮流模型，并且根据实际的优化目标选取目标函数，则可转化为输配协同最优潮流模型。

为便于后续推导，令主系统和从系统的优化变量分别为 $\boldsymbol{z}_{\mathrm{T}}=[\boldsymbol{u}_{\mathrm{T}}^{\mathrm{T}},\boldsymbol{x}_{\mathrm{T}}^{\mathrm{T}},\boldsymbol{u}_{\mathrm{B}}^{\mathrm{T}}]^{\mathrm{T}}$ 和 $\boldsymbol{z}_{\mathrm{D}}=[\boldsymbol{u}_{\mathrm{D}}^{\mathrm{T}},\boldsymbol{x}_{\mathrm{D}}^{\mathrm{T}}]^{\mathrm{T}}$。将 $\boldsymbol{u}_{\mathrm{D}}$ 纳入 $\boldsymbol{z}_{\mathrm{T}}$ 的原因在于我国电力工业中大多是由输电调控中心来调控输配边界处的外部注入功率。于是式（8.1）～式（8.7）中的模型可写为

$$\min_{z_T, z_B, z_D} \ c = c_T(z_T, \boldsymbol{x}_B) + c_D(\boldsymbol{x}_B, z_D) \tag{8.8}$$

$$\text{s.t.} \begin{cases} \boldsymbol{f}_T(z_T, \boldsymbol{x}_B) = \boldsymbol{0}, \ \boldsymbol{\lambda}_T \\ \boldsymbol{f}_B(z_T, \boldsymbol{x}_B, \boldsymbol{x}_D) = \boldsymbol{0}, \ \boldsymbol{\lambda}_B \\ \boldsymbol{f}_D(\boldsymbol{x}_B, z_D) = \boldsymbol{0}, \ \boldsymbol{\lambda}_D \\ \tilde{\boldsymbol{g}}_T(z_T, \boldsymbol{x}_B) \geqslant \boldsymbol{0}, \ \boldsymbol{\omega}_T \\ \boldsymbol{g}_D(\boldsymbol{x}_B, z_D) \geqslant \boldsymbol{0}, \ \boldsymbol{\omega}_D \end{cases} \tag{8.9}$$

式中：$\tilde{\boldsymbol{g}}_T(z_T, \boldsymbol{x}_B) = [\boldsymbol{g}_T(z_T, \boldsymbol{x}_B); \boldsymbol{g}_D(z_T, \boldsymbol{x}_B)]$表示同时包含式（8.3）和式（8.5）中主系统、边界系统不等式约束的扩展后主系统不等式约束。为简化记号，在不引起歧义的情况下，后面将使用符号 $\boldsymbol{g}_T$ 代替 $\tilde{\boldsymbol{g}}_T$ 来表示扩展后主系统不等式约束函数。而列向量$\boldsymbol{\lambda}_T$、$\boldsymbol{\lambda}_B$ 和$\boldsymbol{\lambda}_D$ 分别为主系统、边界系统与从系统等式约束的乘子。列向量$\boldsymbol{\omega}_T$ 和$\boldsymbol{\omega}_D$ 分别为扩展后主系统不等式约束与从系统不等式约束的非负乘子$\boldsymbol{\omega}_T \geqslant \boldsymbol{0}$ 和$\boldsymbol{\omega}_D \geqslant \boldsymbol{0}$。

因此，式（8.8）中的模型是式（8.1）～式（8.7）中的 G-TDCM 优化模型的等价表述，且其与主从系统优化模型是一致的，因此如果满足主从可分性，就可以采用广义主从分裂理论求解。后续将基于式（8.8）中的 G-TDCM 形式进行推导。

8.3 输配一体化系统的状态估计

8.3.1 基于区域等值模型的状态估计算法

图 8-14 中，输电网的负荷节点（也是配电网的根节点）组成了边界区域，其节点集记为 $\boldsymbol{C}_B$，节点数为 N_B；其余的输电网节点组成了输电网区域，其节点集记为 $\boldsymbol{C}_T$，节点数为 N_T；配电网的节点组成了配电网区域，其节点集记为 $\boldsymbol{C}_D$，节点数为 N_D。对应的全局状态变量 $\boldsymbol{x}$ 也分解为输电网状态变量 $\boldsymbol{x}_T$，边界电压 $\boldsymbol{x}_B$ 和配电网电压 $\boldsymbol{x}_D$。同样，全局量测矢量 z 可分解为

$$z = [z_T \quad z_B \quad z_D]^T \tag{8.10}$$

式中：z 包括输配电全局系统中的所有量测；z_T 为输电网区域量测矢量；z_B 为边界注入量测矢量；z_D 为配电网区域量测矢量。其中，z_T 对应于传统输电状态估计取用的量测，而 z_D 对应于传统配电状态估计取用的量测。一般而言，z_B 是由边界节点上的零注入量测组成。假设各类量测相互独立，全局量测权系数阵为

$$\boldsymbol{R} = \begin{bmatrix} \boldsymbol{R}_T & 0 & 0 \\ 0 & \boldsymbol{R}_B & 0 \\ 0 & 0 & \boldsymbol{R}_D \end{bmatrix} \tag{8.11}$$

式中：$\boldsymbol{R}_T$、$\boldsymbol{R}_B$、$\boldsymbol{R}_D$ 分别为输电量测 z_T、边界注入量测 z_B 和配电量测 z_D 的权系数阵。

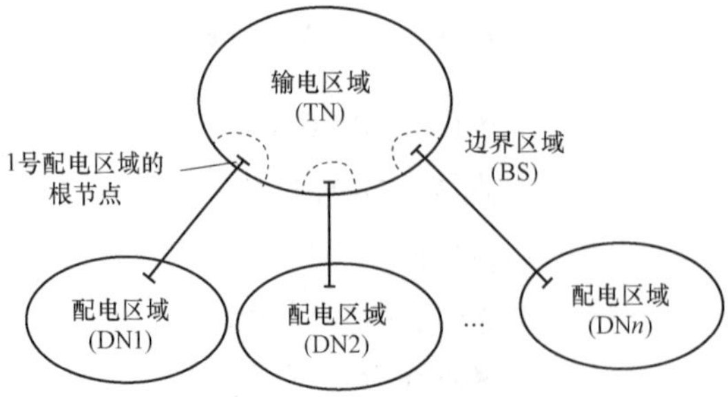

图 8－14　包含输电网和配电网的互联大电力系统

故有

$$\begin{bmatrix} \boldsymbol{H}_{\mathrm{TT}}^{\mathrm{T}}(\boldsymbol{x}_{\mathrm{T}},\boldsymbol{x}_{\mathrm{B}}) & \boldsymbol{H}_{\mathrm{BT}}^{\mathrm{T}}(\boldsymbol{x}_{\mathrm{T}},\boldsymbol{x}_{\mathrm{B}}) & 0 \\ \boldsymbol{H}_{\mathrm{TB}}^{\mathrm{T}}(\boldsymbol{x}_{\mathrm{T}},\boldsymbol{x}_{\mathrm{B}}) & \boldsymbol{H}_{\mathrm{BB1}}^{\mathrm{T}}(\boldsymbol{x}_{\mathrm{T}},\boldsymbol{x}_{\mathrm{B}})+\boldsymbol{H}_{\mathrm{BB2}}^{\mathrm{T}}(\boldsymbol{x}_{\mathrm{B}},\boldsymbol{x}_{\mathrm{D}}) & \boldsymbol{H}_{\mathrm{DB}}^{\mathrm{T}}(\boldsymbol{x}_{\mathrm{B}},\boldsymbol{x}_{\mathrm{D}}) \\ 0 & \boldsymbol{H}_{\mathrm{BD}}^{\mathrm{T}}(\boldsymbol{x}_{\mathrm{B}},\boldsymbol{x}_{\mathrm{D}}) & \boldsymbol{H}_{\mathrm{DD}}^{\mathrm{T}}(\boldsymbol{x}_{\mathrm{B}},\boldsymbol{x}_{\mathrm{D}}) \end{bmatrix} \cdot \begin{bmatrix} \boldsymbol{R}_{\mathrm{T}}^{-1}[\boldsymbol{z}_{\mathrm{T}}-\boldsymbol{f}_{\mathrm{T}}(\boldsymbol{x}_{\mathrm{T}},\boldsymbol{x}_{\mathrm{B}})] \\ \boldsymbol{R}_{\mathrm{B}}^{-1}[\boldsymbol{z}_{\mathrm{B}}-\boldsymbol{f}_{\mathrm{B1}}(\boldsymbol{x}_{\mathrm{T}},\boldsymbol{x}_{\mathrm{B}})-\boldsymbol{f}_{\mathrm{B2}}(\boldsymbol{x}_{\mathrm{B}},\boldsymbol{x}_{\mathrm{D}})] \\ \boldsymbol{R}_{\mathrm{D}}^{-1}[\boldsymbol{z}_{\mathrm{D}}-\boldsymbol{f}_{\mathrm{D}}(\boldsymbol{x}_{\mathrm{B}},\boldsymbol{x}_{\mathrm{D}})] \end{bmatrix} = \boldsymbol{0} \tag{8.12}$$

式中：$\boldsymbol{H}_{\mathrm{TT}}$，$\boldsymbol{H}_{\mathrm{TB}}$，$\boldsymbol{H}_{\mathrm{BT}}$，$\boldsymbol{H}_{\mathrm{BD}}$，$\boldsymbol{H}_{\mathrm{DB}}$，$\boldsymbol{H}_{\mathrm{DD}}$ 分别为全局量测 Jacobian 阵中对应的子阵；$\boldsymbol{f}_{\mathrm{T}}$ 和 $\boldsymbol{f}_{\mathrm{D}}$ 分别为 $\boldsymbol{z}_{\mathrm{T}}$ 和 $\boldsymbol{z}_{\mathrm{D}}$ 的量测函数；$\boldsymbol{f}_{\mathrm{B1}}$ 和 $\boldsymbol{f}_{\mathrm{B2}}$ 分别为边界节点流向输电网和配电网的潮流和矢量；$\boldsymbol{H}_{\mathrm{BB1}}$ 和 $\boldsymbol{H}_{\mathrm{BB2}}$ 分别为 $\boldsymbol{f}_{\mathrm{B1}}$ 和 $\boldsymbol{f}_{\mathrm{B2}}$ 对边界状态 $\boldsymbol{x}_{\mathrm{B}}$ 的 Jacobian 阵。

进一步，引入虚拟量测（$\boldsymbol{z}_{\mathrm{B1}}, \boldsymbol{z}_{\mathrm{B2}}$）

$$\begin{cases} \boldsymbol{z}_{\mathrm{B1}} = \boldsymbol{z}_{\mathrm{B}} - \boldsymbol{f}_{\mathrm{B2}}(\boldsymbol{x}_{\mathrm{B}},\boldsymbol{x}_{\mathrm{D}}) \\ \boldsymbol{z}_{\mathrm{B2}} = \boldsymbol{z}_{\mathrm{B}} - \boldsymbol{f}_{\mathrm{B1}}(\boldsymbol{x}_{\mathrm{T}},\boldsymbol{x}_{\mathrm{B}}) \end{cases} \tag{8.13}$$

定义 $\boldsymbol{y}_{\mathrm{B}}$ 为

$$\begin{aligned} \boldsymbol{y}_{\mathrm{B}}(\boldsymbol{x}_{\mathrm{B}},\boldsymbol{x}_{\mathrm{D}}) = -\boldsymbol{H}_{\mathrm{BB2}}^{\mathrm{T}}(\boldsymbol{x}_{\mathrm{B}},\boldsymbol{x}_{\mathrm{D}})\boldsymbol{R}_{\mathrm{B}}^{-1}[\boldsymbol{z}_{\mathrm{B2}}-\boldsymbol{f}_{\mathrm{B2}}(\boldsymbol{x}_{\mathrm{B}},\boldsymbol{x}_{\mathrm{D}})] - \\ \boldsymbol{H}_{\mathrm{DB}}^{\mathrm{T}}(\boldsymbol{x}_{\mathrm{B}},\boldsymbol{x}_{\mathrm{S}})\boldsymbol{R}_{\mathrm{D}}^{-1}[\boldsymbol{z}_{\mathrm{D}}-\boldsymbol{f}_{\mathrm{S}}(\boldsymbol{x}_{\mathrm{B}},\boldsymbol{x}_{\mathrm{D}})] \end{aligned} \tag{8.14}$$

将式（8.12）表达成如下主从分裂的形式：

$$\begin{bmatrix} \boldsymbol{H}_{\mathrm{TT}}^{\mathrm{T}}(\boldsymbol{x}_{\mathrm{T}},\boldsymbol{x}_{\mathrm{B}}) & \boldsymbol{H}_{\mathrm{BT}}^{\mathrm{T}}(\boldsymbol{x}_{\mathrm{T}},\boldsymbol{x}_{\mathrm{B}}) \\ \boldsymbol{H}_{\mathrm{TB}}^{\mathrm{T}}(\boldsymbol{x}_{\mathrm{T}},\boldsymbol{x}_{\mathrm{B}}) & \boldsymbol{H}_{\mathrm{BB1}}^{\mathrm{T}}(\boldsymbol{x}_{\mathrm{T}},\boldsymbol{x}_{\mathrm{B}}) \end{bmatrix} \cdot \begin{bmatrix} \boldsymbol{R}_{\mathrm{T}}^{-1}[\boldsymbol{z}_{\mathrm{T}}-\boldsymbol{f}_{\mathrm{T}}(\boldsymbol{x}_{\mathrm{T}},\boldsymbol{x}_{\mathrm{B}})] \\ \boldsymbol{R}_{\mathrm{B}}^{-1}[\boldsymbol{z}_{\mathrm{B1}}-\boldsymbol{f}_{\mathrm{B1}}(\boldsymbol{x}_{\mathrm{T}},\boldsymbol{x}_{\mathrm{B}})] \end{bmatrix} = \begin{bmatrix} 0 \\ \boldsymbol{y}_{\mathrm{B}} \end{bmatrix} \tag{8.15}$$

$$\begin{bmatrix} \boldsymbol{H}_{\mathrm{BD}}^{\mathrm{T}}(\boldsymbol{x}_{\mathrm{B}},\boldsymbol{x}_{\mathrm{D}}) & \boldsymbol{H}_{DD}^{\mathrm{T}}(\boldsymbol{x}_{\mathrm{B}},\boldsymbol{x}_{\mathrm{D}}) \end{bmatrix} \cdot \begin{bmatrix} \boldsymbol{R}_{\mathrm{B}}^{-1}[\boldsymbol{z}_{\mathrm{B2}}-\boldsymbol{f}_{\mathrm{B2}}(\boldsymbol{x}_{\mathrm{B}},\boldsymbol{x}_{\mathrm{D}})] \\ \boldsymbol{R}_{\mathrm{D}}^{-1}[\boldsymbol{z}_{\mathrm{D}}-\boldsymbol{f}_{\mathrm{D}}(\boldsymbol{x}_{\mathrm{B}},\boldsymbol{x}_{\mathrm{D}})] \end{bmatrix} = 0 \tag{8.16}$$

分别称式（8.15）和式（8.16）为输电状态估计方程组和配电状态估计方程组，其中 $\boldsymbol{y}_{\mathrm{B}}$ 为主从分裂迭代中间变量，满足该方程组的解即是式（8.12）的解。

由图 8－15 可看出，式（8.13）定义的虚拟量测有明确的物理意义，$\boldsymbol{z}_{\mathrm{B1}}$ 即是虚拟的输电网边界上的“广义负荷”注入量测，而 $\boldsymbol{z}_{\mathrm{B2}}$ 是虚拟的配电网根节点上的“广义电源”注入量测。不难发现，$\boldsymbol{H}_{\mathrm{BT}}$ 和 $\boldsymbol{H}_{\mathrm{BB1}}$ 正好是虚拟量测 $\boldsymbol{z}_{\mathrm{B1}}$ 对输电网状态$[\boldsymbol{x}_{\mathrm{T}}, \boldsymbol{x}_{\mathrm{B}}]^{\mathrm{T}}$的量测 Jacobian 阵；而 $\boldsymbol{H}_{\mathrm{BB2}}$ 和 $\boldsymbol{H}_{\mathrm{BD}}$ 又正好是虚拟量测 $\boldsymbol{z}_{\mathrm{B2}}$ 分别对状态量$[\boldsymbol{x}_{\mathrm{B}}, \boldsymbol{x}_{\mathrm{D}}]^{\mathrm{T}}$的量测 Jacobian 阵。由此可见，

形成上述方程组中所有的量测 Jacobian 阵均十分自然。将 z_{B1} 量测并入输电网，而 z_{B2} 量测归入配电网，则输电状态估计方程组（8.15）和配电状态估计方程组（8.16）的形成和计算相互独立。

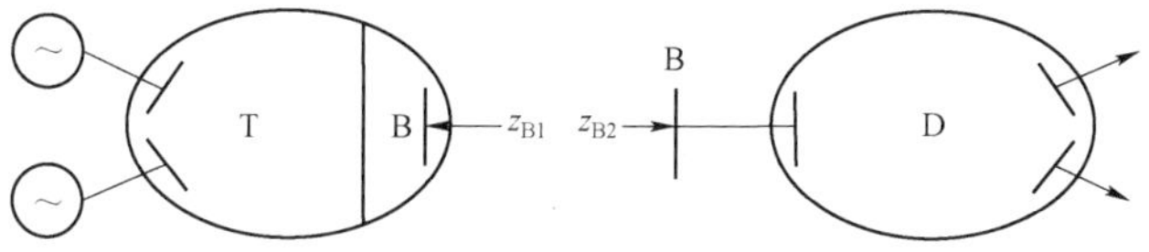

图 8-15　边界注入虚拟量测

使用类似于前述小节中提到的配电网特性拟合方法，可以拟合出计算所需要的虚拟输电网边界上的“广义负荷”注入量测 z_{B1}，这个量测通常包含配电网根节点需要的有功功率和无功功率。在配电网根节点电压已知的情况下，配电网根节点需要的有功功率和无功功率可以通过特性拟合得到，因此可以只解式（8.15）所表示的输电状态估计方程组，或直接将配电网作为一个负荷等值接入输电网，进行输电网的状态估计。这就是区域等值模型的输配协同状态估计的基本思想。

8.3.2　基于分布式模型的输配协同状态估计

在基于分布式模型的输配协同状态估计算法中，输电网与配电网的数据交换如图 8-16 所示。前一节提到，可以使用配电网特性拟合方法，拟合出计算所需要的虚拟输电网边界上的“广义负荷”注入量测 z_{B1}。如果不采用拟合方法，各个配电网单独求解各自的配电状态估计方程组（8.16），并将求解得到的“广义负荷”注入量测 z_{B1} 和对于输电网的扰动误差量 $\boldsymbol{y}_B$ 传给输电网，输电网用这两个数据求解输电状态估计方程组（8.15），再将求解得到的边界上的“广义负荷”注入量测 z_{B2} 和边界节点状态变量回传给配电网。其收敛条件为

$$\Delta \boldsymbol{x}_{B,k+1} = \left\| \boldsymbol{x}_{B,k+1} - \boldsymbol{x}_{B,k} \right\|_{\infty} < \varepsilon \tag{8.17}$$

其中，k 表示迭代次数。

也就是说，当边界节点的状态变量变化幅度小于事先设置的阈值ε，即认为算法达到收敛状态，可以输出结果。

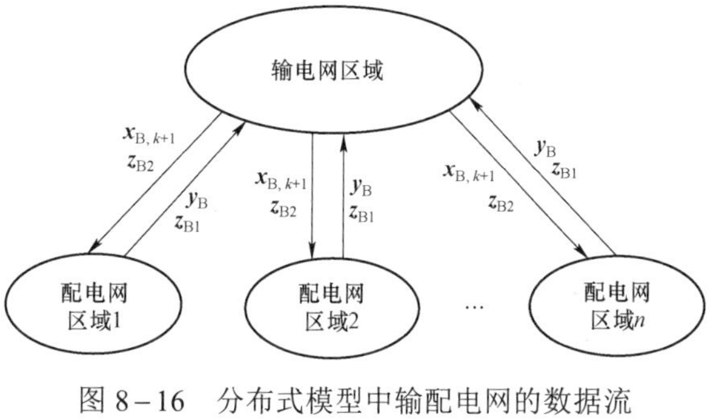

图 8-16　分布式模型中输配电网的数据流

由全局状态估计方程组（8.14）～（8.16），可给出全局状态估计主从分裂法的基本迭代格式如下：

1）边界电压 $\boldsymbol{x}_{\mathrm{B}}$ 赋初值 $\boldsymbol{x}_{\mathrm{B}}^{(0)}$，虚拟量测 $\boldsymbol{z}_{\mathrm{B2}}$ 赋初值 $\boldsymbol{z}_{\mathrm{B2}}^{(0)}$，$k=0$；

2）以边界电压 $\boldsymbol{x}_{\mathrm{B}}^{(k)}$ 为配电状态估计的参考电压，已知虚拟量测 $\boldsymbol{z}_{\mathrm{B2}}^{(k)}$，求解配电状态估计方程组（8.16），得配电网电压估计 $\boldsymbol{x}_{\mathrm{D}}^{(k+1)}$，由 $\boldsymbol{x}_{\mathrm{B}}^{(k)}$、$\boldsymbol{x}_{\mathrm{D}}^{(k+1)}$ 和 $\boldsymbol{z}_{\mathrm{B2}}^{(k)}$，根据式（8.13）和方程组（8.14）计算虚拟量测 $\boldsymbol{z}_{\mathrm{B1}}^{(k+1)}$ 和迭代中间变量 $\boldsymbol{y}_{\mathrm{B}}^{(k+1)}$；

3）已知虚拟量测 $\boldsymbol{z}_{\mathrm{B1}}^{(k+1)}$ 和迭代中间变量 $\boldsymbol{y}_{\mathrm{B}}^{(k+1)}$，求解输电状态估计方程组（8.15），得输电网电压估计 $[\boldsymbol{x}_{\mathrm{T}}^{(k+1)}\ \boldsymbol{x}_{\mathrm{B}}^{(k+1)}]^{\mathrm{T}}$，由 $[\boldsymbol{x}_{\mathrm{T}}^{(k+1)}\ \boldsymbol{x}_{\mathrm{B}}^{(k+1)}]^{\mathrm{T}}$，根据式（8.13）计算虚拟量测 $\boldsymbol{z}_{\mathrm{B2}}^{(k+1)}$；

4）判断相邻两次迭代边界电压差的模分量的最大值 $\max\limits_{i\in \boldsymbol{C}_{\mathrm{B}}}|\Delta \boldsymbol{x}_{\mathrm{B}i}|$ 是否小于给定的收敛指标，若是，全局状态估计收敛；否则，$k=k+1$，转 2）。

考察方程组（8.14）可知，迭代中间变量 $\boldsymbol{y}_{\mathrm{B}}\in \boldsymbol{R}^{2N_{\mathrm{B}}}$，实质上是配电网中少量相关的量测残差通过边界区域对输电状态估计的扰动影响。对一般的量测系统，在迭代过程中，扰动量 $\boldsymbol{y}_{\mathrm{B}}$ 对输电状态估计的影响是较弱的，因此，全局状态估计问题是典型的主从式问题，适合于采用主从分裂方法来求解。

非线性方程组的迭代解法一般只具有局部收敛性，全局状态估计主从分裂法也不例外，迭代初值给定的精度越高越好。在迭代前，需同时给出边界电压 $\boldsymbol{x}_{\mathrm{B}}$ 和“广义电源”虚拟量测 $\boldsymbol{z}_{\mathrm{B2}}$ 的初值。边界标幺电压幅值初值一般取为 1.0p.u.即能满足要求，而 $\boldsymbol{z}_{\mathrm{B2}}$ 的初值则要结合量测配置来确定，$\boldsymbol{z}_{\mathrm{B2}}$ 在物理上即是边界节点流入配电网的潮流和。

一般而言，对应的输电网的“广义负荷”功率或者配电变电站中馈线根节点流向配电网的支路功率均有实时量测，取其中之一作为 $\boldsymbol{z}_{\mathrm{B2}}$ 的初值，即能满足精度要求。另外，独立的输电状态估计或配电状态估计结果也可提供满意的 $\boldsymbol{z}_{\mathrm{B2}}$ 的初值。尤其是在线运行时，在短时间内，系统负荷变化较小，$\boldsymbol{z}_{\mathrm{B2}}$ 的初值给定可以保证有较高的精度，主从分裂法的局部收敛性是有保证的。

下面对基于主从分裂法的全局状态估计进行了收敛性分析。

根据不动点定理，可以建立如下两个输配电网之间的变量映射关系

$$[\boldsymbol{x}_{\mathrm{B}};\boldsymbol{z}_{\mathrm{B2}}]=\Theta_{\mathrm{T}}[\boldsymbol{y}_{\mathrm{B}};\boldsymbol{z}_{\mathrm{B1}}] \tag{8.18}$$

$$[\boldsymbol{y}_{\mathrm{B}};\boldsymbol{z}_{\mathrm{B1}}]=\Theta_{\mathrm{D}}[\boldsymbol{x}_{\mathrm{B}};\boldsymbol{z}_{\mathrm{B2}}] \tag{8.19}$$

在算法从第 k 次迭代到第 $k+1$ 次迭代的过程中，上述的映射关系可以整理为

$$\left[\boldsymbol{x}_{\mathrm{B},k+1};\boldsymbol{z}_{\mathrm{B2},k+1}\right]=\Theta_{\mathrm{T}}\left(\Theta_{\mathrm{D}}\left[\boldsymbol{x}_{\mathrm{B},k};\boldsymbol{z}_{\mathrm{B2},k}\right]\right)=\Theta_{\mathrm{B}}\left[\boldsymbol{x}_{\mathrm{B},k};\boldsymbol{z}_{\mathrm{B2},k}\right] \tag{8.20}$$

式中：$\Theta_{\mathrm{B}}=\Theta_{\mathrm{T}}(\Theta_{\mathrm{D}}(\bullet))$；$\boldsymbol{x}_{\mathrm{B},k}$ 是 $\boldsymbol{x}_{\mathrm{B}}$ 在第 k 次迭代中的值。

算法按照线性速率，在 Θ_{B} 导数的谱半径小于 1 时收敛，可以表示如下

$$\left\|\left[\boldsymbol{x}_{\mathrm{B},k+1};\boldsymbol{z}_{\mathrm{B2},k+1}\right]-\left[\boldsymbol{x}_{\mathrm{B}}^{*};\boldsymbol{z}_{\mathrm{B2}}^{*}\right]\right\|_{\infty}<\left\|\left[\boldsymbol{x}_{\mathrm{B},k};\boldsymbol{z}_{\mathrm{B2},k}\right]-\left[\boldsymbol{x}_{\mathrm{B}}^{*};\boldsymbol{z}_{\mathrm{B2}}^{*}\right]\right\|_{\infty} \tag{8.21}$$

$$\lim_{k\to\infty}\frac{\left\|\left[\boldsymbol{x}_{\mathrm{B},k+1};\boldsymbol{z}_{\mathrm{B2},k+1}\right]-\left[\boldsymbol{x}_{\mathrm{B}}^{*};\boldsymbol{z}_{\mathrm{B2}}^{*}\right]\right\|_{\infty}}{\left\|\left[\boldsymbol{x}_{\mathrm{B},k};\boldsymbol{z}_{\mathrm{B2},k}\right]-\left[\boldsymbol{x}_{\mathrm{B}}^{*};\boldsymbol{z}_{\mathrm{B2}}^{*}\right]\right\|_{\infty}}=\left\|\nabla\Theta_{\mathrm{B}}\right\|_{\infty}<1 \tag{8.22}$$

$$\lim_{k\to\infty}\left\|\left[\boldsymbol{x}_{\mathrm{B},k};\boldsymbol{z}_{\mathrm{B2},k}\right]-\left[\boldsymbol{x}_{\mathrm{B}}^{*};\boldsymbol{z}_{\mathrm{B2}}^{*}\right]\right\|_{\infty}=0 \tag{8.23}$$

式中，上标带有“*”的均为真实值。

下面对于配电状态估计子问题进行进一步探讨。

配电状态估计子问题方面已经有许多研究，本节提出了基于支路功率的配电状态估计方法，简称支路功率法，重点研究了配电网络辐射状的特点，提高了配电状态估计的计算效率。在总结前人文献的基础上，结合本节建立的映射分裂理论，提出了系统化的量测变换方法，作为配电状态估计算法构造和分析的指导与理论依据。理论分析和算例分析均表明，支路功率法具有收敛可靠快速、估计精度高、数值条件好、量测适应性好和编程简单等一系列优点，为全局状态估计的高效计算创造了必要条件。

与全局潮流计算类似，规模庞大的配电状态估计问题仍可进一步分解为大量相互独立的配电子网的状态估计问题，配电状态估计方程组（8.16）可分别由以下 N'_{F} 个相互独立的配电子网的状态估计方程组代替：

$$\boldsymbol{H}_{\mathrm{D}_i\mathrm{D}_i}^{\mathrm{T}}(\boldsymbol{x}_{\mathrm{B}_i},\boldsymbol{x}_{\mathrm{D}_i})\boldsymbol{R}_{\mathrm{D}_i}^{-1}\left[\boldsymbol{z}_{\mathrm{D}_i}-\boldsymbol{f}_{\mathrm{D}_i}(\boldsymbol{x}_{\mathrm{D}_i},\boldsymbol{x}_{\mathrm{D}_i})\right]=0, i=1,2,\cdots,N'_{\mathrm{F}} \tag{8.24}$$

$$\begin{gathered}\left[\boldsymbol{H}_{\mathrm{B}_i\mathrm{D}_i}^{\mathrm{T}}(\boldsymbol{x}_{\mathrm{B}_i},\boldsymbol{x}_{\mathrm{D}_i})\quad \boldsymbol{H}_{\mathrm{D}_i\mathrm{D}_i}^{\mathrm{T}}(\boldsymbol{x}_{\mathrm{B}_i},\boldsymbol{x}_{\mathrm{D}_i})\right]\cdot\\ \begin{bmatrix}\boldsymbol{R}_{\mathrm{B}_i}^{-1}\left[\boldsymbol{z}_{\mathrm{B}2_i}-\boldsymbol{f}_{\mathrm{B}2_i}(\boldsymbol{x}_{\mathrm{B}_i},\boldsymbol{x}_{\mathrm{D}_i})\right]\\ \boldsymbol{R}_{\mathrm{D}_i}^{-1}\left[\boldsymbol{z}_{\mathrm{D}_i}-\boldsymbol{f}_{\mathrm{D}_i}(\boldsymbol{x}_{\mathrm{B}_i},\boldsymbol{x}_{\mathrm{D}_i})\right]\end{bmatrix}=0, i=1,2,\cdots,N'_{\mathrm{F}}\end{gathered} \tag{8.25}$$

值得注意的是，全局状态估计中最小单元的配电子网与全局潮流计算中最小单元的配电馈线可能不同。在全局状态估计中，由于虚拟量测 $\boldsymbol{z}_{\mathrm{B2}}$ 和馈线根节点电压幅值量测的存在，同一馈线根节点下的不同馈线耦合在一起，换句话说，在全局状态估计中，同一馈线根节点下属的所有配电馈线属于同一个配电子网，配电子网个数一般小于全局潮流计算中的配电馈线数（即 $N'_{\mathrm{F}}\leqslant N_{\mathrm{F}}$）。

这样，本节达到了将一个大规模的全局状态估计问题转化为一系列小规模的状态估计问题的目的，大大降低了解题的规模，为全局一体化状态估计的有效计算奠定了基础。

同样，各配电子网状态估计方程均可被还原成各自独立的 WLS 状态估计的问题。因此，允许各配电子网状态估计采用各自合适的不同算法、功率标幺基值和收敛精度。

在实时运行中，三相不平衡是配电网有别于输电网的主要特点之一。必须指出，本节所提出的配电状态估计支路功率法能方便地推广至三相不平衡模型，其方法与支路功率法类似。与全局潮流计算类似，全局状态估计同样必须处理输电状态估计和配电状态估计这两种模型上的不同，分两种情况简单讨论如下：

1）输配全局电力系统均采用三相模型，且拥有三相量测系统。这时，全局状态估计算法由单相模型向三相模型的推广十分自然，单相的边界电压、虚拟量测和迭代中间变量均扩展为三相量，输电网和配电网均采用三相估计算法。

2）输电网采用单相模型，拥有单相（A 相）量测系统；而配电网采用三相模型，拥有三相量测系统。这时全局状态估计的意义将只能在单相（A 相）系统中得到体现，几乎是一个纯粹的单相的全局状态估计问题，B、C 相的状态估计仅在配电网中进行。在全局估计时，配电网中 B、C 相估计与 A 相估计存在耦合，并且配电根节点的 B、C 相的电压相角以 A 相的相角为参考量，分别落后 120° 和 240°。

8.3.3 算例分析

本节通过构建七个输配协同的电力系统，用实际算例分析说明输配协同状态估计算法的效果。七个输配协同的互联电网命名为 5A、11A、14B、30D、30E、118C 和 118D，这些互联电网均由一个输电网和一个配电网连接而成，例如互联电网 5A 即为 IEEE 5 节点系统和配电网 A 连接而成，这些电网的详细信息可以在文献［74］中找到。

为了体现出输配协同状态估计的优越性，本节将基于分布式模型的状态估计算法与传统的解耦状态估计算法进行对比。在 5A 测试算例上的测试结果如表 8–8 所示。表中ΔV_{BM}、$\Delta\theta_{BM}$、ΔP_{BM}和ΔQ_{BM}分别表示电压幅值、电压相角、有功功率和无功功率的最大边界失配量。$J(\hat{x})$表示目标函数在$\hat{x}$处的值。N_{MSS}表示基于分布式模型的状态估计算法的迭代次数。N_T和N_D分别表示输电网的状态估计子问题迭代次数和配电网的状态估计子问题迭代次数。本节分别采用 FDSE[75]和基于支路功率的[76]算法进行输电网和配电网状态估计。因此，输电系统的每个子迭代过程，包括 FDSE 算法的 $P-\theta$ 迭代和 $Q-V$ 迭代，配电系统的每个子迭代过程，是前向后向算法的迭代。本节考虑了缺乏实时测量的工程实际情况，同时模拟的配电网的量测精度低于输电网。

表 8–8　基于分布式模型的算法与传统的解耦算法在 5A 算例上的运行结果对比

方法	ΔV_{BM}（p.u.）	$\Delta\theta_{BM}$（°）	ΔP_{BM}（MW）	ΔQ_{BM}（Mvar）	$J(\hat{x})$	N_{MSS}	N_T	N_D
传统方法	0.002	24.3	11.6	10.8	255.5		5	3
本节方法	<0.000 1	<0.01	0.02	0.2	340.5	3	9	7

在表 8–8 中，对于传统方法，由于输配电系统之间没有共用的参考电压，电压相角的边界失配较大，为 24.3°。由于输配电网量测的精度和冗余度不同，边界功率失配也很显著，为 11.6MW+10.8Mvar。然而，采用本节所述方法可以得到精度较好的全局状态估计一致性解。表 8–8 中的传统方法一栏，由于忽略了残差项对边界零注入量测的这一项，传统方法的目标函数$J(\hat{x})$的值小于本节所述方法。

本节所述的基于分布式模型的状态估计算法的性能表现如表 8–9 所示，数据显示该方法具有良好的收敛性，只需要 2～3 次主从迭代，就能完成所有计算过程，因此本节方法对于分布式计算具有显著优势。同时可以发现，输配电网各自的子迭代过程也能在 10 次内完成，展示了本节所述方法的高效性。其总计算时间（不计通信时间）通常是传统方法的 1～2 倍，且通信数据量少，能满足在线分布式计算的要求。

表 8–9　基于分布式模型的状态估计算法在不同算例上的运行结果

测试系统	$J(\hat{x})$	N_{MSS}	N_T	N_D
5A	340.5	3	9	7
11A	55.6	2	5	5
14B	74.6	2	6	6

续表

测试系统	$J(\hat{x})$	N_{MSS}	N_{T}	N_{D}
30D	61.2	3	8	6
30E	137.3	3	8	7
118C	121.7	2	7	6
118D	179.1	2	7	5

8.4　输配一体化系统的潮流计算

在传统的潮流计算中，输电网潮流和配电网潮流的计算相互独立。当计算输电网潮流时，将配电网处理成等值负荷，负荷功率数据已知并给定；当计算配电网潮流时，则将输电网考虑成等值电源，各配电网根节点（也是输电网中的负荷节点）的电压数据已知并给定。由于输电网潮流和配电网潮流的数据来源不同，必然会在边界节点上产生功率失配和电压失配，这统称为边界失配量。若不加以解决，输配全局控制决策容易顾此失彼，分析精度和控制质量将会受到严重影响。

输配协同的潮流计算以全局电力系统作为研究对象，计及两者之间的相互影响，能计算出一体化的全局电力系统状态，可弥补传统潮流计算的缺陷，满足全局控制决策的需要。

8.4.1　全局潮流计算的数学模型

全局潮流计算是要求解由全局潮流方程描述的大规模的非线性代数方程组。全局电力系统节点集记为 $\boldsymbol{C}_{\text{G}}$，节点总数为 N，若考虑负荷的电压静特性，则全局潮流方程为

$$\begin{cases} PG_i - PD_i(\dot{V}_i) - \sum_{j\in C_i} P_{ij}(\dot{V}_i,\dot{V}_j) = 0 \\ QG_i - QD_i(\dot{V}_i) - \sum_{j\in C_i} Q_{ij}(\dot{V}_i,\dot{V}_j) = 0 \end{cases} \tag{8.26}$$

式中：$\boldsymbol{C}_i(\boldsymbol{C}_i \subset \boldsymbol{C}_{\text{G}})$ 是和节点 i 直接相联的节点集；PG_i、QG_i、PD_i 和 QD_i 分别为节点 i 的有功出力、无功出力、有功负荷和无功负荷；P_{ij} 和 Q_{ij} 分别为支路 ij 在节点 i 侧的有功和无功潮流；$\dot{V}_i$ 为节点 i 的电压相量。

与完全独立的输电网或者配电网的潮流方程相比，全局潮流方程将输电网和配电网看成是一体化系统，由边界节点上的功率平衡方程，自然地将输电网和配电网联系在一起。

输配全局网络在直接进行潮流计算时，往往面临数值稳定性差、数据规模庞大等问题，因此，可以采用 5.1.2 节中的预处理方法进行求解。

8.4.2　输配协同潮流计算的主从分裂法

为了对全局潮流方程这种大规模的数学问题有效地进行求解，一种自然的思路即是将一个大规模的问题降阶成多个较小规模的问题来求解。由于全局电力系统是一种典型的主从式

系统（见图 8-17），因此考虑采用主从分裂法来求解。由于输电网区域（$\boldsymbol{C}_{\mathrm{T}}$）与配电网区域（$\boldsymbol{C}_{\mathrm{D}}$）之间没有直接相联的支路，而只是间接地通过边界节点（$\boldsymbol{C}_{\mathrm{B}}$）发生联系，因此，全局潮流方程式（8.26）的一种自然的主从分裂形式为

$$\begin{cases}\dot{\boldsymbol{S}}_{\mathrm{T}}\left(\dot{\boldsymbol{V}}_{\mathrm{T}}\right)-\dot{\boldsymbol{S}}_{\mathrm{TT}}\left(\dot{\boldsymbol{V}}_{\mathrm{T}}\right)-\dot{\boldsymbol{S}}_{\mathrm{TB}}\left(\dot{\boldsymbol{V}}_{\mathrm{T}},\dot{\boldsymbol{V}}_{\mathrm{B}}\right)=0\\ \dot{\boldsymbol{S}}_{\mathrm{B}}\left(\dot{\boldsymbol{V}}_{\mathrm{B}}\right)-\dot{\boldsymbol{S}}_{\mathrm{BT}}\left(\dot{\boldsymbol{V}}_{\mathrm{T}},\dot{\boldsymbol{V}}_{\mathrm{B}}\right)-\dot{\boldsymbol{S}}_{\mathrm{BB}}\left(\dot{\boldsymbol{V}}_{\mathrm{B}}\right)=\dot{\boldsymbol{S}}_{\mathrm{B}}\left(\dot{\boldsymbol{V}}_{\mathrm{B}},\dot{\boldsymbol{V}}_{\mathrm{D}}\right)\end{cases}\tag{8.27}$$

$$\dot{\boldsymbol{S}}_{\mathrm{D}}\left(\dot{\boldsymbol{V}}_{\mathrm{D}}\right)-\dot{\boldsymbol{S}}_{\mathrm{DB}}\left(\dot{\boldsymbol{V}}_{\mathrm{B}},\dot{\boldsymbol{V}}_{\mathrm{D}}\right)-\dot{\boldsymbol{S}}_{\mathrm{DD}}\left(\dot{\boldsymbol{V}}_{\mathrm{D}}\right)=0\tag{8.28}$$

式中，$\dot{\boldsymbol{S}}_{\mathrm{T}}$、$\dot{\boldsymbol{S}}_{\mathrm{B}}$和$\dot{\boldsymbol{S}}_{\mathrm{D}}$分别是对应节点集的节点注入复功率矢量；$\dot{\boldsymbol{S}}_{\mathrm{XY}}$是节点集$\boldsymbol{C}_{\mathrm{X}}$上各节点直接流向节点集$\boldsymbol{C}_{\mathrm{Y}}$的支路复功率潮流所组成的矢量；$\dot{\boldsymbol{S}}_{\mathrm{XX}}$是节点集$\boldsymbol{C}_{\mathrm{X}}$上各节点直接流入节点集自身的支路复功率潮流所组成的矢量。方程组式（8.27）和式（8.28）分别称为输电网潮流方程和配电网潮流方程，$\dot{\boldsymbol{S}}_{\mathrm{BD}}$是主从分裂迭代中间变量。

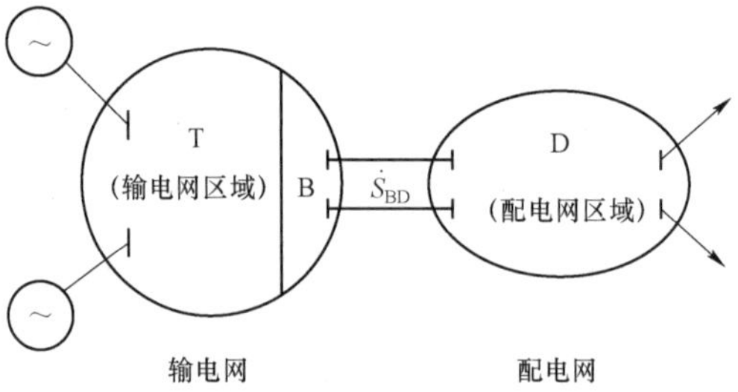

图 8-17　主从式的全局电力系统

由主从分裂形式下的全局潮流方程组式（8.27）和式（8.28），给出全局潮流主从分裂法的基本迭代格式如下：

1）边界区域电压$\dot{\boldsymbol{V}}_{\mathrm{B}}$赋初值：$\dot{\boldsymbol{V}}_{\mathrm{B}}^{(0)}, k=0$；

2）以边界区域电压$\dot{\boldsymbol{V}}_{\mathrm{B}}^{(k)}$为参考电压，求解配电潮流方程式（8.28），得配电网电压相量$\dot{\boldsymbol{V}}_{\mathrm{D}}^{(k+1)}$，并由$\dot{\boldsymbol{V}}_{\mathrm{B}}^{(k)}$和$\dot{\boldsymbol{V}}_{\mathrm{D}}^{(k+1)}$，计算迭代中间变量$\dot{\boldsymbol{S}}_{\mathrm{BD}}^{(k+1)}$；

3）由迭代中间变量$\dot{\boldsymbol{S}}_{\mathrm{BD}}^{(k+1)}$，来求解输电潮流方程式（8.27），进而得输电网电压相量$[\dot{\boldsymbol{V}}_{\mathrm{T}}^{(k+1)}\ \dot{\boldsymbol{V}}_{\mathrm{B}}^{(k+1)}]^{\mathrm{T}}$；

4）判断相邻两次迭代间边界区域电压差的模分量的最大值$\max\limits_{i\in C_{\mathrm{B}}}\left|\Delta\dot{V}_i\right|$是否小于给定的收敛指标$\varepsilon$，若是，则全局潮流迭代收敛；否则，$k=k+1$，转 2）。

迭代中间变量$(\dot{\boldsymbol{S}}_{\mathrm{BD}}\in\boldsymbol{C}_{\mathrm{B}})$是各边界节点流向配电网的潮流所组成的矢量，也是输电网“广义负荷”的复功率矢量，它真实体现了配电网对输电网的扰动作用，该扰动对输电网的影响是较弱的，因此，全局潮流是典型的主从式问题，适于采用主从分裂法来求解。

考察方程式（8.27）和式（8.28），不难发现全局潮流问题已被分解成为两部分：输电潮流和配电潮流，降低了解题规模。其中，配电潮流方程式（8.28）就是熟悉的独立于输电网的配电潮流方程，输电网被看成是电压源，其根节点电压由迭代中的边界区域电压$\dot{V}_{\mathrm{B}}$给定；另一方面，输电潮流方程式（8.27）就是熟悉的独立于配电网的输电潮流方程，配电网被看成是负荷，其功率数据由迭代中的迭代中间变量$\dot{\boldsymbol{S}}_{\mathrm{BD}}$给定。当计算配电潮流时，由输电潮流结果提供配电根节点的电压；而当计算输电潮流时，由配电潮流结果提供输电网广义负荷的

功率数据，并反复迭代直至收敛。

显然，该算法具有良好的开放性。一方面，算法的构造有明确的物理意义，保护了传统的输电与配电潮流计算软件，输电网潮流和配电网潮流方程的形成和求解相互独立，中间的联系仅仅在于迭代时交换少量的数据，保证了总体算法的开放性。更重要的是，由于没有对输电潮流和配电潮流的求解在具体算法上提出任何要求，因此，主从分裂法将良好地支持不同潮流算法的并存，从根本上保证了差异很大的输电潮流和配电潮流可采用各自合适的不同的算法、标幺基值和收敛精度来求解。

实际的配电网潮流可进一步解耦成大量相互独立的小规模的配电馈线潮流子问题，各配电馈线潮流的求解也可采用各自合适的不同的算法、标幺基值和收敛精度。

配电网三相不平衡是有别于输电网的主要特点之一，全局潮流计算必须能处理这种模型上的不同。分两种情况讨论：

1）全局电力系统均采用三相模型。输电和配电潮流均采用三相算法，这种做法的缺点是计算量大，没有充分利用输电网和配电网的特点。

2）输电网采用单相模型，而配电网采用三相模型。近似假设输电潮流三相平衡。

通过上述近似处理，单相输电潮流与三相配电潮流可容易地完成转换，从而实现全局潮流计算，这展示了主从分裂法用于全局潮流计算在处理不同模型时的灵活性。

在全局潮流主从分裂法中，输电网区域方程组是输电潮流方程，而配电网区域方程组是配电潮流方程，迭代中间变量是广义负荷功率矢量$[\boldsymbol{P}_{\rm BD}\ \boldsymbol{Q}_{\rm BD}]^{\rm T}$。假设在全局潮流解值附近，一旦给定边界节点电压$[\boldsymbol{V}_{\rm B}\ \boldsymbol{\theta}_{\rm B}]^{\rm T}$，主配电网区域各部分的潮流方程有解且唯一，则根据主从分裂理论，可推导得全局潮流主从分裂法局部收敛的充分条件是：在全局潮流解附近，不等式（8.29）成立。

$$r<1 \tag{8.29}$$

式中：范数$r=r_{\rm T}\bullet r_{\rm D}$；$r_{\rm T}=\|\boldsymbol{S}_{\rm T}\|$；$r_{\rm D}=\|\boldsymbol{S}_{\rm D}\|$；$r_{\rm T}$和$r_{\rm D}$可分别由输电潮流方程和配电潮流方程独立求得。若考虑输电网的 PQ 解耦特性和配电网辐射状，则有

$$\boldsymbol{S}_{\rm T}=\left(\boldsymbol{S}_{V_{\rm B}}\boldsymbol{Q}_{\rm BD}\right)_{\rm T} \tag{8.30}$$

$$\boldsymbol{S}_{\rm D}=\left(\boldsymbol{S}_{Q_{\rm BD}}\boldsymbol{V}_{\rm B}\right)_{\rm D} \tag{8.31}$$

式（8.30）中$\left(\boldsymbol{S}_{V_{\rm B}}\boldsymbol{Q}_{\rm BD}\right)_{\rm T}$是输电网中广义负荷节点电压的变化对广义负荷无功功率的变化的灵敏度矩阵，下标 T 表示输电网；式（8.31）中$\left(\boldsymbol{S}_{Q_{\rm BD}}\boldsymbol{V}_{\rm B}\right)_{\rm D}$是配电网中对应的广义负荷无功功率的变化对广义负荷节点电压变化的灵敏度矩阵，下标 D 表示配电网。对辐射状配电网，$\left(\boldsymbol{S}_{Q_{\rm BD}}\boldsymbol{V}_{\rm B}\right)_{\rm D}$是对角阵，记为$\mathrm{diag}\left\{\left(S_{Q_{{\rm B}_i{\rm D}}}V_{{\rm B}_i}\right)_{\rm D}\right\}$，对角元素$\left(S_{Q_{{\rm B}_i{\rm D}}}V_{{\rm B}_i}\right)_{\rm D}$是配电根节点$i$上的广义无功负荷$Q_{{\rm B}_i{\rm D}}$的变化对根节点电压幅值$V_{{\rm B}_i}$变化的灵敏度。设挂在配电根节点 i 上的配电馈线数为$n_{{\rm F}_i}$，组成馈线集$\boldsymbol{C}_{{\rm F}_i}$，则有

$$r_{\rm D}=\max_{i\in \boldsymbol{C}_{\rm B}}\left|\sum_{j\in \boldsymbol{C}_{{\rm F}_i}}\left(S_{Q_{{\rm B}_i},S_j}V_{{\rm B}_i}\right)_{\rm D}\right| \tag{8.32}$$

式中：$\boldsymbol{C}_{\mathrm{B}}$ 是边界节点集；$\left(S_{Q_{\mathrm{B}_i},S_j}V_{\mathrm{B}_i}\right)_{\mathrm{D}}$ 为配电馈线 j 对应的广义无功负荷分量 Q_{B_i}、S_j 的变化对其根节点电压幅值 V_{B_i} 变化的灵敏度，可由各配电馈线独立算出。

8.4.3 输配协同潮流计算的连续交叉点估计法

1. 主从分裂法的缺点

在 8.4.2 节介绍的主从分裂法中，输配全局潮流被分解为输电网子问题和配电网子问题。在配电网子问题中，通过在输电网潮流中计算根节点的电压，可以得到根节点的功率注入。特别地

$$g_{\mathrm{D}}(V_{\mathrm{B}})=Q_{\mathrm{B}} \tag{8.33}$$

式中：g_{D} 是从根节点的电压幅度到根节点的无功注入的映射。

另一方面，在输电网子问题中，通过在配电网潮流中计算边界母线的功率注入，可以求解输电网潮流，从而得到所有母线的电压。考虑到输电网的 PQ 解耦特性，这个过程可以表示为

$$g_{\mathrm{T}}(Q_{\mathrm{B}})=V_{\mathrm{B}} \tag{8.34}$$

式中：g_{T} 是从边界母线处的无功注入边界母线的电压幅值的映射。

文献［77］给出了主从分裂法收敛的几个条件，仅当无功注入对根节点电压幅值的灵敏度较小时，主从分裂法才收敛。因此，当该灵敏度相对较大时，不能保证主从分裂法的收敛性。随着配电网的快速发展，在以下几种情况下通常会出现较大的灵敏度。

1）配电网中存在环路。文献［19］中分析，配电网中的循环将严重影响主从分裂法的收敛性。因此，文献［19］和文献［78］提出了一种改进的主从分裂法算法，用等价方法来提高配电网中存在环路时的收敛性。

2）配电网中存在 PV 型分布式电源。配电网中 PQ 型分布式电源在不同根节点电压下输出恒定有功功率和无功功率。然而，随着分布式电源的广泛应用，PV 型分布式电源将在配电网中非常常见。它们的无功输出随根节点电压的变化而变化。因此，无功注入对根节点电压幅值的敏感性高于无源配电网或仅有 PQ 型分布式电源的配电网。以往对主从分裂法的研究并没有提出有效的方法来处理 PV 型分布式电源。

图 8-18 表示主从分裂法发散的示例。通过输电网和配电网之间的交替迭代，可得到 a，b 等一系列点。边界母线的电压幅值从 $V_{\mathrm{B}}^{(0)}$ 到 $V_{\mathrm{B}}^{(1)}$、$V_{\mathrm{B}}^{(2)}$ 变化，然而，如图所示，在一定的 g_{D} 和 g_{T} 下，主从分裂法最终会发散。

2. 连续交叉点估计法的概述

连续交叉点估计法（successive-intersection-approximation-based method，SIAM）是针对主从分裂法的缺点提出的。图 8-19 表示了在与图 8-18 中相同 g_{D} 和 g_{T} 下连续交叉点估计法的过程。

通过输电网和配电网之间的交替迭代，得到点 a、b、c 和 d。不像主从分裂法那样继续使用 d 进行迭代，连续交叉点估计法需要进行以下修正：

1）过 a 和 c 做一条线；

2）过 b 和 d 做一条线；

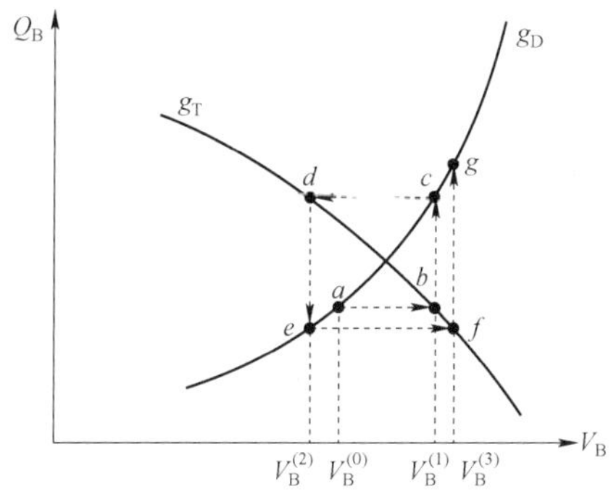

图 8－18　主从分裂法过程图

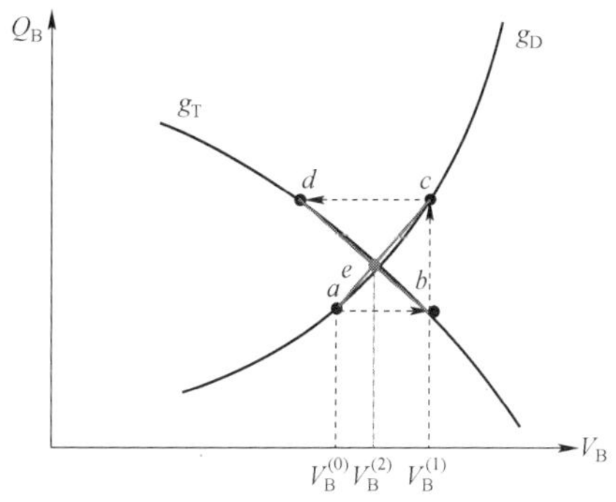

图 8－19　连续交叉点估计法过程图

3）得到交叉点 e，将该点对应的电压幅值作为新的初始点，重复输电网—配电网交替迭代过程。

因此，每两次输电网—配电网迭代，上述对边界母线电压幅值的修正将用前两次迭代的结果进行处理，一系列连续的交叉点逐渐接近实际解。

3. 连续交叉点估计法的步骤

连续交叉点估计法可按以下步骤进行。简单起见，假设一个配电网通过一条边界母线连接到一个输电网。将这种方法推广到多配电网的情况并不难。数值实验将验证该方法在单配电网和多配电网情况下的适用性。

步骤 1：初始化，设定边界状态的初始值 $\boldsymbol{x}_B^{(0)}=[V_B^{(0)}\quad \theta_B^{(0)}]$，并 $\tilde{V}_B^{(0)}=V_B^{(0)}$。设定迭代次数 $k=0$ 及收敛精度 ε。

步骤 2：解配电网部分问题，由 $\boldsymbol{x}_B^{(k)}$ 得到 $\boldsymbol{x}_D^{(k+1)}$。然后根据 $\boldsymbol{x}_B^{(k)}$ 和 $\boldsymbol{x}_D^{(k+1)}$ 得到 $P_B^{(k+1)}$ 和 $Q_B^{(k+1)}$。

步骤 3：解输电网部分问题，由 $P_B^{(k+1)}$ 和 $Q_B^{(k+1)}$ 得到 $\boldsymbol{x}_T^{(k+1)}$ 和 $\boldsymbol{x}_B^{(k+1)}=[V_B^{(k+1)}\quad \theta_B^{(k+1)}]$。

步骤 4：如果 $\|\boldsymbol{x}_B^{(k+1)}-\boldsymbol{x}_B^{(k)}\|<\varepsilon$，算法收敛并停止。否则，进行步骤 5。

步骤 5：如果 k 是奇数，设置一个直角坐标系，其中 x 轴表示电压幅值，y 轴表示无功功率。利用前两次迭代的结果，得到四个点 $a(V_B^{(k-1)},Q_B^{(k)})$，$b(V_B^{(k)},Q_B^{(k)})$，$c(V_B^{(k)},Q_B^{(k+1)})$，$d(V_B^{(k+1)},Q_B^{(k+1)})$。过 a 和 c 画一条线，过 b 和 d 再画一条线。计算这两条线交点的 x 轴坐标 $\tilde{V}_B^{\left(\frac{k+1}{2}\right)}$ 为

$$\tilde{V}_B^{\left(\frac{k+1}{2}\right)}=V_B^{(k-1)}-\frac{(V_B^{(k)}-V_B^{(k-1)})^2}{V_B^{(k+1)}-2V_B^{(k)}+V_B^{(k-1)}} \tag{8.35}$$

更新 $V_B^{(k+1)}=\tilde{V}_B^{\left(\frac{k+1}{2}\right)}$。如果 k 是偶数，进行步骤 6。

步骤 6：$k=k+1$。回到步骤 2。

在连续交叉点估计法中，步骤 2 的过程可以表示为

$$g_D(V_B^{(k)})=Q_B^{(k+1)} \tag{8.36}$$

另一方面，考虑到输电网的解耦 PQ 特性，步骤 3 的过程可以表示为

$$g_T(Q_B^{(k)})=V_B^{(k)} \tag{8.37}$$

通过对交点坐标的计算不难发现，连续交叉点估计法本质上是一种迭代方法，其递推关系如下

$$\tilde{V}_{\mathrm{B}}^{(n+1)}=\tilde{V}_{\mathrm{B}}^{(n)}-\frac{(\varphi(\tilde{V}_{\mathrm{B}}^{(n)})-\tilde{V}_{\mathrm{B}}^{(n)})^2}{\varphi(\varphi(\tilde{V}_{\mathrm{B}}^{(n)})-2\varphi(\tilde{V}_{\mathrm{B}}^{(n)})+\tilde{V}_{\mathrm{B}}^{(n)}},n=0,1,2,\cdots \tag{8.38}$$

$$\varphi(\tilde{V}_{\mathrm{B}}^{(n)})=g_{\mathrm{T}}(g_{\mathrm{D}}(\tilde{V}_{\mathrm{B}}^{(n)})) \tag{8.39}$$

注意，这种递推意味着从 n 到 $n+1$ 的迭代，它包含主从分裂法中的两次迭代。这种递推方法是在步骤 4 中进行收敛性分析的，但数值实验表明，所提出的连续交叉点估计法迭代仍然意味着配电网潮流和输电网潮流分别求解一次，类似于主从分裂法中的一次迭代。因此，可以直接比较主从分裂法和所提出的连续交叉点估计法的迭代次数。

4. 收敛性分析

首先，对于所提出的连续交叉点估计法的收敛性分析，假设了以下条件：

1）潮流问题有一个解。因此，递推式（8.38）存在一个最终解 $\tilde{V}_{\mathrm{B}}^{*}$，即 $\varphi(\tilde{V}_{\mathrm{B}}^{*})=\tilde{V}_{\mathrm{B}}^{*}$；

2）$\varphi'(\bullet)$ 在 $\tilde{V}_{\mathrm{B}}^{*}$ 的邻域内连续，表示为 $U(\tilde{V}_{\mathrm{B}}^{*})$；

3）$\varphi'(\bullet)\neq 1$ 在邻域 $U(\tilde{V}_{\mathrm{B}}^{*})$ 内。

这里，假设输配协同潮流满足所有这些前提条件，则定理 X 成立。

定理 X：在条件 1）～3）下，如果初值 $\tilde{V}_{\mathrm{B}}^{(0)}$ 在满足条件 1）～3）的 $\tilde{V}_{\mathrm{B}}^{*}$ 的邻域 $U(\tilde{V}_{\mathrm{B}}^{*})$ 内，则递推式（8.38）以局部二次收敛速度收敛到 $\tilde{V}_{\mathrm{B}}^{*}$。

证明：简单起见，令 $v_n=\tilde{V}_{\mathrm{B}}^{(n)}$，$v_*=\tilde{V}_{\mathrm{B}}^{*}$。

重写式（8.38）

$$v_{n+1}=F(v_n) \tag{8.40}$$

$$F(v_n)=v_n-\frac{f(v_n)^2}{f(v_n+f(v_n))-f(v_n)} \tag{8.41}$$

$$f(v_n)=\varphi(v_n)-v_n \tag{8.42}$$

令

$$e_n=v_n-v^* \tag{8.43}$$

泰勒展开得

$$F(v_n)\approx F(v^*)+(v_n-v^*)+\frac{1}{2}(v_n-v^*)^2F''(v^*)=v^*+e_nF'(v^*)+\frac{1}{2}e_n^2F''(v^*) \tag{8.44}$$

则

$$e_{n+1}=v_{n+1}-v^*=F(v_n)-v^*\approx e_nF'(v^*)+\frac{1}{2}e_n^2F''(v^*) \tag{8.45}$$

因此，$F'(v^*)=0$ 可充分证明定理 X。

因为 $\varphi'(\bullet)\neq 1$

$$f'(v^*)=\varphi'(v^*)-1\neq 0 \tag{8.46}$$

因为 $f(v^*)=0$ 且 $f'(v^*)\neq 0$，

$$\lim_{v\to v^*}F(v)=v^*-\lim_{v\to v^*}f(v)\lim_{v\to v^*}\frac{f(v)}{f(v+f(v))-f(v)}=v^*-\frac{f(v^*)}{f'(v^*)}=v^* \tag{8.47}$$

泰勒展开得

$$f(v+f(v))=f(v)+f'(v)f(v)+\frac{1}{2}f''(\xi)f(v)^2 \tag{8.48}$$

其中，ξ 在 v 与 $v+f(v)$之间。

因此

$$\frac{f(v+f(v))-f(v)}{f(v)}=\frac{f'(v)f(v)+\frac{1}{2}f''(\xi)f(v)^2}{f(v)}=f'(v)+\frac{1}{2}f''(\xi)f(v) \tag{8.49}$$

然后

$$F(v)=v-\frac{f(v)^2}{f(v+f(v))-f(v)}=v-\frac{f(v)}{f'(v)+\frac{1}{2}f''(\xi)f(v)} \tag{8.50}$$

$$\frac{F(v)-F(v^*)}{v-v^*}=\frac{v-\frac{f(v)}{f'(v)+\frac{1}{2}f''(\xi)f(v)}-v^*}{v-v^*}=1-\frac{f(v)-f(v^*)}{v-v^*}\frac{1}{f'(v)+\frac{1}{2}f''(\xi)f(v)} \tag{8.51}$$

$$F'(v^*)=\lim_{v\to v^*}\frac{F(v)-F(v^*)}{v-v^*}=a-f'(v^*)\frac{1}{f'(v^*)}=0 \tag{8.52}$$

因此，定理 X 成立，连续交叉点估计法具有局部二次收敛速度。

5. 连续交叉点估计法的优点

首先，由于连续交叉点估计法是基于主从模型的，它与主从分裂法有如下一些相似的优点：

1）与基于全局模型的方法相比，它限制了模型和数据暴露。考虑到输电网和配电网通常具有不同的运行目标和收益，因此需要限制它们之间的模型和数据共享量。基于主从模型的连续交叉点估计法可以保证这一点。

2）它允许建立异构模型。在连续交叉点估计法模型下，可以处理输电网和配电网在网络结构、参数量级、收敛准则等方面的显著差异。在步骤 2 和步骤 3 中分别求解输电网部分和配电网部分的潮流，说明可以使用不同的建模方法、不同的求解方法、不同的收敛精度。例如，输电网潮流可以建模为单相，用牛顿拉夫逊法进行求解，其中收敛精度设置为 10^{-4}p.u.；配电网潮流可以建模为三相，用前推回代法进行求解，其中收敛精度设置为 10^{-6}p.u.。

同时，即使与流行的主从分裂法相比，所提出的连续交叉点估计法也具有显著的优势。

1）具有更好的收敛性。在连续交叉点估计法中解除了主从分裂法的收敛条件，因此连续交叉点估计法具有更大的收敛区域。即使在无功注入对根节点电压幅值的灵敏度较大时，连续交叉点估计法仍能在有限的迭代次数内收敛。

2）具有更高的收敛速度。如上所述，主从分裂法具有局部线性收敛速度[78]，而连续交叉点估计法具有局部二次收敛速度。

8.4.4 算例分析

测试程序在 64 位的 Windows 10 上运行。CPU 采用 Intel Core i7－7700K，主频 4.20GHz，内存 32GB。使用的编程语言是 MATLAB R2019A。将潮流方法的收敛精度设为 1×10^{-6}p.u.，构造了几个输配一体化系统算例进行数值实验，如表 8－10 所示。

表 8－10　　　　测 试 算 例 信 息

算例	输电网节点	配电网节点	闭合开关	分布式电源接入节点（控制方法）	分布式电源数量	馈线数量/配电网	配电网接入节点号
A1	14	69	辐射状	—	1	1	14
A2	14	69A	辐射状	8，15，20（PV）	1	1	14
A3	14	69B	辐射状	45，61（PV）	1	1	14
A4	14	69A	辐射状	8，15，20（QV）	1	1	14
A5	14	69B	辐射状	45，61（QV）	1	1	14
B1	57	69	辐射状	—	4	1	8，9，12，18
B2	57	69A	辐射状	8，15，20（PV）	4	1	8，9，12，18
B3	57	69B	辐射状	45，61（PV）	4	1	8，9，12，18
B4	57	69A	辐射状	8，15，20（QV）	4	1	8，9，12，18
B5	57	69B	辐射状	45，61（QV）	4	1	8，9，12，18
C1	14	16	辐射状	—	1	3	5，11，14
C2	14	16A	5－11	—	1	3	5，11，14
C3	14	16B	5－11，10－14	—	1	3	5，11，14
D1	118	69	辐射状	—	4	1	1，4，19，22
		69A	辐射状	8，15，20（PV）	7	1	2，3，5，12，20，21，23
		16	辐射状	—	1	3	24，25，26
		16A	5－11	—	2	3	9，10，11，16，17，18
		16B	5－11，10－14	—	2	3	6，7，8，13，14，15
D2	118	69	辐射状	—	4	1	1，4，19，22
		69A	辐射状	8，15，20（PV）	4	1	2，5，20，23
		69B	辐射状	45，61（PV）	3	1	3，12，21
		16	辐射状	—	1	3	24，25，26
		16A	5－11	—	2	3	9，10，11，16，17，18
		16B	5－11，10－14	—	1	3	6，7，8
		16C	5－11，10－14	6，12，15（PV）	1	3	13，14，15

分布式电源（distributed generation，DG）接入配电网时，当 DG 是 PV 控制模式时，有功输出恒定为 0.5MW。当 DG 是 QV 控制模式时，无功功率输出恒定为 0.5Mvar。每条馈线通过 r=0.002p.u.，x=0.01p.u.，变比为 1 的变压器连接到输电网。69 节点系统[79]和 16 节点系统[80]是两个配电网算例。其他配电网算例是在上述两个算例的基础上通过关闭某些开关或接入一些 DG 产生的。

1. 精度分析

将连续交叉点估计法与下面三种方法进行精度分析对比：

1）基于全局模型的牛顿—拉夫逊法（NRM－GM）：在全局模型下，输电网和配电网将完全拼接为一个完整的网络。潮流用牛顿—拉夫逊法求解。这种方法在实际操作中是不现实的，但其结果是准确的，可以作为基准。

2）基于等效模型的牛顿—拉夫逊法（NRM－EM）：在等效模型下，求解输电网潮流时，配电网等效为恒定负载，求解配电网潮流时，输电网等效为恒定电压源。潮流用牛顿—拉夫逊法求解。

3）主从分裂法（MSSM）[78]：输电网潮流和配电网潮流都用牛顿—拉夫逊法求解。

表 8－11 比较了不同方法和不同情况下的潮流结果（边界母线电压和边界注入功率）。通常情况下，基于等效模型的牛顿—拉夫逊法无法获得精确的潮流解，因为配电网中的网损、分布式电源和环路都将被忽略。所提出的连续交叉点估计法可以达到与基于全局模型的牛顿—拉夫逊法和主从分裂法相同的精度。

表 8－11　　边界节点潮流计算结果

算例	状态量	节点号	NRM－GM	NRM－EM	MSSM	SIAM
A1	V_B（p.u.）	14	1.025 0	1.025 8	1.025 0	1.025 0
	θ_B（°）	14	－16.786 2	－16.712 9	－16.786 2	－16.786 2
	P_B（MW）	14	4.187 0	3.802 2	4.187 0	4.187 0
	Q_B（Mvar）	14	2.867 3	2.694 6	2.867 3	2.867 3
A2	V_B（p.u.）	14	1.025 3	1.025 8	1.025 3	1.025 3
	θ_B（°）	14	－16.463 1	－16.712 9	－16.463 1	－16.463 1
	P_B（MW）	14	2.732 8	3.802 2	2.732 8	2.732 8
	Q_B（Mvar）	14	3.392 3	2.694 6	3.392 3	3.392 3
A4	V_B（p.u.）	14	1.028 4	1.025 8	1.028 4	1.028 4
	θ_B（°）	14	－16.843 2	－16.712 9	－16.843 2	－16.843 2
	P_B（MW）	14	4.174 9	3.802 2	4.174 9	4.174 9
	Q_B（Mvar）	14	1.384 2	2.694 6	1.384 2	1.384 2
C1	V_B（p.u.）	5	1.008 4	1.010 9	1.008 4	1.008 4
		11	1.028 4	1.034 0	1.028 4	1.028 4
		14	1.013 3	1.018 4	1.013 3	1.013 3

续表

算例	状态量	节点号	NRM-GM	NRM-EM	MSSM	SIAM
C1	θ_B（°）	5	-10.815 8	-10.200 9	-10.815 8	-10.815 8
		11	-19.811 6	-18.212 7	-19.811 6	-19.811 6
		14	-20.569 5	-19.004 0	-20.569 5	-20.569 5
	$\boldsymbol{P}_B$（MW）	5	10.899 5	8.501 9	10.899 5	10.899 5
		11	21.137 6	15.105 7	21.137 6	21.137 6
		14	8.792 8	5.100 7	8.792 8	8.792 8
	$\boldsymbol{Q}_B$（Mvar）	5	5.329 4	5.109 6	5.329 4	5.329 4
		11	21.137 6	15.105 7	21.137 6	21.137 6
		14	8.792 8	5.100 7	8.792 8	8.792 8
C3	$\boldsymbol{V}_B$（p.u.）	5	1.012 2	1.010 9	1.012 2	1.012 2
		11	1.025 2	1.034 0	1.025 2	1.025 2
		14	1.009 0	1.018 4	1.009 0	1.009 0
	$\boldsymbol{\theta}_B$（°）	5	-11.073 7	-10.200 9	-11.073 7	-11.073 7
		11	-17.981 5	-18.212 7	-17.981 5	-17.981 5
		14	-19.001 2	-19.004 0	-19.001 2	-19.001 2
	$\boldsymbol{P}_B$（MW）	5	28.284 1	8.501 9	28.284 1	28.284 1
		11	10.055 6	15.105 7	10.055 6	10.055 6
		14	3.778 2	5.100 7	3.778 2	3.778 2
	$\boldsymbol{Q}_B$（Mvar）	5	-3.406 4	5.109 6	-3.406 4	-3.406 4
		11	16.209 1	8.728 4	16.209 1	16.209 1
		14	7.501 4	3.503 7	7.501 4	7.501 4

更具体地说，比较算例 A1、A2 和 A4 的结果，NRM-EM 不能准确分析 DG 的影响，而建议的 SIAM 以及 NRM-GM 和 MSSM 可以。对比算例 C1 和算例 C3 的结果，NRM-EM 不能准确分析配电网中环路的影响，而所提出的 SIAM 以及 NRM-GM 和 MSSM 可以准确分析配电网中环路的影响。

2. 收敛性与效率分析

将 SIAM 从收敛性和效率两个方面与以下两种方法进行比较。

1）MSSM-I：文献［19］（不考虑配电网等效）中提出的主从分裂方法。

2）MSSM-II：文献［78］（考虑配电网等效）中提出的改进主从分裂法。

在本节中，注意 SIAM 迭代意味着配电网潮流和输电网潮流分别求解一次。它不是式（8.38）中从 n 到 $n+1$ 的迭代。因此，可以直接比较 MSSM 和所提出的 SIAM 的迭代次数。

表 8-12 比较了不同方法和不同情况下的迭代次数和时间消耗。在三种方法中，SIAM 算法收敛性最好，效率最高。它可以收敛于所有的测试算例。然而，对于 A3 和 B3 算例，MSSM-I 和 MSSM-II 都会出现发散。此外，对于所有三种方法都收敛的情况，SIAM 需要最少的迭代来达到相同的精度。

表 8-12　　收敛性和效率比较

算例	MSSM-I		MSSM-II		SIAM	
	迭代次数	耗时/ms	迭代次数	耗时/ms	迭代次数	耗时/ms
A1	4	17.3	4	17.6	4	19.8
A2	20	71.8	20	76.1	6	27.3
A3	发散		发散		8	37.3
A4	9	35.3	9	36.2	6	26.7
A5	45	159.0	45	168.1	8	36.8
B1	4	41.8	4	41.5	4	41.5
B2	19	157.1	19	161.9	4	45.2
B3	发散		发散		6	63.1
B4	6	58.7	6	61.5	5	55.8
B5	11	95.4	11	99.4	6	65.3
C1	5	35.3	4	29.9	4	33.6
C2	12	64.4	5	32.5	5	36.8
C3	25	99.6	5	23.3	5	33.0
D1	20	789.4	16	657.0	8	332.5
D2	39	1297.4	30	1016.0	12	464.6

与算例 A1 相比，算例 A2 和 A3 中存在一些 PV 型 DG。这些 DG 显著提高了无功注入对根节点电压幅值的敏感性。因此，MSSM-I 收敛速度慢甚至发散。MSSM-II 是 MSSM-I 的改进。结果表明，MSSM-II 在处理 PV 型 DG 时，在收敛性和效率上并没有明显的提高。更具体地说，在 MSSM-II 中，等效容许度矩阵 $Y_{eq}\approx 0$ 使 MSSM-II 相当于 MSSM-I。另一方面，在 A4 和 A5 算例下，存在一些具有电压无功控制的 DG。与 PV 型 DG 不同，采用电压无功控制的 DG 显著提高了有功注入对根节点电压幅值的敏感性。如表 8-22 所示，MSSM-I 和 MSSM-II 的收敛速度也较低。与 MSSM-I 和 MSSM-II 相比，SIAM 算法在处理具有电压—功率和电压—无功控制模式的 DG 时能有效地提高收敛性。B1-B5 算例下的结果也证明了相同的观点。

与算例 C1 相比，算例 C2 和 C3 中存在一些环路。这些环路还显著提高了无功功率注入对根节点电压幅值的敏感性。因此，MSSM-I 需要更多的迭代才能收敛。MSSM-II 采用等效方法有效地提高了 MSSM-II 的收敛性。在这些情况下，所提出的 SIAM 与 MSSM-II 具有相似的收敛性和效率。算例 D1 和 D2 是两个大规模的输配一体化系统算例。每种算例下有 16 个配电网，包括被动配电网、含 DG 的配电网、含环路的配电网以及含 DG 和环路的配电网。SIAM 算法具有最佳的收敛性和效率。与 MSSM-I 相比，它节省了大约 2/3 的迭代次数和时间，与 MSSM-II 相比，它也节省了大约 1/2 的迭代次数和时间。

然后，进一步讨论了 A2 和 A3 两个算例。图 8－20 显示了在 SIAM 和 MSSM 下根节点电压幅值随迭代的变化（MSSM－I 和 MSSM－II 因为 $Y_{eq}\approx0$，几乎具有相同的曲线）。对于算例 A2，SIAM 的收敛速度比 MSSM 快得多，如图 8－20（a）所示。对于算例 A3，MSSM 发散，而 SIAM 仍然快速收敛，如图 8－20（b）所示。

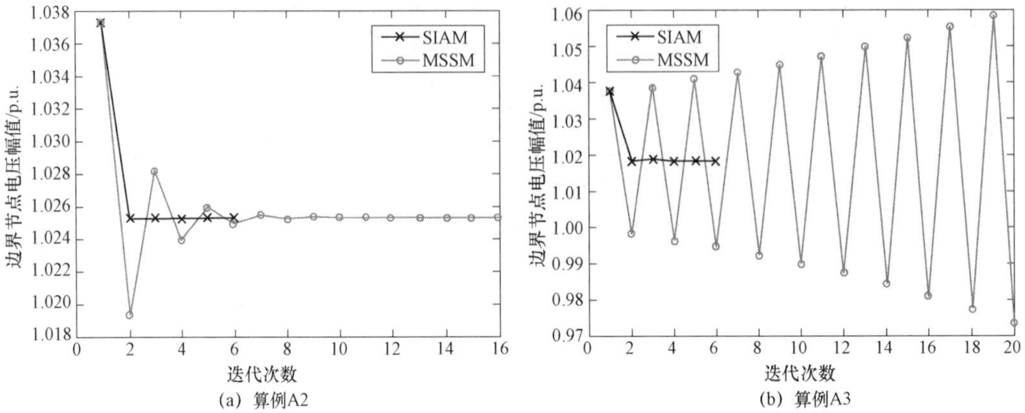

图 8－20　边界节点电压幅值变化

比较算例 A2 和 A3，DG 被接入到不同的节点。这些 DG 均为 PV 型，电压幅值设定值均为 1.0p.u.。A3 算例中的 DG 接入远离根节点的节点 45、61，这表示 DG 将输出更多无功功率以维持设定点。因此，无功功率注入对根节点电压幅值的敏感性较大，导致了 MSSM 的发散。相反，A2 算例下的 DG 接入到距离根节点较近的节点 8、15、20，灵敏度较小，MSSM 可以收敛。图 8－20 显示，在这两种算例下，SIAM 可以提高收敛性和效率。无功功率注入对根节点电压幅值的敏感性不是影响 SIAM 收敛性和效率的限制因素。

8.5　输配一体化系统的预想事故评估

长期以来输配电网采取分级调控模式，传统的预想事故评估只在输电网区域由输电网调度部门独立开展，配电网被等值为负荷。这种独立建模和分析的方式使得计算结果精度低，缺乏同步性，输配边界存在功率失配。因此，输配全局系统的风险并不能全面地把握。

8.5.1　输配协同预想事故评估的必要性

提高输配电网调度部门的互动性，实施输配协同的预想事故评估的必要性具体体现在如下几个方面。

1. 精确处理输配电网的耦合关系

近年来，随着分布式电源的接入，配电网的主动性大大增强。因此，输电网和配电网的有功功率和无功功率可以双向流动，显著提高输配电网的耦合性。传统的基于等值模型的方法假设输电网足够稳定，不会受到配电网波动的影响。然而，这一假设随着分布式电源的发展不再成立。

2. 精确分析重要用户供电方式的变化

在传统的输电网预想事故评估中，重要用户供电方式的变化是相对粗糙的，因为输电网调度部门对于其管辖范围外的电网采用的是简化模型。图 8-21 是一个输配耦合系统的拓扑图。标记星号的为重要负荷，要求双电源供电。在正常运行模式下，这个要求能够满足。然而，如果标记“×”的变压器支路开断，虽然这个重要用户不会失电，但供电方式转变为单电源供电。因此，这个重要用户的供电可靠性不再满足，网络存在潜在的运行风险。

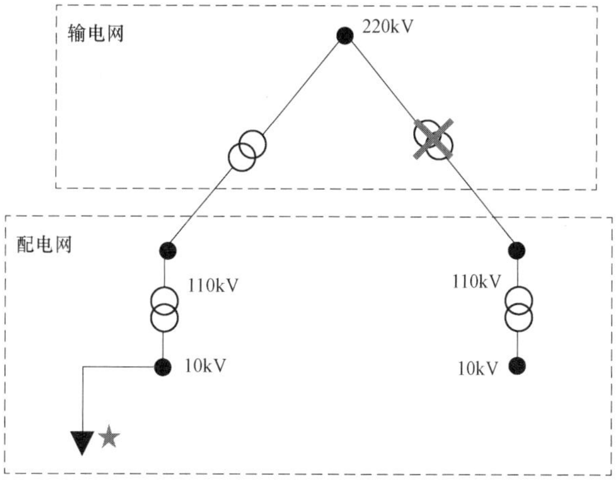

图 8-21　重要用户供电方式的变化

如果输电网调度部门断开该变压器支路进行设备维护，会进行一次预想事故评估。但是，由于输配调度部门的协同水平较低，传统的输电网预想事故评估不能掌握这种供电可靠性变化的风险。这个例子也说明了输配协同预想事故评估的必要性。

3. 改善电网运行的安全性和稳定性

通常，在输电网预想事故评估中，配电网被视作输电网节点的注入负荷。这种方法能够实现全网的快速评估，但是，配电网的主动性和环网效应并没有被考虑其中。例如，2011 年北美大停电的重要原因就是配电网对于输电网的环网效应没有被精确分析。

为了说明这一问题，首先给出简单含环电力系统网络功率的近似分解公式。对图 8-22 所示的含环电力系统，网络功率可分解为

$$
\begin{aligned}
&S_{B_i}=S_{A,B_i}+S_{C,B_i},\ i=1,2\\
&S_{A,B_i}=\frac{\sum\limits_{m=1,2}S_m z_{\Sigma m,i}}{z_{\Sigma,\,all}},\ i=1,2\\
&S_{C,B_i}=\frac{U_{\mathrm{N}}(U_{B_i}-U_{B_j})}{z_{\Sigma,\,all}},\ (i,j)=(1,2),(2,1)
\end{aligned}
\tag{8.53}
$$

式中：S_{B_1} 和 S_{B_2} 为输配边界节点，也就是配电网的根节点 B_1 和 B_2 上的复负荷功率；S_{A,B_1} 和 S_{A,B_2} 为 S_{B_1} 和 S_{B_2} 的自然功率部分；S_{C,B_1} 和 S_{C,B_2} 为 S_{B_1} 和 S_{B_2} 的循环功率部分；S_1 和 S_2 为节点 1 和 2 的外部功率；z_1、z_2、z_3 是线路阻抗；$z_{\Sigma,all}$ 为系统总阻抗；$z_{\Sigma m,i}$ 为根节点 B_i 到节点 m 路径上的所有阻抗之和；U_{B_i} 为根节点复电压；U_{N} 为配电网额定电压。

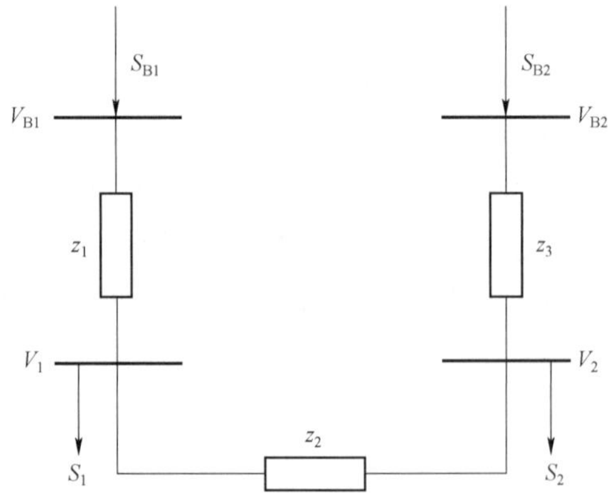

图 8-22　简单含环电力系统示意图

由式（8.53）可见，输配界面上的负荷功率可以拆分为自然功率和循环功率两部分。自然功率主要受节点注入功率的变化影响，而循环功率主要受馈线根节点之间电压差的影响。特别地，当配电网呈辐射状结构时，$z_2=\infty$，此时输配界面上的负荷功率只含自然功率部分。

当配电网辐射状运行时，若配电网的根节点注入功率与根节点电压弱相关，配电网的潮流响应特性很弱，对输电网的影响可以忽略不计。而当配电网的根节点注入功率与根节点电压强相关时，配电网的潮流效应对输电网的影响将变得不可忽略。同样，当配电网含环运行时，循环功率使得配电网潮流响应较明显，而这种现象也是会被传统的输电网安全评估所忽略。

8.5.2　基于主从分裂的输配协同预想事故分析方法

1. 预想事故下的全局潮流模型

根据正常运行状态下的输配全局潮流方程，可以建立任意预想事故 c 下的全局潮流方程

$$\begin{cases} \boldsymbol{F}_{\mathrm{T}}\left(\boldsymbol{V}_{\mathrm{T},c}\right)-\boldsymbol{F}_{\mathrm{TT}}\left(\boldsymbol{V}_{\mathrm{T},c}\right)-\boldsymbol{F}_{\mathrm{TB}}\left(\boldsymbol{V}_{\mathrm{T},c},\boldsymbol{V}_{\mathrm{B},c}\right)=\boldsymbol{0} \\ \boldsymbol{F}_{\mathrm{B}}\left(\boldsymbol{V}_{\mathrm{B},c}\right)-\boldsymbol{F}_{\mathrm{BT}}\left(\boldsymbol{V}_{\mathrm{T},c},\boldsymbol{V}_{\mathrm{B},c}\right)-\boldsymbol{F}_{\mathrm{BB}}\left(\boldsymbol{V}_{\mathrm{B},c}\right)=\boldsymbol{F}_{\mathrm{BD}}\left(\boldsymbol{V}_{\mathrm{B},c},\boldsymbol{V}_{\mathrm{D},c}\right) \end{cases} \tag{8.54}$$

$$\boldsymbol{F}_{\mathrm{D}}\left(\boldsymbol{V}_{\mathrm{D},c}\right)-\boldsymbol{F}_{\mathrm{DB}}\left(\boldsymbol{V}_{\mathrm{B},c},\boldsymbol{V}_{\mathrm{D},c}\right)-\boldsymbol{F}_{\mathrm{DD}}\left(\boldsymbol{V}_{\mathrm{D},c}\right)=\boldsymbol{0} \tag{8.55}$$

式中：$\boldsymbol{V}$ 为节点的复电压向量；$\boldsymbol{F}$ 为在各系统节点之间流动的复功率向量；下标 T、B 和 D 分别表示输电网区域、边界区域和配电网区域所属的变量，下标 X、Y(X, Y=T, B, D)指示由系统 X 流向系统 Y 的复功率。例如，$\boldsymbol{F}_{\mathrm{T}}(\boldsymbol{V}_{\mathrm{T},c})$表示在事故 c 下注入输电网区域各节点的复功率，$\boldsymbol{F}_{\mathrm{TT}}(\boldsymbol{V}_{\mathrm{T},c})$表示在事故 c 下由输电网区域内部某节点流向输电网区域另一内部节点的复功率，$\boldsymbol{F}_{\mathrm{TB}}(\boldsymbol{V}_{\mathrm{T},c}, \boldsymbol{V}_{\mathrm{B},c})$表示在事故 c 下由输电网区域内部某节点流向边界区域内部节点的复功率。显然，电力系统正常运行状态下的全局潮流方程也可由上述方程代表，不妨令其对应 $c=0$。

显然，式（8.54）和式（8.55）准确地代表了事故 c 下输电网和配电网的潮流方程。如果基于式（8.54）和式（8.55）对事故后的全局电力系统状态进行分析，则所得结果无疑是准确的。

再来考虑现有的输电网预想事故分析方法。它忽略了配电潮流在事故后的变化，这相当

于对任意 $c\neq0$，均默认 $\boldsymbol{F}_{\mathrm{BD}}(\boldsymbol{V}_{\mathrm{B},c},\boldsymbol{V}_{\mathrm{D},c})=\boldsymbol{F}_{\mathrm{BD}}(\boldsymbol{V}_{\mathrm{B},0},\boldsymbol{V}_{\mathrm{S},0})$，所以现有输电网预想事故分析所依据的潮流方程可用如下形式描述

$$\begin{cases}\boldsymbol{F}_{\mathrm{T}}\left(\boldsymbol{V}_{\mathrm{T},c}\right)-\boldsymbol{F}_{\mathrm{TT}}\left(\boldsymbol{V}_{\mathrm{T},c}\right)-\boldsymbol{F}_{\mathrm{TB}}\left(\boldsymbol{V}_{\mathrm{T},c},\boldsymbol{V}_{\mathrm{B},c}\right)=\boldsymbol{0}\\ \boldsymbol{F}_{\mathrm{B}}\left(\boldsymbol{V}_{\mathrm{B},c}\right)-\boldsymbol{F}_{\mathrm{BT}}\left(\boldsymbol{V}_{\mathrm{T},c},\boldsymbol{V}_{\mathrm{B},c}\right)-\boldsymbol{F}_{\mathrm{BB}}\left(\boldsymbol{V}_{\mathrm{B},c}\right)=\boldsymbol{F}_{\mathrm{BD}}\left(\boldsymbol{V}_{\mathrm{B},0},\boldsymbol{V}_{\mathrm{D},0}\right)\end{cases}\tag{8.56}$$

由式（8.55）可知，基态下 $\boldsymbol{F}_{\mathrm{BD}}(\boldsymbol{V}_{\mathrm{B},0},\boldsymbol{V}_{\mathrm{D},0})=-\boldsymbol{F}_{\mathrm{BD}}(\boldsymbol{V}_{\mathrm{B},0},\boldsymbol{V}_{\mathrm{D},0})=\boldsymbol{F}_{\mathrm{DD}}(\boldsymbol{V}_{\mathrm{D},0})-\boldsymbol{F}_{\mathrm{D}}(\boldsymbol{V}_{\mathrm{D},0})$，将其带入式（8.56）可得

$$\begin{cases}\boldsymbol{F}_{\mathrm{T}}\left(\boldsymbol{V}_{\mathrm{T},c}\right)-\boldsymbol{F}_{\mathrm{TT}}\left(\boldsymbol{V}_{\mathrm{T},c}\right)-\boldsymbol{F}_{\mathrm{TB}}\left(\boldsymbol{V}_{\mathrm{T},c},\boldsymbol{V}_{\mathrm{B},c}\right)=\boldsymbol{0}\\ \boldsymbol{F}_{\mathrm{B}}\left(\boldsymbol{V}_{\mathrm{B},c}\right)-\boldsymbol{F}_{\mathrm{BT}}\left(\boldsymbol{V}_{\mathrm{T},c},\boldsymbol{V}_{\mathrm{B},c}\right)-\boldsymbol{F}_{\mathrm{BB}}\left(\boldsymbol{V}_{\mathrm{B},c}\right)=\boldsymbol{F}_{\mathrm{DD}}\left(\boldsymbol{V}_{\mathrm{D},0}\right)-\boldsymbol{F}_{\mathrm{D}}\left(\boldsymbol{V}_{\mathrm{D},0}\right)\end{cases}\tag{8.57}$$

所以，现有输电网预想事故分析方法和输配协同预想事故分析计算结果的区别就是式（8.54）、式（8.55）中联立方程组的解和式（8.57）中方程解的区别。比较式（8.54）、式（8.55）和式（8.57）可得以下情况：

1）如果 $\boldsymbol{F}_{\mathrm{D}}$ 和节点电压弱相关，那么 $\boldsymbol{F}_{\mathrm{D}}(\boldsymbol{V}_{\mathrm{D},0})=\boldsymbol{F}_{\mathrm{D}}(\boldsymbol{V}_{\mathrm{D},c})$，式（8.54）、式（8.55）和式（8.57）的区别就在于 $\boldsymbol{F}_{\mathrm{DD}}(\boldsymbol{V}_{\mathrm{D},0})$和 $\boldsymbol{F}_{\mathrm{DD}}(\boldsymbol{V}_{\mathrm{D},c})$的差别。

2）如果 $\boldsymbol{F}_{\mathrm{D}}$ 和节点电压强相关，那么 $\boldsymbol{V}_{\mathrm{D},0}$ 和 $\boldsymbol{V}_{\mathrm{D},c}$ 之间的差别有可能导致 $\boldsymbol{F}_{\mathrm{D}}(\boldsymbol{V}_{\mathrm{D},0})$和 $\boldsymbol{F}_{\mathrm{D}}(\boldsymbol{V}_{\mathrm{D},c})$，$\boldsymbol{F}_{\mathrm{DD}}(\boldsymbol{V}_{\mathrm{D},0})$和 $\boldsymbol{F}_{\mathrm{DD}}(\boldsymbol{V}_{\mathrm{D},c})$均有显著差别。

3）如果配电网含强环运行，那么 $\boldsymbol{V}_{\mathrm{D},0}$ 和 $\boldsymbol{V}_{\mathrm{D},c}$ 之间的差异可能导致 $\boldsymbol{F}_{\mathrm{DD}}(\boldsymbol{V}_{\mathrm{D},0})$与 $\boldsymbol{F}_{\mathrm{DD}}(\boldsymbol{V}_{\mathrm{D},c})$之间产生明显的差异。

显然，在后面两种情况下，输电网预想事故和输配协同预想事故分析的计算结果可能会有比较明显的差别，输电网预想事故分析的计算结果可能偏离系统的真实状态，甚至带来误警、漏警。

2. *分布式评估算法*

根据基于配电响应等值的改进主从分裂法，分布式的输配协同预想事故分析算法如下：

1）配电调控中心（Distribution control center，DCC）计算配电网网络等值，将结果发送给输电调控中心（Transmission control center，TCC）。

2）TCC 将配电网网络等值加入输电潮流模型中。

3）对事故 c，检查其为发电机开断还是线路开断。如果为前者，则调整其余发电机功率。

4）采用基于主从分裂的分布式潮流算法求解事故 c 下的全局潮流方程。在第 k 次迭代中：首先 TCC 求解式（8.54）并向 DCC 传递所解得的 $\boldsymbol{V}_{\mathrm{B},c}^{k+1}$；然后 DCC 从式（8.55）中解得 $\boldsymbol{F}_{\mathrm{BD},c}^{k+1}$，计算净注入功率 $\boldsymbol{F}_{\mathrm{BD},c}'^{k+1}$，将之发送给 TCC；最后比较 $\boldsymbol{V}_{\mathrm{B},c}^{k}$ 和 $\boldsymbol{V}_{\mathrm{B},c}^{k+1}$，如果两者之差已足够小，那么停止迭代，否则 $k=k+1$，进行下一次迭代。

5）如果步骤 4）的分布式算法计算收敛，则检查输电网和配电网的运行状态，寻找是否存在约束越界，若有则报警。

6）如果步骤 4）的分布式算法计算不收敛，则将配电网的注入功率固定为基态值，采用现有输电网预想事故分析方法对该事故进行检查。

7）检查是否遍历所有待分析的预想事故，如果是则终止算法，否则 $c=c+1$，回到步骤 3），对下一个预想事故进行计算。

该算法的特点如下：

1）该算法基于主从分裂法，因此它具备主从分裂法所具备的特点。特别地，如果配电潮流模型采用三相模型而输电网采用单相潮流模型，那么可以按照如下方法进行输配界面上的单一三相数据转化：将输电潮流解得的单相电压作为配电潮流三相电压中的 A 相电压，通过相角旋转 120° 和 240° 分别构造 B 相电压和 C 相电压；将配电潮流解得的三相负荷功率相加作为输电潮流中的单相负荷功率。

2）每次计算时，步骤 1）的配电网网络等值只有在配电网拓扑发生变化时才需执行，否则 TCC 可沿用之前传来的等值模型。通常，配电网网络拓扑变化的频率低于输配协同预想事故分析的启动频率，所以配电网的网络等值可供多次输配协同预想事故分析使用，因此 TCC 和 DCC 之间无须频繁传递等值模型。这有助于减少输配协同预想事故分析算法的通信代价。

3）由算法流程可知，输配协同预想事故分析可以同时对输电网和配电网的安全性进行检查。

此外需要指出，步骤 6）中若分布式算法不收敛，也有可能是 8.4.3 节中所分析的原因，此时可以用 8.4.3 节中的方法来计算潮流。

8.5.3 快速分析技术

1. 考虑配电潮流响应的输电系统预想事故筛选

预想事故筛选可以有效减低预想事故分析的计算量，现有的输电网预想事故筛选方法通常忽略配电潮流响应的影响。如前所述，如果在输电预想事故的筛选中考虑配电潮流响应的影响，则有望更加准确地挑选出重要预想事故。对此，本节提出两种考虑配电潮流响应的预想事故筛选方法，简称为 CS_1 和 CS_2。

（1）CS_1：近似全局潮流法。

CS_1 方法的关键在于将主从分裂算法的第一次迭代结果作为近似的输配全局潮流解筛选重要预想事故，具体计算步骤如下：

1）DCC 计算配电网的网络等值将结果发送给 TCC。

2）TCC 将配电网等值加入输电潮流模型中，计算净注入功率基态值 S'_B。

3）对事故 c，检查其为发电机开断还是线路开断。如果为前者，则调整其余发电机功率。

4）对于每个预想事故，TCC 按照预设的迭代次数（通常为 1 次或者 2 次）进行输电潮流计算，算得的边界电压传给 DCC。

5）DCC 按照预设的迭代次数（通常为 1 次或者 2 次）进行配电潮流计算，将所得边界负荷功率和配电网安全指标返回给 TCC。

6）更新功率注入后，TCC 再进行步骤 4）中的近似潮流计算，之后计算该预想事故下的输电网安全指标和全局系统安全指标。

7）检查是否遍历所有待分析的预想事故，如果是对指标排序，则形成关键事故列表，完成筛选；否则 $c=c+1$，回到步骤 3）对下一个预想事故进行筛选。

在上述算法中，配电网安全指标和输电网安全指标可以按照式（8.58）计算：

$$\mathrm{PI}=\sum_{\text{all lines } l}\left(\frac{P_{\text{flow},l}}{P_l^{\max}}\right)^{2n}+\sum_{\text{all buses } i}\left(\frac{\Delta|V_i|}{\Delta|V|^{\max}}\right)^{2m} \tag{8.58}$$

式中：$P_{\text{flow},l}$ 为线路 l 上的有功功率；$P_l^{\max}$ 为线路 l 上的容量；$\Delta|V_i|$ 为节点电压在事故后发生变化的绝对值；$\Delta|V|^{\max}$ 为调度人员允许的最大节点电压偏差；n 和 m 为整数，通常可选取为 5。

全局系统安全指标可取为输电网安全指标和配电网安全指标的加权和，其中权重可以选为 1.0，表示配电网的安全性和输电网的安全性在确定全局系统安全性方面的权重相同。

上述算法的流程如图 8-23 所示。

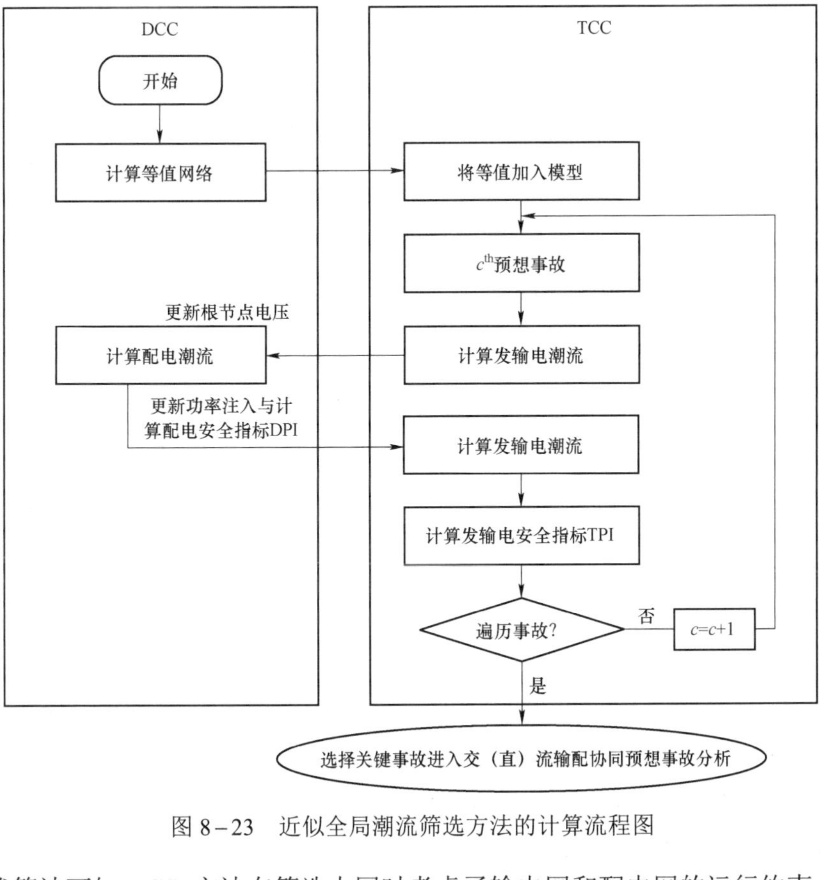

图 8-23　近似全局潮流筛选方法的计算流程图

由上述算法可知，CS_1 方法在筛选中同时考虑了输电网和配电网的运行约束。由于筛选过程对每个预想事故仅进行一次 TCC 和 DCC 间的迭代，所以总计算时间和通信代价小于每个事故均进行详细输配协同潮流分析的交流输配协同预想事故分析。如果输、配潮流子问题的预设迭代次数减少，则 CS_1 的计算时间还可以进一步降低。而在计算精度方面，由于近似考虑了配电潮流响应，CS_1 的精度优于现有的 TCS 方法。

（2）CS_2：配电网等值法。

在 TCC 和 DCC 通信欠佳的情况下，输电系统预想事故筛选可以采用配电网网络等值来近似体现配电潮流响应，即配电侧循环功率的影响。CS_2 方法的具体计算步骤如下：

1）DCC 计算配电网的网络等值，将结果发送给 TCC。

2）TCC 将配电网网络等值加入输电潮流模型中，计算净注入功率基态值 S_B'。

3）对事故 c，检查其为发电机开断还是线路开断。如果为前者，则调整其余发电机的功率。

4）基于净注入功率 S_B' 和加入配电网等值的输电网模型，TCC 按照传统的 PQ 法进行计算，获得近似潮流解，之后计算该预想事故下的系统安全指标。

5）检查是否遍历所有待分析的预想事故，如果是则终止算法，否则 $c=c+1$，回到步骤 3）对下一个预想事故进行计算。

显然，CS_2 方法的计算时间和基于 PQ 法的现有输电网预想事故筛选方法相当，但是精度更优。

2. 基于直流潮流的快速分析方法

如果调度人员更加关心事故后系统线路有功潮流是否越界，那么可考虑采用直流模型加速。由于采用了直流潮流，它的计算代价比交流潮流小。输配协同预想事故分析的直流模型和分布式算法步骤如下。

（1）输配协同预想事故分析的直流模型。

在输配协同预想事故分析的直流模型中，预想事故 c 下的输配协同潮流方程近似为如下形式

$$\begin{cases} \boldsymbol{P}_{\mathrm{T}} - \boldsymbol{P}_{\mathrm{TT}}\left(\theta_{\mathrm{T},c}\right) - \boldsymbol{P}_{\mathrm{TB}}\left(\theta_{\mathrm{T},c},\theta_{\mathrm{B},c}\right) = \mathbf{0} \\ \boldsymbol{P}_{\mathrm{B}} - \boldsymbol{P}_{\mathrm{BT}}\left(\theta_{\mathrm{T},c},\theta_{\mathrm{B},c}\right) - \boldsymbol{P}_{\mathrm{BB}}\left(\theta_{\mathrm{B},c}\right) = \boldsymbol{P}_{\mathrm{BD}}\left(\theta_{\mathrm{B},c},V_{\mathrm{D},c}\right) \end{cases} \tag{8.59}$$

$$\boldsymbol{F}_{\mathrm{D}}\left(V_{\mathrm{D},c}\right) - \boldsymbol{F}_{\mathrm{DB}}\left(\theta_{\mathrm{B},c},V_{\mathrm{D},c}\right) - \boldsymbol{F}_{\mathrm{DD}}\left(V_{\mathrm{D},c}\right) = \mathbf{0} \tag{8.60}$$

式中：θ 为输电网区域和配电网区域中各节点的电压相角；$\boldsymbol{P}$ 为在输电网区域和配电网区域之间流动的有功功率，其余变量定义如“考虑配电潮流响应的输电系统预想事故筛选”节所述。

和式（8.54）、式（8.55）中的模型相比，式（8.59）、式（8.60）在输电网潮流中采用直流潮流模型，即用 $1\angle\theta$ 取代真实的复电压 V，而在配电潮流方程中依然采用交流潮流形式。这是因为对输电网采用直流潮流方程仍有较好的精度，而配电网通常具有较大的电阻电抗比，因此仍需要考虑电压幅值以保证计算精度。

（2）基于直流模型的输配协同预想事故分析算法。

基于主从分裂理论，上述输配协同预想事故分析的直流模型可在 TCC 和 DCC 中分布式地求解，具体步骤如下：

1）DCC 计算配电网系统网络等值，将结果发送给 TCC。

2）TCC 将网络等值加入潮流模型中。

3）对事故 c，检查其为发电机开断还是线路开断。如果为前者，则调整其余发电机功率。

4）采用由主从分裂理论导出的算法求解事故后的全局潮流方程。其中，主从分裂理论中的第 k 次迭代：首先，TCC 求解式（8.59）并向 DCC 传递所解得的 $\theta_{\mathrm{B},c}^{k+1}$；然后，DCC 从式（8.60）中解得 $\boldsymbol{P}_{\mathrm{BS},c}^{k+1}$，计算净注入功率 $\boldsymbol{P}_{\mathrm{BD},c}^{\prime k+1}$，将之发送给 TCC；最后，比较 $\theta_{\mathrm{B},c}^{k}$ 和 $\theta_{\mathrm{B},c}^{k+1}$，如果两者之差已足够小，那么迭代停止，否则 $k=k+1$，进行下一次迭代。

5）如果步骤 4）的分布式算法收敛，则检查输电网的运行状态，寻找是否存在约束越界，如果有则报警。

6）如果步骤 4）的分布式算法不收敛，则将配电网的注入功率固定为基态，采用传统的输电网预想事故分析对该事故进行检查。

7）检查是否遍历所有待分析的预想事故，如果是则终止算法，否则 $c=c+1$，回到步骤 3）对下一个预想事故进行计算。

由上述步骤可知，在直流输配协同预想事故分析迭代中，TCC 和 DCC 之间仅交互输配界面上的电压相角与负荷有功功率。由于直流潮流相比于交流潮流模型具有计算简单快速的特点，直流输配协同预想事故分析的计算代价有望低于交流输配协同预想事故分析。

8.5.4　基于全局一体化模型的输配协同预想事故评估

基于主从分裂模型的输配协同预想事故评估实现了输配网的异构建模，有效规避了数值稳定性问题，降低了计算成本，但也带来了潜在的收敛性问题。同时，当预想事故较多时，基于这一模型的预想事故评估需要输配网调度部门之间频繁的信息交互，这使得整体的评估效率对于通信条件比较敏感。也就是说，若输配网调度部门之间的通信条件较为恶劣，这一方法的实用性会受到严重的限制。因此，这里提出一种基于全局一体化模型的预想事故评估方法。随着各个国家和地区提高输配网调度部门之间的协同程度，以及调度云及相关类似功能平台的发展，全局一体化模型同样具有较好的使用前景。

1. 风险评估指标

本节将预想事故集从输电网区域扩大到全局网络，并定义如下几种风险类型：

1）厂站停电：指在预想事故下，存在一个或多个厂站停电。这一风险指标的严重程度取决于所有停电厂站中电压等级最高的。

$$
\begin{aligned}
Idx_{\mathrm{SPC}}^{\mathrm{T}} &= \begin{cases} \max\limits_{i\in \boldsymbol{S}_{\mathrm{SPC}}^{\mathrm{T}}}\left\{VC_i^{\mathrm{T}}\right\}, \boldsymbol{S}_{\mathrm{SPC}}^{\mathrm{T}} \neq \varnothing \\ 0, \boldsymbol{S}_{\mathrm{SPC}}^{\mathrm{T}} = \varnothing \end{cases} \\
Idx_{\mathrm{SPC}}^{\mathrm{D}} &= \begin{cases} \max\limits_{i\in \boldsymbol{S}_{\mathrm{SPC}}^{\mathrm{D}}}\left\{VC_i^{\mathrm{D}}\right\}, \boldsymbol{S}_{\mathrm{SPC}}^{\mathrm{D}} \neq \varnothing \\ 0, \boldsymbol{S}_{\mathrm{SPC}}^{\mathrm{D}} = \varnothing \end{cases}
\end{aligned} \tag{8.61}
$$

式中：$\boldsymbol{S}_{\mathrm{SPC}}$ 表示在预想故障下停电的厂站集合；VC 表示厂站的电压等级；上标 T 和 D 分别表示输电网区域和配电网区域。

2）电网解列：指在预想事故下，一个或多个子网从主网中分裂出来。这一风险指标的严重程度取决于分裂子网中节点电压等级最高的。

$$
\begin{aligned}
Idx_{\mathrm{NS}}^{\mathrm{T}} &= \begin{cases} \max\limits_{i \in \boldsymbol{S}_{\mathrm{NS}}^{\mathrm{T}}} \left\{ VC_i^{\mathrm{T}} \right\}, \boldsymbol{S}_{\mathrm{NS}}^{\mathrm{T}} \neq \varnothing \\ 0, \boldsymbol{S}_{\mathrm{NS}}^{\mathrm{T}} = \varnothing \end{cases} \\
Idx_{\mathrm{NS}}^{\mathrm{D}} &= \begin{cases} \max\limits_{i \in \boldsymbol{S}_{\mathrm{NS}}^{\mathrm{D}}} \left\{ VC_i^{\mathrm{D}} \right\}, \boldsymbol{S}_{\mathrm{NS}}^{\mathrm{D}} \neq \varnothing \\ 0, \boldsymbol{S}_{\mathrm{NS}}^{\mathrm{D}} = \varnothing \end{cases}
\end{aligned} \tag{8.62}
$$

式中，$\boldsymbol{S}_{\mathrm{NS}}$ 表示在预想故障下分裂子网中的节点的集合。

3）重要用户供电方式变化：指在预想事故下，一个或多个重要用户的供电方式发生变化（停电，或供电的电源数不能满足维持可靠性的最少所需的电源数）。这一风险指标的严重程度取决于供电方式变化的重要用户中重要等级最高的。

$$
Idx_{\mathrm{PSM}} = \begin{cases} \min\limits_{i \in \boldsymbol{S}_{\mathrm{PSM}}} \left\{ R_i \right\}, \boldsymbol{S}_{\mathrm{PSM}} \neq \varnothing \\ 0, \boldsymbol{S}_{\mathrm{PSM}} = \varnothing \end{cases} \tag{8.63}
$$

式中，$\boldsymbol{S}_{\mathrm{PSM}}$ 表示供电方式变化的重要用户的集合；R 表示重要用户的等级，R_i 越小，表示用户 i 越重要，这里假设 R 是一个正整数。以中国为例，地区政府会规定用户的重要等级，电力事故定级与此等级息息相关。

4）重载/过载：指在预想事故下，一条或多条输电线路、变压器支路重载或过载。这一风险指标的严重程度取决于负载率最大的那一条输电线路或变压器支路。

$$
Idx_{\mathrm{HL/OL}} = \max_{i \in \boldsymbol{S}_{\mathrm{L}}} \left\{ \frac{S_i}{Se_i} \right\} \tag{8.64}
$$

式中，$\boldsymbol{S}_{\mathrm{L}}$ 表示输电线路和变压器支路的集合；S 表示在预想事故下的视在功率；Se 表示额定视在功率。

5）电压偏移：指在预想事故下，一个或多个节点存在电压偏移。这一风险的严重程度取决于有电压偏移率最大的节点。

$$
Idx_{\mathrm{VD}}^{\mathrm{T}} = \max_{i \in \boldsymbol{S}_{\mathrm{N}}^{\mathrm{T}}} \left\{ \frac{|\ V_i^{\mathrm{T}} - \bar{V}_i^{\mathrm{T}}|}{\bar{V}_i^{\mathrm{T}}} \right\}, Idx_{\mathrm{VD}}^{\mathrm{D}} = \max_{i \in \boldsymbol{S}_{\mathrm{N}}^{\mathrm{N}}} \left\{ \frac{|\ V_i^{\mathrm{D}} - \bar{V}_i^{\mathrm{D}}|}{\bar{V}_i^{\mathrm{D}}} \right\} \tag{8.65}
$$

式中：$\bar{V}$ 表示节点额定电压；V 表示在预想事故下的节点电压。

2. 基于全局一体化模型的拓扑分析

为了分析上述的第 1、2、3 种风险，需要实施基于全局一体化模型的拓扑分析。对于第 1、2 种风险，拓扑分析主要实现的是网络的连通性分析。传统的连通性分析主要基于搜索方法或邻接矩阵的方法，效率比较低，对于大规模系统不适用。因此，考虑采用基于并查集的连通性分析方法。一个电网可以表示成图结构——图 G，有序二元组（$\boldsymbol{V}, \boldsymbol{E}$），其中 $\boldsymbol{V}$ 表示顶点集合，$\boldsymbol{E}$ 表示边的集合。进一步地，$\boldsymbol{E}$ 中的每个元素也可以表示为一个二元组（x, y），其中 $x, y \in \boldsymbol{V}$。将电网抽象成图结构时，发电机、分布式电源和负荷等均可以忽略，因为它们不影响网络的拓扑结构，电网中的节点抽象为图的顶点，输电线路和变压器支路抽象为图的边。详细的连通性检验算法及第 1、2 种风险的评估方法如图 8-24 所示。

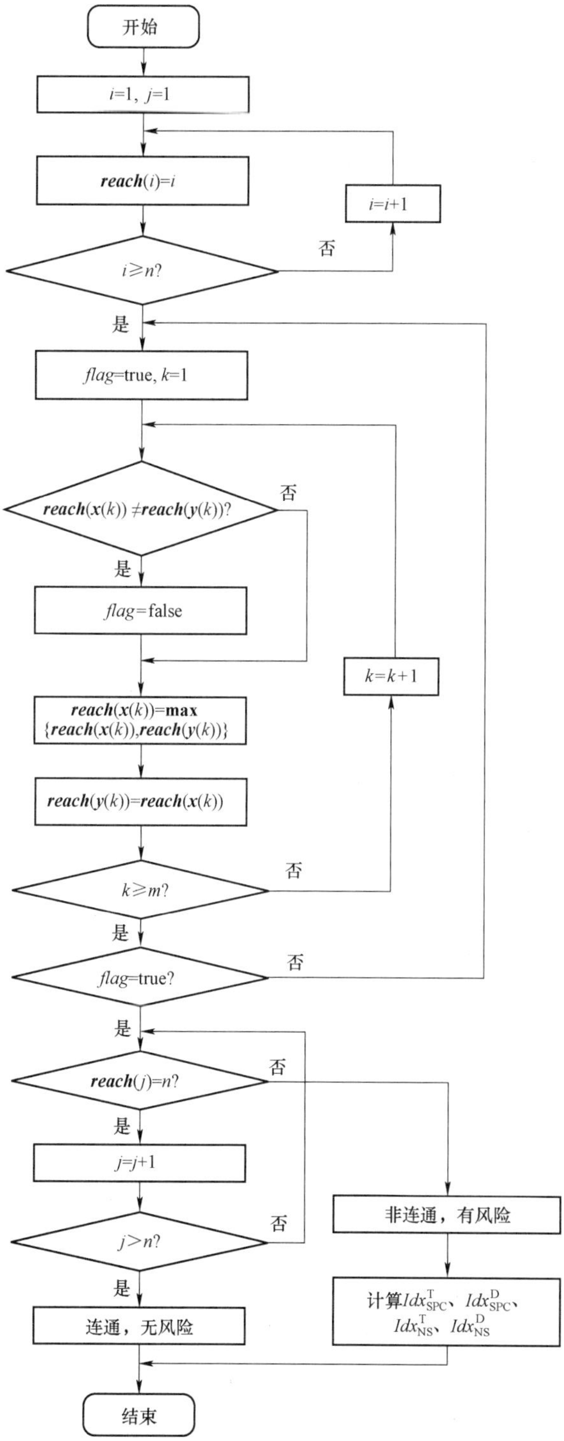

图 8－24　基于全局一体化模型的厂站停电与电网解列评估方法

进一步地，基于全局一体化模型的拓扑分析也可以评估重要用户供电方式变化的风险。不失一般性，假设一个需要分析的重要用户的电压等级为 MkV，则输配网全局一体化模型可以分成两个部分，如图 8-25 所示。其中，通过变压器连接更高电压等级节点的这些 MkV 的节点作为区域 A 和区域 B 的公共区域，可以将它们视作区域 B 的供电节点。这些节点以及其他高于 MkV 电压等级的其他节点属于区域 A，而所有小于或等于 MkV 电压等级的节点属于区域 B。

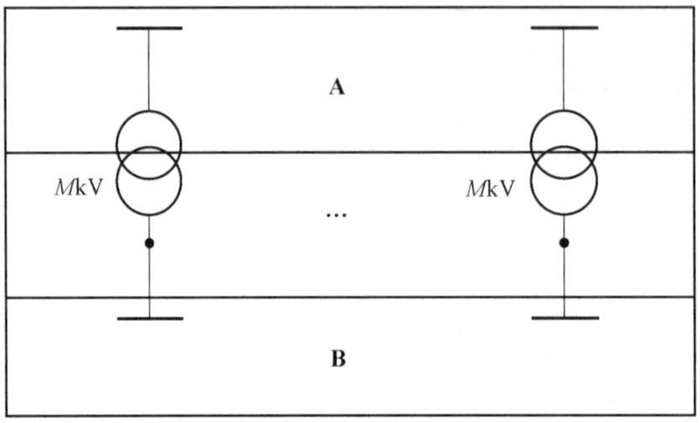

图 8-25　重要用户供电方式变化评估中输配网模型分解方法

首先，在一个预想事故下，图 8-24 所示的算法可以用来分析区域 A 的电网模型，由此，可以判断哪些 MkV 电压等级的供电节点失电。其次，将这些节点不再视作供电节点，而视作一般的负荷节点。然后，可以通过如图 8-26 所示的算法分析区域 B 的电网模型。

3. 基于全局一体化模型的潮流计算

基于全局一体化模型的潮流模型主要用来实现重载/过载和电压偏移两种风险的评估。前面章节中，探讨了如何基于改进的 Levenburg-Marquardt 算法进行互联电网的全局潮流计算，保障数值稳定性，提高收敛性能。在这里，也可以使用这一潮流计算方法。基于全局一体化模型的重载/过载和电压偏移评估方法如图 8-27 所示。

8.5.5　算例分析

本节使用或构造了用于数值实验的案例 A-F，如表 8-13 所示。程序用 MATLABR 2015a 编写，运行于 64 位 windows10。CPU 采用 Intel Core i7-7700K，主频 4.20GHz，内存 32GB。使用的 GPU 是 NVIDIA GeForce GTX1080，支持 CUDA8.0。牛顿法的最大迭代次数和公差分别设置为 50 和 1e^{-4}p.u.。

1. 厂站停电和电网解列的评估

本小节比较了基于等效模型的传统操作风险评估（operational risk assessment，ORA）对输电网的评估结果和基于全局模型的综合操作风险评估（integrated operational risk assess-ment，I-ORA）对综合输配电网（integrated transmission and distribution networks，I-T&D）的评估结果。故障集采用 N-1 全校验。

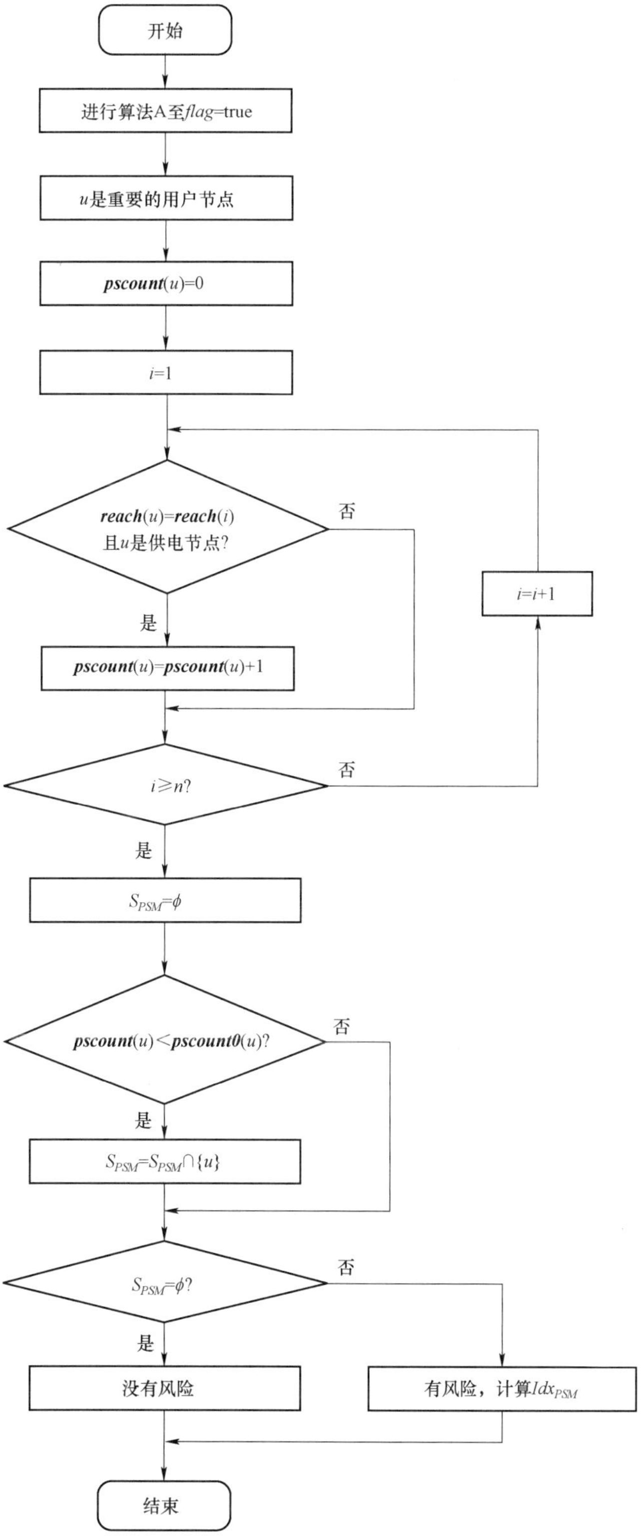

图 8-26　基于全局一体化模型的重要用户供电方式变化评估方法

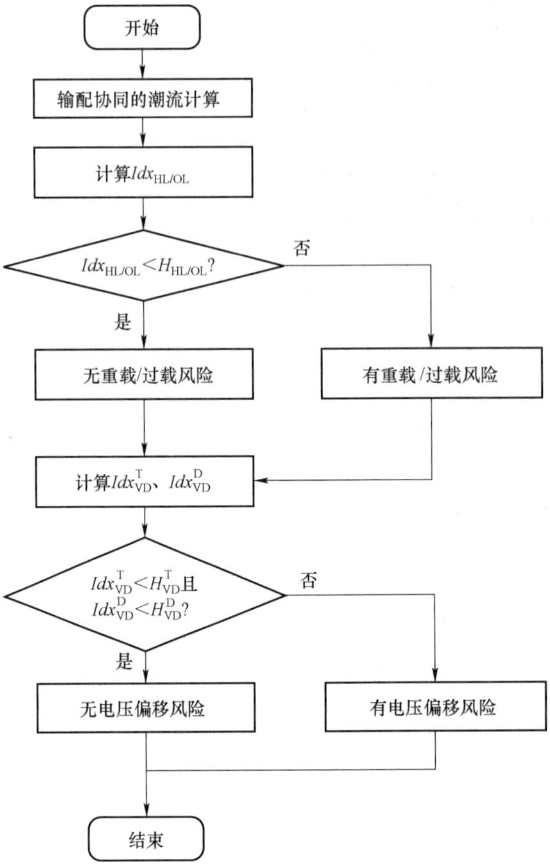

图 8-27　基于全局一体化模型的重载/过载和电压偏移评估方法

表 8-13　　算　例　信　息

算例	算例来源/构建方法
CASE I	IEEE 30 节点输电网系统在 30 号节点接入 2 个 69 节点配电网系统[81]
CASE II	IEEE 30 节点输电网系统的 3 号节点接入 118 节点配电网系统的 1 号节点，设边界节点为 A
CASE A	IEEE 16 节点配电网系统[80]的三条馈线分别连接到 30 节点输电网系统的 26、29、30 号节点
CASE B	关闭 CASE A 配电网中所有的互联开关
CASE C	IEEE 118 节点输电网系统与尽可能多的 69 节点配电网系统连接。“尽可能多”是指连接到输电网每个节点上的配电网越多越好，但总负载不应超过每个节点的原始负载。另外，输电网内各节点的负荷应减去该节点所连接配电网的总负荷，所有互联开关均为打开状态
CASE D	MATPOWER 算例－case3375wp
CASE E	MATPOWER 算例－case6515rte
CASE F	MATPOWER 算例－case13659pegase
CASE G	IEEE 14 节点输电网系统的 14 号节点连接到改进的 69 节点配电网系统（三个有功功率为 0.5 MW 的 PV 型分布式电源接入 8、15、20 号节点）
CASE H	IEEE 14 节点输电网系统的 14 号节点连接到改进的 69 节点配电网系统（两个有功功率为 0.5 MW 的 PV 型分布式电源接入 45、61 号节点）
CASE I	IEEE 57 节点输电网系统的 5、10、13、15、16、17、18、51 号节点分别连接到改进 69 节点配电网系统（同 CASE G 中的 69 节点配电网系统）

如表 8–14 所示，结果间存在一些差异。在输电网的 ORA 中，配电网等同于恒定负荷，说明配电网低电压等级的厂站停电和电网解列不会被发现，这就是为什么输电网的 ORA 中 23kV 的风险数量为 0 的原因。I–ORA 则可以完全反映输电网和配电网中的风险。另外，与 CASE A、CASE B 相比，联络开关的条件会对配电网部分的拓扑结构产生不同的影响，因此 CASE A、CASE B 的 23kV 的风险数量是不同的。根据表 8–14，只有 I–ORA 才能准确反映这种差异。

表 8–14　厂站停电和电网解列的评估测试

算例	方法	厂站停电风险的数量		电网解列风险的数量	
		135kV	23kV	135kV	23kV
CASE A	输电网的 ORA	3	0	1	0
	I–ORA	3	16	1	17
CASE B	输电网的 ORA	1	0	1	0
	I–ORA	1	1	1	1

2. 重要用户供电方式变化的评估

本小节使用 CASE A 比较评估结果。在不失通用性的前提下，CASE A 配电网的所有负荷节点都被视为“重要用户”，需要双电源供电。故障集采用 $N-1$ 全校验。表 8–15 显示了不同联络开关闭合情况下的结果。表 8–16 中的节点号都是配电网节点的编号。

表 8–15　不同模型下的潮流结果

算例	等效模型			全局模型		
	V_B（p.u.）	P_B（MW）	Q_B（Mvar）	V_B（p.u.）	P_B（MW）	Q_B（Mvar）
CASE I	0.929 3	3.802 7	2.694 6	0.924 9	4.317 7	2.927 9
CASE II	0.964 9	22.727 3	17.126 6	0.963 5	24.531 5	18.495 1

表 8–16　重要用户供电方式变化的评估测试

闭合的互连开关	输电网 ORA 下的风险数量	I–ORA 下的风险数量	引起重要用户供电方式变化的预想故障
5–11，10–14	0	12	4–5，4–6，6–7，8–9，8–10，9–11，9–12，13–14，13–15，15–16，5–11，10–14
5–11，7–16	0	12	4–5，4–6，6–7，8–9，8–10，9–11，9–12，13–14，13–15，15–16，5–11，7–16
7–16，10–14	0	12	4–5，4–6，6–7，8–9，8–10，9–11，9–12，13–14，13–15，15–16，10–14，7–16
5–11，7–16，10–14	0	1	9–12

如表 8–26 所示，用于输电网的传统 ORA 不能发现配电网中重要用户的供电方式变化，特别是在考虑配电网中的预想事故或输配网的边界时。相反，I–ORA 可以准确、全面地发现重要用户的供电方式变化的所有风险情况。

3. 重载/过载和电压偏差的评估

以 CASE A 和 CASE B 为例。表 8–17 比较了不同的 $N-1$ 个预想事故下的评估结果。节点号之前的“T”和“D”用于区分输电网节点和配电网节点。假设输电网节点的电压偏差极限 $H_{\mathrm{VD}}^{\mathrm{T}}$ 为 10%，配电网节点的电压偏差极限 $H_{\mathrm{VD}}^{\mathrm{D}}$ 为 15%。同时，假设输电网中支路的视在功率极限由 MATPOWER 中 CASE 30 的支路矩阵中名为“rateA”的列确定，配电网中该支路的视在功率极限为 16MVA。

表 8–17　　重载/过载和电压偏差的评估

算例和预想事故	超出视在功率极限的支路		超出电压极限的节点	
	输电网的 ORA	I–ORA	输电网的 ORA	I–ORA
CASE A 变压器 T6–T9	T6–T8，T27–T29，T27–T30	T6–T8，T25–T26，T27–T29，T27–T30，D2–D8	T29，T30	T26，T29，T30，D9，D11，D12
CASE A 发电机 T27	T6–T8，T21–T22，T22–T24，T23–T24，T24–T25，T27–T29，T27–T30	T6–T8，T21–T22，T22–T24，T23–T24，T24–T25，T27–T29，T25–T26，T27–T30，T6–T28，D2–D8	T25–T27，T29，T30	T25–T27，T29，T30，D1–D16
CASE A 发电机 T2	T6–T8，T21–T22，T27–T29，T27–T30	T6–T8，T21–T22，T25–T26，T27–T29，T27–T30，D2–D8	T29，T30	T26，T29，T30，D9，D11，D12
CASE B 变压器 T6–T9	T6–T8，T27–T29，T27–T30	T6–T8，T25–T26，T27–T29，T27–T30，D2–D8	T29，T30	T26，T30，D1–D16
CASE B 发电机 T27	T6–T8，T21–T22，T22–T24，T23–T24，T24–T25，T27–T29，T27–T30	T6–T8，T21–T22，T22–T24，T23–T24，T24–T25，T27–T29，T25–T26，T27–T30，T6–T28，D1–D4	T25–T27，T29，T30	T25–T27，T29，T30，D1–D16
CASE B 发电机 T2	T6–T8，T21–T22，T27–T29，T27–T30	T6–T8，T21–T22，T25–T26，T27–T29，T27–T30，D2–D8	T29，T30	T26，T30，D12

从表 8–17 可以得到三个结论：① I–ORA 可以准确地分析配电网部分的这两个风险，而输电网的 ORA 不能；② ORA 和 I–ORA 对输电网的评估结果有显著差异，因为输电网的 ORA 是基于等价模型的，而等价性导致偏差；③ CASE A 和 CASE B 的评估结果在 I–ORA 中不同，而在输电网的 ORA 中是相同的，这是因为 ORA 通常忽略配电网中的环路，从而导致结果不准确。

8.6　输配一体化系统的经济调度

电力系统经济调度是指在满足安全和电能质量的前提下，合理利用能源和设备，以最低的发电成本或燃料费用保证对用户可靠供电的一种调度方法。传统的分层分级调度模式下，输电网和配电网调度部门独立进行调度。对于输电网调度，配电网一般被等值为恒定负荷，而对于配电网调度，输配边界的节点电价视为固定值。随着大规模分布式电源的渗透，配电网的主动性大大增强，输配电网的耦合性提高，这种独立调度模式的精度显著下降。因此，需要引入输配协同的经济调度模式[39]。

8.6.1 输配协同经济调度的数学模型

本节使用的变量和符号定义如下。

1. 调度时间相关符号

T：调度时刻集合。

Δt：调度时间步长。

2. 输电网参数

$\mathbb{N}_{\text{bus}}^{\text{T}}$：输电网所有节点集合。

$\mathbb{N}_{\text{Ibus}}^{\text{T}}$：输电网非边界节点集合。

$\mathbb{N}_{\text{Bbus}}^{\text{T}}$：输电网边界节点集合，即和配电网相连的节点集合。

$\mathbb{N}_{\text{line}}^{\text{T}}$：输电网中所有线路集合。

c_m^{T}：输电网挂靠在节点 m 上的发电机成本函数。

$PG_{m,t}^{\text{T}}$：输电网挂靠在节点 m 上的发电机在 t 时刻的有功功率。

$PD_{i,t}^{\text{T}}$：输电网挂靠在非边界节点 i 上的负荷在 t 时刻的有功功率。

$PB_{k,t}^{\text{D}}$：输配边界节点 k 上的配电根节点在 t 时刻的有功功率。

GSF_{j-i}^{T}：输电网线路 j 对节点 i 的发电转移分布因子。

$PL_{j,\max}^{\text{T}}$：输电网线路 j 的功率容量。

$PG_{m,\max}^{\text{T}}$：输电网挂靠在节点 m 上的发电机的最大出力。

$PG_{m,\min}^{\text{T}}$：输电网挂靠在节点 m 上的发电机的最小出力。

RU_m^{T}：输电网挂靠在节点 m 上的发电机的向上爬坡速率。

RD_m^{T}：输电网挂靠在节点 m 上的发电机的向下爬坡速率。

3. 配电网参数

$\mathbb{N}_{\text{bus}}^{\text{D},k}$：输电网边界节点 k 上的配电网（简称为配电网 k）中所有节点数目。

$\mathbb{N}_{\text{line}}^{\text{D},k}$：配电网 k 中线路集合。

$c_a^{\text{D},k}$：配电网 k 内节点 a 的发电成本。

$PG_{a,t}^{\text{D},k}$：配电网 k 内节点在 t 时刻 a 的发电功率。

$PD_{a,t}^{\text{D},k}$：配电网 k 内节点在 t 时刻 a 的负荷。

$GSF_{b-a}^{\text{D},k}$：配电网线路 b 对节点 a 的发电转移分布因子。

$PL_{b,\max}^{\text{D},k}$：配电网线路 b 的功率容量。

$PG_{a,\max}^{\text{D},k}$：配电网 k 挂靠在节点 a 上的发电机的最大出力。

$PG_{a,\min}^{\mathrm{D},k}$：配电网 k 挂靠在节点 a 上的发电机的最小出力。

$PB_{k,\max}^{\mathrm{D}}$：配电网 k 根节点的最大功率注入。

$PB_{k,\min}^{\mathrm{D}}$：配电网 k 根节点的最小功率注入。

4. 优化变量

$PB_{k,t}^{\mathrm{D}}$：配电网 k 根节点在 t 时刻的功率注入。

$PG_{m,t}^{\mathrm{T}}$：输电网挂靠在节点 m 上的发电机在 t 时刻出力。

$PG_{a,t}^{\mathrm{D},k}$：配电网 k 内节点 a 的发电机出力。

调度时刻从 $t=1$ 到 $t=T$ 的输配协同全局经济调度的数学模型如下

$$\min f=\sum_{t\in\mathbb{T}}\sum_{i\in\mathbb{N}_{\mathrm{bus}}^{\mathrm{T}}}c_m^{\mathrm{T}}(PG_{m,t}^{\mathrm{T}})+\sum_{t\in\mathbb{T}}\sum_{k\in\mathbb{N}_{\mathrm{Bbus}}^{\mathrm{T}}}\sum_{a\in\mathbb{N}_{\mathrm{bus}}^{\mathrm{D},k}}c_a^{\mathrm{D},k}(PG_{a,t}^{\mathrm{D},k}) \tag{8.66}$$

其中，输电网部分的约束包括

$$\sum_{m\in\mathbb{N}_{\mathrm{bus}}^{\mathrm{T}}}PG_{m,t}^{\mathrm{T}}=\sum_{i\in\mathbb{N}_{\mathrm{lbus}}^{\mathrm{T}}}PD_{i,t}^{\mathrm{T}}+\sum_{k\in\mathbb{N}_{\mathrm{Bbus}}^{\mathrm{T}}}PB_{k,t}^{\mathrm{D}},t\in\mathbb{T} \tag{8.67}$$

$$\begin{aligned}-PL_{j,\max}^{\mathrm{T}}\leqslant&\sum_{m\in\mathbb{N}_{\mathrm{bus}}^{\mathrm{T}}}GSF_{j-m}^{\mathrm{T}}\times PG_{m,t}^{\mathrm{T}}-\\&\sum_{i\in\mathbb{N}_{\mathrm{lbus}}^{\mathrm{T}}}GSF_{j-i}^{\mathrm{T}}\times PD_{i,t}^{\mathrm{T}}-\sum_{k\in\mathbb{N}_{\mathrm{Bbus}}^{\mathrm{T}}}GSF_{j-k}^{\mathrm{T}}\times PB_{k,t}^{\mathrm{D}}\\&\leqslant PL_{j,\max}^{\mathrm{T}},\forall j\in\mathbb{N}_{\mathrm{line}}^{\mathrm{T}}\end{aligned} \tag{8.68}$$

$$PG_{m,\min}^{\mathrm{T}}\leqslant PG_{m,t}^{\mathrm{T}}\leqslant PG_{m,\max}^{\mathrm{T}},\forall m\in\mathbb{N}_{\mathrm{bus}}^{\mathrm{T}} \tag{8.69}$$

$$-RD_m^{\mathrm{T}}\Delta t\leqslant PG_{m,t+\Delta t}^{\mathrm{T}}-PG_{m,t}^{\mathrm{T}}\leqslant RU_m^{\mathrm{T}}\Delta t,\forall m\in\mathbb{N}_{\mathrm{bus}}^{\mathrm{T}} \tag{8.70}$$

配电网部分的约束包括

$$\sum_{a\in\mathbb{N}_{\mathrm{bus}}^{\mathrm{D},k}}PG_{a,t}^{\mathrm{D},k}+PB_{k,t}^{\mathrm{D}}=\sum_{a\in\mathbb{N}_{\mathrm{bus}}^{\mathrm{D},k}}PD_{a,t}^{\mathrm{D},k} \tag{8.71}$$

$$-PL_{b,\max}^{\mathrm{D},k}\leqslant\sum_{a\in\mathbb{N}_{\mathrm{bus}}^{\mathrm{D},k}}GSF_{b-a}^{\mathrm{D},k}\times\left(PG_{a,t}^{\mathrm{D},k}-PD_{a,t}^{\mathrm{D},k}\right)\leqslant PL_{b,\max}^{\mathrm{D},k},\forall b\in\mathbb{N}_{\mathrm{line}}^{\mathrm{D},k} \tag{8.72}$$

$$PG_{a,\min}^{\mathrm{D},k}\leqslant PG_{a,t}^{\mathrm{D},k}\leqslant PG_{a,\max}^{\mathrm{D},k},a\in\mathbb{N}_{\mathrm{bus}}^{\mathrm{D},k} \tag{8.73}$$

$$PB_{k,\min}^{\mathrm{D}}\leqslant PB_{k,t}^{\mathrm{D}}\leqslant PB_{k,\max}^{\mathrm{D}} \tag{8.74}$$

式(8.66)表示最小化全网总的发电成本，式(8.67)表示输电网功率平衡约束，式(8.68)表示输电线路传输功率约束，式（8.69）表示输电网内发电机出力约束，式（8.70）表示输电网内发电机的爬坡率约束，式（8.71）表示配电网 k 的功率平衡约束，式（8.72）表示配电网 k 中的线路传输功率约束，式(8.73)表示配电网 k 中分布式电源的出力约束，式(8.74)表示输电网和配电网 k 边界变压器的容量约束。

在上述模型中，需要注意：① 采用功率平衡约束和基于分布因子的线路功率约束来刻画系统的运行约束，模型中不出现节点相角；② 鉴于大多数分布式电源具有快速调整有功出力的特点，所以在配电网约束中不考虑分布式电源的爬坡率约束；③ 上述模型并没有直接考虑可调负荷和储能设备，如果系统中存在可调负荷，可将其视为出力为负的分布式电源；如果系统中存在储能，可以加入如下形式的储能设备

$$\begin{cases}0 \leqslant P_t^{\mathrm{ch}} \leqslant P^{\mathrm{ch,max}} \\ 0 \leqslant P_t^{\mathrm{dc}} \leqslant P^{\mathrm{dc,max}} \\ SOC_t = SOC_{t-\Delta t} + \left(\eta^{\mathrm{ch}} P_t^{\mathrm{ch}} - \dfrac{P_t^{\mathrm{dc}}}{\eta^{\mathrm{dc}}}\right)\dfrac{\Delta t}{E^{\mathrm{cap}}} \\ SOC^{\min} \leqslant SOC_t \leqslant SOC^{\max}\end{cases} \tag{8.75}$$

式中：P_t^{ch} 和 P_t^{dc} 分别为储能设备在第 t 时刻的充电功率、放电功率；$P^{\mathrm{ch,max}}$ 和 $P^{\mathrm{dc,max}}$ 为储能设备的最大充电功率、最大放电功率；E^{cap} 为储能设备的容量；η^{ch} 和 η^{dc} 为充电效率、放电效率；SOC 为储能设备的荷电状态。

此外，如果允许配电网向输电网回馈功率，则 $PB_{k,\min}^{\mathrm{D}} = -PB_{k,\max}^{\mathrm{D}}$，否则 $PB_{k,\min}^{\mathrm{D}} = 0$。

为了便于后续的分析，将式（8.66）～式（8.74）中的模型写为向量形式

$$\min_{\boldsymbol{P}_T,\boldsymbol{P}_B,\boldsymbol{P}_D} c_T(\boldsymbol{P}_T) + c_D(\boldsymbol{P}_D)$$

$$\text{s.t.}\begin{cases}\boldsymbol{A}_{P_T}\boldsymbol{P}_T + \boldsymbol{A}_{PB_T}\boldsymbol{P}_B = \boldsymbol{a}_T \\ \boldsymbol{B}_{P_T}\boldsymbol{P}_T + \boldsymbol{B}_{PB_T}\boldsymbol{P}_B \geqslant \boldsymbol{b}_T \\ \boldsymbol{A}_{P_D}\boldsymbol{P}_D + \boldsymbol{A}_{PB_D}\boldsymbol{P}_B = \boldsymbol{a}_D \\ \boldsymbol{B}_{P_D}\boldsymbol{P}_D + \boldsymbol{B}_{PB_D}\boldsymbol{P}_B \geqslant \boldsymbol{b}_D\end{cases} \tag{8.76}$$

式中：c_T 和 c_D 分别为输电网和配电网的成本函数；$\boldsymbol{P}_T$、$\boldsymbol{P}_B$ 和 $\boldsymbol{P}_D$ 分别为由所有时刻 t 的 $PG_{m,t}^{\mathrm{T}}$、$PB_{k,t}^{\mathrm{D}}$、$PG_{a,t}^{\mathrm{D},k}$ 构成的向量；$\boldsymbol{A}$ 和 $\boldsymbol{B}$ 分别为等式、不等式约束的系数矩阵，$\boldsymbol{a}$ 和 $\boldsymbol{b}$ 表示右边向量。

8.6.2　基于异构分解法的输配协同经济调度

本节中的符号定义与 8.6.1 节中相同。

首先，将式（8.76）做如下变化

$$\min_{\boldsymbol{P}_T,\boldsymbol{P}_{BT},\boldsymbol{P}_{BD},\boldsymbol{P}_D} c_T(\boldsymbol{P}_T) + c_D(\boldsymbol{P}_D)$$

$$\text{s.t.}\begin{cases}\boldsymbol{f}_T(\boldsymbol{P}_T,\boldsymbol{P}_{BT}) = \boldsymbol{A}_{P_T}\boldsymbol{P}_T + \boldsymbol{A}_{PB_T}\boldsymbol{P}_B - \boldsymbol{a}_T = \boldsymbol{0} \\ \boldsymbol{g}_T(\boldsymbol{P}_T,\boldsymbol{P}_{BT}) = \boldsymbol{B}_{P_T}\boldsymbol{P}_T + \boldsymbol{B}_{PB_T}\boldsymbol{P}_B - \boldsymbol{b}_T \geqslant \boldsymbol{0} \\ \boldsymbol{f}_B(\boldsymbol{P}_{BT},\boldsymbol{P}_{BD}) = \boldsymbol{P}_{BT} - \boldsymbol{P}_{BD} = \boldsymbol{0} \\ \boldsymbol{f}_D(\boldsymbol{P}_{BD},\boldsymbol{P}_D) = \boldsymbol{A}_{P_D}P_D + \boldsymbol{A}_{PB_D}\boldsymbol{P}_{BD} - \boldsymbol{a}_D = \boldsymbol{0} \\ \boldsymbol{g}_D(\boldsymbol{P}_{BD},\boldsymbol{P}_D) = \boldsymbol{B}_{P_D}P_D + \boldsymbol{B}_{PB_D}\boldsymbol{P}_{BD} - \boldsymbol{b}_D \geqslant \boldsymbol{0}\end{cases} \tag{8.77}$$

令输电网的优化变量为 $\boldsymbol{z}_T = [\boldsymbol{P}_T^{\mathrm{T}},\boldsymbol{P}_{BT}^{\mathrm{T}}]^{\mathrm{T}}$，配电网的优化变量为 $\boldsymbol{z}_D = [\boldsymbol{P}_D^{\mathrm{T}},\boldsymbol{P}_{BD}^{\mathrm{T}}]^{\mathrm{T}}$，于是式（8.77）可以进一步改写为

$$\min_{\boldsymbol{z}_T,\boldsymbol{z}_D} c_T(\boldsymbol{z}_T) + c_D(\boldsymbol{z}_D)$$

$$\text{s.t.}\begin{cases}\boldsymbol{f}_T(\boldsymbol{z}_T) = \boldsymbol{0} \\ \boldsymbol{g}_T(\boldsymbol{z}_T) \geqslant \boldsymbol{0} \\ \boldsymbol{f}_B(\boldsymbol{z}_T,\boldsymbol{z}_D) = \boldsymbol{0} \\ \boldsymbol{f}_D(\boldsymbol{z}_D) = \boldsymbol{0} \\ \boldsymbol{g}_D(\boldsymbol{z}_D) \geqslant \boldsymbol{0}\end{cases} \tag{8.78}$$

上式还需要引入边界状态量 $\boldsymbol{x}_B$。可在式(8.78)中引入一个恒为零的 $\boldsymbol{x}_B$，从而使式(8.78)等价变换为

$$
\min_{\boldsymbol{z}_T,\boldsymbol{x}_B,\boldsymbol{z}_D} c_T(\boldsymbol{z}_T)+c_D(\boldsymbol{z}_D)
$$

$$
\text{s.t.}\quad \begin{cases}
\boldsymbol{f}_T(\boldsymbol{z}_T,\boldsymbol{x}_B)=\begin{bmatrix}\boldsymbol{A}_{P_T}\boldsymbol{P}_T+\boldsymbol{A}_{PB_T}\boldsymbol{P}_{BT}-\boldsymbol{a}_T\\ \boldsymbol{x}_B\end{bmatrix}=\boldsymbol{0}\\
\boldsymbol{g}_T(\boldsymbol{z}_T)=\boldsymbol{B}_{P_T}\boldsymbol{P}_T+\boldsymbol{B}_{PB_T}\boldsymbol{P}_{BT}-\boldsymbol{b}_T\geqslant\boldsymbol{0}\\
\boldsymbol{f}_B(\boldsymbol{z}_T,\boldsymbol{x}_B,\boldsymbol{z}_D)=\boldsymbol{P}_{BT}-\boldsymbol{P}_{BD}+\boldsymbol{x}_B=\boldsymbol{0}\\
\boldsymbol{f}_D(\boldsymbol{z}_D)=\boldsymbol{A}_{P_D}\boldsymbol{P}_D+\boldsymbol{A}_{PB_D}\boldsymbol{P}_{BD}-\boldsymbol{a}_D=\boldsymbol{0}\\
\boldsymbol{g}_D(\boldsymbol{z}_D)=\boldsymbol{B}_{P_D}\boldsymbol{P}_D+\boldsymbol{B}_{PB_D}\boldsymbol{P}_{BD}-\boldsymbol{b}_D\geqslant\boldsymbol{0}
\end{cases}\tag{8.79}
$$

由于约束 $f_B(\boldsymbol{z}_T,\boldsymbol{x}_B,\boldsymbol{z}_D)=\boldsymbol{0}$ 可以分解为

$$
\begin{aligned}
\boldsymbol{f}_B(\boldsymbol{z}_T,\boldsymbol{x}_B,\boldsymbol{z}_D)&=\boldsymbol{f}_{TB}(\boldsymbol{z}_T,\boldsymbol{x}_B)-\boldsymbol{f}_{BD}(\boldsymbol{z}_D)\\
\boldsymbol{f}_{TB}(\boldsymbol{z}_T,\boldsymbol{x}_B)&=\boldsymbol{P}_{BT}+\boldsymbol{x}_B\\
\boldsymbol{f}_{BD}(\boldsymbol{z}_D)&=\boldsymbol{P}_{BD}
\end{aligned}\tag{8.80}
$$

于是，根据主从分裂法的理论，式（8.79）可以分解为两个迭代求解的子问题，即输电网经济调度子问题和配电网经济调度子问题。

1. 输电网经济调度子问题

输电网经济调度子问题的模型如下

$$
\min_{\boldsymbol{z}_T,\boldsymbol{x}_B} c_T(\boldsymbol{z}_T)-(\boldsymbol{l}_{BD}^{\text{sp}})^{\text{T}}\boldsymbol{x}_B
$$

$$
\text{s.t.}\quad \begin{cases}
\boldsymbol{f}_T(\boldsymbol{z}_T,\boldsymbol{x}_B)=\begin{bmatrix}\boldsymbol{A}_{P_T}\boldsymbol{P}_T+\boldsymbol{A}_{PB_T}\boldsymbol{P}_{BT}-\boldsymbol{a}_T\\ \boldsymbol{x}_B\end{bmatrix}=\boldsymbol{0}\\
\boldsymbol{f}_{TB}(\boldsymbol{z}_T,\boldsymbol{x}_B)=\boldsymbol{P}_{BT}+\boldsymbol{x}_B=\boldsymbol{f}_{BD}^{\text{sp}}\\
\boldsymbol{g}_T(\boldsymbol{z}_T)=\boldsymbol{B}_{P_T}\boldsymbol{P}_T+\boldsymbol{B}_{PB_T}\boldsymbol{P}_{BT}-\boldsymbol{b}_T\geqslant\boldsymbol{0}
\end{cases}\tag{8.81}
$$

式中，$\boldsymbol{l}_{BD}^{\text{sp}}$ 和 $\boldsymbol{f}_{BD}^{\text{sp}}$ 为给定输入参数，形式如下

$$
\boldsymbol{l}_{BD}^{\text{sp}}=-\left[\frac{\partial c_D}{\partial\boldsymbol{x}_B}+\left(\frac{\partial\boldsymbol{f}_{BD}}{\partial\boldsymbol{x}_B}\right)^{\text{T}}\boldsymbol{\lambda}_B-\left(\frac{\partial\boldsymbol{f}_D}{\partial\boldsymbol{x}_B}\right)^{\text{T}}\boldsymbol{\lambda}_D-\left(\frac{\partial\boldsymbol{g}_D}{\partial\boldsymbol{x}_B}\right)^{\text{T}}\boldsymbol{\omega}_D\right]=\boldsymbol{0}\tag{8.82}
$$

$$
\boldsymbol{f}_{BS}^{\text{sp}}=\boldsymbol{P}_{BD}^{\text{sp}}\tag{8.83}
$$

将式（8.82）和式（8.83）代入式（8.81），可将输电网经济调度子问题改写为

$$
\min_{\boldsymbol{P}_T,\boldsymbol{P}_{BT}} c_T(\boldsymbol{P}_T)
$$

$$
\text{s.t.}\quad \begin{cases}
\boldsymbol{A}_{P_T}\boldsymbol{P}_T+\boldsymbol{A}_{PB_T}\boldsymbol{P}_{BT}-\boldsymbol{a}_T=\boldsymbol{0}, & \boldsymbol{\lambda}_T^{\text{T}}\\
\boldsymbol{B}_{P_T}\boldsymbol{P}_T+\boldsymbol{B}_{PB_T}\boldsymbol{P}_{BT}-\boldsymbol{b}_T\geqslant\boldsymbol{0}, & \boldsymbol{\omega}_T^{\text{T}}\\
\boldsymbol{P}_{BT}-\boldsymbol{P}_{BD}^{\text{sp}}=\boldsymbol{0}, & \boldsymbol{\lambda}_B^{\text{T}}
\end{cases}\tag{8.84}
$$

式中，$\boldsymbol{\lambda}_T^{\text{T}}$、$\boldsymbol{\omega}_T^{\text{T}}$、$\boldsymbol{\lambda}_B^{\text{T}}$ 分别为两个等式约束和一个不等式约束所对应的乘子向量。式（8.84）

中给出的子问题在形式上和目前能量管理系统中的输电网经济调度问题一致。

进一步分析 $\boldsymbol{\lambda}_B^{\mathrm{T}}$ 的物理意义。由输电网经济调度子问题的最优性条件可知

$$\frac{\partial c_T}{\partial \boldsymbol{P}_{BT}}\left(\frac{\partial \boldsymbol{f}_T}{\partial \boldsymbol{P}_{BT}}\right)^{\mathrm{T}}\lambda_T^{\mathrm{T}}-\left(\frac{\partial \boldsymbol{f}_{TB}}{\partial \boldsymbol{P}_{BT}}\right)^{\mathrm{T}}\lambda_B^{\mathrm{T}}-\left(\frac{\partial \boldsymbol{g}_T}{\partial \boldsymbol{P}_{BT}}\right)^{\mathrm{T}}\boldsymbol{\omega}_T^{\mathrm{T}}=\boldsymbol{0} \tag{8.85}$$

代入各函数表达式化简后可得

$$\boldsymbol{\lambda}_B^{\mathrm{T}}=-\left(\boldsymbol{A}_{PB_T}\right)^{\mathrm{T}}\lambda_T^{\mathrm{T}}-\left(\boldsymbol{B}_{PB_T}\right)^{\mathrm{T}}\omega_T^{\mathrm{T}} \tag{8.86}$$

进一步分析式（8.86）。若用 π_t^{T}、$\mu_{j,1,t}^{\mathrm{T}}$、$\mu_{j,1,t}^{\mathrm{T}}$ 分别表示式（8.67）和式（8.68）中等式约束和不等式约束的乘子，那么比照式（8.66）～式（8.74）和式（8.77）中的模型，可知式（8.86）中向量 $\boldsymbol{\lambda}_B^{\mathrm{T}}$ 中的每个元素都可以表达成如下形式

$$LMP_{k,t}^{\mathrm{T}}=\pi_t^{\mathrm{T}}+\sum_{j\in\mathbb{I}(k)}GSF_{j-k}^{\mathrm{T}}\times\left(\mu_{j,1,t}^{\mathrm{T}}-\mu_{j,1,t}^{\mathrm{T}}\right) \tag{8.87}$$

式中：$LMP_{k,t}^{\mathrm{T}}$ 为输电网 k 节点、t 时刻的节点边际价格；$I(k)$ 表示和 k 节点相联的线路编号集。由式（8.87）可知，λ_B^{T} 中的各元素对应着各时刻在输配边界节点上的节点电价。

2. 配电网经济调度子问题

配电网经济调度子问题可以表达为

$$\begin{gathered}\min_{z_D} c_D(\boldsymbol{z}_D)+(\boldsymbol{\lambda}_B^{\mathrm{sp}})^{\mathrm{T}}\boldsymbol{f}_{BD}(\boldsymbol{z}_D)\\ \text{s.t.}\begin{cases}\boldsymbol{f}_D\left(\boldsymbol{z}_D\right)=\boldsymbol{A}_{P_D}\boldsymbol{P}_D+\boldsymbol{A}_{PB_D}\boldsymbol{P}_{BD}-\boldsymbol{a}_D=\boldsymbol{0}\\ \boldsymbol{g}_D\left(\boldsymbol{z}_D\right)=\boldsymbol{B}_{P_D}\boldsymbol{P}_D+\boldsymbol{B}_{PB_D}P_{BD}-\boldsymbol{b}_D\geqslant\boldsymbol{0}\end{cases}\end{gathered} \tag{8.88}$$

式中，$\boldsymbol{\lambda}_B^{\mathrm{sp}}$ 为输配边界节点的节点电压，为给定输入参数。根据 $\boldsymbol{z}_D$ 和 $\boldsymbol{f}_{BD}(\boldsymbol{z}_D)$ 的定义，式(8.88)可进一步写为如下形式

$$\begin{gathered}\min_{\boldsymbol{P}_D,\boldsymbol{P}_{BD}} c_D(\boldsymbol{P}_D)+(\boldsymbol{\lambda}_B^{\mathrm{sp}})^{\mathrm{T}}\boldsymbol{P}_{BD}\\ \text{s.t.}\begin{cases}\boldsymbol{A}_{P_D}\boldsymbol{P}_D+\boldsymbol{A}_{PB_D}\boldsymbol{P}_{BD}-\boldsymbol{a}_D=\boldsymbol{0}\\ \boldsymbol{B}_{P_D}\boldsymbol{P}_D+\boldsymbol{B}_{PB_D}\boldsymbol{P}_{BD}-\boldsymbol{b}_D\geqslant\boldsymbol{0}\end{cases}\end{gathered} \tag{8.89}$$

式（8.89）被称为配电网经济调度子问题。其中，目标函数中加入的输配边界节点的节点电价相关项反映了配电网和输电网进行功率交互的成本，它在迭代中不断更新，从而使算法收敛到输配全局经济调度模型的最优解。

3. 算法步骤

式（8.84）中的输电网经济调度模型可以写成如下形式：给定任意配电网 k 各时刻的 $PB_{k,t}^{\mathrm{D}}$，求解

$$\min f^{\mathrm{T}}=\sum_{t\in\mathbb{T}}\sum_{i\in\mathbb{N}_{bus}^{\mathrm{T}}}c_m^{\mathrm{T}}(PG_{m,t}^{\mathrm{T}}) \tag{8.90}$$

满足式（8.67）～式（8.70）中的约束。

而式（8.89）的配电网经济调度模型可以写成如下形式：对于任意配电网 k，给定各个时刻的 $LMP_{k,t}^{\mathrm{T}}$，求解

$$\min f^{\mathrm{D},k} = \sum_{t \in \mathbb{T}} \sum_{a \in \mathbb{N}_{bus}^{\mathrm{D},k}} c_a^{\mathrm{D},k}(PG_{a,t}^{\mathrm{D},k}) + \sum_{t \in \mathbb{T}} LMP_{k,t}^{\mathrm{T}} \times PB_{k,t}^{\mathrm{D}} \tag{8.91}$$

满足式（8.71）～式（8.74）中的约束。

基于异构分解法的基本思想，输配协同经济调度模型的求解算法如下：

（1）设定迭代次数 $q=1$。对于 $\forall k \in N_{Bbus}^{\mathrm{T}}$，$\forall t \in T$，初始化 $LMP_{k,t}^{\mathrm{T}}(q)$。设定算法的最大迭代次数为 K，收敛精度为 ε。

（2）若 $q<K$：① 对所有的配电网求解式（8.91）中的配电网经济调度子问题，发送 $PB_{k,t}^{\mathrm{D}}(q)$ 到输电网调度部门；② 对更新后的 $PB_{k,t}^{\mathrm{D}}(q)$，求解式（8.90）中的输电网经济调度子问题，得到 $LMP_{k,t}^{\mathrm{T}}(q+1)$，$\forall k \in N_{Bbus}^{\mathrm{T}}$，$\forall t \in T$；③ 若 $\left|LMP_{k,t}^{\mathrm{T}}(q+1) - LMP_{k,t}^{\mathrm{T}}(q)\right| < \varepsilon$，$\forall k \in N_{Bbus}^{\mathrm{T}}$，$\forall t \in T$，那么终止程序，否则，$q=q+1$，发送 $LMP_{k,t}^{\mathrm{T}}(q+1)$，$\forall k \in N_{Bbus}^{\mathrm{T}}$，$\forall t \in T$ 到对应的配电网调度部门。

上述算法是从配电网调度部门启动的。同理，异构分解法也可由输电网调度部门启动，通过交替迭代达到收敛。

4. 最优性和收敛性

首先讨论异构分解算法的最优性。由主从分裂理论的最优性定理可知，若异构分解算法收敛，那么收敛解满足式（8.76）中输配协同经济调度模型的最优性条件。同时，若在经济调度中仅考虑有功优化，不考虑无功功率、网损，且输电网和配电网所有发电机的发电成本函数为凸函数，则输配协同经济调度模型为凸优化。根据优化理论可知，满足凸优化模型的最优性条件的解就是问题的全局最优解，所以异构分解法的收敛解为输配协同经济调度的全局最优解。

另一方面，根据主从分裂理论的收敛性，面向输配协同经济调度得到异构分解算法具有局部线性收敛性。但必须指出，异构分解法需要满足一定的充分条件，因此在某些情况下异构分解法可能不收敛，可通过引入边界状态量偏差项的惩罚项来提高收敛性能。

8.6.3 输配协同的多目标经济调度

本节主要讨论考虑碳排放的输配协同多目标经济调度。首先，引入在输配协同环境下的全局和区域碳排放约束，建立考虑这些约束的输配协同多目标经济调度模型；第二，在输配网边界处解耦，建立该经济调度模型的分布式形式；第三，提出一种基于 NBI（normal－boundary intersection）的异构分解算法，以分布式的方式求解输配协同多目标经济调度模型的帕累托解集。

本节中符号和变量的定义如下：

E：碳排放。

F：发电成本。

PD：有功负荷。

PG：有功功率。

PB：边界有功注入功率。

EB：边界碳排放。

RU：向上爬坡速率。

RD：向下爬坡速率。

GSF：转移分布因子。

LMP：当地保证金价格。

OBJ：目标函数。

α, β, γ：碳排放系数。

a, b, c：发电成本系数。

$\mathbb{D}$：配电网集合。

$\mathbb{G}$：分布式电源集合。

$\mathbb{N}$：节点集合。

$\mathbb{L}$：线路集合。

Δt：时间步长。

λ：一定约束对应的乘数。

$N_G(i)$：第 i 个发电机/分布式电源（DG）接入的节点。

$N_B(i)$：第 j 个配电网接入的节点。

1. 输配协同多目标经济调度全局模型

一个输配耦合系统一般包括一个输电网和多个配电网。因此，这个系统可以被分为输电网区域、配电网区域和边界区域，如图 8－28 所示。边界区域由边界节点组成，即配电网的根节点。输电网区域由一个输电网调度部门管理，而不同的配电网区域由不同的配电网调度部门分别进行管理。这里，假设边界区域可以由输电网调度部门和配电网调度部门同时管理。

此外，一个输电网的覆盖区域一般很广阔，可能是一个省或一个州。而配电网的覆盖区域相对较小，可能是一个城市或是一个小镇。在实际的行政管理下，一个省（州）一般包括多个城市（镇），相应的，接入输电网的发电机可能分布在不同的城市（镇）之中。图 8－28 给出了一个例子，输电网覆盖三个区域，其调度部门管理四台发电机，而这四台发电机安装于三个不同的区域。第一个配电网调度部门智能管理区域 A 中的配电网，但不能管理接入输电网的两台发电机，即使这两台发电机安装于区域 A。

每台发电机或分布式电源的碳排放可以大致建立为其有功输出的一个二次函数，即

$$E_{i,t}^{\mathrm{T}}\left(PG_{i,t}^{\mathrm{T}}\right)=\alpha_i^{\mathrm{T}}\left(PG_{i,t}^{\mathrm{T}}\right)^2+\beta_i^{\mathrm{T}}PG_{i,t}^{\mathrm{T}}+\gamma_i^{\mathrm{T}}, i\in\mathbb{G}^{\mathrm{T}} \tag{8.92}$$

$$E_{i,t}^{\mathrm{D},j}\left(PG_{i,t}^{\mathrm{D},j}\right)=\alpha_i^{\mathrm{D},j}\left(PG_{i,t}^{\mathrm{D},j}\right)^2+\beta_i^{\mathrm{D},j}PG_{i,t}^{\mathrm{D},j}+\gamma_i^{\mathrm{D},j}, i\in\mathbb{G}^{\mathrm{D},j}, j\in\mathbb{D} \tag{8.93}$$

这里考虑两种不同形式的碳排放约束

$$\sum_t\sum_{i\in\mathbb{G}^{\mathrm{T}}}E_{i,t}^{\mathrm{T}}\left(PG_{i,t}^{\mathrm{T}}\right)+\sum_t\sum_{j\in\mathbb{D}}\sum_{i\in\mathbb{G}^{\mathrm{D},j}}E_{i,t}^{\mathrm{D},j}\left(PG_{i,t}^{\mathrm{D},j}\right)\leqslant E_{\max}^{global} \tag{8.94}$$

如图 8－28 所示，一个输配耦合系统通常覆盖多个行政区域。每一个行政区域都有其各自的碳排放许可，象征其环境利益。不失一般性，假设第 j 个配电网覆盖第 j 个行政区域，而接入输电网的发电机安装在不同的区域。故区域碳排放约束可以表达为

$$\sum_t\sum_{i\in\mathbb{G}^{\mathrm{T},j}}E_{i,t}^{\mathrm{T}}\left(PG_{i,t}^{\mathrm{T}}\right)+\sum_t\sum_{i\in\mathbb{G}^{\mathrm{D},j}}E_{i,t}^{\mathrm{D},j}\left(PG_{i,t}^{\mathrm{D},j}\right)\leqslant E_{\max}^{regional,j} \tag{8.95}$$

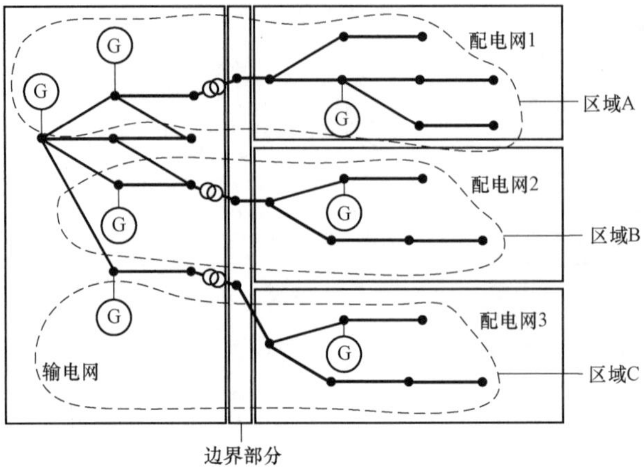

图 8－28　输配耦合系统的划分

其中

$$\bigcup_{j\in\mathbb{D}}\mathbb{G}^{\mathrm{T},j}=\mathbb{G}^{\mathrm{T}} \tag{8.96}$$

考虑上述碳排放模型，可以建立输配协同多目标经济调度中心式的全局模型。

（1）目标函数：这是一个多目标模型，一个目标是最小化总的发电成本，这是传统经济调度中非常常见的目标，另一个目标是最小化总的碳排放。

$$\min_{\boldsymbol{PG}}\left\{E_{total},F_{total}\right\} \tag{8.97}$$

其中

$$F_{total}=\sum_{t}\sum_{i\in\mathbb{G}^{\mathrm{T}}}F_{i,t}^{\mathrm{T}}\left(PG_{i,t}^{\mathrm{T}}\right)+\sum_{t}\sum_{j\in\mathbb{D}}\sum_{i\in\mathbb{G}^{\mathrm{D},j}}F_{i,t}^{\mathrm{D},j}\left(PG_{i,t}^{\mathrm{D},j}\right) \tag{8.98}$$

$$E_{total}=\sum_{t}\sum_{i\in\mathbb{G}^{\mathrm{T}}}E_{i,t}^{\mathrm{T}}\left(PG_{i,t}^{\mathrm{T}}\right)+\sum_{t}\sum_{j\in\mathbb{D}}\sum_{i\in\mathbb{G}^{\mathrm{D},j}}E_{i,t}^{\mathrm{D},j}\left(PG_{i,t}^{\mathrm{D},j}\right) \tag{8.99}$$

发电成本定义如下

$$F_{i,t}^{\mathrm{T}}\left(PG_{i,t}^{\mathrm{T}}\right)=a_i^{\mathrm{T}}\left(PG_{i,t}^{\mathrm{T}}\right)^2+b_i^{\mathrm{T}}PG_{i,t}^{\mathrm{T}}+c_i^{\mathrm{T}},i\in\mathbb{G}^{\mathrm{T}} \tag{8.100}$$

$$F_{i,t}^{\mathrm{D},j}\left(PG_{i,t}^{\mathrm{D},j}\right)=a_i^{\mathrm{D},j}\left(PG_{i,t}^{\mathrm{D},j}\right)^2+b_i^{\mathrm{D},j}PG_{i,t}^{\mathrm{D},j}+c_i^{\mathrm{D},j},i\in\mathbb{G}^{\mathrm{D},j},j\in\mathbb{D} \tag{8.101}$$

（2）系统约束：对于任意时刻 t，发电量与负荷量需要保持平衡

$$\sum_{i\in\mathbb{G}^{\mathrm{T}}}PG_{i,t}^{\mathrm{T}}+\sum_{j\in\mathbb{D}}\sum_{i\in\mathbb{G}^{\mathrm{D},i}}PG_{i,t}^{\mathrm{D},j}=\sum_{i\in\mathbb{N}^{\mathrm{T}}}PD_{i,t}^{\mathrm{T}}+\sum_{j\in\mathbb{D}}\sum_{i\in\mathbb{N}^{\mathrm{D},i}}PD_{i,t}^{\mathrm{D},j} \tag{8.102}$$

（3）发电容量约束：对于任意时刻 t，每台发电机和分布式电源的发电容量极限约束如下

$$PG_{i,\min}^{\mathrm{T}}\leqslant PG_{i,t}^{\mathrm{T}}\leqslant PG_{i,\max}^{\mathrm{T}},i\in\mathbb{G}^{\mathrm{T}} \tag{8.103}$$

$$PG_{i,\min}^{\mathrm{D},j}\leqslant PG_{i,t}^{\mathrm{D},j}\leqslant PG_{i,\max}^{\mathrm{D},j},j\in\mathbb{D},i\in\mathbb{G}^{\mathrm{D},j} \tag{8.104}$$

（4）输电线路容量约束：对于任意时刻 t，每台发电机和分布式电源的发电容量极限约束如下

$$-PL_{l,\max}^{\mathrm{T}} \leqslant \sum_{i\in\mathbb{G}^{\mathrm{T}}} GSF_{l-N_G(i)}^{\mathrm{T}} PG_{i,t}^{\mathrm{T}} + \sum_{j\in\mathbb{D}}\sum_{i\in\mathbb{G}^{\mathrm{D},j}} GSF_{l-N_G(i)}^{\mathrm{T},j} PG_{i,t}^{\mathrm{D},j} -$$

$$\sum_{i\in\mathbb{N}^{\mathrm{T}}} GSF_{l-i}^{\mathrm{T}} PD_{i,t}^{\mathrm{T}} - \sum_{j\in\mathbb{D}}\sum_{i\in\mathbb{N}^{\mathrm{D},j}} GSF_{l-i}^{\mathrm{T},j} PD_{i,t}^{\mathrm{D},j} \leqslant PL_{l,\max}^{\mathrm{T}}, l\in\mathbb{L}^{\mathrm{T}} \tag{8.105}$$

（5）爬坡率约束：这里假设接入配电网的分布式电源爬坡率很高，故只考虑接入输电网的发电机的爬坡率约束

$$-RD_i^{\mathrm{T}}\Delta t \leqslant PG_{i,t+\Delta t}^{\mathrm{T}} - PG_{i,t}^{\mathrm{T}} \leqslant RU_i^{\mathrm{T}}\Delta t, i\in\mathbb{G}^{\mathrm{T}} \tag{8.106}$$

（6）碳排放约束：式（8.94）、式（8.95）。

从而可以得到输配协同多目标经济调度的中心式模型

$$\min_{\boldsymbol{PG}}\left\{E_{total}, F_{total}\right\} \tag{8.107}$$

对任意时刻 t，满足约束式（8.94）、式（8.95）、式（8.102）～式（8.106）。

这一优化问题存在两种可能的情况。① 两个优化目标是一致的，也就是说它们可以同时达到。在这种情况下，式（8.106）可以直接改写为一个单目标的优化问题。② 两个优化目标是竞争关系，即不可能同时达到。在这种情况下，需要采用一些方法来得到帕累托最优解集。

2. 基于 NBI 的异构分解法求解

NBI 是解决多目标优化的常用方法之一，其基本思想可以参见文献[82]。它可以在竞争关系的多目标下，得到均匀分布的帕累托最优解集。将这一问题应用于式（8.107），可以建立基于 NBI 的输配协同多目标经济调度的中心式模型。

$$\min_{\boldsymbol{PG}} -H \text{ s.t. } \quad (8.94),(8.95);\forall t,(8.102)-(8.106) \tag{8.108}$$

$$\bar{F}_{total} + \frac{\sqrt{2}}{2}H = \frac{J}{M}, \bar{E}_{total} + \frac{\sqrt{2}}{2}H = 1 - \frac{J}{M}$$

其中，M 是预设的正整数，帕累托最优解集包含 $M+1$ 个解。通过将 J 分别设定为 0, 1, 2, …, M，求解该优化问题，可以得到 $M+1$ 个不同的帕累托最优解。

$$\bar{F}_{total} = \frac{F_{total} - F_{total,\min}}{F_{total,\max} - F_{total,\min}} \tag{8.109}$$

$$\bar{E}_{total} = \frac{E_{total} - E_{total,\min}}{E_{total,\max} - E_{total,\min}} \tag{8.110}$$

其中，$F_{total,\min}$ 和 $E_{total,\max}$ 通过求解以下优化问题得到

$$\min F_{total} \tag{8.111}$$

对任意时刻 t，满足约束式（8.94）、式（8.95）、式（8.102）～式（8.106）。

$F_{total,\max}$ 和 $E_{total,\min}$ 通过求解以下优化问题得到

$$\min E_{total} \tag{8.112}$$

对任意时刻 t，满足约束式（8.94）、式（8.95）、式（8.102）～式（8.106）。

图 8－29 解释了基于 NBI 法求解输配协同多目标经济调度的思路，并且说明了式（8.108）中新增约束的含义。

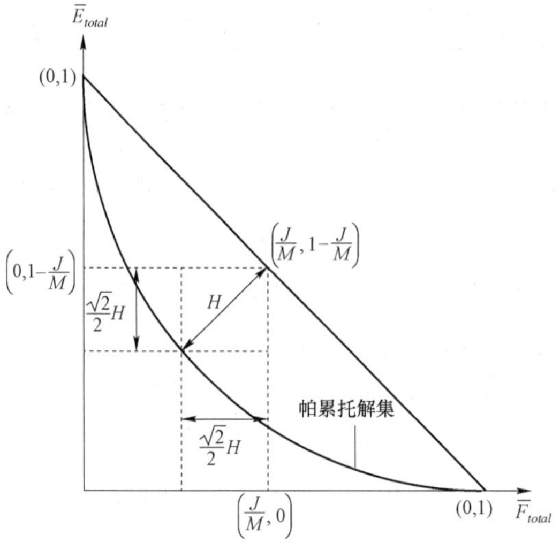

图 8－29　基于 NBI 法的输配协同多目标经济调度

3. 基于异构分解法的输配协同多目标经济调度分布式模型

考虑到信息安全问题、数值稳定性问题与计算效率，基于 NBI 的输配协同多目标经济调度中心式模型在实际工程中使用具有一定的局限性。因此，提出一种基于异构分解法的输配协同多目标经济调度分布式模型，并分别建立输电网经济调度子问题和配电网经济调度子问题。

式（8.111）可以解耦为以下子问题。

（1）配电网经济调度子问题（对于第 j 个配电网）：

$$\begin{aligned}&\min_{\boldsymbol{PG},\boldsymbol{PB}}\sum_{t}\sum_{i\in\mathbb{G}^{\mathrm{D},j}}F_{i,t}^{\mathrm{D},j}+\sum_{t}LMP_{t}^{j}PB_{t}^{j}+\\&\lambda^{global}\sum_{t}\sum_{i\in\mathbb{G}^{\mathrm{D},j}}E_{i,t}^{\mathrm{D},j}+\lambda^{regional,j}\sum_{t}\sum_{i\in\mathbb{G}^{\mathrm{D},j}}E_{i,t}^{\mathrm{D},j}\end{aligned}\tag{8.113}$$

对于任意时刻 t，满足

$$PB_{t}^{j}+\sum_{i\in\mathbb{G}^{\mathrm{D},j}}PG_{i,t}^{\mathrm{D},j}=\sum_{i\in\mathbb{N}^{\mathrm{D},j}}PD_{i,t}^{\mathrm{D},j}\tag{8.114}$$

$$PG_{i,\min}^{\mathrm{D},j}\leqslant PG_{i,t}^{\mathrm{D},j}\leqslant PG_{i,\max}^{\mathrm{D},j},i\in\mathbb{G}^{\mathrm{D},j}\tag{8.115}$$

（2）输电网经济调度子问题：

$$\min_{\boldsymbol{PG}}\sum_{t}\sum_{i\in\mathbb{G}^{\mathrm{T}}}F_{i,t}^{\mathrm{T}}\tag{8.116}$$

对于任意时刻 t，满足

$$\sum_{i\in\mathbb{G}^{\mathrm{T}}}PG_{i,t}^{\mathrm{T}}=\sum_{i\in\mathbb{N}^{\mathrm{T}}}PD_{i,t}^{\mathrm{T}}+\sum_{j\in\mathbb{D}}PB_{t}^{j}:\lambda_{t}\tag{8.117}$$

$$PG_{i,\min}^{\mathrm{T}}\leqslant PG_{i,t}^{\mathrm{T}}\leqslant PG_{i,\max}^{\mathrm{T}},i\in\mathbb{G}^{\mathrm{T}}\tag{8.118}$$

$$\begin{aligned}-PL_{l,\max}^{\mathrm{T}}\leqslant&\sum_{i\in\mathbb{G}^{\mathrm{T}}}GSF_{l-N_{G}(i)}^{\mathrm{T}}PG_{i,t}^{\mathrm{T}}-\sum_{i\in\mathbb{N}^{\mathrm{T}}}GSF_{l-i}^{\mathrm{T}}PD_{i,t}^{\mathrm{T}}\\&-\sum_{j\in\mathbb{D}}GSF_{l-N_{B}(j)}^{\mathrm{T}}PB_{t}^{j}\leqslant PL_{l,\max}^{\mathrm{T}},l\in\mathbb{L}^{\mathrm{T}}:\mu_{l}^{1},\mu_{l}^{2}\end{aligned}\tag{8.119}$$

$$-RD_i^{\mathrm{T}}\Delta t \leqslant PG_{i,t+\Delta t}^{\mathrm{T}} - PG_{i,t}^{\mathrm{T}} \leqslant RU_i^{\mathrm{T}}\Delta t, i \in \mathbb{G}^{\mathrm{T}} \tag{8.120}$$

$$\sum_t \sum_{i\in\mathbb{G}^{\mathrm{T}}} E_{i,t}^{\mathrm{T}}\left(PG_{i,t}^{\mathrm{T}}\right) \leqslant E_{\max}^{global} - \sum_{j\in\mathbb{D}} EB^j : \lambda^{global} \tag{8.121}$$

$$\sum_t \sum_{i\in\mathbb{G}^{\mathrm{T},j}} E_{i,t}^{\mathrm{T}}\left(PG_{i,t}^{\mathrm{T}}\right) \leqslant E_{\max}^{regional,j} - EB^j : \lambda^{regional,j} \tag{8.122}$$

（3）耦合关系：

$$LMP_t^j = -\lambda_t + \sum_{l\in\mathbb{L}^{\mathrm{T}}} GSF_{l-N_B(j)}^{\mathrm{T}}\left(\mu_l^2 - \mu_l^1\right) \tag{8.123}$$

$$EB^j = \sum_t \sum_{i\in\mathbb{G}^{\mathrm{D},j}} E_{i,t}^{\mathrm{D},j} \tag{8.124}$$

类似地，式（8.112）也可以进行解耦。

（1）配电网经济调度子问题（对于第 j 个配电网）：

$$\begin{aligned}&\min_{\boldsymbol{PG},\boldsymbol{PB}} \sum_t \sum_{i\in\mathbb{G}^{\mathrm{D},j}} E_{i,t}^{\mathrm{D},j} + \sum_t LMP_t^j PB_t^j + \\ &\lambda^{global}\sum_t \sum_{i\in\mathbb{G}^{\mathrm{D},j}} E_{i,t}^{\mathrm{D},j} + \lambda^{regional,j}\sum_t \sum_{i\in\mathbb{G}^{\mathrm{D},j}} E_{i,t}^{\mathrm{D},j}\end{aligned} \tag{8.125}$$

对任意时刻 t，满足式（8.114）和式（8.115）。

（2）输电网经济调度子问题：

$$\min_{\boldsymbol{PG}} \sum_t \sum_{i\in\mathbb{G}^{\mathrm{T}}} E_{i,t}^{\mathrm{T}} \tag{8.126}$$

对任意时刻 t，满足式（8.117）～式（8.122）。

（3）耦合关系：式（8.123）和式（8.124）。

最后，式（8.108）可以进行解耦：

（1）配电网经济调度子问题（对于第 j 个配电网）：

$$\begin{aligned}&\min_{\boldsymbol{PG},\boldsymbol{PB}} \sum_t LMP_t^j PB_t^j + \\ &\lambda^{global}\sum_t \sum_{i\in\mathbb{G}^{\mathrm{D},j}} E_{i,t}^{\mathrm{D},j} + \lambda^{regional,j}\sum_t \sum_{i\in\mathbb{G}^{\mathrm{D},j}} E_{i,t}^{\mathrm{D},j} + \\ &\frac{\lambda^{obj,F}\sum_t \sum_{i\in\mathbb{G}^{\mathrm{D},j}} F_{i,t}^{\mathrm{D},j}}{F_{total,\max} - F_{total,\min}} + \frac{\lambda^{obj,E}\sum_t \sum_{i\in\mathbb{G}^{\mathrm{D},j}} E_{i,t}^{\mathrm{D},j}}{E_{total,\max} - E_{total,\min}}\end{aligned} \tag{8.127}$$

对任意时刻 t，满足式（8.114）和式（8.115）。

（2）输电网经济调度子问题：

$$\begin{aligned}&\min_{\boldsymbol{PG}} -H \\ &\text{s.t.}\quad \forall t,\ 式(8.117)-式(8.122) \\ &\frac{\sum_t \sum_{i\in\mathbb{G}^{\mathrm{T}}} F_{i,t}^{\mathrm{T}} - F_{total,\min}}{F_{total,\max} - F_{total,\min}} + \frac{\sqrt{2}}{2}H - \frac{J}{M} = \sum_{j\in\mathbb{D}} OBJ_F^j : \lambda^{obj,F} \\ &\frac{\sum_t \sum_{i\in\mathbb{G}^{\mathrm{T}}} E_{i,t}^{\mathrm{T}} - E_{total,\min}}{E_{total,\max} - E_{total,\min}} + \frac{\sqrt{2}}{2}H - 1 + \frac{J}{M} = \sum_{j\in\mathbb{D}} OBJ_E^j : \lambda^{obj,E}\end{aligned} \tag{8.128}$$

（3）耦合关系：式（8.123）、式（8.124）以及

$$OBJ_F^j = -\frac{\lambda^{obj,F}\sum_t \sum_{i\in \mathbb{G}^{D,j}} F_{i,t}^{D,j}}{F_{total,\max} - F_{total,\min}} \tag{8.129}$$

$$OBJ_E^j = -\frac{\lambda^{obj,E}\sum_t \sum_{i\in \mathbb{G}^{D,j}} E_{i,t}^{D,j}}{E_{total,\max} - E_{total,\min}} \tag{8.130}$$

4. 基于 NBI 的异构分解法步骤

基于 NBI 的异构分解法步骤如图 8－30 所示，总共包括 3 步：

1）如式（8.113）～式（8.124）所示，求解一个单目标优化问题，得到 $F_{total,\min}$ 和 $E_{total,\max}$；

2）如式（8.123）～式（8.126）所示，求解一个单目标优化问题，得到 $E_{total,\min}$ 和 $F_{total,\max}$；

3）本步骤包含一个循环，每个循环求解一个优化问题，得到一个帕累托最优解。所有这些解构成一个均匀分布的帕累托解集。

该算法的收敛条件是：每一个边界变量在相邻两次迭代步的差值很小，满足预设的收敛精度。

图 8－31 展示了输电网和配电网调度部门之间具体的数据流。图 8－30 和图 8－31 均表

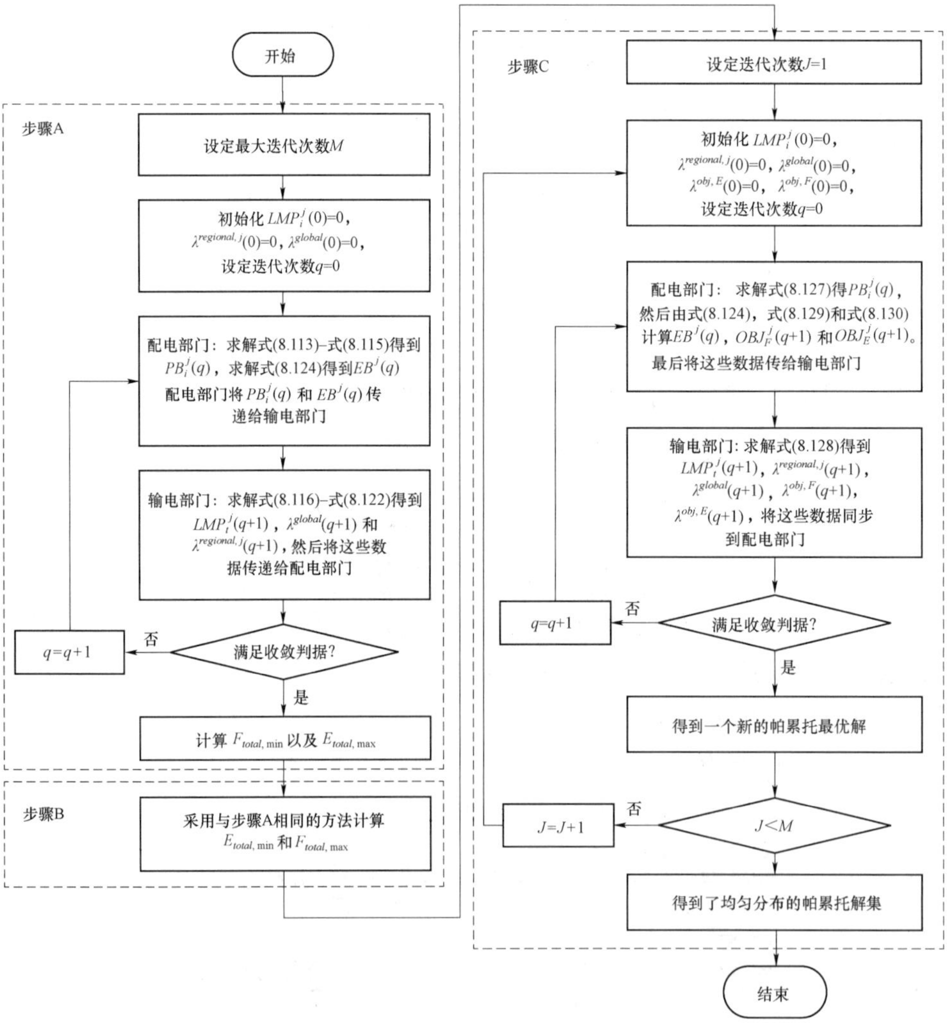

图 8－30　基于 NBI 的异构分解法流程图

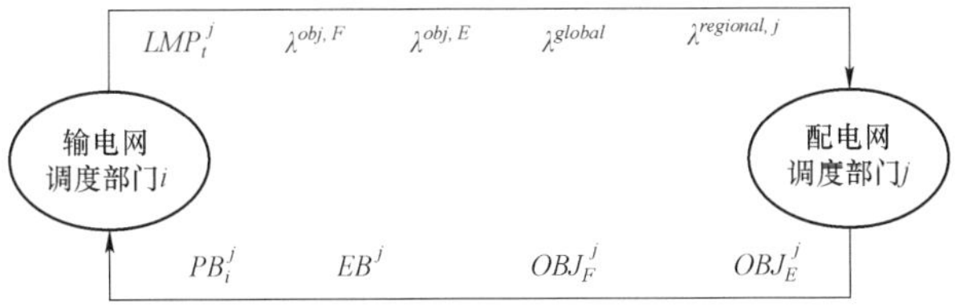

图 8－31　基于 NBI 的异构分解法数据流

明，在基于 NBI 的异构分解法中，输配电网调度部门之间只需要交互有限的数据，两者的信息安全和隐私得到了有效的保护。

该算法的收敛性能和其解的最优性与单目标的输配协同经济调度问题相似。特别地，由于碳排放约束的引入，输配协同多目标经济调度的模型是非凸的，这使得算法难以从理论上保证全局最优性，有一定可能陷入局部最优性。但是，即使是局部最优解，在实际的运行调度中，仍然具有重要意义。

8.6.4　算例分析

测试程序在 64 位 Windows 10 上运行，CPU 为 Intel Core i7－7700K，主频为 4.20GHz，内存 32GB。使用 MATLAB R2019a 编程，边界参数的收敛容差设置为 10^{-4}。具体的测试用例信息如下。

算例 A 由一个 IEEE 30 节点系统（输电网系统）和一个修改后的 PG&E69 节点系统（配电网系统）构成。配电网系统通过变压器（$r=0.002$ p.u.，$x=0.01$ p.u.，变比＝1.0）连接到输电网系统的 30 节点。每天的碳排放限制为 5000 磅。

算例 B 由一个 IEEE 30 节点系统（输电网系统）和三个修改后的 PG&E69 节点系统（配电网系统）构成。三个配电网系统通过变压器连接到输电网系统的节点 8、10 和节点 30，分别位于 1、2 区和 3 区。每天的碳排放限制为 6000 磅。每个地区每天的本地碳排放配额为 2000 磅。

经济调度的周期为 24（每小时一个周期），$M=20$。假设每个节点的负载服从正态分布，且负载分布是随机生成的，这种情况下均值为初始值。

1. 算例 A：单个 DSO

（1）集中式与分布式模型对比。

算例 A 包括一个输电网和一个配电网，首先比较分布式模型和集中式模型下的结果。尽管如前所述集中式模型不切实际，但是作为一个准确的模型，它可以提供一个基准。图 8－32 比较了分布式模型和集中式模型下的帕累托集曲线。这两条曲线相互接近，表明所提出的分布式模型具有较高精度。

（2）NBI 与加权求和法的比较。

图 8－33 比较了 NBI 方法和传统加权求和方法下的结果。加权求和法是建立一个优化问题：

目标函数

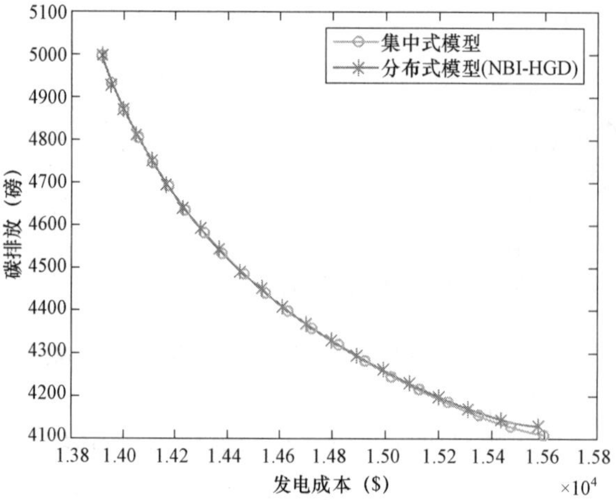

图 8－32　不同方法下的帕累托集曲线 1

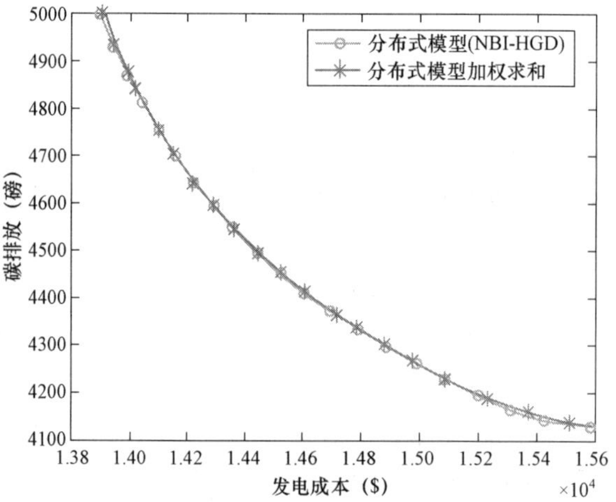

图 8－33　不同方法下的帕累托集曲线 2

$$\min(1-\omega)\bar{E}_{total} + \omega\bar{F}_{total} \tag{8.131}$$

约束条件

$$\sum_t\sum_{i\in\mathbb{G}^{\mathrm{T}}} E_{i,t}^{\mathrm{T}}\left(PG_{i,t}^{\mathrm{T}}\right) + \sum_t\sum_{j\in\mathbb{D}}\sum_{i\in\mathbb{G}^{\mathrm{D},j}} E_{i,t}^{\mathrm{D},j}\left(PG_{i,t}^{\mathrm{D},j}\right) \leqslant E_{\max}^{global} \tag{8.132}$$

$$\sum_t\sum_{i\in\mathbb{G}^{\mathrm{T},j}} E_{i,t}^{\mathrm{T}}\left(PG_{i,t}^{\mathrm{T}}\right) + \sum_t\sum_{i\in\mathbb{G}^{\mathrm{D},j}} E_{i,t}^{\mathrm{D},j}\left(PG_{i,t}^{\mathrm{D},j}\right) \leqslant E_{\max}^{regional,j} \tag{8.133}$$

对于任意 t，满足

$$\sum_{i\in\mathbb{G}^{\mathrm{T}}} PG_{i,t}^{\mathrm{T}} + \sum_{j\in\mathbb{D}}\sum_{i\in\mathbb{G}^{\mathrm{D},j}} PG_{i,t}^{\mathrm{D},j} = \sum_{i\in\mathbb{N}^{\mathrm{T}}} PD_{i,t}^{\mathrm{T}} + \sum_{j\in\mathbb{D}}\sum_{i\in\mathbb{N}^{\mathrm{D},j}} PD_{i,t}^{\mathrm{D},j} \tag{8.134}$$

$$PG_{i,\min}^{\mathrm{T}} \leqslant PG_{i,t}^{\mathrm{T}} \leqslant PG_{i,\max}^{\mathrm{T}}, i\in\mathbb{G}^{\mathrm{T}}$$

$$PG_{i,\min}^{\mathrm{D},j} \leqslant PG_{i,t}^{\mathrm{D},j} \leqslant PG_{i,\max}^{\mathrm{D},j}, j\in\mathbb{D}, i\in\mathbb{G}^{\mathrm{D},j} \tag{8.135}$$

$$-PL_{l,\max}^{\mathrm{T}} \leqslant \sum_{i\in\mathbb{G}^{\mathrm{D}}} GSF_{l-N_G(i)}^{\mathrm{T}} PG_{i,t}^{\mathrm{T}} + \sum_{j\in\mathbb{D}}\sum_{i\in\mathbb{G}^{\mathrm{D},j}} GSF_{l-N_G(i)}^{\mathrm{T},j} PG_{i,t}^{\mathrm{D},j} \tag{8.136}$$

$$-\sum_{i\in\mathbb{N}^{\mathrm{T}}} GSF_{l-i}^{\mathrm{T}} PD_{i,t}^{\mathrm{T}} - \sum_{j\in\mathbb{D}}\sum_{i\in\mathbb{N}^{\mathrm{D},j}} GSF_{l-i}^{\mathrm{T},j} PD_{i,t}^{\mathrm{D},j} \leqslant PL_{l,\max}^{\mathrm{T}}, l\in\mathbb{L}^{\mathrm{T}}$$

$$-RD_i^{\mathrm{T}}\Delta t \leqslant PG_{i,t+\Delta t}^{\mathrm{T}} - PG_{i,t}^{\mathrm{T}} \leqslant RU_i^{\mathrm{T}}\Delta t, i\in\mathbb{G}^{\mathrm{T}} \tag{8.137}$$

式中：ω作为发电成本目标的权重系数；$1-\omega$的值作为碳排放目标的权重系数。这个优化问题可以用传统的 HGD 以分布式方式解决。它清楚地表明，虽然这两种方法可以实现相似的帕累托集曲线，但帕累托最优解的分布却有显著差异。在加权求和法下，当ω接近 0 或 1 时，帕累托最优解的密度非常高（图 8－33 中的点聚集在 x 轴两端）。否则，密度非常低。相反，NBI－HGD 下的帕累托最优解是均匀分布的。

（3）单目标和多目标的比较。MO－TDCED 模型与三个单目标模型进行对比，如图 8－34 所示：图（a）表示没有碳排放限制的单一目标（最小化发电成本）；图（b）表示具有碳排放限制的单一目标（最小化发电成本）；图（c）表示单一目标（最小化碳排放）；图（d）表示本节提出的模型，$J=M/2$。

如图 8－34（a）所示，配电网中 DG 的有功功率输出远低于其他三种模型。在这个测试案例中，DG 更环保，但比输电网中的发电机更昂贵。第一个模型只考虑发电成本，所以 DG 的输出是有限的。结果，碳排放总量大于 5000 磅，即碳排放的最大允许量。这表明传统的经济调度结果可能会在不考虑碳排放限制的情况下危害环境。此外，比较图 8－34（b）、（c）和（d），多目标模型实现了两个单目标模型之间的权衡。在实际操作中，MO－TDCED 更加灵活。

（4）收敛性和效率。

下面列出了 NBI－HGD 不同步骤的迭代次数和时间消耗。步骤 A 的迭代次数为 5，耗时 10.4s，C（$J=1$）的迭代次数为 3，耗时 6.8s，C（$J=10$）的迭代次数为 3，耗时 6.6s；步骤 B 的迭代次数为 3，耗时 6.0s，C（$J=5$）的迭代次数为 3，耗时 6.6s，C（$J=15$）的迭代次数为 3，耗时 7.0s。每个帕累托最优解的平均耗时为 23.2s。这里，忽略了 TSO 和 DSO 之间的通信延迟。该表显示 NBI－HGD 可以在每一步的 5 次迭代内收敛。考虑到步骤 C 对于不同的 J 可以并行处理，每个帕累托最优解的平均耗时在 23.2s 左右。

2. 算例 B：多个 DSO

（1）不同碳排放约束的比较。

由于只有一个配电网，算例 A 中的全局碳排放和区域碳排放是一致的。但在算例 B 中这两种碳排放都会影响最终的解决方案。

图 8－35 比较了以最小化发电成本为目标的三种情况：① 不考虑碳排放约束；② 仅考虑全局碳排放约束；③ 考虑全局碳排放和区域碳排放约束。三种情况下的调度结果是不同的，全局约束将全球碳排放量限制在 6000 磅内，但仍可能违反区域碳排放的限制，如本例中的区域 1。局部约束进一步将区域 1 的碳排放限制在 2000 磅以内，满足该区域的区域碳排放配额。

（2）收敛性和效率。

下面记录了迭代次数和时间消耗。步骤 A 的迭代次数为 33，耗时 95.9s，C（$J=5$）的迭代次数为 4，耗时 25.5s，C（$J=11$）的迭代次数为 4，耗时 32.7s；步骤 B 的迭代次数为 13，耗时 40.1s，C（$J=8$）的迭代次数为 4，耗时 29.4s，C（$J=14$）的迭代次数为 3，耗时

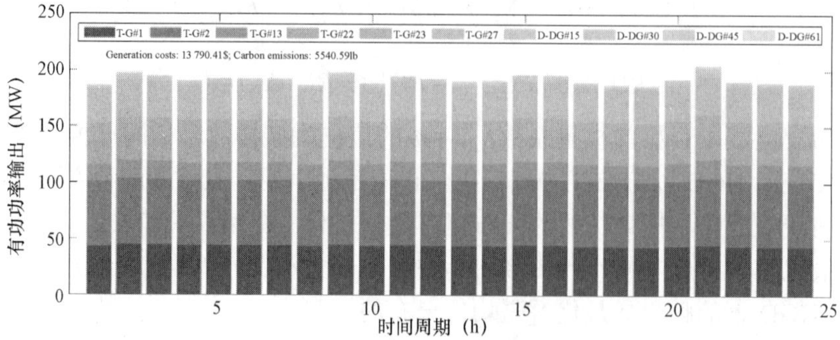

(a) 没有碳排放限制的单一目标

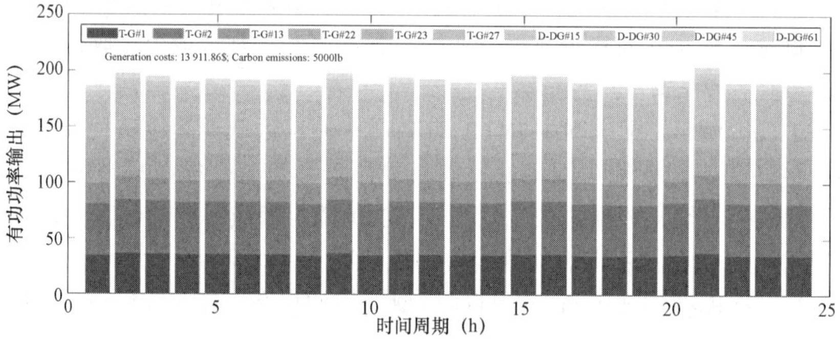

(b) 具有碳排放限制的单一目标

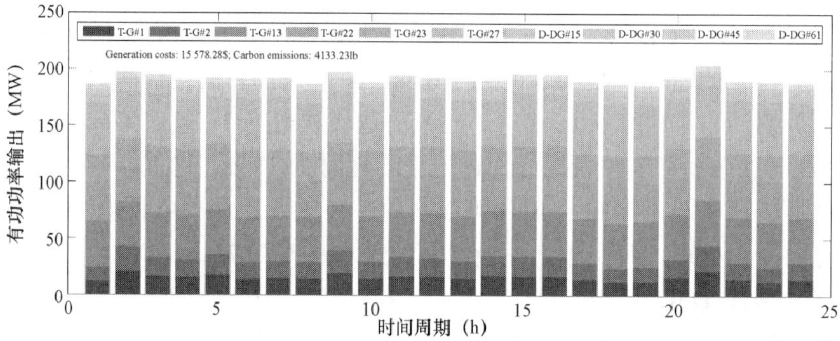

(c) 单一目标

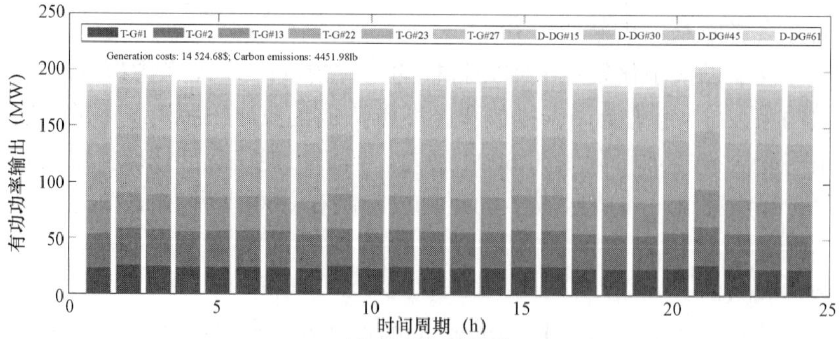

(d) 本节提出的模型

图 8－34　不同模型下的经济调度结果

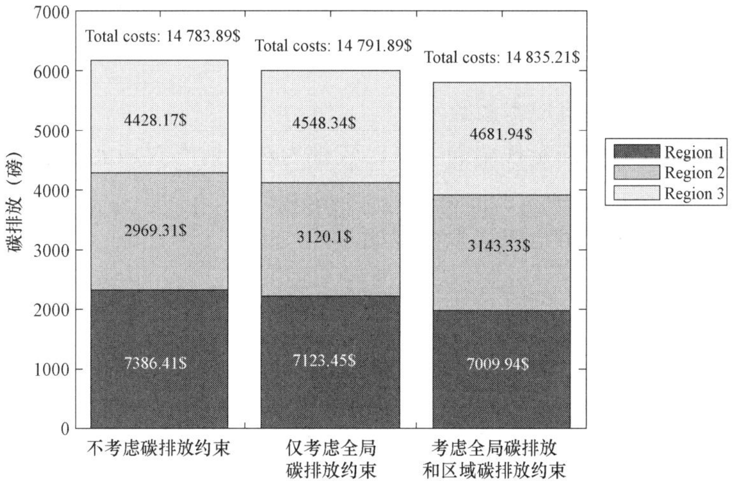

图 8－35　不同碳排放约束下的经济调度结果

33.7s。每个帕累托最优解的平均耗时为 169.0s。这里假设不同的 DSO 以分布式方式工作，而忽略通信成本。

尽管与算例 A 相比，算例 B 需要更多的迭代次数和时间，但所提出的 NBI－HGD 的性能能够满足日前经济调度的需求。

8.7　输配一体化系统的最优潮流

与经济调度类似，传统的输电网最优潮流和配电网最优潮流都是独立进行计算的，忽略了彼此之间的交互性。因此，提出输配协同的最优潮流概念及其基本模型和求解方法[7]。

8.7.1　输配协同最优潮流的数学模型

本节使用的变量和符号定义如下。

T：输电网区域变量。

B：边界区域变量。

D：配电网区域变量。

ref：参考节点。

P：节点的外部有功注入。

Q：节点的外部无功注入。

PG：发电机有功注入。

QG：发电机无功注入。

PD：负荷的有功功率。

QD：负荷的无功功率。

QSH：并联的无功补偿设备注入功率。

SL：支路功率。

V：节点电压幅值。

θ：节点电压相角。

a,b,c：接入电网的发电机成本系数。

此外，本节中对矩阵或向量使用的关系比较视为对其所有对应元素进行的比较。

1. 数学模型

输配协同最优潮流的向量形式数学模型如下：

（1）全局目标函数：

$$\min c_T\left(\boldsymbol{P}^T,\boldsymbol{Q}^T,\boldsymbol{P}^B,\boldsymbol{Q}^B,\boldsymbol{V}^T,\boldsymbol{\theta}^T,\boldsymbol{V}^B,\boldsymbol{\theta}^B\right)+c_D\left(\boldsymbol{P}^D,\boldsymbol{Q}^D,\boldsymbol{V}^B,\boldsymbol{\theta}^B,\boldsymbol{V}^D,\boldsymbol{\theta}^D\right) \tag{8.138}$$

（2）输电网运行约束：

$$\boldsymbol{P}^T=\boldsymbol{PG}^T-\boldsymbol{PD}^T=\boldsymbol{f}_{P^T}\left(\boldsymbol{V}^T,\boldsymbol{\theta}^T,\boldsymbol{V}^B,\boldsymbol{\theta}^B\right) \tag{8.139}$$

$$\boldsymbol{Q}^T=\boldsymbol{QG}^T+\boldsymbol{QSH}^T-\boldsymbol{QD}^T=\boldsymbol{f}_{Q^T}\left(\boldsymbol{V}^T,\boldsymbol{\theta}^T,\boldsymbol{V}^B,\boldsymbol{\theta}^B\right) \tag{8.140}$$

$$\boldsymbol{SL}^T=\boldsymbol{f}_{SL^T}\left(\boldsymbol{V}^T,\boldsymbol{\theta}^T,\boldsymbol{V}^B,\boldsymbol{\theta}^B\right) \tag{8.141}$$

$$\underline{\boldsymbol{PG}}^T\leqslant\boldsymbol{PG}^T\leqslant\overline{\boldsymbol{PG}}^T \tag{8.142}$$

$$\underline{\boldsymbol{QG}}^T\leqslant\boldsymbol{QG}^T\leqslant\overline{\boldsymbol{QG}}^T \tag{8.143}$$

$$\underline{\boldsymbol{SL}}^T\leqslant\boldsymbol{SL}^T\leqslant\overline{\boldsymbol{SL}}^T \tag{8.144}$$

$$\underline{\boldsymbol{QSH}}^T\leqslant\boldsymbol{QSH}^T\leqslant\overline{\boldsymbol{QSH}}^T \tag{8.145}$$

$$\underline{\boldsymbol{V}}^T\leqslant\boldsymbol{V}^T\leqslant\overline{\boldsymbol{V}}^T \tag{8.146}$$

$$\underline{\boldsymbol{\theta}}^T\leqslant\boldsymbol{\theta}^T\leqslant\overline{\boldsymbol{\theta}}^T,\ \theta_{ref}^T=0 \tag{8.147}$$

（3）输配边界区域运行约束：

$$\boldsymbol{P}^B=\boldsymbol{f}_{P^B}\left(\boldsymbol{V}^T,\boldsymbol{\theta}^T,\boldsymbol{V}^B,\boldsymbol{\theta}^B,\boldsymbol{V}^D,\boldsymbol{\theta}^D\right) \tag{8.148}$$

$$\boldsymbol{Q}^B=\boldsymbol{QSH}^B=\boldsymbol{f}_{Q^B}\left(\boldsymbol{V}^T,\boldsymbol{\theta}^T,\boldsymbol{V}^B,\boldsymbol{\theta}^B,\boldsymbol{V}^D,\boldsymbol{\theta}^D\right) \tag{8.149}$$

$$\underline{\boldsymbol{P}}^B\leqslant\boldsymbol{P}^B\leqslant\overline{\boldsymbol{P}}^B \tag{8.150}$$

$$\underline{\boldsymbol{Q}}^B\leqslant\boldsymbol{Q}^B\leqslant\overline{\boldsymbol{Q}}^B \tag{8.151}$$

$$\underline{\boldsymbol{V}}^B\leqslant\boldsymbol{V}^B\leqslant\overline{\boldsymbol{V}}^B \tag{8.152}$$

$$\underline{\boldsymbol{\theta}}^B\leqslant\boldsymbol{\theta}^B\leqslant\overline{\boldsymbol{\theta}}^B \tag{8.153}$$

（4）配电网运行约束：

$$\boldsymbol{P}^D=\boldsymbol{PG}^D-\boldsymbol{PD}^D=\boldsymbol{f}_{P^D}\left(\boldsymbol{V}^B,\boldsymbol{\theta}^B,\boldsymbol{V}^D,\boldsymbol{\theta}^D\right) \tag{8.154}$$

$$\boldsymbol{Q}^D=\boldsymbol{QG}^D+\boldsymbol{QSH}^D-\boldsymbol{QD}^D=\boldsymbol{f}_{Q^S}\left(\boldsymbol{V}^B,\boldsymbol{\theta}^B,\boldsymbol{V}^D,\boldsymbol{\theta}^D\right) \tag{8.155}$$

$$\boldsymbol{SL}^D=\boldsymbol{f}_{SL^D}\left(\boldsymbol{V}^B,\boldsymbol{\theta}^B,\boldsymbol{V}^D,\boldsymbol{\theta}^D\right) \tag{8.156}$$

$$\underline{\boldsymbol{PG}}^D \leqslant \boldsymbol{PG}^D \leqslant \overline{\boldsymbol{PG}}^D \tag{8.157}$$

$$\underline{\boldsymbol{QG}}^D \leqslant \boldsymbol{QG}^D \leqslant \overline{\boldsymbol{QG}}^D \tag{8.158}$$

$$\underline{\boldsymbol{SL}}^D \leqslant \boldsymbol{SL}^D \leqslant \overline{\boldsymbol{SL}}^D \tag{8.159}$$

$$\underline{\boldsymbol{QSH}}^D \leqslant \boldsymbol{QSH}^D \leqslant \overline{\boldsymbol{QSH}}^D \tag{8.160}$$

$$\underline{\boldsymbol{V}}^D \leqslant \boldsymbol{V}^D \leqslant \overline{\boldsymbol{V}}^D \tag{8.161}$$

$$\underline{\boldsymbol{\theta}}^D \leqslant \boldsymbol{\theta}^D \leqslant \overline{\boldsymbol{\theta}}^D \tag{8.162}$$

式中：函数 $\boldsymbol{f}_{P^T}(\boldsymbol{V}^T,\boldsymbol{\theta}^T,\boldsymbol{V}^B,\boldsymbol{\theta}^B)$、$\boldsymbol{f}_{P^B}(\boldsymbol{V}^T,\boldsymbol{\theta}^T,\boldsymbol{V}^B,\boldsymbol{\theta}^B,\boldsymbol{V}^D,\boldsymbol{\theta}^D)$ 和 $\boldsymbol{f}_{P^D}(\boldsymbol{V}^B,\boldsymbol{\theta}^B,\boldsymbol{V}^D,\boldsymbol{\theta}^D)$ 分别为输电网区域、边界区域和配电网区域各节点的有功功率表达式；而类似地，函数 $\boldsymbol{f}_{Q^T}(\boldsymbol{V}^T,\boldsymbol{\theta}^T,\boldsymbol{V}^B,\boldsymbol{\theta}^B)$、$\boldsymbol{f}_{Q^B}(\boldsymbol{V}^T,\boldsymbol{\theta}^T,\boldsymbol{V}^B,\boldsymbol{\theta}^B,\boldsymbol{V}^D,\boldsymbol{\theta}^D)$ 和 $\boldsymbol{f}_{Q^D}(\boldsymbol{V}^B,\boldsymbol{\theta}^B,\boldsymbol{V}^D,\boldsymbol{\theta}^D)$ 分别为输电网区域、边界区域和配电网区域各节点的无功功率表达式；函数 $\boldsymbol{f}_{SL^T}(\boldsymbol{V}^T,\boldsymbol{\theta}^T,\boldsymbol{V}^B,\boldsymbol{\theta}^B)$、$\boldsymbol{f}_{SL^D}(\boldsymbol{V}^B,\boldsymbol{\theta}^B,\boldsymbol{V}^D,\boldsymbol{\theta}^D)$ 分别为输电网区域和配电网区域中的支路功率表达式。

在上述输配协同最优潮流模型中引入两个辅助变量 $\boldsymbol{P}^{BD}$ 和 $\boldsymbol{Q}^{BD}$，其中的 $\boldsymbol{P}^{BD}=\boldsymbol{f}_{P^{BD}}(\boldsymbol{V}^B,\boldsymbol{\theta}^B,\boldsymbol{V}^D,\boldsymbol{\theta}^D)$ 而 $\boldsymbol{Q}^{BD}=\boldsymbol{f}_{Q^{BD}}(\boldsymbol{V}^B,\boldsymbol{\theta}^B,\boldsymbol{V}^D,\boldsymbol{\theta}^D)$，分别表示由边界区域注入配电网区域的有功功率和无功功率（也是输电网流向配电网的有功功率和无功功率），于是上述输配协同最优潮流模型可以进一步整理为下述形式：

（1）目标函数：式（8.138）。

（2）输电网运行模型，包括以下内容。

1）输电网区域约束：式（8.139）～式（8.147）。

2）（由 TCC 管理）边界区域约束，包括式（8.148）～式（8.153）。

$$\boldsymbol{P}^B+\boldsymbol{f}_{P^{TB}}\left(\boldsymbol{V}^T,\boldsymbol{\theta}^T,\boldsymbol{V}^B,\boldsymbol{\theta}^B\right)=\boldsymbol{P}^{BD} \tag{8.163}$$

$$\boldsymbol{Q}^B+\boldsymbol{f}_{Q^{TB}}\left(\boldsymbol{V}^T,\boldsymbol{\theta}^T,\boldsymbol{V}^B,\boldsymbol{\theta}^B\right)=\boldsymbol{Q}^{BD} \tag{8.164}$$

式中：$\boldsymbol{P}$ 代表边界区域有功潮流平衡约束；$\boldsymbol{Q}$ 代表边界区域无功潮流平衡约束。

（3）配电网运行模型，包括以下内容。

1）配电网区域约束：式（8.154）～式（8.162）。

2）辅助变量约束：

$$\boldsymbol{P}^{BD}=\boldsymbol{f}_{P^{BD}}\left(\boldsymbol{V}^B,\boldsymbol{\theta}^B,\boldsymbol{V}^D,\boldsymbol{\theta}^D\right) \tag{8.165}$$

$$\boldsymbol{Q}^{BD}=\boldsymbol{f}_{Q^{BD}}\left(\boldsymbol{V}^B,\boldsymbol{\theta}^B,\boldsymbol{V}^D,\boldsymbol{\theta}^D\right) \tag{8.166}$$

为方便论述，进一步引入状态向量 $\boldsymbol{x}^T=\left[\boldsymbol{V}^T;\boldsymbol{\theta}^T\right]$、$\boldsymbol{x}^B=\left[\boldsymbol{V}^B;\boldsymbol{\theta}^B\right]$、$\boldsymbol{x}^D=\left[\boldsymbol{V}^D;\boldsymbol{\theta}^D\right]$，控制向量 $\boldsymbol{u}^T=\left[\boldsymbol{PG}^T;\boldsymbol{QG}^T;\boldsymbol{QSH}^T\right]$、$\boldsymbol{u}^B=\left[\boldsymbol{P}^B;\boldsymbol{Q}^B\right]$、$\boldsymbol{u}^D=\left[\boldsymbol{PG}^D;\boldsymbol{QG}^D;\boldsymbol{QSH}^D\right]$ 和辅助向量 $\boldsymbol{y}^{BD}=\left[\boldsymbol{P}^{BD};\boldsymbol{Q}^{BD}\right]$，于是上述模型可以写成如下紧凑形式。

（1）全局目标函数：

$$\min c_T\left(\boldsymbol{u}^T,\boldsymbol{u}^B,\boldsymbol{x}^T,\boldsymbol{x}^B\right)+c_D\left(\boldsymbol{u}^D,\boldsymbol{x}^B,\boldsymbol{x}^D\right) \tag{8.167}$$

（2）输电网模型约束，包括以下内容。

1）输电网区域约束：式（8.139）～式（8.147），等价为如下抽象紧凑形式

$$\boldsymbol{f}_T\left(\boldsymbol{u}^T,\boldsymbol{x}^T,\boldsymbol{x}^B\right)=\mathbf{0} \tag{8.168}$$

$$\boldsymbol{g}_T\left(\boldsymbol{u}^T,\boldsymbol{x}^T,\boldsymbol{x}^B\right)\geqslant\mathbf{0} \tag{8.169}$$

2）边界区域约束：式（8.148）～式（8.153）、式（8.163）和式（8.164），等价为如下抽象紧凑形式

$$\boldsymbol{f}_{TB}\left(\boldsymbol{u}^B,\boldsymbol{x}^T,\boldsymbol{x}^B\right)=\boldsymbol{y}^{BD} \tag{8.170}$$

$$\boldsymbol{g}_B\left(\boldsymbol{u}^B,\boldsymbol{x}^B\right)\geqslant\mathbf{0} \tag{8.171}$$

（3）配电网模型约束，包括以下内容。

1）配电网区域约束：式（8.154）～式（8.162），等价为如下抽象紧凑形式

$$\boldsymbol{f}_D\left(\boldsymbol{u}^D,\boldsymbol{x}^B,\boldsymbol{x}^D\right)=\mathbf{0} \tag{8.172}$$

$$\boldsymbol{g}_D\left(\boldsymbol{u}^D,\boldsymbol{x}^B,\boldsymbol{x}^D\right)\geqslant\mathbf{0} \tag{8.173}$$

2）辅助变量约束：式（8.165）和式（8.166），等价为如下抽象紧凑形式

$$\boldsymbol{y}_{BD}=\boldsymbol{f}_{BD}\left(\boldsymbol{x}^B,\boldsymbol{x}^D\right) \tag{8.174}$$

显然，由式（8.167）～式（8.174）定义的模型也可以使用前面建立的主从分裂理论进行分布式求解。

为便于叙述，做如下简化：

1）将式（8.168）～式（8.171）中由$\left(\boldsymbol{u}^T,\boldsymbol{u}^B,\boldsymbol{x}^T,\boldsymbol{x}^B,\boldsymbol{y}^{BD}\right)$表示的输电网可行域定义为$\boldsymbol{\Omega}_T$。

2）将式（8.172）～式（8.174）中由$\left(\boldsymbol{u}^D,\boldsymbol{x}^B,\boldsymbol{x}^D,\boldsymbol{y}^{BD}\right)$表示的配电网可行域定义为$\boldsymbol{\Omega}_D$。

于是式（8.167）～式（8.174）中的输配协同最优潮流模型可以进一步简化为如下形式：

$$\begin{gathered}\min c_T\left(\boldsymbol{u}^T,\boldsymbol{u}^B,\boldsymbol{x}^T,\boldsymbol{x}^B\right)+c_D\left(\boldsymbol{u}^D,\boldsymbol{x}^B,\boldsymbol{x}^D\right)\\ \text{s.t.}\quad\begin{cases}\left(\boldsymbol{u}^T,\boldsymbol{u}^B,\boldsymbol{x}^T,\boldsymbol{x}^B,\boldsymbol{y}^{BD}\right)\in\boldsymbol{\Omega}_T\\ \left(\boldsymbol{u}^D,\boldsymbol{x}^B,\boldsymbol{x}^D,\boldsymbol{y}^{BD}\right)\in\boldsymbol{\Omega}_D\end{cases}\end{gathered} \tag{8.175}$$

2. *基于主从分裂理论的分解算法*

（1）输配协同最优潮流模型的最优性条件。

为方便论证分解算法的最优性，首先列写式（8.167）～式（8.174）中的输配协同最优潮流模型的最优性条件。该模型的拉格朗日函数可表示为

$$\begin{aligned}L=&c_T+c_D-\boldsymbol{\lambda}_T^{\mathrm{T}}\boldsymbol{f}_T-\boldsymbol{\omega}_T^{\mathrm{T}}\boldsymbol{g}_T-\boldsymbol{\lambda}_{TB}^{\mathrm{T}}\left(\boldsymbol{f}_{TB}-\boldsymbol{y}^{BD}\right)-\boldsymbol{\omega}_B^{\mathrm{T}}\boldsymbol{g}_B-\\&\boldsymbol{\lambda}_D^{\mathrm{T}}\boldsymbol{f}_D-\boldsymbol{\omega}_D^{\mathrm{T}}\boldsymbol{g}_D-\boldsymbol{\lambda}_{BD}^{\mathrm{T}}\left(\boldsymbol{y}^{BD}-\boldsymbol{f}_{BD}\right)\end{aligned} \tag{8.176}$$

式中：$\boldsymbol{\lambda}$是等式约束乘子向量；$\boldsymbol{\omega}$是非负的不等式约束乘子向量；下标标明了乘子对应的约束。

根据数学规划的相关理论，在最优性条件中需包含拉格朗日函数 L 关于各优化变量 $(\boldsymbol{u}^T, \boldsymbol{x}^T, \boldsymbol{u}^B, \boldsymbol{u}^D, \boldsymbol{x}^D, \boldsymbol{y}^{BD}, \boldsymbol{x}^B)$ 的偏导数为零的方程。

拉格朗日函数 L 关于非耦合变量 $(\boldsymbol{u}^T, \boldsymbol{x}^T, \boldsymbol{u}^B, \boldsymbol{x}^B, \boldsymbol{u}^D, \boldsymbol{x}^D)$ 的偏导数为零的方程是

$$\frac{\partial L}{\partial \boldsymbol{u}^T} = \frac{\partial c_T}{\partial \boldsymbol{u}^T} - \frac{\partial \boldsymbol{f}_T^{\mathrm{T}}}{\partial \boldsymbol{u}^T}\boldsymbol{\lambda}_T - \frac{\partial \boldsymbol{g}_T^{\mathrm{T}}}{\partial \boldsymbol{u}^T}\boldsymbol{\omega}_T = \boldsymbol{0} \tag{8.177}$$

$$\frac{\partial L}{\partial \boldsymbol{x}^T} = \frac{\partial c_T}{\partial \boldsymbol{x}^T} - \frac{\partial \boldsymbol{f}_T^{\mathrm{T}}}{\partial \boldsymbol{x}^T}\boldsymbol{\lambda}_T - \frac{\partial \boldsymbol{g}_T^{\mathrm{T}}}{\partial \boldsymbol{x}^T}\boldsymbol{\omega}_T - \frac{\partial \boldsymbol{f}_{TB}^{\mathrm{T}}}{\partial \boldsymbol{x}^T}\boldsymbol{\lambda}_{TB} = \boldsymbol{0} \tag{8.178}$$

$$\frac{\partial L}{\partial \boldsymbol{u}^B} = \frac{\partial c_T}{\partial \boldsymbol{u}^B} - \frac{\partial \boldsymbol{f}_{TB}^{\mathrm{T}}}{\partial \boldsymbol{u}^B}\boldsymbol{\lambda}_{TB} - \frac{\partial \boldsymbol{g}_B^{\mathrm{T}}}{\partial \boldsymbol{u}^B}\boldsymbol{\omega}_B = \boldsymbol{0} \tag{8.179}$$

$$\frac{\partial L}{\partial \boldsymbol{u}^D} = \frac{\partial c_D}{\partial \boldsymbol{u}^D} - \frac{\partial \boldsymbol{f}_D^{\mathrm{T}}}{\partial \boldsymbol{u}^D}\boldsymbol{\lambda}_D - \frac{\partial \boldsymbol{g}_D^{\mathrm{T}}}{\partial \boldsymbol{u}^D}\boldsymbol{\omega}_D = \boldsymbol{0} \tag{8.180}$$

$$\frac{\partial L}{\partial \boldsymbol{x}^D} = \frac{\partial c_D}{\partial \boldsymbol{x}^D} - \frac{\partial \boldsymbol{f}_D^{\mathrm{T}}}{\partial \boldsymbol{x}^D}\boldsymbol{\lambda}_D - \frac{\partial \boldsymbol{g}_D^{\mathrm{T}}}{\partial \boldsymbol{x}^D}\boldsymbol{\omega}_D + \frac{\partial \boldsymbol{f}_{BD}^{\mathrm{T}}}{\partial \boldsymbol{x}^D}\boldsymbol{\lambda}_{BD} = \boldsymbol{0} \tag{8.181}$$

拉格朗日函数 L 关于耦合变量 $\boldsymbol{y}^{BD}$ 的偏导数为零的方程是

$$\frac{\partial L}{\partial \boldsymbol{y}^{BD}} = \boldsymbol{\lambda}_{TB} - \boldsymbol{\lambda}_{BD} = \boldsymbol{0} \tag{8.182}$$

式（8.182）表明式（8.170）中的约束乘子 $\boldsymbol{\lambda}_{TB}$ 在最优解处必须等于式（8.174）中的约束乘子 $\boldsymbol{\lambda}_{BD}$。

拉格朗日函数 L 关于耦合变量 $\boldsymbol{x}^B$ 的部分为

$$\begin{aligned}\frac{\partial L}{\partial \boldsymbol{x}^B} = {} & \frac{\partial c_T}{\partial \boldsymbol{x}^B} - \frac{\partial \boldsymbol{f}_T^{\mathrm{T}}}{\partial \boldsymbol{x}^B}\boldsymbol{\lambda}_T - \frac{\partial \boldsymbol{g}_T^{\mathrm{T}}}{\partial \boldsymbol{x}^B}\boldsymbol{\omega}_T - \frac{\partial \boldsymbol{f}_{TB}^{\mathrm{T}}}{\partial \boldsymbol{x}^B}\boldsymbol{\lambda}_{TB} - \frac{\partial \boldsymbol{g}_B^{\mathrm{T}}}{\partial \boldsymbol{x}^B}\boldsymbol{\omega}_B + \\ & \frac{\partial c_D}{\partial \boldsymbol{x}^B} - \frac{\partial \boldsymbol{f}_D^{\mathrm{T}}}{\partial \boldsymbol{x}^B}\boldsymbol{\lambda}_D - \frac{\partial \boldsymbol{g}_D^{\mathrm{T}}}{\partial \boldsymbol{x}^B}\boldsymbol{\omega}_D + \frac{\partial \boldsymbol{f}_{BD}^{\mathrm{T}}}{\partial \boldsymbol{x}^B}\boldsymbol{\lambda}_{BD} = \boldsymbol{0}\end{aligned} \tag{8.183}$$

于是式（8.175）中输配协同最优潮流模型的最优性条件可列写如下。

1）偏导数为零方程组：式（8.177）～式（8.183）。

2）可行约束：

$$\begin{cases}\left(\boldsymbol{u}^T, \boldsymbol{u}^B, \boldsymbol{x}^T, \boldsymbol{x}^B, \boldsymbol{y}^{BD}\right) \in \boldsymbol{\Omega}_T \\ \left(\boldsymbol{u}^D, \boldsymbol{x}^B, \boldsymbol{x}^D, \boldsymbol{y}^{BD}\right) \in \boldsymbol{\Omega}_D\end{cases} \tag{8.184}$$

3）互补约束：

$$\begin{cases}\boldsymbol{\omega}_T^{\mathrm{T}}\boldsymbol{g}_T = 0, \boldsymbol{\omega}_T \geqslant \boldsymbol{0} \\ \boldsymbol{\omega}_B^{\mathrm{T}}\boldsymbol{g}_B = 0, \boldsymbol{\omega}_B \geqslant \boldsymbol{0} \\ \boldsymbol{\omega}_D^{\mathrm{T}}\boldsymbol{g}_D = 0, \boldsymbol{\omega}_D \geqslant \boldsymbol{0}\end{cases} \tag{8.185}$$

显然，如果分布式算法的收敛解能满足式（8.184），并且在所得解的邻域内满足二阶充分条件和严格互补约束条件，那么它就是输配协同最优潮流问题的局部最优解。

（2）异构分解形式。

依据主从分裂理论，式（8.175）中的问题可以分解为如下两个迭代求解的子问题：

1）输电网最优潮流问题子问题：

$$\begin{aligned}&\min c_T\left(\boldsymbol{u}^T,\boldsymbol{u}^B,\boldsymbol{x}^T,\boldsymbol{x}^B\right)+c_{\text{auxT}}\\&\text{s.t.}\quad\left(\boldsymbol{u}^T,\boldsymbol{u}^B,\boldsymbol{x}^T,\boldsymbol{x}^B\right)\in\boldsymbol{\Omega}_T\left(\boldsymbol{y}_D^{BD}\right)\end{aligned}\tag{8.186}$$

2）配电网最优潮流子问题：

$$\begin{aligned}&\min c_D\left(\boldsymbol{u}^D,\boldsymbol{x}^D,\boldsymbol{x}_T^B\right)+c_{\text{auxD}}\\&\text{s.t.}\quad\left(\boldsymbol{u}^D,\boldsymbol{x}^D,\boldsymbol{y}^{BD}\right)\in\boldsymbol{\Omega}_D\left(\boldsymbol{x}_T^B\right)\end{aligned}\tag{8.187}$$

上述模型中：$\Omega_T(\boldsymbol{y}_D^{BD})$ 表示 $\boldsymbol{y}^{BD}=\boldsymbol{y}_D^{BD}$ 的输电网可行域，其中 $\boldsymbol{y}_D^{BD}$ 由式（8.187）中的配电网最优潮流子问题解得并发送给输电网调度部门；$\Omega_D(\boldsymbol{x}_T^B)$ 表示 $\boldsymbol{x}^B=\boldsymbol{x}_T^B$ 时的配电网可行域，其中 $\boldsymbol{x}_T^B$ 由式（8.186）中的输电网最优潮流子问题解得并发送给配电网调度部门；$c_D(\boldsymbol{u}^D,\boldsymbol{x}^D,\boldsymbol{x}_T^B)$ 表示 $c_D(\boldsymbol{u}^D,\boldsymbol{x}^B,\boldsymbol{x}^D)$ 中 $\boldsymbol{x}^B=\boldsymbol{x}_T^B$ 时的形式；c_{auxT} 和 c_{auxD} 为两个辅助函数，它们需要满足如下条件：

$$\begin{cases}\dfrac{\partial c_{\text{auxT}}}{\partial\boldsymbol{u}^T}=\boldsymbol{0},\ \dfrac{\partial c_{\text{auxT}}}{\partial\boldsymbol{x}^T}=\boldsymbol{0},\ \dfrac{\partial c_{\text{auxT}}}{\partial\boldsymbol{u}^D}=\boldsymbol{0},\ \dfrac{\partial c_{\text{auxT}}}{\partial\boldsymbol{x}^D}=\boldsymbol{0}\\[2ex]\dfrac{\partial c_{\text{auxT}}}{\partial\boldsymbol{u}^B}=\boldsymbol{0},\ \dfrac{\partial c_{\text{auxT}}}{\partial\boldsymbol{x}^B}=\boldsymbol{h}_{BD},\ \dfrac{\partial c_{\text{auxT}}}{\partial\boldsymbol{y}^{BD}}=\boldsymbol{0}\end{cases}\tag{8.188}$$

$$\begin{cases}\dfrac{\partial c_{\text{auxD}}}{\partial\boldsymbol{u}^T}=\boldsymbol{0},\ \dfrac{\partial c_{\text{auxD}}}{\partial\boldsymbol{x}^T}=\boldsymbol{0},\ \dfrac{\partial c_{\text{auxD}}}{\partial\boldsymbol{u}^D}=\boldsymbol{0},\ \dfrac{\partial c_{\text{auxD}}}{\partial\boldsymbol{x}^D}=\boldsymbol{0}\\[2ex]\dfrac{\partial c_{\text{auxD}}}{\partial\boldsymbol{u}^B}=\boldsymbol{0},\ \dfrac{\partial c_{\text{auxD}}}{\partial\boldsymbol{x}^B}=\boldsymbol{0},\ \dfrac{\partial c_{\text{auxD}}}{\partial\boldsymbol{y}^{BD}}=\boldsymbol{\lambda}_{TB}\end{cases}\tag{8.189}$$

式中

$$\boldsymbol{h}_{BD}=\frac{\partial c_D}{\partial\boldsymbol{x}^B}-\frac{\partial\boldsymbol{f}_D^{\mathrm{T}}}{\partial\boldsymbol{x}^B}\boldsymbol{\lambda}_D-\frac{\partial\boldsymbol{g}_D^{\mathrm{T}}}{\partial\boldsymbol{x}^B}\boldsymbol{\omega}_D+\frac{\partial\boldsymbol{f}_{BD}^{\mathrm{T}}}{\partial\boldsymbol{x}^B}\boldsymbol{\lambda}_{BD}\tag{8.190}$$

满足式（8.188）～式（8.190）条件的辅助函数 c_{auxT} 和 c_{auxD} 可能并不唯一，本书将它们选取为如下线性函数的形式：

$$\begin{cases}c_{\text{auxT}}(\boldsymbol{x}^B)=\boldsymbol{h}_{BD}^{\mathrm{T}}\boldsymbol{x}^B\\c_{\text{auxD}}(\boldsymbol{y}^{BD})=\boldsymbol{\lambda}_{TB}^{\mathrm{T}}\boldsymbol{y}^{BD}\end{cases}\tag{8.191}$$

于是，输电网最优潮流子问题变为如下形式：

$$\begin{aligned}&\min c_T\left(\boldsymbol{u}^T,\boldsymbol{u}^B,\boldsymbol{x}^T,\boldsymbol{x}^B\right)+\boldsymbol{h}_{BD}^{\mathrm{T}}\boldsymbol{x}^B\\&\text{s.t.}\quad\left(\boldsymbol{u}^T,\boldsymbol{u}^B,\boldsymbol{x}^T,\boldsymbol{x}^B\right)\in\boldsymbol{\Omega}_T\left(\boldsymbol{y}_D^{BD}\right)\end{aligned}\tag{8.192}$$

配电网最优潮流子问题变为如下形式：

$$\begin{aligned}&\min c_D\left(\boldsymbol{u}^D,\boldsymbol{x}^D,\boldsymbol{x}_T^B\right)+\boldsymbol{\lambda}_{TB}^{\mathrm{T}}\boldsymbol{y}^{BD}\\&\text{s.t.}\quad\left(\boldsymbol{u}^D,\boldsymbol{x}^D,\boldsymbol{y}^{BD}\right)\in\boldsymbol{\Omega}_D\left(\boldsymbol{x}_T^B\right)\end{aligned}\tag{8.193}$$

从而可以得到分布式异构分解算法。

（3）算法步骤。

求解输配协同最优潮流问题的异构分解算法既可以从配电网最优潮流子问题启动，也可以从输电网最优潮流子问题启动。本节以从配电网最优潮流子问题启动的异构分解算法为例，给出具体的迭代步骤。

1）迭代次数 $q=1$ 初始化 $\boldsymbol{x}_T^B(q)$ 和 $\boldsymbol{\lambda}_{TB}(q)$。设定算法的最大迭代次数为 K，收敛精度为 $\boldsymbol{\varepsilon}$。

2）若 $q<K$：首先对所有配电网，求解式（8.193）中的配电网最优潮流子问题，并由式（8.190）计算 $\boldsymbol{h}_{BD}(q)$，将 $\boldsymbol{h}_{BD}(q)$ 和 $\boldsymbol{y}^{BD}(q)$ 发送到输电网调度部门；然后求解式（8.192）中的输电网最优潮流子问题，得到 $\boldsymbol{x}_T^B(q+1)$ 和 $\boldsymbol{\lambda}_{TB}(q+1)$；若 $\left|\boldsymbol{x}_T^B(q+1)-\boldsymbol{x}_T^B(q)\right|<\varepsilon$，且 $\left|\boldsymbol{\lambda}_{TB}(q+1)-\boldsymbol{\lambda}_{TB}(q)\right|<\varepsilon$，那么终止程序；否则，$q=q+1$，发送 $\boldsymbol{x}_T^B(q+1)$ 和 $\boldsymbol{\lambda}_{TB}(q+1)$ 到配电网调度部门。

3）结束循环。初始化时可以采取平启动策略，即 $\boldsymbol{x}_T^B=1.0, \boldsymbol{\lambda}_{TB}=0$。也可以根据系统实时运行状态为 $\boldsymbol{x}_T^B$ 和 $\boldsymbol{\lambda}_{TB}$ 设置初值。

（4）最优性和收敛性分析。

首先讨论算法最优性。由主从分裂的理论最优性定理可知，若前面建立的面向输配协同最优潮流模型的异构分解算法收敛，那么收敛解满足式（8.193）中所列写的输配协同最优潮流模型的最优性条件。若在所得解的邻域内满足二阶充分条件和严格互补约束，则收敛解为输配协同最优潮流问题的局部最优解。

此外，由有关主从分裂理论收敛性定理可知，在一定的条件下，前面建立的面向输配协同最优潮流模型的异构分解算法局部线性收敛。

8.7.2　考虑机会约束的输配协同最优潮流

进一步地，由于新能源和负荷的不确定性，仅仅考虑确定性的输配协同最优潮流还不够。因此，本节将主要探讨考虑机会约束的输配协同最优潮流模型及其求解算法。

本节使用的变量和符号定义如下。

L，G：负荷，发电机。

T，D，B：输电网区域，配电网区域，边界区域。

i：编号为 i 的节点。

j：编号为 j 的配电网。

ik：连接节点 i 和 k 的支路。

PQ，PV，θV：PQ 节点，PV 节点，θV 节点。

r：配电网的根节点。

V：节点电压幅值。

P_G，P_L：发电机有功功率，负荷有功功率。

Q_G，Q_L：发电机无功功率，负荷无功功率。

S：支路功率。

$\mathbb{G}$，$\mathbb{N}$，$\mathbb{L}$：发电机集合，节点集合，支路集合。

$\mathbb{D}$：配电网集合。

ω，δ：随机变量。

ε：可接受的约束违反概率。

c_2，c_1，c_0：发电成本系数。

λ：不确定性域。

σ：标准差。

Φ：标准正态分布。

1. 不确定性建模

这里，将负荷的功率建模为一个预测值与一个零均值正态分布的和，即

$$\widetilde{\boldsymbol{P}}_L^T = \boldsymbol{P}_L^T + \boldsymbol{\omega}_{P_L}^T, \widetilde{\boldsymbol{Q}}_L^T = \boldsymbol{Q}_L^T + \boldsymbol{\omega}_{Q_L}^T \tag{8.194}$$

$$\widetilde{\boldsymbol{P}}_L^D = \boldsymbol{P}_L^D + \boldsymbol{\omega}_{P_L}^D, \widetilde{\boldsymbol{Q}}_L^D = \boldsymbol{Q}_L^D + \boldsymbol{\omega}_{Q_L}^D \tag{8.195}$$

配电网中可再生能源的有功出力也建模为一个预测值与一个零均值正态分布的和，即

$$\widetilde{\boldsymbol{P}}_G^D = \boldsymbol{P}_G^D + \boldsymbol{\omega}_G^D \tag{8.196}$$

这里，如果可再生能源的逆变器工作在 PV 控制模式，则无功出力将随着随机变量变化而变化。而如果工作在 PQ 控制模式，为不失一般性，这里假设无功出力恒定不变。事实上，无功出力也可以建模为其他方式，例如，无功功率波动保持恒定的功率因数或遵循另一个独立的零均值正态分布。

在这些不确定性的影响下，发电机的输出、节点电压幅值和相角、支路功率等，都可以表达为一个预期均值和一个零均值波动的和。

$$\tilde{P}_{G,i}^T(\boldsymbol{\omega}) = P_{G,i}^T + \delta_{P_{G,i}}^T, i \in \mathbb{G}_{\theta V}^T \tag{8.197}$$

$$\tilde{Q}_{G,i}^T(\boldsymbol{\omega}) = Q_{G,i}^T + \delta_{Q_{G,i}}^T, i \in \mathbb{G}_{\theta V}^T, \mathbb{G}_{PV}^T \tag{8.198}$$

$$\tilde{Q}_{G,i}^D(\boldsymbol{\omega}) = Q_{G,i}^D + \delta_{Q_{G,i}}^D, i \in \mathbb{G}_{PV}^D \tag{8.199}$$

$$\tilde{V}_i^T(\boldsymbol{\omega}) = V_i^T + \delta_{V,i}^T, i \in \mathbb{N}_{PQ}^T \tag{8.200}$$

$$\tilde{V}_i^D(\boldsymbol{\omega}) = V_i^D + \delta_{V,i}^D, i \in \mathbb{N}_{PQ}^D \tag{8.201}$$

$$\tilde{V}_i^B(\boldsymbol{\omega}) = V_i^B + \delta_{V,i}^B, i \in \mathbb{N}^B \tag{8.202}$$

$$\tilde{\theta}_i^T(\boldsymbol{\omega}) = \theta_i^T + \delta_{\theta,i}^T, i \in \mathbb{N}_{PQ}^T, \mathbb{N}_{PV}^T \tag{8.203}$$

$$\tilde{\theta}_i^D(\boldsymbol{\omega}) = \theta_i^D + \delta_{\theta,i}^D, i \in \mathbb{N}_{PQ}^D, \mathbb{N}_{PV}^D \tag{8.204}$$

$$\tilde{\theta}_i^B(\boldsymbol{\omega}) = \theta_i^B + \delta_{V,i}^B, i \in \mathbb{N}^B \tag{8.205}$$

$$\tilde{S}_{ik}^T(\boldsymbol{\omega}) = S_{ik}^T + \delta_{S,ik}^D, ik \in \mathbb{L}^T \tag{8.206}$$

$$\tilde{S}_{ik}^D(\boldsymbol{\omega}) = S_{ik}^D + \delta_{S,ik}^D, ik \in \mathbb{L}^D \tag{8.207}$$

其中

$$\boldsymbol{\omega} = \left[\boldsymbol{\omega}_{P_L}^T; \boldsymbol{\omega}_{Q_L}^T; \boldsymbol{\omega}_{P_G}^T; \boldsymbol{\omega}_{Q_G}^T; \boldsymbol{\omega}_G^D\right] \tag{8.208}$$

2. 机会约束最优潮流的全局模型

若输配电网调度部门的优化目标一致，则可以建立机会约束最优潮流的全局模型。其中

上下标出现的j表示第j个配电网区域。

$$\min_{\boldsymbol{P}_G,\boldsymbol{Q}_G,\boldsymbol{V},\boldsymbol{\theta}}\sum_{i\in\mathbb{G}^T}\left[c_{2,i}^T\left(P_{G,i}^T\right)^2+c_{1,i}^T P_{G,i}^T+c_{0,i}^T\right]+\sum_{j\in\mathbb{D}}\sum_{i\in\mathbb{G}^{D,j}}\left[c_{2,i}^{D,j}\left(P_{G,i}^{D,j}\right)^2+c_{1,i}^{D,j}P_{G,i}^{D,j}+c_{0,i}^{D,j}\right] \tag{8.209}$$

$$\text{s.t.}\quad \boldsymbol{f}\left(\tilde{\boldsymbol{\theta}},\tilde{\boldsymbol{V}},\tilde{\boldsymbol{P}}_G,\tilde{\boldsymbol{P}}_L,\tilde{\boldsymbol{Q}}_G,\tilde{\boldsymbol{Q}}_L\right)=\boldsymbol{0} \tag{8.210}$$

$$\underline{P}_{G,i}^T\leqslant\tilde{P}_{G,i}^T\leqslant\overline{P}_{G,i}^T,i\in\mathbb{G}_{PQ}^T,\mathbb{G}_{PV}^T \tag{8.211}$$

$$\mathbb{P}\left\{\tilde{P}_{G,i}^T\geqslant\underline{P}_{G,i}^T\right\}\geqslant1-\varepsilon_P^T,\mathbb{P}\left\{\tilde{P}_{G,i}^T\leqslant\overline{P}_{G,i}^T\right\}\geqslant1-\varepsilon_P^T,i\in\mathbb{G}_{\theta V}^T \tag{8.212}$$

$$\mathbb{P}\left\{\tilde{P}_{G,i}^{D,j}\geqslant\underline{P}_{G,i}^{D,j}\right\}\geqslant1-\varepsilon_P^{D,j},\mathbb{P}\left\{\tilde{P}_{G,i}^{D,j}\leqslant\overline{P}_{G,i}^{D,j}\right\}\geqslant1-\varepsilon_P^{D,j},\ i\in\mathbb{G}_{PQ}^{D,j},\mathbb{G}_{PV}^{D,j},j\in\mathbb{D} \tag{8.213}$$

$$\mathbb{P}\left\{\tilde{Q}_{G,i}^T\geqslant\underline{Q}_{G,i}^T\right\}\geqslant1-\varepsilon_Q^T,\mathbb{P}\left\{\tilde{Q}_{G,i}^T\leqslant\overline{Q}_{G,i}^T\right\}\geqslant1-\varepsilon_Q^T,i\in\mathbb{G}^T \tag{8.214}$$

$$\mathbb{P}\left\{\tilde{Q}_{G,i}^{D,j}\geqslant\underline{Q}_{G,i}^{D,j}\right\}\geqslant1-\varepsilon_Q^{D,j},\mathbb{P}\left\{\tilde{Q}_{G,i}^{D,j}\leqslant\overline{Q}_{G,i}^{D,j}\right\}\geqslant1-\varepsilon_Q^{D,j},\ i\in\mathbb{G}_{PQ}^{D,j},\mathbb{G}_{PV}^{D,j},j\in\mathbb{D} \tag{8.215}$$

$$\underline{V}_i^T\leqslant\tilde{V}_i^T\leqslant\overline{V}_i^T,i\in\mathbb{N}_{\theta V}^T,\mathbb{N}_{PV}^T \tag{8.216}$$

$$\mathbb{P}\left\{\tilde{V}_i^T\leqslant\overline{V}_i^T\right\}\geqslant1-\varepsilon_V^T,\mathbb{P}\left\{\tilde{V}_i^T\geqslant\underline{V}_i^T\right\}\geqslant1-\varepsilon_V^T,i\in\mathbb{N}_{PQ}^T \tag{8.217}$$

$$\mathbb{P}\left\{\tilde{V}_i^B\leqslant\overline{V}_i^B\right\}\geqslant1-\varepsilon_V^B,\mathbb{P}\left\{\tilde{V}_i^B\geqslant\underline{V}_i^B\right\}\geqslant1-\varepsilon_V^B,i\in\mathbb{N}^B \tag{8.218}$$

$$\underline{V}_i^{D,j}\leqslant\tilde{V}_i^{D,j}\leqslant\overline{V}_i^{D,j},i\in\mathbb{N}_{PV}^{D,j},j\in\mathbb{D} \tag{8.219}$$

$$\mathbb{P}\left\{\tilde{V}_i^{D,j}\leqslant\overline{V}_i^{D,j}\right\}\geqslant1-\varepsilon_V^{D,j},\mathbb{P}\left\{\tilde{V}_i^{D,j}\geqslant\underline{V}_i^{D,j}\right\}\geqslant1-\varepsilon_V^{D,j},\ i\in\mathbb{N}_{PQ}^{D,j},j\in\mathbb{D} \tag{8.220}$$

$$\mathbb{P}\left\{\tilde{S}_{ik}^T\leqslant\overline{S}_{ik}^T\right\}\geqslant1-\varepsilon_{S,ik}^T,ik\in\mathbb{L}^T \tag{8.221}$$

$$\mathbb{P}\left\{\tilde{S}_{ik}^{D,j}\leqslant\overline{S}_{ik}^{D,j}\right\}\geqslant1-\varepsilon_{S,ik}^{D,j},ik\in\mathbb{L}^{D,j},j\in\mathbb{D} \tag{8.222}$$

$$\theta_i^T=0,i\in\mathbb{N}_{\theta V}^T \tag{8.223}$$

然而，这种全局中心式的模型在实际的优化调度中实用性差，因为输配网调度部门的信息安全和隐私不能得到有效的保护。因此，还需要建立分布式模型。

3. 机会约束最优潮流的分布式模型

通过边界信息的交换，可以将全局中心式模型解耦为 1 个输电网机会约束最优潮流子问题和若干配电网机会约束最优潮流子问题。

首先，输电网机会约束最优潮流子问题如下：

$$\min_{\boldsymbol{P}_G^T,\boldsymbol{Q}_G^T,\boldsymbol{V}^T,\boldsymbol{V}^B,\boldsymbol{\theta}^T,\boldsymbol{\theta}^B}\sum_{i\in\mathbb{G}^T}\left[c_{2,i}^T\left(P_{G,i}^T\right)^2+c_{1,i}^T P_{G,i}^T+c_{0,i}^T\right]+c_{\text{auxT}} \tag{8.224}$$

满足约束条件式（8.211）、式（8.212）、式（8.214）、式（8.216）～式（8.218）、式（8.221）、式（8.223）以及

$$\boldsymbol{f}^{T}\left(\tilde{\boldsymbol{\theta}}^{T},\widetilde{\boldsymbol{V}}^{T},\tilde{\boldsymbol{\theta}}^{B},\widetilde{\boldsymbol{V}}^{B},\widetilde{\boldsymbol{P}}_{G}^{T},\widetilde{\boldsymbol{P}}_{L}^{T},\widetilde{\boldsymbol{Q}}_{G}^{T},\widetilde{\boldsymbol{Q}}_{L}^{T},\boldsymbol{P}_{L}^{B},\boldsymbol{Q}_{L}^{B}\right)=\mathbf{0} \tag{8.225}$$

然后，第 j 个配电网机会约束最优潮流子问题如下：

$$\min_{\boldsymbol{P}_{G}^{D,j},\boldsymbol{Q}_{G}^{D,j},\boldsymbol{V}^{D,j},V_{j}^{B},\boldsymbol{\theta}^{D,j},\theta_{j}^{B},P_{r}^{j},Q_{r}^{j}}\sum_{i\in\mathbb{G}^{D},j}\left[c_{2,i}^{D,j}\left(P_{G,i}^{D,j}\right)^{2}+c_{1,i}^{D,j}P_{G,i}^{D,j}+c_{0,i}^{D,j}\right]+c_{\text{auxD}}^{j} \tag{8.226}$$

满足约束条件式（8.213）、式（8.215）、式（8.219）、式（8.220）、式（8.222）以及

$$\boldsymbol{f}^{D,j}\left(\tilde{\boldsymbol{\theta}}^{D,j},\widetilde{\boldsymbol{V}}^{D,j},\tilde{\theta}_{j}^{B},\tilde{V}_{j}^{B},\widetilde{\boldsymbol{P}}_{G}^{D,j},\widetilde{\boldsymbol{P}}_{L}^{D,j},\widetilde{\boldsymbol{Q}}_{G}^{D,j},\widetilde{\boldsymbol{Q}}_{L}^{D,j},P_{r}^{j},Q_{r}^{j}\right)=\mathbf{0} \tag{8.227}$$

$$\mathbb{P}\left\{\tilde{V}_{j}^{B}\leqslant\overline{V}_{j}^{B}\right\}\geqslant 1-\varepsilon_{V}^{B},\mathbb{P}\left\{\tilde{V}_{j}^{B}\geqslant\underline{V}_{j}^{B}\right\}\geqslant 1-\varepsilon_{V}^{B} \tag{8.228}$$

此外，还需要补充额外的约束条件，用以表示输配电网之间的耦合关系

$$V_{j}^{B}\ from(8.224)-(8.225)=V_{j}^{B}\ from(8.226)-(8.228),\ j\in\mathbb{D} \tag{8.229}$$

$$P_{L}^{B,j}\ from(8.224)-(8.225)=P_{r}^{j}\ from(8.226)-(8.228),\ j\in\mathbb{D} \tag{8.230}$$

$$Q_{L}^{B,j}\ from(8.224)-(8.225)=Q_{r}^{j}\ from(8.226)-(8.228),\ j\in\mathbb{D} \tag{8.231}$$

其中，c_{auxT} 和 c_{auxD}^{j} 是输电网子问题和第 j 个配电网子问题的辅助函数，它们与子问题中的优化变量紧密联系。引入辅助函数是为了保证分布式模型的最优性与原来的全局中心式模型相一致。但是，由于机会约束最优潮流模型的非凸性质，全局最优性对于全局中心式模型和分布式模型从理论上都难以保证。然而，相关实践经验表明，基于这两种模型的迭代求解方法能够得到相似的结果。

4. 机会约束的重构

上述分布式模型由于机会约束的存在，仍然难以直接求解。假设所有随机变量的概率密度函数都是已知的，则机会约束可以转换为确定性约束。为不失一般性，以输电网节点电压幅值的约束式（8.217）为例。首先计算 $\delta_{V,i}^{T}$ 的概率分布函数 F_i，然后式（8.217）可以重构为一个确定性的约束。

$$\begin{aligned}&\mathbb{P}\left\{\tilde{V}_{i}^{T}\leqslant\overline{V}_{i}^{T}\right\}\geqslant 1-\varepsilon_{V}^{T},i\in\mathbb{N}_{PQ}^{T}\\&\Leftrightarrow\mathbb{P}\left\{\delta_{i}^{T}\leqslant\overline{V}_{i}^{T}-V_{i}^{T}\right\}\geqslant 1-\varepsilon_{V}^{T}\\&\Leftrightarrow F\left(\overline{V}_{i}^{T}-V_{i}^{T}\right)\geqslant 1-\varepsilon_{V}^{T}\Leftrightarrow V_{i}^{T}\leqslant\overline{V}_{i}^{T}-F_{i}^{-1}\left(1-\varepsilon_{V}^{T}\right)\end{aligned} \tag{8.232}$$

$$\begin{aligned}&\mathbb{P}\left\{\tilde{V}_{i}^{T}\geqslant\underline{V}_{i}^{T}\right\}\geqslant 1-\varepsilon_{V}^{T},i\in\mathbb{N}_{PQ}^{T}\Leftrightarrow\mathbb{P}\left\{\tilde{V}_{i}^{T}\leqslant\underline{V}_{i}^{T}\right\}\leqslant\varepsilon_{V}^{T}\\&\Leftrightarrow\mathbb{P}\left\{\delta_{i}^{T}\leqslant\underline{V}_{i}^{T}-V_{i}^{T}\right\}\leqslant\varepsilon_{V}^{T}\\&\Leftrightarrow F\left(\underline{V}_{i}^{T}-V_{i}^{T}\right)\leqslant\varepsilon_{V}^{T}\Leftrightarrow V_{i}^{T}\geqslant\underline{V}_{i}^{T}-F_{i}^{-1}\left(\varepsilon_{V}^{T}\right)\end{aligned} \tag{8.233}$$

那么，不确定域可以定义为

$$\overline{\lambda}_{V,i}^{T}=F_{i}^{-1}\left(1-\varepsilon_{V}^{T}\right),\underline{\lambda}_{V,i}^{T}=F_{i}^{-1}\left(\varepsilon_{V}^{T}\right),i\in\mathbb{N}_{PQ}^{T} \tag{8.234}$$

类似地，其他机会约束也可以相应进行重构，并且得到相应的不确定域。

5. 双重迭代求解算法

下面，提出一种求解输配协同机会约束最优潮流的双重迭代算法。该算法的主要结构和

数据流如图 8－36 所示。

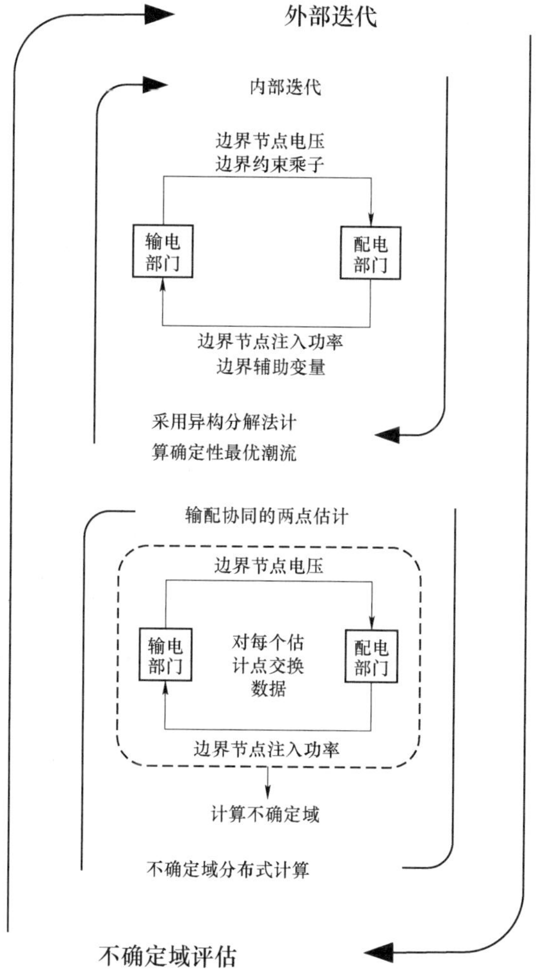

图 8－36　双重迭代算法的主要结构和数据流

（1）外循环：计算不确定域。

输配协同机会约束最优潮流是一个高度非线性、非凸的优化问题，很难通过一次性的优化问题进行求解。为了应对较高的计算复杂度，在每一个外循环中，求解一个确定性的输配协同最优潮流问题。这里，确定性的最优潮流指的是所有机会约束都如式（8.233）所示重构为确定性约束后得到的最优潮流模型。然后，基于确定性的解分析不确定性的影响，从而计算不确定域。当相邻两次外循环中，不确定域的计算结果非常接近时，可以认为外循环收敛。外循环的详细算法如图 8－37 所示。

在外循环中，步骤 1 和 4 是非常容易实现分布式计算的，输配网调度部门可以分别初始化它们各自子问题中机会约束的不确定域，也可以各自进行收敛性判断。而对于步骤 2 和步骤 3 的分布式算法则需要进一步进行设计。

（2）内循环：输配协同确定性最优潮流求解。

在图 8－37 中，即每一次外循环的步骤 2，需要通过异构分解法求解一个输配协同确定

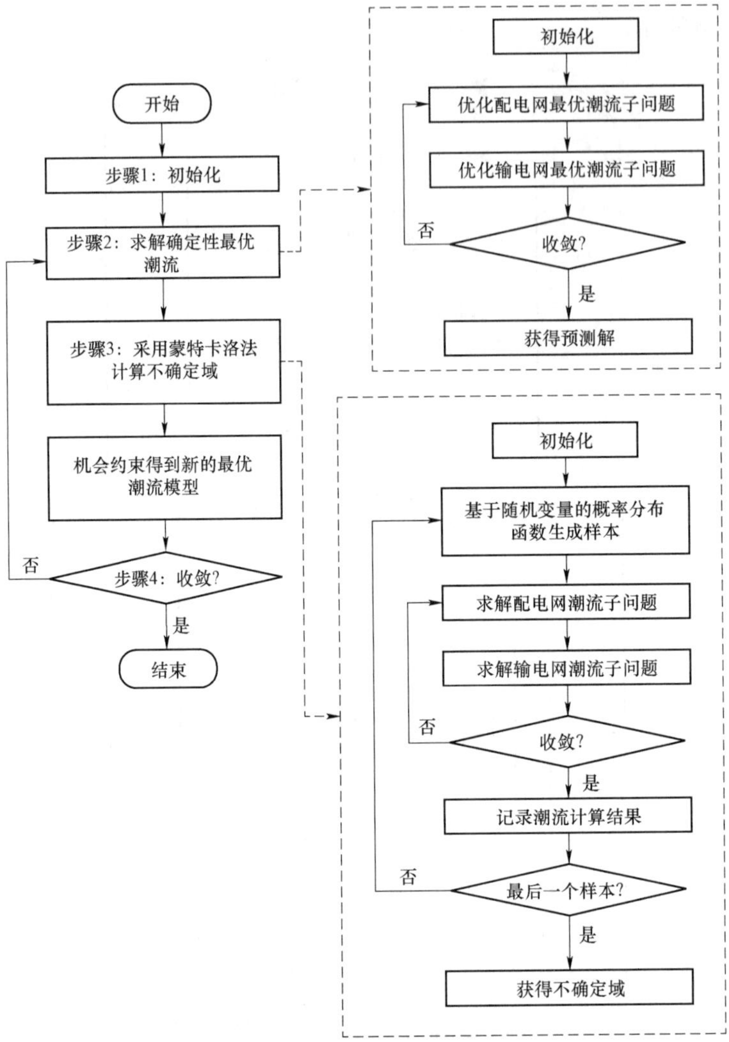

图 8－37　外循环算法流程：计算不确定域

性的最优潮流问题。异构分解法在前文中已有相关论述，通过输配网调度部门之间的交替迭代进行实现。具体地，在每一次内循环中，每一个配电网确定性最优潮流子问题和输电网确定性最优潮流子问题将各被求解一次。

输电网确定性最优潮流子问题：

$$\begin{aligned}&\min_{\boldsymbol{P}_G^T,\boldsymbol{Q}_G^T,\boldsymbol{V}^T,\boldsymbol{V}^B,\boldsymbol{\theta}^T,\boldsymbol{\theta}^B}\sum_{i\in\mathbb{G}^T}\left[c_{2,i}^T(P_{G,i}^T)^2+c_{1,i}^T P_{G,i}^T+c_{0,i}^T\right]+c_{\text{auxT}}\\&\text{s.t.}\quad(\tilde{\boldsymbol{\theta}}^T,\tilde{\boldsymbol{V}}^T,\tilde{\boldsymbol{\theta}}^B,\tilde{\boldsymbol{V}}^B,\tilde{\boldsymbol{Q}}_G^T,\tilde{\boldsymbol{Q}}_L^T)\in\boldsymbol{\Omega}^T(\boldsymbol{P}_L^B,\boldsymbol{Q}_L^B)\end{aligned}\tag{8.235}$$

第 j 个配电网确定性最优潮流子问题：

$$\begin{aligned}&\min_{\boldsymbol{P}_G^{D,j},\boldsymbol{Q}_G^{D,j},\boldsymbol{V}^{D,j},\boldsymbol{\theta}^{D,j},P_r^j,Q_r^j}\sum_{i\in\mathbb{G}^{D,j}}\left[c_{2,i}^{D,j}(P_{G,i}^{D,j})^2+c_{1,i}^{D,j}P_{G,i}^{D,j}+c_{0,i}^{D,j}\right]+c_{\text{auxD}}^j\\&\text{s.t.}\quad(\tilde{\boldsymbol{\theta}}^{D,j},\tilde{\boldsymbol{V}}^{D,j},\tilde{\boldsymbol{P}}_G^{D,j},\tilde{\boldsymbol{Q}}_G^{D,j},P_r^j,Q_r^j)\in\boldsymbol{\Omega}^{D,j}(\tilde{V}_j^B,\tilde{\theta}_j^B)\end{aligned}\tag{8.236}$$

这里 $\boldsymbol{\omega}^T$ 和 $\boldsymbol{\omega}^{D,j}$ 表示输电网子问题和第 j 个配电网子问题在一个确定性模型下的可行域。

这里，$\boldsymbol{\omega}^{T}$ 和 $\boldsymbol{\omega}^{D,j}$ 是由 $\boldsymbol{P}_{L}^{B}$ 和 $\boldsymbol{Q}_{L}^{B}$ 决定的。根据式（8.230）和式（8.231），$\boldsymbol{P}_{L}^{B}$ 和 $\boldsymbol{Q}_{L}^{B}$ 分别等于同一次内循环中配电网子问题求解结果 $\boldsymbol{P}_{r}$ 和 $\boldsymbol{Q}_{r}$ 的值。类似地，$\boldsymbol{\omega}^{D,j}$ 是由 $\tilde{\boldsymbol{V}}_{j}^{B}$ 和 $\tilde{\boldsymbol{\theta}}_{j}^{B}$ 决定的。根据式（8.229），$\tilde{\boldsymbol{V}}_{j}^{B}$ 和 $\tilde{\boldsymbol{\theta}}_{j}^{B}$ 分别等于上一次内循环中输电网子问题求解结果。

（3）不确定域的分布式求解。

在分布式计算的过程中，输配电网部门交互的信息是有限的，一方面是出于信息安全与隐私的考量，另一方面是受网络带宽的限制。这使得不确定域的计算会面临一些挑战。传统方法中，不确定域的计算一般通过灵敏度分析。一个系统的灵敏度矩阵通常是稠密的，因此在有限信息交互下，很难得到一个输配耦合系统的全局精确的灵敏度矩阵。因此，考虑使用基于样本的不确定域计算方法。基于样本的计算方法规避了对整个系统的灵敏度分析。取而代之的是，生成一系列样本，并在每一个样本下计算确定性的输配协同潮流。前面提到的若干分布式计算输配协同潮流的方法均可以在这里进行使用。之后，基于所有样本下的潮流计算结果，可以确定不确定域。

一个传统的基于样本的方法是蒙特卡洛模拟。对于每一个样本，根据随机变量的概率密度函数随机生成一组它们的值，利用这些值可以计算输配协同的全局潮流。通过这种方法积累足够多的样本，便可以计算不确定域。以式（8.217）为例，通过蒙特卡洛模拟可以得到随机变量的上下分位数，分别用 $V_{i,1-\varepsilon_V^T}^{T}$ 和 $V_{i,\varepsilon_V^T}^{T}$ 表示，则不确定域为

$$\overline{\lambda}_{V,i}^{T}=V_{i,1-\varepsilon_V^T}^{T}-V_{i}^{T},\underline{\lambda}_{V,i}^{T}=V_{i,\varepsilon_V^T}^{T}-V_{i}^{T},i\in\mathbb{N}_{PQ}^{T} \tag{8.237}$$

理论上，蒙特卡洛模拟的样本越多，计算得到的不确定域也越准确。然而这种方法非常耗时，在实时分析中不适用。同时，大量的样本增加了输配网调度部门之间的通信负担。

因此，这里再提出一种基于两点估计法的计算方法。相比于蒙特卡洛模拟，两点估计可以通过更少的样本得到结果。对于一个具有 m 个随机变量的输配协同潮流问题，随机变量 δ 的各阶矩可以通过 $2m$ 次确定性潮流计算得到，然后潮流解的概率分布即可获得。同样以输电网节点电压幅值对应的机会约束式(8.217)为例，通过两点估计法，可以得到一阶矩 $E(\delta_{V,i}^{T})$ 和二阶矩 $E[(\delta_{V,i}^{T})^2]$，故 $\delta_{V,i}^{T}$ 的标准差可以得到

$$\sigma_{V,i}^{T}=\sqrt{E\left[\left(\delta_{V,i}^{T}\right)^{2}\right]-\left[E\left(\delta_{V,i}^{T}\right)\right]^{2}}=\sqrt{E\left[\left(\delta_{V,i}^{T}\right)^{2}\right]} \tag{8.238}$$

另一方面，由于假设所有的随机变量遵循零均值的正态分布，$\mu_{V,i}^{T}=0$。

$\delta_{V,i}^{T}$ 的概率分布函数可以近似表达为一个正态分布函数

$$\delta_{V,i}^{T}\sim F_{i}\Leftrightarrow\frac{\delta_{V,i}^{T}-\mu_{V,i}^{T}}{\sigma_{V,i}^{T}}\sim\Phi\Leftrightarrow\delta_{V,i}^{T}\sim N(\mu_{V,i}^{T},(\sigma_{V,i}^{T})^{2}) \tag{8.239}$$

从而式（8.217）可以重构为

$$\begin{aligned}&V_{i}^{T}\leqslant\overline{V}_{i}^{T}-\Phi^{-1}\left(1-\varepsilon_{V}^{T}\right)\sigma_{V,i}^{T}\\&V_{i}^{T}\geqslant\underline{V}_{i}^{T}+\Phi^{-1}\left(1-\varepsilon_{V}^{T}\right)\sigma_{V,i}^{T},i\in\mathbb{N}_{PQ}^{T}\end{aligned} \tag{8.240}$$

其中，Φ 表示标准正态分布的概率分布函数，则不确定域可以表示为

$$\overline{\lambda}_{V,i}^{T}=\Phi^{-1}\left(1-\varepsilon_{V}^{T}\right)\sigma_{V,i}^{T},\underline{\lambda}_{V,i}^{T}=-\Phi^{-1}\left(1-\varepsilon_{V}^{T}\right)\sigma_{V,i}^{T},i\in\mathbb{N}_{PQ}^{T} \tag{8.241}$$

对比式（8.240）和式（8.234）可以看出，F_i 的逆函数可以近似表达为

$$F_i^{-1}(1-\varepsilon_V^T)=\Phi^{-1}(1-\varepsilon_V^T)\sigma_{V,i}^T$$
$$F_i^{-1}(\varepsilon_V^T)=-\Phi^{-1}(1-\varepsilon_V^T)\sigma_{V,i}^T, i\in \mathbb{N}_{PQ}^T \tag{8.242}$$

在两点估计法中，可以通过相似的计算方法计算其他约束的不确定域。整体算法流程如图 8-38 所示。可以看出，输配网调度部门在双重迭代算法中，只需在边界处交互少量的信息。

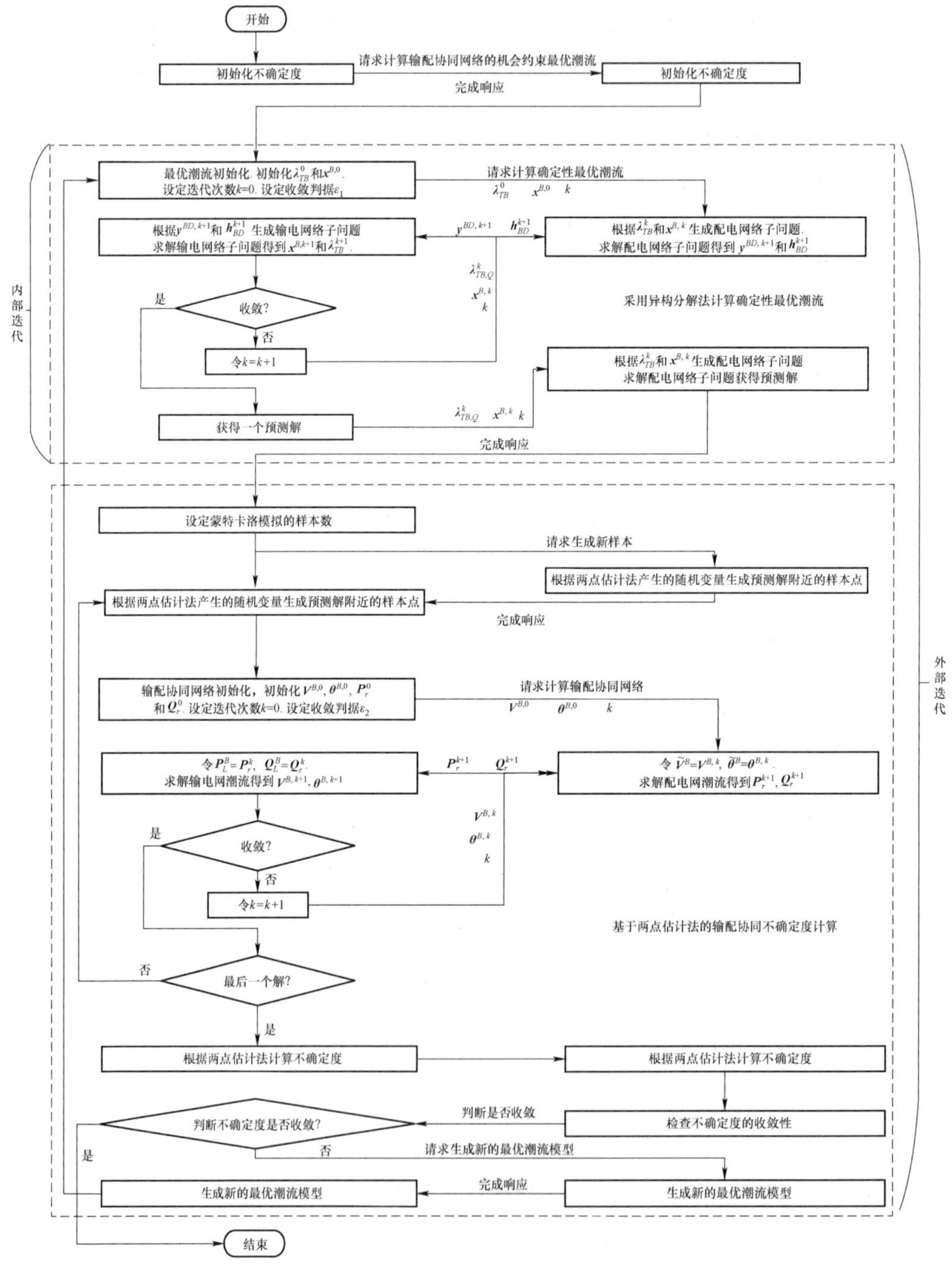

图 8-38　双重迭代算法详细流程图

8.7.3 算例分析

在本节中，测试程序在 64 位的 Windows10 上运行。CPU 是 IntelCorei7－7700K，具有 4.20GHz 主频和 32GB 内存。所使用的编程语言是 MATLAB R2015b。迭代解算法的收敛精度设置为 10^{-6}。机会约束的可接受违反概率为 0.05[5]。

1. 测试系统

建立了几种数值实验的实例。

案例 A：修改后 PG&E69 配电网连接到 IEEE 14 节点测试系统的第 14 号节点处。所有负荷均存在 10%标准差的不确定性。

案例 B：修改后 PG&E69 配电网连接到 IEEE 30 节点测试系统的第 30 号节点处。所有负荷均存在 1%标准差的不确定性。目标函数是最小化总有功功率输出。

案例 C：修改后 PG&E69 配电网连接到 IEEE 118 节点测试系统的第 118 号节点处。所有负荷均存在 5%标准差的不确定性。

案例 D：四个修改后 PG&E69 配电网连接到 IEEE 118 节点测试系统的第 35、45、75、95 号节点处。所有负荷均存在 5%标准差的不确定性。在这里，假设所有的配电网调度部门都以一种分布式的方式工作。

上述所提及的修改后的 PG&E69 构造如下：

1）4 个光伏控制分布式发电机通过节点 15、30、45、61 进入配电网。

2）配电网的最大和最小有功功率输出为 4MW 和 0MW，最大和最小无功功率输出为 2Mvar 和－2Mvar。

3）配电网的成本系数：$c_2^D = 0.01, c_1^D = 40, c_0^D = 0$。

4）配电网的有功功率波动服从均值为 0，标准差为 0.01MW 的正态分布。

2. 调研方法对比

我们将研究以下方法：

A：不考虑不确定性 OPF。

B：基于集中式模型的方法（配电网和输电网被组合成一个整体系统而无须简化）：

B1：基于蒙特卡洛模拟的集中式方法。样本点的数量为 10000 个。

B2：基于雅可比矩阵灵敏度的集中化方法。

C：基于分布式模型的方法：

C1：蒙特卡洛模拟应用于不确定性域计算。样本点的数量为 10000 个。

C2：基于局部雅可比灵敏度的方法应用于不确定边际计算（配电网和输电网只根据其服务区域的随机变量计算灵敏度）。

C3：两点估计法应用于不确定性裕度的计算。

3. 不同解决方案方法精度比较

表 8－18 比较了目标函数的值、迭代方法的迭代计数和不同方法下的总计算时间情况。表 8－18 中的迭代都是外部迭代。在这里，计算时间涵盖了解决机会约束 OPF 模型的整个过程。具体地说，对于基于分布式模型的方法 C1、C2 和 C3，它们由输电网操作中心和配电网操作中心交替处理。如果忽略了输电网调控中心和配电网调控中心之间的通信延迟，基

于分布式模型的方法的总计算时间是输电网操作中心加上配电网操作中心的计算时间。

表 8-18　两种综合输配电系统潮流方法比较

案例	项目	方法					
		A	B1	B2	C1	C2	C3
案例 A	费用（$）	8236.65	+0.64	+0.64	+0.64	+0.54	+0.64
	迭代次数	—	3	3	3	3	4
	时间（s）	0.1	51.8	0.4	544.6	2.8	18.4
案例 B	费用	194.96	+0.18	不可行	+0.18	不可行	+0.53
	迭代次数	—	2		2		3
	时间（s）	0.1	36.2		390.0		12.9
案例 C	费用	129818.93	+4.43	+4.64	+4.43	+2.99	+4.44
	迭代次数	—	3	3	3	3	4
	时间（s）	0.1	71.6	0.5	564.8	2.8	31.8
案例 D	费用	130291.36	+4.50	+4.75	+4.50	+3.03	+4.52
	迭代次数	—	4	4	4	4	4
	时间（s）	0.2	128.4	2.5	788.2	5.6	35.9

此外，对于每种方法下的每种情况，为了测试解的精度，根据它们的概率分布函数围绕最终解生成 10000 个随机变量样本。表 8-19 记录了满足某些约束条件的样本数量。根据大数定律，如果在 10000 个样本中有 N 个没有违反给定的约束，则不违反该约束的概率在 $N/10000$ 左右。通常，如果这个值远小于 $1-\varepsilon$，就可以认为在最终的解决方案下违反了这个机会约束。表 8-20 进一步记录了在不同方法和不同情况下违反机会约束的数量。在这个数值测试中，考虑到样本的随机性，如果 $N/10000<1-1.1*\varepsilon$，机会约束可以被视为违反的约束。

表 8-19　最终解决方案的评估

案例	条件约束	A	B1	B2	C1	C2	C3
案例 A	$\tilde{Q}_{G.45}^{D} \leqslant \bar{Q}_{G.45}^{D}$	7607	9525	9419	9558	9499	9505
	$\tilde{Q}_{G,61}^{D} \leqslant \bar{Q}_{G,61}^{D}$	4950	9493	9478	9533	5118	9541
	$\tilde{Q}_{G,1}^{T} \geqslant Q_{G,1}^{T}$	4994	9584	9528	9583	9555	9535
案例 B	$\tilde{V}_{29}^{T} \leqslant \bar{V}_{29}^{T}$	5060	9523	不可行	9551	不可行	9537
	$\tilde{S}_{6-8}^{T} \leqslant \bar{S}_{6-8}^{T}$	4985	9493		9522		9534
案例 C	$\tilde{V}_{17}^{T} \leqslant \bar{V}_{17}^{T}$	5129	9497	9575	9541	8123	9561
	$\tilde{V}_{37}^{T} \leqslant \bar{V}_{37}^{T}$	5125	9556	9588	9465	8297	9620
	$\tilde{Q}_{G,1}^{T} \leqslant \bar{Q}_{G,1}^{T}$	5035	9495	9501	9503	6756	9517
	$\tilde{Q}_{\mathrm{G},55}^{T} \leqslant \bar{Q}_{\mathrm{G},55}^{T}$	9806	9523	9583	9534	7336	9517

续表

案例	条件约束	A	B1	B2	C1	C2	C3
案例 D	$\tilde{V}_{17}^{T} \leqslant \bar{V}_{17}^{T}$	5191	9511	9521	9537	8326	9576
	$\tilde{V}_{37}^{T} \leqslant \bar{V}_{37}^{T}$	5147	9512	9629	9489	7972	9657
	$\tilde{Q}_{G,1}^{T} \leqslant \bar{Q}_{G,1}^{T}$	4963	9497	9528	9521	6820	9500
	$\tilde{Q}_{G,61}^{D,4} \leqslant \bar{Q}_{G,61}^{D,4}$	4863	9541	9504	9529	4925	9541

如表 8－18 所示，由于存在不确定性，机会约束 OPF 公式下的成本高于确定性 OPF 公式下的成本。方法 B1 基于蒙特卡洛模拟和集中模型实现，可以作为其他方法的基准。一般来说，所有这些被研究的方法都实现了与 B1 相似的成本，这表明，如果在该解决方案下满足了所有的机会约束，其他被研究的方法也可以实现一个接近最优的解。换句话说，这些研究的方法不会严重牺牲满足机会的约束或分布式方式的最优性。虽然所有这些方法都实现了类似的成本，但其解决方案的质量有显著差异，如表 8－19 和表 8－20 所示。详细分析如下。

方法 B2 也基于集中模型，并应用雅可比分析进行不确定性域计算。表 8－19 和表 8－20 表明，案例 C 和 D 将不违反任何约束，但案例 A 违反一个约束。在这些情况下，方法 B2 下实现的成本比方法 B1 下实现的成本略大，这表明雅可比分析通常比蒙特卡洛模拟带来更保守的不确定性域。此外，方法 B2 在情况 2 下是不可行的，这也表明由雅可比分析得到的不确定度域过于保守。通常，由于隐私问题，集中的方法并不能实现。

表 8－20　　违反机会约束的数量

案例	机会约束总数	违反机会约束					
		A	B1	B2	C1	C2	C3
案例 A	192	3	0	1	0	1	0
案例 B	267	2	0	不可行	0	不可行	0
案例 C	498	17	0	0	0	22	0
案例 D	960	17	0	0	0	26	0

方法 C1、C2 和 C3 都是基于分布式模型的。它们都有效地避免了模型和数据的全局共享。它们都以分布式的方式进行处理，并具有有限的信息交互作用。方法 C1 基于蒙特卡洛模拟，它可以实现所有这些情况的正确答案。然而，它非常耗时，并不适用于实际的操作。方法 C2 是基于局部雅可比矩阵分析。虽然它非常有效，但结果并不准确，许多机会约束也得不到满足，如表 8－19 和表 8－20 所示。结果表明，以分布应用雅可比灵敏度分析是不可行的。本节提出了一种 C3 方法，它是通过基于测控电力潮流的两点实现的。该方法可以实现与方法 B1 和 C1 相似的目标值，并可以满足所有的机会约束。此外，比较在方法 B1 和 B2 中应用的蒙特卡洛模拟，应用于方法 C3 中的两点法可以显著提高整体效率。这证明了

C3 方法在综合输配电系统实际操作中的适用性。

表 8－21 给出了案例 C 三种基于分布式模型方法的计算时间的详细组成。该方法的计算时间大致可分为解决确定性 OPF 的时间成本（步骤Ⅰ）和不确定性域计算的时间成本（步骤Ⅱ）。对于每个步骤，时间成本可进一步分为输电网调控中心时间成本和配电网调控中心时间成本。此处，时间成本仅涵盖输电网调控中心或配电网调控中心激活的时间。

表 8－21　　基于分布式模型方法的计算时间

方法	步骤	计算时间（s）		
		输电网调控中心	配电网调控中心	总计
C1	Ⅰ	1.73	1.06	2.79
	Ⅱ	320.85	243.95	564.80
C2	Ⅰ	1.65	0.96	2.61
	Ⅱ	0.16	0.06	0.22
C3	Ⅰ	2.34	1.47	3.81
	Ⅱ	15.92	12.11	28.03

表 8－21 显示，所有这些分布式方法在步骤Ⅰ中都具有相似的计算时间，因为它们的外层迭代具有相似的收敛率。然而，它们在第二步中的计算时间显著不同。方法 C2 直接用矩阵求逆来计算不确定度域，因此它花费的时间最短。方法 C1 和 C3 都是基于样本的方法。然而，所提出的方法 C3 是基于两点估计的，与方法 C1 相比，它显著减少了输配一体化系统全局潮流计算的时间。此外，由于步骤Ⅰ和步骤Ⅱ都在输电网操作中心和配电网调控中心之间交替处理，因此总时间消耗是输电网调控中心的计算时间和配电网调控中心的计算时间的求和。

4. 不确定域计算的评估

在本小节中，用案例 A 进行测试。图 8－39 以不同的方法记录了上次迭代中节点电压幅度的不确定域。如图 8－39（a）所示，本节提出的方法 C3 与方法 B1 和 C1 具有相似的精度，而方法 C2 会导致较大的偏差，特别是对于节点 7、9、10 和节点 14 的不确定域。同样地，如图 8－39（b）所示，与提出的方法 C3 相比，方法 C2 也有更大的偏差。方法 C2 的偏差表明，分布式和局部雅可比灵敏度分析在解输配一体化系统的机会约束 OPF 中是不可行的。

不确定域的偏差可能会导致最终解的不准确，甚至无可行解。

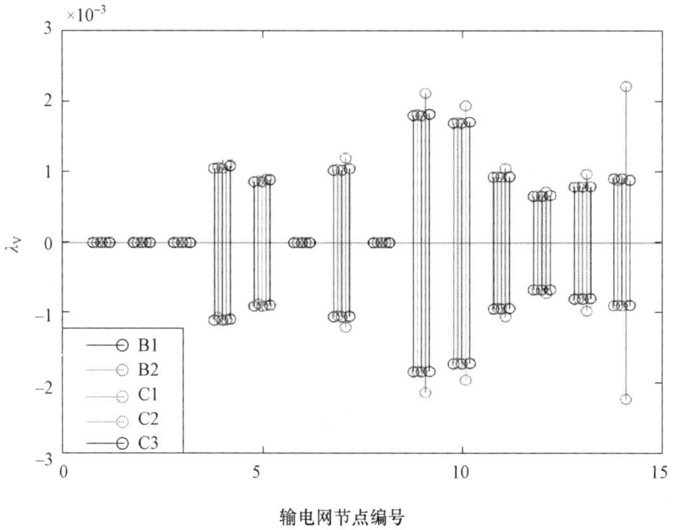

(a) 输电网节点电压幅值

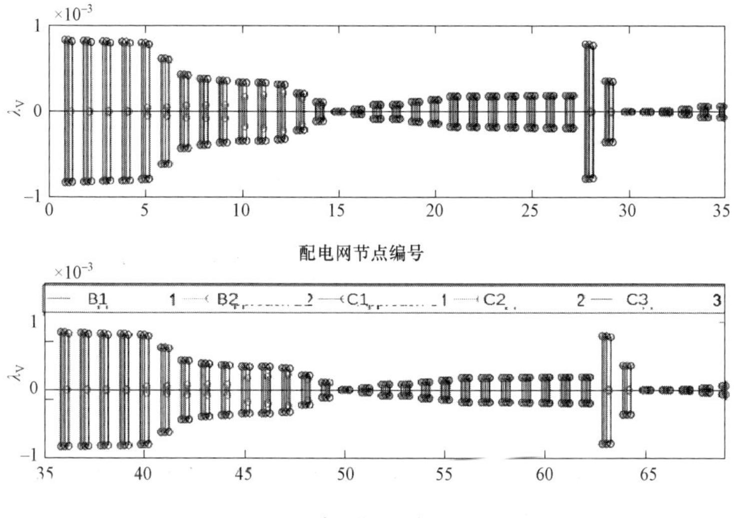

(b) 配电网节点电压幅值

图 8－39　节点电压幅度的不确定域

参考文献

[1] 贾黎亮，杨平礼，闫馨予. 省地县一体化调度安全保障评估系统的设计及其实现[J]. 变频技术应用，2016，(5)：17－20.

[2] 廖胜利，刘晓娟，刘本希，等. 省地县一体化电力调度管理系统分级用户权限方案[J]. 电力系统自动化，2013，37（18）：88－92.

[3] 国网电科院. 国内首套省地县一体化调控管理系统通过现场验收 [J]. 电力系统通信，2011，(6)：34－34.

[4] 华东电力. 国内首套省地县一体化调控管理系统在江苏镇江投运 [J]. 华东电力，2011

（9）：1532－1532.

［5］K. Tang, S. Dong, X. Ma, L. Lv and Y. Song. Chance-constrained optimal power flow of integrated transmission and distribution networks with limited information interaction. IEEE Transactions on Smart Grid, vol. 12, no. 1, pp. 821－833, Jan. 2021.

［6］张龙，孙大雁，赵普，等. 基于大运行省地县一体化调度运行管理系统的建设［J］. 电力信息与通信技术，2012，10（5）：8－12.

［7］孙宏斌. 主从分裂理论与输配协同能量管理［M］. 北京：科学出版社，2020.

［8］周遥. 省地县一体化电力调度管理系统分级用户权限方案［J］. 农村电气化，2016（5）：45－46.

［9］高强，金啸虎，吴利锋. 浙江电网省地县一体化集中监控管理体系建设［J］. 浙江电力，2015，（4）：57－60.

［10］孙宏斌，张伯明. 全局电力管理系统（GEMS）的新构想［J］. 电力自动化设备，2001，21（5）：6－8.

［11］刘涛，米为民，陈郑平，等. 适用于大运行体系的电网模型一体化共享方案［J］. 电力系统自动化，2015（1）：36－41.

［12］许洪强，姚建国，於益军，等. 支撑一体化大电网的调度控制系统架构及关键技术［J］. 电力系统自动化，2018（6）：1－8.

［13］郑宗强，韩冰，闪鑫，等. 输配电网高级应用协同运行关键技术分析［J］. 电力系统自动化，2017，41（6）：122－128.

［14］Suh J, Hw ang S, Jang G. Development of a transmission and distribution integrated monitoring and analysis system for high distributed generation penetration[J]. Energies, 2017, 10(9): 1282.

［15］郭志红，韩学山，李文博，等. 适应分布式电源的输配电网协调潮流算法［J］. 山东电力技术，2014，（1）：1－6.

［16］Jain H, Rahimi K, Tbaileh A, et al. Integrated transmission & distribution system modeling and analysis: need & advantages[C]// Power and Energy Society General Meeting. IEEE, 2016.

［17］Li Z, Wang J, Sun H, et al. Transmission contingency analysis based on integrated transmission and distribution power flow in smart grid[J]. IEEE Transactions on Power Systems, 2015, 30(6): 3356－3367.

［18］孙宏斌，张伯明，相年德. 发输配全局潮流计算第一部分：数学模型和基本算法［J］. 电网技术，1998，22（12）：39－42.

［19］Sun H, Guo Q, Zhang B, et al. Master-slave-splitting based distributed global power flow method for integrated transmission and distribution analysis[J]. IEEE Transactions on Smart Grid, 2015, 6(3): 1484－1492.

［20］丰颖，贠志皓，孙景文，等. 输配协同的配电网态势快速感知方法［J］. 电力系统自动化，2016，40（12）：37－44.

［21］Huang Q, Vittal V. Integrated transmission and distribution system power flow and dynamic simulation using mixed three-sequence/three-phase modeling[J]. IEEE Transac- tions on Power Systems, 2017, 32(5): 3704 – 3714.

［22］李窍盛. 输电网与配电网全网一体化仿真研究［D］. 北京：北京交通大学，2015.

［23］Marinho J M T, Taranto G N. A Hybrid three – phase single – phase power flow formulation[J]. IEEE Transactions on Power Systems, 2008, 23(3): 1063 – 1070.

［24］Jain H. Dynamic simulation of power systems using three phase integrated transmission and distribution system models case study comparisons with Traditional Analysis Methods[D]. Blacksburg, VA: Virginia Polytechnic Institute and State University, 2016.

［25］Jain H, Parchure A, Broadwater R P, et al. Three-phase dynamic simulation of power systems using combined transmission and distribution system models[J]. New Blackfriars, 2015, 61(724): 429 – 438.

［26］孙宏斌，郭烨，张伯明. 含环状配电网的输配全局潮流分布式计算［J］. 电力系统自动化，2008，32（13）：11 – 15.

［27］赵晋泉，徐鹏，高宗和，等. 基于子网边界等值注入功率的异步迭代分布式潮流算法［J］. 电力系统自动化，2010，34（18）：11 – 15.

［28］张海波，张伯明，孙宏斌. 基于异步迭代的多区域互联系统动态潮流分解协调计算［J］. 电力系统自动化，2003，27（24）：1 – 5.

［29］李文博. 输配电网潮流与优化的理论研究［D］. 济南：山东大学，2013.

［30］颜伟，何宁. 基于 ward 等值的分布式潮流计算［J］. 重庆大学学报：自然科学版，2006，29（11）：36 – 40.

［31］高明，赵月辉，吴任博，等. 基于网络分区的多适配性输配网协同潮流算法研究［J］. 电力系统保护与控制，2014（23）：63 – 68.

［32］孙宏斌，张伯明，相年德，等. 发输配全局潮流计算第二部分：收敛性、实用算法和算例［J］. 电网技术，1999，23（1）：50 – 53.

［33］陈羽，刘东，廖怀庆，等. 网格计算环境下输配电网联合潮流计算［J］. 电力系统保护与控制，2012，40（5）：42 – 47.

［34］鲁跃峰，刘东，蒋利明，等. 全电压序列电网规划中的输配电联合潮流计算［J］. 华东电力，2010，38（3）：345 – 348.

［35］Sun H, Zhang B. Distributed power flow calculation for whole networks including transmission and distribution[C]//Transmission and Distribution Conference and Exposition, 2008. T&D. IEEE/PES. IEEE, 2008: 1 – 6.

［36］Li K, Han X, Li W, et al. Unified power flow algorithm of transmission and distribution network[C]// IEEE, International Conference on Renewable Energy Research and Applications. IEEE, 2017: 257 – 261.

［37］贾晓峰，颜伟，周家启，等. 复杂电网的分层解耦潮流算法［J］. 中国电机工程学报，2010，30（7）：56 – 61.

［38］Li Z, Wang J, Sun H, et al. Transmission contingency screening considering impacts of distribution grids[J]. IEEE Transactions on Power Systems, 2016, 31(2): 1659－1660.

［39］Li Z, Guo Q, Sun H, et al. Coordinated economic dispatch of coupled transmission and distribution systems using heterogeneous decomposition[J]. IEEE Transactions on Power Systems, 2016, 31(6): 4817－4830.

［40］Zhengshuo Li, Qinglai Guo, Hongbin Sun, et al. Coordinated economic dispatch of coupled transmission and distribution systems using heterogeneous decomposition[C]// IEEE Power & Energy Society General Meeting. IEEE, 2017: 1－1.

［41］Li Z, Guo Q, Sun H, et al. A new LMP－sensitivity－based heterogeneous decomposition for transmission and distribution coordinated economic dispatch[J]. IEEE Transactions on Smart Grid, 2018, 9(2): 931－941.

［42］Lin C, Wu W, Chen X, et al. Decentralized dynamic economic dispatch for integrated transmission and active distribution networks using multi-parametric programming[J]. IEEE Transactions on Smart Grid, 2017, (99): 1－1.

［43］朱泽磊，程鑫，杨桂钟，等. 基于母线负荷预测改进的省地协同发电计划优化方法［J］. 中国电机工程学报，2017，37（3）：665－675.

［44］Li Z, Guo Q, Sun H, et al. Coordinated transmission and distribution AC optimal power flow[J]. IEEE Transactions on Smart Grid, 2016, 31(6): 4817－4830.

［45］Singhal N G, Hedman K W. Iterative transmission and distribution optimal power flow framework for enhanced utilisation of distributed resources[J]. Generation Transmission & Distribution Iet, 2015, 9(11): 1089－1095.

［46］文云峰，郭创新，郭剑波，等. 多区互联电力系统的分散协调风险调度方法［J］. 中国电机工程学报，2015，35（14）：3724－3733.

［47］Wang H, Song Y, Huang S, et al. Hybrid transient simulation platform for interconnected transmission and distribution system based on powerfactory and PSASP[J]. Journal of Engineering, 2017.

［48］Huang R, Fan R, Daily J, et al. Open-source framework for power system transmission and distribution dynamics co-simulation[J]. Iet Generation Transmission & Distribution, 2017, 11(12): 3152－3162.

［49］Aristidou P, Cutsem T V. A parallel processing approach to dynamic simulations of combined transmission and distribution systems[J]. International Journal of Electrical Power & Energy Systems, 2015, 72: 58－65.

［50］Aristidou P, Cutsem T V. Dynamic simulations of combined transmission and distribution systems using decomposition and localization[C]//Powertech. IEEE, 2013: 1－6.

［51］Aristidou P, Cutsem T V. Dynamic simulations of combined transmission and distribution systems using parallel processing techniques[C]//Power Systems Computation Conference. IEEE, 2014: 1－7.

［52］Liu H, Jin L, Le D, et al. Impact of high penetration of solar photovoltaic generation on

power system small signal stability[C]//International Conference on Power System Technology. IEEE, 2010: 1 – 7.
[53] Zhao J, Fan X, Lin C, et al. Distributed continuation power flow method for integrated transmission and active distribution nctwork[J]. Journal of Modern Power Systems & Clean Energy, 2015, 3(4): 573 – 582.
[54] Sun H B, Zhang B M. Global state estimation for whole transmission and distribution netorks[J]. Electric Power Systems Research, 2005, 74(2): 187 – 195.
[55] Schmidt H P, Guaraldo J C, Lopes M D M, et al. Interchangeable Balanced and unbalanced network models for integrated analysis of transmission and distribution systems[J]. IEEE Transactions on Power Systems, 2015, 30(5): 2747 – 2754.
[56] 冯永青，李鹏，陈刚，等. 基于模型拼接与外网等值的南方电网在线模型协调方法［J］. 电力自动化设备，2011，31（7）：101 – 104.
[57] 朱泽磊，罗治强，程鑫，等. 基于电网模型等值的省地协同发电计划优化方法［J］. 中国电机工程学报，2017，37（15）：4333 – 4343.
[58] Hansen J, Edgar T, Daily J, et al. Evaluating transactive controls of integrated transmission and distribution systems using the Framework for Network Co-Simulation[C]// American Control Conference. IEEE, 2017: 4010 – 4017.
[59] Malekpour A R, Abbasi A R, Seifi A R. A new coordinated approach to load shedding in integrated transmission and distribution systems[J]. International Review of Electrical Engineering, 2010, 5(3): 1172 – 1182.
[60] Kalsi K, Fuller J C, Tuffner F K, et al. Integrated transmission and distribution control[J]. Office of Scientific & Technical Information Technical Reports, 2013(1): 69.
[61] Hassan A, Dvorkin Y. Energy storage siting and sizing in coordinated distribution and transmission systems[J]. IEEE Transactions on Sustainable Energy, 2018, (99): 1 – 1.
[62] 段刚，余贻鑫. 输配电系统综合规划的全局优化算法［J］. 中国电机工程学报，2002，22（4）：109 – 113.
[63] Antony Z, Helfried B. TSO – DSO interaction: an overview of current interaction between transmission and distribution system operators and an assessment of their cooperation in Smart Grids[R]. ISGAN Discussion Paper, 2014.
[64] 许洪强. 调控云架构及应用展望［J］. 电网技术，2017，41（10）：3104 – 3111.
[65] 孙宏斌，张伯明，吴文传，等. 自律协同的智能电网能量管理系统家族概念　体系架构和示例［J］. 电力系统自动化，2014，38（9）：1 – 5.
[66] 陆巍巍，林庆农. 调配一体化系统建设的研究与分析［C］//中国电机工程学会电力系统自动化专业委员会 2012 年学术交流会，2012 年 11 月 29 – 12 月 2 日，厦门.
[67] 丰颖，贠志皓，孙景文，等. 输配协同的配电网态势快速感知方法［J］. 电力系统自动化，2016，40（12）：37 – 44.
[68] 殷自力，钱静，陈宇星，等. 基于 D5000 平台的调配一体技术方案［J］. 电力系统自

动化，2016，40（18）：162－167.
［69］郭建成，钱静，陈光，等. 智能配电网自动化系统技术方案［J］. 电力系统自动化，2015，39（1）：206－212.
［70］辛耀中，石俊杰，周京阳，等. 智能电网自动化系统现状与技术展望［J］. 电力系统自动化，2015，39（1）：2－8.
［71］赵家庆，季侃，孙大雁，等. 电网调度省地一体化试点工程关键技术方案［J］. 电力系统自动化，2012，36（23）：120－125.
［72］汪磊，魏丽芳，王克谦，等. 主配网调控一体化图形平台设计［J］. 电力系统及其自动化学报，2012，24（1）：142－146.
［73］孙宏斌. 电力系统全局无功优化控制的研究［D］. 北京：清华大学，1996.
［74］Sun H.B.. The studies on global reactive optimal control of power system. Ph.D. dissertation. Tshinghua University, 1997.
［75］Monticelli A, Garcia A. Fast decoupled state estimators, IEEE Trans. Power Syst. 5(2)(1990)556－564.
［76］Sun H.B., Zhang B.M., Xiang N.D.. Branch-power-based state estimation method for distribution systems, Automat. Electr. Power Syst. 22 (8) (1998) 12–16.
［77］Sun H., Guo Q., Zhang B., Guo Y., Li Z., etl. Master–slave-splitting based distributed global power flow method for integrated transmission and distribution analysis. IEEE Transactions on Smart Grid, vol. 6, no. 3, pp. 1484-1492, May 2015.
［78］K. Li, X. Han, W. Li and R. Ahmed. Unified power flow algorithm of transmission and distribution network, 2017 IEEE 6th International Conference on Renewable Energy Research and Applications (ICRERA), San Diego, CA, 2017, 257-261.
［79］D. Das. Optimal placement of capacitors in radial distribution system using a Fuzzy-GA method, Int. J. Electr. Power & Energy Syst., vol. 30, no. 6, 361-367, Jul. 2008.
［80］S. Civanlar, J. J. Graiger, H. Yin, and S. S. H. Lee. Distribution feeder reconfiguration for loss reduction. IEEE Trans. Power Del., vol. 3, no. 3, 1217–1223, Jul. 1988.
［81］M. E. Baran and F. F. Wu. Optimal capacitor placement on radial distribution systems. IEEE Trans. on Power Del., vol. 4, no. 1, 725-734, Jan 1989.
［82］C. Roman and W. Rosehart. Evenly distributed Pareto points in multiobjective optimal power flow. IEEE Transactions on Power Systems, vol. 21, no. 2, 1011–1012, May 2006.

第 9 章

总 结 与 展 望

本章将对全书内容进行总结，对主要创新点及本书的局限性进行梳理，并对未来研究工作做出展望。

9.1 本书内容总结与主要创新点

本书针对互联大电网优化计算技术展开研究，从互联大电网的基本概述出发，依次探讨了互联大电网的建模、状态估计、潮流计算、优化分析以及高性能计算技术在互联大电网优化计算中的应用。最后，以输配一体化系统作为互联大电网的一种典型案例，详细研究了输配一体化系统的优化计算。

本书的主要创新点体现在如下几个方面：

（1）新颖的研究视角。随着电网规模的不断发展，跨地区乃至跨国的互联大电网态势已经逐渐形成，因此，互联大电网的优化计算具有高度的现实性和迫切性。在已有的研究中，许多学者针对互联大电网特定方面的优化计算开展了研究，例如分布式的状态估计、分布式的最优潮流等，但尚未有相关专著对互联大电网稳态层面的优化计算进行系统的总结。因此，本书将研究视角聚焦于互联大电网的优化计算，较已有的研究相比，综合程度更好，系统性更强。

（2）点面结合的体系框架。本书具有点面结合的体系框架，便于读者的深入理解。在“面”的方面，本书从建模到算法，详细研究了互联大电网优化计算的方方面面；而在“点”的方面，本书以输配一体化系统为典型案例，吸收编者所在课题组的最新研究成果，同样按照从建模到算法的思路，给出了互联大电网优化计算研究的具体实现方法。

（3）学科交叉的研究方法。本书主要研究的问题是能源领域的电力系统问题。结合互联大电网优化计算中分布式的特征，利用数值分析领域的不动点理论、迭代理论，以及运筹优化领域的分解优化算法，实现互联大电网各区域间的交替迭代计算。同时，考虑到互联大电网规模庞大、计算复杂度高的特点，利用高性能计算技术，特别是各类高性能计算处理器，对互联大电网的优化计算过程实现并行加速。

9.2 局限性与不足

与此同时，编者也清晰地认识到，由于编者的研究方向所限，本书仍然存在着一些局限性与不足，留待未来不断完善：

（1）本书主要聚焦于互联大电网稳态层面的计算分析，如潮流计算、状态估计、经济调度、最优潮流等，但对于互联大电网暂态层面的计算分析未进行深入探讨。

（2）本书主要聚焦于传统的互联大电网优化计算，虽然在一些问题中已经对大量渗透的可再生能源进行了建模分析，但还未对这些可再生能源波动性大、不确定性强的特点进行深入刻画。

（3）随着综合能源系统的发展，不同能源形式的设备或网络已和传统电网形成耦合关系，本书对于热、气等能源形式及其对互联大电网的影响尚未进行详细的建模分析。

9.3 未来研究工作展望

结合本书研究中存在的局限性与不足，对未来研究工作做出几点展望。

9.3.1 互联大电网的暂态计算分析

未来，可以针对互联大电网的暂态计算分析进行研究，包括通过分布式计算的方法实现互联大电网的电磁暂态过程分析和机电暂态过程分析。其中，电磁暂态过程分析具体包括各类对称、不对称故障下的短路电流、电压计算等，机电暂态过程分析具体包括互联大电网的静态稳定和暂态稳定分析等。

机电暂态过程分析主要研究电力系统受到大扰动后的暂态稳定和受到小扰动后的静态稳定性能。近些年来，我国出现多起由于小干扰稳定问题而引起的功率振荡，尤其是区域间弱阻尼或负阻尼的低频振荡，成为电网间功率输送和安全稳定的隐患。而传统的小干扰稳定分析多采用集中式的算法，将全网的数据集中到一起，然后采用特征值分析等方法进行离线分析。这种传统的集中式算法需要各区域电网之间交换各辖区内部的网络模型参数、运行状态等详细数据，这在现有的运行管理体制下存在诸多困难。因而采用分布式算法来求解小干扰稳定分析，具有可观的研究价值和实用前景。

与机电暂态过程分析不同，电磁暂态过程分析通过仿真的方式在精确的电路层面上对系统元件进行建模、分析，并计算得到各种暂态响应的时域波形。现有的各种分布式暂态仿真算法均是在较为理想的通信环境中针对中小规模的电力系统进行测试和分析，实际情况中，由于电力系统分级分层管理，系统广域分布，各种资源具有很强的异构性，从而使得网络参数和状态数据等基础运行数据的在线实时收集、整合和维护难度很大，研究互联网大电网的暂态仿真首先需要解决数据的实时通信和共享这一关键性问题。

9.3.2　能源互联网的优化计算方法

传统的电力系统、热力系统和天然气系统是单独规划、单独设计和独立运行的，这种方式忽略了不同能源类型之间的耦合关系，极大地限制了能源系统的灵活性。在此背景下，综合能源系统应运而生，区域型综合能源系统作为能源互联网的重要组成单元，综合运用先进的电力电子技术、信息技术和智能管理技术，涵盖了供电、供热和供气等能源系统，在源、网、荷等环节实现了不同类型能源的耦合，具有运行方式灵活、低碳高效、可再生能源消纳率高等优点，受到人们的高度重视。未来，可以针对综合能源系统参与电网互联，进行优化计算的研究。

另一方面，电动汽车大规模接入电网，使得电力系统与交通网络产生耦合关系。电动汽车作为分布式储能单元，可以通过调节其充电甚至放电过程与电网互动，实现削峰填谷、参与调频、提供备用等作用，对于电网的安全经济运行和提高新能源发电消纳能力具有重要意义。未来，也可以针对交通网参与电网互联，进行优化计算的研究。

此外，能源的优化配置离不开能源互联网中多能源系统与信息通信系统的互通和融合。首先，能源互联网中的各能源子系统分属于不同的管理个体，在能源互联网的协调控制和优化调度中必然要打破这一壁垒，实现信息通信网络的对等、开放、互联。其次，借鉴互联网发展的成功经验，实现能源互联网与互联网的互通、融合，可以利用信息中蕴含的广阔价值。最后，能源互联网应该具备良好的可扩展性，未来的能源互联网很有可能涉及物流、制造、交通等其他领域，而信息通信系统将是实现互通与融合的重要接口。因此，未来如何对信息通信系统进行建模分析并参与能源互联网的优化计算，也是值得研究的内容。

9.3.3　高性能计算技术的组合应用

高性能计算技术内涵丰富，既包含了先进的科学计算方法的使用，也包含了各类高性能计算处理器的使用。本书初步涉及了高性能计算技术在互联大电网优化计算的应用方法。未来，可以进一步地挖掘高性能计算技术在互联大电网优化计算中的应用场景，通过软硬件结合的方式实现优化计算过程的加速。

随着互联大电网规模的形成，电网处理的数据规模大幅增加，调控系统实时数据每秒达到百万点级，其历史数据量更是达到上亿节点的计算规模，未来电网分析计算的瓶颈可能就是计算力，如何结合目前 CPU、GPU 以及 TPU 等芯片技术的突破，整合服务器、存储和网络等资源，构建软件定义的高性能计算架构，形成适应调控系统低成本、高效率的“大计算”架构，以适应不同深度学习算法、不同业务场景的计算要求，这将是未来互联大电网系统在硬件资源构建、分布式并行计算框架设计、应用功能算法改进提升等方面需要重点突破的关键技术，以支撑各类业务场景计算能力的提升。

9.3.4　人工智能与大数据技术的应用

近年来，人工智能与大数据技术飞速发展。利用人工智能与大数据技术，可以构建互联大电网海量数据的校核诊断，实现信息驱动模式下的互联大电网态势感知与高性能计算分析。

随着新能源、分布式电源和储能技术的发展，电网运行的不确定性显著增强，以往仅基于物理系统的数学建模方法已难以适应当前电网形态的发展，例如电动汽车、光伏，都具有波动性大的特征，需要基于历史统计数据对其特性进行聚类分析，而处理大规模历史数据正好是大数据技术的强项，聚类分析是机器学习的强项。此外，随着市场化的推进，用户用电行为也将呈现较大的不确定性，如何评估和预测用户的用电行为，对于市场化交易、电网实时平衡具有重要作用，通过海量历史数据对用电行为进行分析和预测，也是当前机器学习和深度学习算法的强项。

在调度领域，调度日常操作和故障处置有固定的规程，这本质上是电网调控运行经验和知识的积累，反映在调度员实际运行中这些操作处置较多是重复性的工作。例如设备检修操作，其操作票编写有固定的规范、安全校核有指定的规则、操作指令生成有确定的逻辑，同样故障处置有规范化的流程，明确了故障后处置的优先级、电网监视的要求和线路试送的前提条件等，对上述调度规程和处置经验进行学习和模拟，并嵌入到现有调度控制系统的分析软件中，正是目前知识图谱等人工智能技术的强项。

索　引